武警工程大学教材建设系列教材

交换原理与技术

王文君 编著

人民邮电出版社

北京

图书在版编目（ＣＩＰ）数据

交换原理与技术 / 王文君编著. -- 北京：人民邮
电出版社，2015.7
ISBN 978-7-115-38704-2

Ⅰ. ①交… Ⅱ. ①王… Ⅲ. ①通信交换 Ⅳ.
①TN91

中国版本图书馆CIP数据核字(2015)第082379号

内 容 提 要

通信网包括传输和交换两大工程，本书集中介绍交换技术。全书通过阐述程控电话交换、X.25 分组
交换、帧中继、以太网交换、ATM 交换、IP 交换、MPLS 交换及软交换等典型交换技术的原理与技
术，为读者描绘了一个现代交换技术的大家庭。全书共分 8 章，除第一章出于知识系统性的考虑，专门
对以 PDH、SDH 为代表的数字传输技术进行了阐述外，其余各章，每章介绍一种典型交换技术。

本书可作为通信工程、通信指挥等专业的大学本科教材，计划教学量为 40～60 学时；也可作为军
事信息/通信学科的研究生、网络与交换领域的工程技术人员的参考用书。

◆ 编　　著　王文君
　　责任编辑　吴宏伟
　　执行编辑　赖文华
　　责任印制　张佳莹　彭志环

◆ 人民邮电出版社出版发行　　北京市丰台区成寿寺路 11 号
　　邮编　100164　　电子邮件　315@ptpress.com.cn
　　网址　http://www.ptpress.com.cn
　　北京隆昌伟业印刷有限公司印刷

◆ 开本：787×1092　1/16
　　印张：24.75　　　　　　　　　　2015 年 7 月第 1 版
　　字数：655 千字　　　　　　　　2015 年 7 月北京第 1 次印刷

定价：58.00 元

读者服务热线：(010)81055256　印装质量热线：(010)81055316
反盗版热线：(010)81055315

前 言 FOREWORD

本书是根据通信指挥、通信工程专业人才培养方案和课程标准而编写的，集中讨论电信网和计算机网中所采用的交换机制，如电路交换、分组交换、快速分组交换和软交换等。交换技术是通信网的核心技术，涉及通信网的组织结构、编号制度、路由策略、通信协议和控制管理等方面，所以掌握了交换技术，也就基本掌握了通信网的基础知识。

本书第一章，介绍了与网络交换技术关系密切的数字传输技术。特别是 PDH 和 SDH 两个序列的数字复接技术，其成帧机制和同步过程是重点介绍的内容。

第二章介绍电路交换技术的典型代表——程控数字电话技术。电路交换的控制过程、接续机制和信令系统是重点介绍的内容。

第三章介绍传统分组交换技术，其典型代表是 X.25 技术，很多经典概念都是在这里提出的，如统计复用、网络分层架构、面向连接和无连接方式、路由选择等。作为信令系统在分层架构中的典型——7 号信令也一并进行了介绍。

第四章介绍的帧中继技术是传统分组交换与快速分组交换技术的过渡机制，以此为核心的 ISDN 也一并进行了介绍。

第五章的以太网和互联网中的交换和路由技术，是计算机网络技术在局域网和广域网中的典型体现。

第六章介绍的 ATM 交换技术是电路交换中的确定复用技术和分组网路中统计复用技术在面向连接技术基础上的结合，它的体系结构、面向业务特点的适配层和自选路由交换网络技术是介绍的重点。

第七章介绍的 MPLS 交换技术是 ATM 技术和 IP 技术相互融合的结果，基于 MPLS 技术的 VPN 则是其重点应用。

第八章介绍软交换，这种基于应用层的交换体现了面向应用的技术特征，重点介绍了 SIGTRAN、H.248 和 SIP。

本书由王文君整理编撰。由于涉及知识面广、技术细节庞杂和时间紧迫，书中难免存在错误和不妥之处，敬请读者批评指正。

编 者
2015 年 1 月

目 录 CONTENTS

第一章 数字传输技术

第一节 数字复用

一、数字复用基本概念

为提高信道利用率，在传输过程中都采用多路复用方式。多路复用技术主要分为频分多路复用（Frequency Division Multiplexing，FDM）、时分多路复用（Time Division Multiplexing，TDM）和码分多路复用（Code Division Multiplexing，CDM）三种。常见的正交频分复用（Orthogonal Frequency Division Multiplexing，OFDM）和波分复用（Wavelength Division Multiplexing，WDM）都属于 FDM，而统计复用则是指异步时分复用，是 TDM 的一种，另外还有一些其他的复用技术，如极化波复用和空分复用等。

1937 年，英国人里夫斯（A. H. Reeves）发明脉冲编码调制（Pluse Code Modulation，PCM）。美国贝尔实验室在此基础上研制成功了第一个完全能够运行的 PCM 系统，并在 1947 年发表了报告。1962 年美国将 24 路 PCM 系统 T1 用于市话局间中继，1965 年美国制定了称为 DS1 的标准，即将 24 个以 PCM 编码的话音信号同步复接在一起，加上帧定位比特组成 1544kbit/s 的二进制码流进行传输的技术标准，1968 年欧洲提出了类似的技术标准，即将 30 路以 PCM 编码的话音信号同步复用在一起，加上帧定位码组和用于传送信令的通道，组成 2048kbit/s 码流的帧结构，通常称为 E1 的技术标准。由此形成了世界上两种数字复用体系，这就是欧洲体系和北美、日本体系。

二、PCM 基群

现代通信网中，无论是准同步数字序列（Plesiochronous Digital Hierarchy，PDH）、同步数字序列（Synchronous Digital Hierarchy，SDH）还是宽带 IP 技术，其传输方式都是以 PCM 的基群为基本数字信号群。因此，PCM 数字基群复用是数字传输系统的基础。

1. PCM 基群帧结构与数码率

编码后的数字信号是一个无头无尾的数码流，尽管其中含有大量的信息，但若不能分辨一个样值所对应的码字，将无法进行正确的通信。在 PCM30/32 路系统中，抽样频率为 8000Hz，抽样周期为 1/8000=125μs，被称为一个"帧周期"。传送一个 8 位码组实际上只占用 1/32×125=3.9μs，被称为一个路时隙。

所谓帧结构是指在时分多路复用时表明时隙分配形式的一种重复性图形，即帧结构用来表明各路信号在信道上的时隙分配规则，而这种分配规则又是以帧为单位重复出现的。在 PCM30/32 路基群设备里，一帧分为 32 个路时隙，其中 30 个路时隙用来传送 30 路承载信息或数据，而另外 2 个时隙分别用来传送定位信号和信令，这就是 PCM30/32 路的由来。

PCM30/32（基群）的帧结构如图 1-1 所示，在一帧中有 32 个时隙，按顺序编号 TS0，TS1，…，TS31，时隙的分配 TS1～TS15、TS16～TS31 为 30 个承载时隙，TS16 为信令信号时隙，结构安排在后面介绍。TS0 为内部控制时隙，用于传送帧同步码（同步码码型为 x 0011011）和失步对告码（A1），在 TS0 时隙中同步码和对告码交替传送，传送同步码的帧为偶帧，传送对告码的帧为奇帧。TS0 时隙的第 1 位码留给国际通信用，或用于 CRC 校验等，不用时发"1"码。

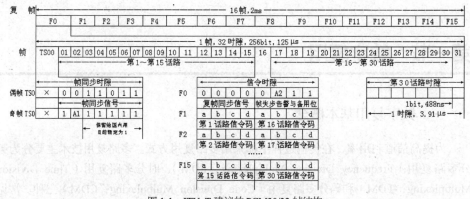

图 1-1　ITU-T 建议的 PCM30/32 帧结构

TS16 时隙由 8 位码组成，用于传送 30 承载通道对应的信令信号，信令的传送可以采用随路方式或共路方式。

（1）随路信令 TS16 分配

随路信令在一帧中信令和相应的承载通道的关系是一一对应的，即信令也采用实电路的固定分配方式，当然只用 TS16 的 8 位码显然是不够的，那么信令信号是如何传送的呢？一般情况下每个承载通道的信令信号用 4 位码就足够了，因此每个 TS16 又可分为两部分，第 1～4 位码传送一路的信令信号，第 5～8 位码传送另一路的信令信号。

此外，如果是电话通信，信令信号的频率很低，取样速率只要传送 500 次/秒，即每隔 16 帧传送一次就够了。故将 16 帧组成一个复帧，一个复帧内的帧序依次为 F0，F1，…，F15。这样每一帧的 TS16 时隙传送两个话路的信令信号码，共用 15 帧的 TS16 时隙就可传完 30 个话路的信令信号。

为了正确分离信令信号码，还需要插入复帧同步码及复帧对告码，在 F0 帧 TS16 时隙内传送复帧同步码（其码型为"0000"）和复帧对告（A2）码，其余 15 帧的 TS16 传送 30 个话路的信令信号，其中 F1 帧 TS16 时隙的第 1～4 位码传送第 1 路的信令信号码，分别记为 a、b、c、d，第 5～8 位码传送第 16 路的信令信号记为 a、b、c、d。F2 帧 TS16 时隙传送第 2 路和第 17 路信令信号，依此类推。

（2）共路信令方式

随路信令适用于如电路交换的语音通信，现代电信网已向宽带化、网络化、智能化和个人化方向发展，随路信令在许多地方显得不能适应，因此，共路信令得到了很大的发展，比较典型的有 No.7 信令、ISDN 信令和 V5 信令（接入网接口）等。

2．PCM 基群系统主要技术性能

（1）一般特性

承载通道数：30。

压缩率：A 律 87.6/13 折线。

抽样频率：8kHz。

每通道：8 位码，64kbit/s 容量。

（2）2M 电接口码型：HDB3

标称比特率及容差：2048kbit/s ± 50ppm；接口波形幅度：2.37V ± 0.237V/75Ω。

（3）64kbit/s 数据接口

接口码型：同向接口码（符合 ITU-T G.703 建议）。

（4）音频特性

有效传输带宽：300 ~ 3400Hz；音频转接方式：二线/四线音频转换接点电平。

二线发：0dB/600Ω，二线收：- 3.5dB/600Ω，四线发：- 14dB/600Ω，四线收：+4dB/600Ω。

（5）信令特性

符合 ITU-T G.732 建议、TS16 时隙随路信令或共路信令。

（6）误码监测方式

采用循环冗余检验（CRC-4）方式及同步码误码监测方式。

（7）告警功能

符合 ITU-T G.732 建议。

（8）基本参数和速率计算

抽样频率：8000Hz。

帧周期：1/8000=125μs。

每时隙的时间：125÷32=3.9μs。

每位码的时间：3.9÷8=0.488μs。

复帧周期：125×16=2ms。

一帧的比特数：32×8=256bit。

总数码率：8000×32×8=2048kbit/s。

每话路数码串：8000×8=64kbit/s。

3．循环冗余校验方式及其应用

传输码流是随机的，因此可能产生虚假的帧码，从而造成接收的错误。CCITT（ITU-T）在 1981 ~ 1984 年及 1984 ~ 1988 年研究期中，对在 2048kbit/s 的帧结构中，利用 TS0 第 1 比特附加循环冗余校验码（Cyclic Redundancy Check Code，CRC）进行了研究，并形成了 G.704 和 G.706 建议，重新规定了 PCM 复用设备、同步数字复用设备和数字交换设备的帧结构。

在 2048kbit/s 基群设备引入 CRC 功能的目的有两个：防止伪帧定位和监测比特误码。数字信号在传输过程中，不可避免地要受到各种噪声的干扰，在这些干扰严重时就会发生误码。对于不中断业务的情况下进行误码监测，可以利用线路码（如 AMI、HDB3 等）的特点，线路上一旦发生误码，收到的码序列就不满足原线路码的编码规则，从而可监测到误码。然而利用这种方法只能做到监测最终一个数字段的信号差错情况，而这些差错可能是在前面的数字段中就已形成了。要想在各个数字段监测误码情况是不容易的，因为一旦经过复接设备或数字交换机，线路码中的监测特点（破坏点）被去掉，而采用 CRC 码可监测整条数字链路。

在许多已经使用的设备中，基群的帧结构是按照 ITU-T G.732 建议来设计的，无论是奇帧还是偶帧，TS0 时隙的第一位码都固定为 1。当采用附加 CRC 校验码后，这些码将分别用于传送 CRC 复帧定位码和 CRC 校验码。

ITU-T G.704 建议给出了附加 CRC 校验后 TS0 时隙内的码元的安排情况，见表 1-1。

表 1-1　CRC 校验后 TS0 时隙内码元的安排

	CRC 子复帧	帧号	TS0 间隙 1~8bit							
			1	2	3	4	5	6	7	8
CRC 复帧	I	0	C1	0	0	1	1	0	1	1
		1	0	1	A	a4	a5	a6	a7	a8
		2	C2	0	0	1	1	0	1	1
		3	0	1	A	a4	a5	a6	a7	a8
		4	C3	0	0	1	1	0	1	1
		5	1	1	A	a4	a5	a6	a7	a8
		6	C4	0	0	1	1	0	1	1
		7	0	1	A	a4	a5	a6	a7	a8
	II	8	C1	0	0	1	1	0	1	1
		9	1	1	A	a4	a5	a6	a7	a8
		10	C2	0	0	1	1	0	1	1
		11	1	1	A	a4	a5	a6	a7	a8
		12	C3	0	0	1	1	0	1	1
		13	Si	1	A	a4	a5	a6	a7	a8
		14	C4	0	0	1	1	0	1	1
		15	Si	1	A	a4	a5	a6	a7	a8

CRC 校验结果指示如下。

① a1~a8 为国内使用保留的比特，当跨越国际边界或不使用时，这些比特位都应置为 "1"。

② C1，C2，C3，C4 为循环冗余校验（CRC）比特。

③ A 为对端告警信号。

由表 1-1 可以看出：每一个 CRC 复帧由 16 个子帧组成，每个 CRC 复帧又划分为两个子复帧（每个子复帧包括 8 个子帧），称 SMF I 和 SMF II。在每个 CRC 复帧中，安排一个包含 6bit 的 CRC 复帧定位信号，码型为 "001011"，它们位于第 1、3、5、7、9、11 帧的时隙的第 1 位码。第 13、第 15 帧的时隙第 1 位码作为 CRC 块校验结果码，记为 Si。在每个 SMF 内，其偶帧 TS0 时隙的第 1 位码为 CRC 校验码，称为 C1，C2，C3，C4。一个 CRC 复帧帧长为 2ms，包含 2 个 CRC 子复帧。每个子复帧由 8 个基本帧组成，叫 CRC 块，共 2048bit，一个 CRC 块长 1ms。

第二节　数字复接

数字复接是两个或两个以上的支路数字信号按时分复用的方法汇接成一个单一的复合数

字信号的过程。其反过程是将复合数字信号分离成各支路信号，称为数字分接。数字复接实质上就是对数字信号的时分复用。

从 DS1 或 E1 向更高速率的复用就是把特定数量的 DS1 或 E1 信号组织在一起，成为高次群数字流，更高次群的复接以此类推。在逐级复用时，必须考虑到一个事实：几个被复接的支路的时钟频率是不同的，虽然它们的标称频率是相同的，可是实际上都稍有偏离，因此被称为准同步数字序列（PDH），"Plesio"是希腊语词根，是"近似的"意思，"Plesiochronous"译为"准同步"。

从第一个商用 PCM 数字传输系统进入电信网到标准的制定，大约经过了三年，而国际标准的形成却经过 10 年。1972 年，ITU-T 的前身 CCITT（国际电报电话咨询委员会）提出了第一批 PDH 的建议书：G.703、G.711、G.712 等，又经过多年的努力，分别于 1976 年和 1988 年提出了两批建议书，并对原有建议补充完善，对整套建议进行了系统的编排，形成了完整的 PDH 建议体系，PDH 的标准化工作基本完成。

由于国际电联在 PDH 体系的标准化工作上处于"先有设备后出标准"的状况，形成的标准就会是对现有各方利益折中的产物，如 PDH 体系在国际电联的建议中，既有 1544kbit/s 系列又有 2048kbit/s 系列。而这两个系列在编码率、帧结构、复用体系等方面都是完全不一样的，在采用两种不同体系的国家之间互通时，引起了许多接口转换、信号适配上的麻烦。为克服 PDH 标准不唯一的缺点，同时考虑到兼容现存系统，适应全球通信发展的需要，人们开始研究与之相应的新的数字传输体系。而光纤通信的出现提供了有利的契机。

1966 年，英籍华人高锟等提出用 SiO_2 石英玻璃可以制成低损耗光纤的设想，使用光纤来作电信传输媒体有了实现的可能，这是光通信技术发展的里程碑。1970 年，美国康宁公司研制成功传输损耗为 20dB/km 的光纤，1973 年又把多模光纤在 $0.8 \sim 0.85 \mu m$ 波长区的传输损耗减小到 4dB/km。与此同时，铝镓砷激光器的寿命已提高到数千小时，光纤通信有了实现的基础。

1984 年年初，美国贝尔通信研究所首先开始了光同步传输体系的研究。1985 年，美国国家标准协会（ANSI）根据贝尔通信研究所提出的建立光同步网的构想，决定委托 T1X1 委员会起草光同步网标准，并命名为同步光网络（Synchronous Optical NETwork，SONET）。1986 年 CCITT 开始了这方面的研究，以美国的 SONET 为基础，建议增加 2Mbit/s 和 34Mbit/s 支路接口，美国 ANSI 的 T1X1 委员会也接受了这些改变，于 1988 出版了最早的 SONET 标准。CCITT 于 1988 年 9 月通过了第一批 SDH 建议，对它的速率系列、信号格式和复用结构等基本内容做出了规范。随后完成了一系列的建议，在设备功能、光接口、组网方式和网络管理等方面逐步地予以规范，到目前为止已形成了一个完整的、全球统一的光纤数字通信标准。

与制定 PDH 标准不同，SDH 提出了体系标准要先于设备研制的思想，希望从全网的需要出发制定出一个完美的体系标准，这在通信网的发展史上可以说是首次大胆的尝试。

数字通信发展的历史形成了当今传输体制的多样化，PDH 体系有两大不同的系列，SDH 体系是一个世界统一的标准，能兼容两大系列实现完全互通。

一、数字复接基础

1. 码字交织方式

参与复接的各支路信号的码字进行交织，从而形成一个高等级的合路信号。而码字交织的方式则有三种：按位复接、按字复接和按帧复接，如图 1-2 所示。

- 按位复接。复接器每次复接一个支路的一比特信号，依次轮流复接各支路信号，这种复接就称为按位（逐比特）复接。按位复接简单易行，且对存储器容量要求不高。其缺点是对信号交换不利。

- 按字复接。复接器每次复接一个支路的一个码字（8bit），依次复接各支路的信号。对基群来说，一个码字有 8 位码，它是将 8 位码先存起来，在规定的时间一次复接，几个支路轮流复接。这种方法有利于数字电话交换，但要求有较大的存储容量。

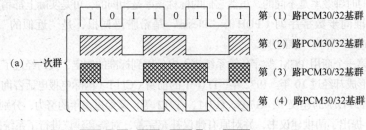

图 1-2　按位复接与按字复接

- 按帧复接。就是复接器每次复接一个支路的一帧信号，依次复接各支路的信号，这种复接称为按帧复接。这种方法的优点是复接时不破坏原来的帧结构，有利于交换，但需要更大的存储容量。早期采用的复接方式多为异源按位复接方式。目前正逐渐向按字复接的方向发展。

2. 时钟关系

如果各输入支路信号相对于本机定时信号是同步的，那么基本无需任何调整或只需简单相位调整就可以实施复接，这种复接称为同步复接。

如果各输入支路信号相对于本机定时信号是异步的，需要对各支路进行频率和相位的调整，使之成为同步的数字信号，然后再实施同步复接，这种复接称为异步复接。

同源信号（各个信号由同一个时钟产生）的复接就是同步复接；异源信号（各个信号由不同时钟源产生）的复接就是异步复接。异源信号中如果各个支路信号的速率与本机标称速率相同，而速率的任何变化都限制在规定的范围内，则称这种复接为准同步复接。绝大多数异步复接都属于准同步复接。

3. 码速调整

在异步复接中，关键就是码速调整，经码速调整后的异步复接就变为同步复接了。而将非同步信码变为同步码流的简单有效方法就是正码速调整技术（也称脉冲插入法）。这种方法就是人为地在各个待复接的支路中插入一些脉冲：如在瞬时码速低的支路信号中多插入一些脉冲；在瞬时码速高的支路信号中少插入或不插入脉冲，从而使这些支路信号在分别插入适当的脉冲后，变为码速完全一致的信号。

在正码速调整条件下，由复接设备产生的分配给各支路的同步时钟速率必然高于各支路输入的时钟速率，即码速调整单元缓冲存储器的读出时钟 f_m 高于写入时钟 f_i。假定起初缓存器处于半满状态，由于 $f_m > f_i$，随着时间的推移，存储量势必越来越少，若不采取措施，终将导致"取空"而读出虚假信号。如果设置一个门限，一旦缓存器的存储量减小到门限值，调整单元内设置的相位比较器就发出一个调整指令，将 f_m 扣除一个脉冲，于是缓存器在该位置被禁读一位（相当于在信码流的对应时隙插入一个调整脉冲）。这样，缓存器容量就得到了补充。经过一段时间又重复此过程，缓存器的存储量就不会出现取空现象，从而保证了信息的无误传输。

6

完全为调整码速而人为插入的调整脉冲，在接收端必须予以消除。为此，必须再插入标识信号，这样就知道此时收到的并不是信号而是调整脉冲，应将其去掉。

负码速调整与正码速调整的基本原理是一样的，只不过是 $f_{\mathrm{m}} < f_1$。如果不采取措施，缓冲存储器的信息将越来越多，直至导致"溢出"现象发生。为此，就必须提供额外的通道把多余的信息送到接收端，也即在适当的时候多读一位。

二、准同步数字序列

传送网早期的基础设施是 20 世纪 60 年代早期开发的 PDH。它是在原有模拟电话网基础上引入 PCM 数字传输技术的条件下，电信公司为更好地利用电缆设施和提高呼叫质量，把不同数字语音信道复接在一条高速数字干线上。

PDH 有 J 型载波（日本使用）、T 型载波（北美使用）、E 型载波（欧洲及其他地区使用）3 种标准。每种标准把不同数目的 64kbit/s 信道复用获得更高的传输速率。其中，欧洲体系比较规律，4 个 E1 组成一个 E2，速率为 8448kbit/s；4 个 E2 组成一个 E3，速率为 34368kbit/s；4 个 E3 组成一个 E4，速率为 139264kbit/s；4 个 E4 组成一个速率为 564992kbit/s 的数字流，可以认为是 E5，但还没有标准化。北美和日本的 DS1 向上复用的方式与此类似，但规律性稍差，不是按 4 的倍数往上复用，而且美、日也不相同，如图 1-3 所示。

另外，在推荐上述 PDH 数字速率序列和复接等级的同时，ITU-T 还在 G.703 和 G.823 中规定了不同等级的复用设备所允许的比特率容差，容差单位为 ppm（10^{-6}），规定如下：

基群：2048kbit/s ± 50ppm；

二次群：8448kbit/s ± 30ppm；

三次群：34368kbit/s ± 20ppm；

四次群：139264kbit/s ± 15ppm。

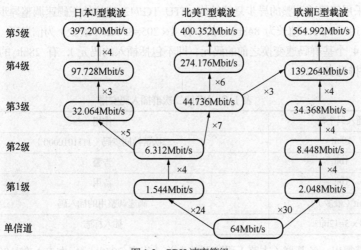

图 1-3　PDH 速率等级

1. PDH 复接结构

在 PDH 系统中，基群信号采用同步时分复用方式。同步复用后的数字信号是一个位置化的信道，即可仅仅依据数字信号在时间轴上的位置，就可以确定它是第几路信号，如图 1-4 所示。

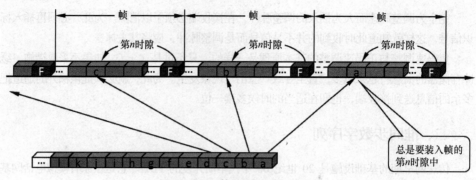

图 1-4　PCM 基群同步时分复用方式

而除基群外的各高次群的复接则均采用准同步的时分复用方式。因为需要复接在一起的各支路的时钟可能并不是来自同一个时钟源，从而相对于标准值有一个偏差（该偏差有一个容许范围，如 2.048Mbit/s ± 50ppm）。为此需在复接前对各支路信号进行码速调整，以使各支路速率达到一致，然后再复接。

以 2048kbit/s→8448kbit/s 的二次群同步复接为例，发送端的缓冲存储器用 2048kbit/s 写入脉冲将基群信码写入，而用 2112kbit/s 的读出脉冲将它读出，从而实现 2048kbit/s→2112kbit/s 的变换（添加插入码，如帧定位信号、码速调整脉冲、标识信号等），并由复接脉冲将输出码的占空比变为 1/4，便于 4 个信号的复接。在接收端，用 2112kbit/s 的写入脉冲将已分接的信号输入缓冲存储器，用 2048kbit/s 的读出脉冲读出，这时已经把插入码全部去掉，并把 1/4 占空比的码还原为单极性的非归零码。

CCITT 建议中大多数都是逐级复接，即采用 $N→（N+1）$ 方式复接等级。如二次群复接为三次群（$N=2$），三次群复接为四次群（$N=3$）。也有采用 $N→（N+2）$ 方式复接，如由二次群直接复接为四次群（$N=2$）。

2．PDH 二次群帧结构

我国采用正码速调整的异步复接结构。ITU-TG.742 建议的正码速调整异步复接二次群帧周期为 $100.38\mu s$，帧长为 848bit。其中有 $4×205=820bit$（最少）为信息码（这里的信息码指的是 4 个基群码速变换之前的码元，即不包括插入的码元），有 28bit 的插入码（最多），其安排见表 1-2。

表 1-2　PDH 二次群插入码安排

插入码个数	作用
10bit	二次群帧同步码（1111010000）
1bit	告警
1bit	备用
4bit（最多）	码速调整用的插入码
4×3=12bit	插入标志

经计算得出，各基群（支路）码速调整之前（速率 2048kbit/s 左右）在 $100.38\mu s$ 内有 205～206 个码元，码速调整之后（速率为 2112kbit/s）$100.38\mu s$ 内应有 212 个码元，即应插入 6～7 个码元。以第 1 个基群为例，$100.38\mu s$ 内第 1 个基群信息码及插入码的分布情况如图 1-5 所示，其他支路与之相似。

其中 F_{i1}，F_{i2}，F_{i3}（$i=1～4$）用作二次群的帧同步码、告警和备用；第 54 位、107 位、160 位为插入码 C_{i1}，C_{i2}，C_{i3}（$i=1～4$），它们是插入标志码；第 161 位可能是信息码（如果

原支路比特率偏高，100.38μs 内有 206bit），也可能是码速调整用的插入码 V_i（如果原支路比特率偏低，100.38μs 内有 205bit）。

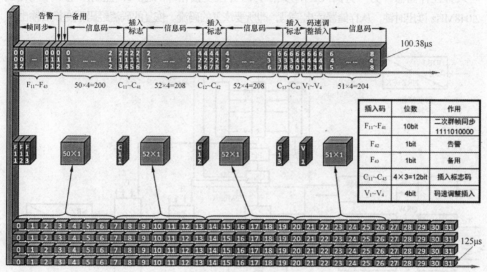

图 1-5　PDH 二次群帧结构

　　4 个支路码速调整后按位复接，即得到 PDH 二次群帧结构。前 10 位 F_{11}，F_{21}，F_{31}，…，F_{23} 是帧同步码，第 11 位 F_{42} 是告警码，第 12 位 F_{43} 备用；第 213～216 位 C_{11}，C_{21}，C_{31}，C_{41}，第 425～428 位 C_{12}，C_{22}，C_{32}，C_{42}，第 637～640 位 C_{13}，C_{23}，C_{33}，C_{43} 是插入标志码；第 641～644 位可能是信息码，也可能是码速调整用的插入码 $V_1 \sim V_4$。

　　接收端分接后将 848bit 二次群分成 4 个 212bit 的基群，然后进行码速恢复，去除码速调整时插入的码元，即"消插"。插入标志码的作用就是用来通知收端第 161 位有无 V_i 插入，以便收端"消插"。每个支路采用三位插入标志码是为了防止由于信道误码而导致的收端错误判决。"三中取二"即当收到两个以上的"1"码时，认为有插入，当收到两个以上的"0"码时，认为无插入。其正确判断的概率为 $3P_e(1-P_e)^2+(1-P_e)^2=1-3P_e^2+2P_e^3$。在最坏情况下，$P_e=10^{-3}$，正确判断的概率为 $1-3\times10^{-6}+2\times10^{-9}=0.999997$。

3．PDH 复接系统及其抖动

　　如图 1-6 所示，在复接端，复接主时钟 8.448MHz 经定时电路分频，分配成 4 个不同相位的 2.112MHz 的分路时钟，分别送给 4 个待复接支路输入端。以第 1 路为例，首先将线路传输码变为不归零的单极性二进制码（NRZ 码），并提取 2048kHz 的集群时钟 CKW_1。NRZ 码和 CKW_1 送入码速调整用的弹性存储器，CKW_1 作为写时钟，将 T_1 支路的信号（NRZ 码）写入存储器；由复接时钟分频而得的 2.112MHz 复接时钟，经比较相位（PD）和控制电路（CK_1）形成读时钟 CKR_1，从存储器读出信号。读出时钟 CKR_1 已经控制电路扣除了在应插入附加码处节拍，并且在比相器中比较 CKW_1 和 CKR_1 两个时钟的相位差，当相位达到某一个数值时，CK_1 电路就扣除 V_1 处的一位，即塞入一个脉冲，同时 CK_1 输出一个塞入指示信号 JE。送入编码电路编出 3 位插入标志 C_1，C_2，C_3 和一位插入码 V。其余 3 个支路原理同第 1 支路。经码速调整后的 4 个支路信号送入复接合成电路汇合并插入帧同步码、公务码等发送到信道上去。

　　如图 1-7 所示，在分接端，定时系统首先从接收码流中提取时钟，然后检出帧同步码进行帧同步，公务码检出电路检出告警等。由定时电路提供的 4 个不同相位并经扣除了插入码的 2.112MHz 的写时钟，这个时钟也已经对各该支路插入标志 C_1，C_2，C_3 的大数判决，扣除了插入脉冲处的一个节拍。各支路的写时钟分别将各支路的信息码分离出来。分离出来的信息码是不均匀的，必须恢复其复接前的码速均匀状态。以第 1 支路为例，CKW_1 将第 1 支路的信息码写入弹性存储器，另一方面 CKW_1 又作为时钟恢复锁相环的输入，控制产生一个均匀的 2.048MHz 读出时钟，从存储器读出信码，即所要恢复的码流。恢复的码流经码型变换后输出。

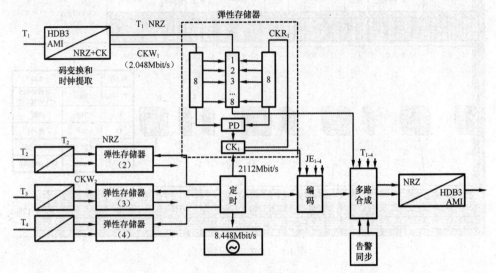

图 1-6 PDH 二次群复接

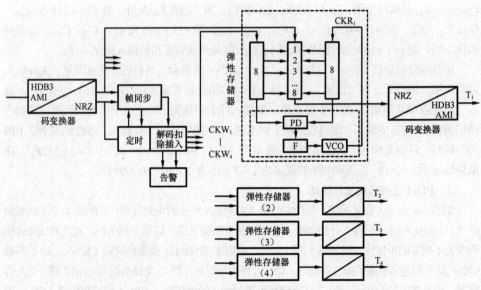

图 1-7 PDH 二次群分接

在采用正码速调整的异步复接系统中，即使信道传输信号没有产生抖动，复接器本身也会产生抖动，即"插入抖动"。这是由于在复接过程中加入了插入码，在接收端进行分接时，要把这些插入码扣除掉，这就是在原来比特率为 2112kbit/s 的信号时间轴上周期性的"开隙"，从"开隙"的脉冲序列提取的基群时钟就会产生抖动，这就是"插入抖动"或叫"复接抖动"。

分接后基群支路在 100.38μs 的帧周期内共有 212bit，其中第 1，2，3，54，107 和 160 位是固定插入脉冲的位置，第 161 位是供码速调整用的插入脉冲（可能是插入码，也可能是原信息码）。在分接端，插入脉冲的 6 个固定码位（即 1，2，3，54，107 和 160）的脉冲全部被扣除；如果复接端在第 161 码位上插入一个脉冲，则应将它扣除，如该码位传送的是信息码，则不扣除。脉冲扣除后，则形成"缺齿"的"开隙"信号序列，如图 1-8 所示。

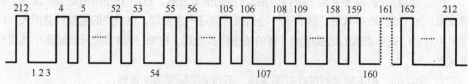

图 1-8 分接后基群支路信号序列

在分接器中通常使用采用锁相环作为码速恢复用的时钟提取电路，如图 1-9 所示。"开隙"的信号序列就作为锁相环的输入信号，VCO 产生的是 2.048Mbit/s 的方波时钟信号。输入信号与 VCO 输出信号在鉴相器中进行相位比较，其输出的误差电压含有多种频率成分。

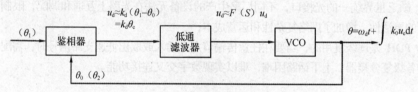

图 1-9 用锁相环电路进行时钟提取

由于扣除帧同步码而产生的抖动：有 3 位码被扣除，每帧抖动一次，由于帧周期为 100μs，故其抖动频率为 10kHz；由于扣除插入标志码而产生的抖动：每帧有 3 个插入标志码，在考虑到扣除帧码的影响，相当于每帧有 4 次扣除抖动，故其抖动频率为 40kHz；扣除码速调整插入脉冲所产生的抖动，即指扣除第 161 位 V 脉冲所产生的抖动：V 脉冲不是每帧都插入，不插入时第 161 位用来传送信息，根据频差的情况，在复接端平均每隔 2.5 帧插入一个 V 脉冲，所以由于扣除 V 而产生的抖动频率约为 4kHz；脉冲插入等候时间抖动：在正码速调整中，当支路信号的相位滞后于复接时隙的 1bit 时，插入控制电路将发出正插入指令，并在允许位置上插入 1bit。由于在一个复接帧内，通常仅设置一个正的插入码位，并且位置固定，只能在这个固定位置上插入，其他位置不能插入。这样在两个允许插入的位置之间，有一定的时间间隔，而插入请求却可能随时发生。因此，当插入指令发出后，插入脉冲的动作通常不能立即进行，而要等到下一个插入码位时方能进行，所以在插入请求和插入动作之间通常有一段等候时间。由于存在这段等候时间，就会在脉冲插入基本抖动上又附加一个新的抖动成分，这个附加的抖动成分就称为"等候抖动"。

由于锁相环具有对相位噪声的低通特性，经过锁相环后的剩余抖动仅为低频抖动成分。因此，当脉冲插入速率较高时，抖动能被锁相环削减，但当脉冲插入速率较低时，就不能被锁相环削减，然而，只要缓冲存储器的存量足够大，就可以把抖动限制在所希望的范围之内。

4. PDH 的历史局限性

PDH 之所以称之为准同步序列，是因为从低次群到高次群的速率不是按整数倍的关系合成的，而是用脉冲插入的方法进行码速调整，高次群合成速率是被复接的低次群速率之和再加上适当的插入比特，故谓之准同步。

PDH 规定的信号结构和数字速率等级的技术标准，最初采用电缆作为传输媒体。1970年制造出可实用的光纤，不久便研制成功用光缆作为媒体的 PDH 传输系统。在 PDH 光缆传输系统中，电接口是标准化的，既是逻辑功能的分界点，又是物理实体的分界点，所以不同厂商生产的设备可以在电接口上互联互通。光接口是非标准化的,不同厂商生产的设备不能在光接口上互通,这就导致 PDH 光缆传输系统适合点对点的应用,而不适合独立联网应用,所以通常称 PDH 光缆传输系统为电信传输或传输系统,而不称传输网。

1962 年以后的 20 多年里 PDH 传输系统得到很大发展,PDH 在电话网里曾经发挥了重要作用。20 世纪 90 年代初,随着光纤通信技术的进一步发展,电信网的规模日益扩大,以及用户对电信业务需求的迅猛增加,新的传输体系出现,PDH 传输系统开始显露出其固有的弱点:

① PDH 的三种不同系列彼此互不兼容,不利于国际互通的发展;

② 更高次群(五次群 565Mbit/s 以上)继续采用 PDH 的难度明显加大,不能适应光纤数字通信大容量超高速率发展的需要;

③ PDH 各级复用的帧中预留的开销比特很少,不利于传送运行、操作管理维护(OAM)信息,不能满足电信管理网(TMN)的需要;

④ 缺乏世界统一的光接口,不同厂家生产的设备无法在光路上互通和调配,限制了联网应用的灵活性,增加了网络复杂性和运营成本;

⑤ PDH 是逐级复用的,当要在任意传输节点上插入或取出低速支路信号时,需配备背对背的各级复分接器,上下话路困难,难以实现数字交叉连接功能。

三、同步数字序列

SDH 是为了使正确适配的净荷在物理传输网(主要是光缆)上传送而形成的一系列标准化的数字传送结构。这里指的数字传送结构包含信号结构,并强调了"标准化"。这里可暂时将"适配"理解为信号性质和结构的转换操作(如电信号转接成光信号)。而"净荷"是信号结构中的一部分信号的统称。

任何一级 SDH 信号都可以分为两个部分:传递数据部分称为"净荷",为了保证正确传递数据而附加的部分称为"开销"。

如果将书写的信函信息看成一级信号,信的内容就是"净荷",信封上的信息(包括邮编、地址、收信人和邮票)则是"开销"。如果将邮局收集信件的邮袋看成另一级信号,邮袋内放的所有信件内容(包括信的内容和信封上的信息)就是"净荷",邮袋上的信息则是"开销",可见"净荷"与"开销"是相对的概念。所谓的虚容器(VC)是数字传送结构中的一类信号结构,VC 的净荷部分专门用来载送业务。

SDH 的内涵可以用一套较为完整的技术标准来规定。最初这套标准的基本内容是在没有制造出 SDH 设备(当然更没有实际应用)之前规定的,这在通信发展历史上还是首次。到目前为止,已经有了 30 多个 SDH 国际标准,见表 1-3。

正因为 SDH 是一种"网络技术",它的标准化工作又超前于产品,这就使得 SDH 标准具有比较抽象的特点,它还包含了许多与具体实现技术无关的抽象概念。PDH 的以技术原理和实现方法为主线的演进方式,到 SDH 则成为以标准为主线的方式发展。

表 1-3　SDH 的国际标准

内容分类		建议	名称
接口	信号结构	G.707	SDH 的网络结点接口
	光接口	G.957	SDH 设备和系统的光接口
		G.691	单信道 STM-64,STM-256 和其他有光放大器的 SDH 系统光接口

内容分类		建议	名称
网络总体	网络结构	G.803	基于 SDH 的传送网体系结构
		G.805	传送网的通用功能体系结构
	网管	G.784	SDH 的管理
		G.831	基于 SDH 的传输网管理能力
		G.774	SDH 网元信息模型
		G.774.01 ~ G.774.09	从网元的视角规范各种信息模型（名称略）
设备与组网引用	设备功能	G.783	SDH 设备功能块特性
		G.806	传送网特性-描述方法和一般功能
	定时与同步	G.813	SDH 设备运行适用的从时钟特性
		G.781	SDH 传输系统和媒质、数字系统和网络系列：网同步功能
	网络维护	G.841	SDH 网络保护结构类型和特性
		G.842	SDH 网络保护结构的互通
网络性能	误码	G.826	基群和基群以上速率的国际恒定比特率数字通道的差错性能参数和指标
		G.828	国际恒定比特率同步数字通道的差错性能参数和指标
		G.829	SDH 复用段和再生段的差错性能事件
	抖动和漂移	G.823	基于 2048kbit/s 体系的数字网中抖动和漂移的控制
		G.825	基于 SDH 的数字网中抖动和漂移的控制
	可用性	G.827	基群和基群以上速率的国际恒定比特率数字通道的差错性能参数和指标

ITU-T 其他建议：G.681，G.692，G.708，G.780，G.785，G.824，G.832，G.861，G.958，M.2100，M.2101，O.171，O.172，O.181，Q.811，Q.812。

ITU-R 有关微波和卫星的 SDH 建议：F.750，F.751，F.1092，F.1189，S.1521，S.1149-1

标准化的 SDH 传送网采用分层模型的方式组织，粗略地划分为电路层、通道层和传输媒质层。不过，也可以换一个角度，将 SDH 看作是网络设备接口之间进行同步数字传输（STM）的速率等级体系。在网络设备接口位置处到目前为止已经规定了 6 个等级的同步传送模块（STM），这是一种特定的信号结构，即帧结构。

1．SDH 帧结构

在 SONET 概念提出时，它采用的是一种 13 行 60 列的帧格式（如图 1-10 所示），速率为 49.92Mbit/s（$=13 \times 60 \times 64$kbit/s）。即在 1.5Mbit/s 的传送速率情况下，信息可以按 1/60 列周期性地进行规则的多路复用，这可大大简化电路设计。

然而，SONET 只考虑到转发信息是美国采用的 1.544Mbit/s 和 44.736Mbit/s 系列，它并不适合传送欧洲的 2.048Mbit/s 和日本的 32.064Mbit/s 等速率信息。为了使接口结构易于复用现有的序列，在 SDH 帧里面，定义了一种叫作虚通路的假设"盒子"，就在这个"盒子"里以长方形容纳 1.5Mbit/s 和 2Mbit/s 系列，数量与现有系列的多路复用数目相同。这一提案得到欧洲各国认同，并被确定为 9 行 270 列的网络设备接口结构，如图 1-11 所示。

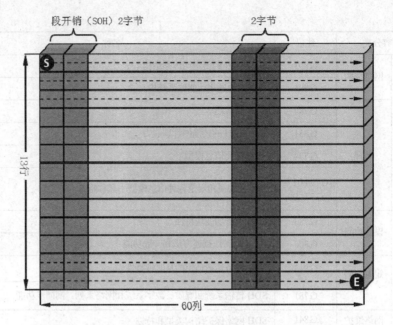

段开销（SOH）2字节　　　　　　2字节

13行

60列

图 1-10　SONENT 的帧格式

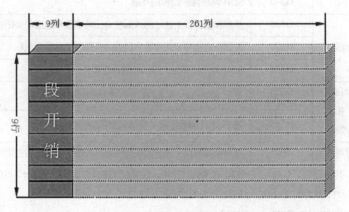

9列　　　　　　　261列

9行

段开销

图 1-11　PDH 的帧格式

现在，各种速率的信息可以这样进行处理了。1.544Mbit/s 信号被赋予维护监视信息之类的开销信息，变换为 9 行×3 列（64kbit/s×9×3=1.728Mbit/s）的盒子。如果把 4 个这样的盒子集中起来（9 行×12 列），就可以容纳一个 6.3Mbit/s 的信息量，取代 4 个 1.5Mbit/s的信息量。再把 7 个集中起来，就成了 50Mbit/s 的速率，就可以容纳美国的 44.736Mbit/s 的信息量。欧洲的 2Mbit/s 系列也一样，当初曾考虑其步骤为"2Mbit/s→8Mbit/s→34Mbit/s→150Mbit/s"，但现在为了统一性，"2Mbit/s→6Mbit/s→150Mbit/s"这种方式已被定为国际标准，如图 1-12 所示。

于是，SDH 就采用了这样一种复合方式：给几个低次群侧的信号赋予开销信息，装入"盒子"，再把几个"盒子"集中起来，装入更大的"盒子"里。至于"盒子"里装的是什么样速率的信息，并不必去追究它，如要装入 28 个 1.5Mbit/s 的信息，大约就是 45Mbit/s 的信息，而它能以完全相同的接口连接于各种设备之间。

这样，就得到了被称为 STM-1 信号帧的结构形式。如图 1-13 所示，一帧包含 2430（=270×9）字节，每字节 8 比特。若将 2430 字节分为 9 段，依序作为 1~9 行便构成所谓平面帧（简称帧）。STM-1 帧以字节为单位计算，每帧含有 9 行、270 列。前 9 列的 1～3 行是再生段开销，5～9 行是复用段开销，第 4 行是管理单元指针，其余 261 列是净荷。STM-1 信号的传输顺序从第 1 行第 1 列开始，依次为第 2，3，…，270 列，第 1 行传完再传第 2 行第 1 列至 270 列，逐行、逐列传输直到第 9 行第 270 列。每秒传送 8000 帧（每帧 125μs），一帧有 19440（=270×9×8）比特，所以比特率为 155520kbit/s。

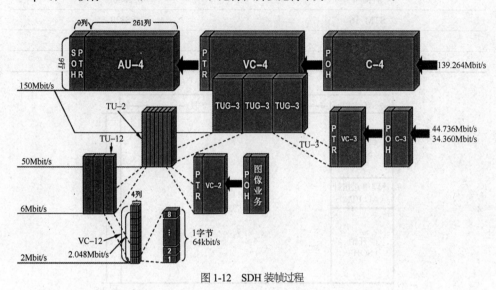

图 1-12　SDH 装帧过程

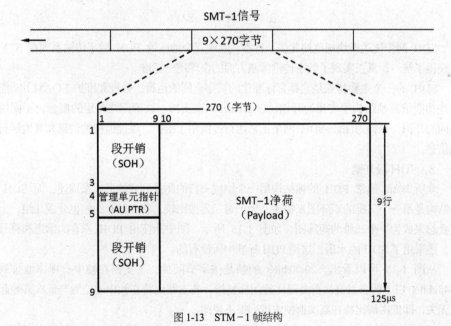

图 1-13　STM－1 帧结构

对于更高速率的传送需要，更高级别的帧结构 STM－N 被提出，各个等级的比特率见表 1-4。

更高速率 STM－N 帧结构由 9 行和 270×N 列组成，如图 1-14 所示。标准规定 N 只能取 0、1、4、16、64 和 256。高速率 STM－N 帧和 STM－1 帧非常相似，也是每秒传输 8000 帧（每帧 125μs），所不同的是段开销和净荷扩大了 N 倍，STM－N 速率是 STM－1 的 N 倍。

表 1-4　PDH 各等级比特率

同步数字体系等级	比特率（kbit/s）
STM-0	51840
STM-1	155520
STM-4	622080
STM-16	2488320
STM-64	9953280
STM-256	39813120

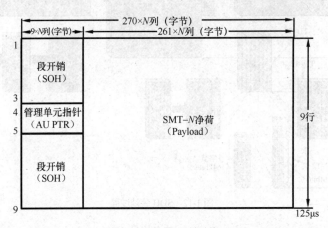

图 1-14　STM-N 帧结构

SDH 同步传送模块规范使北美、日本、欧洲三个地区性 PDH 数字传输系列在 STM-1 上获得了统一，真正实现了数字传输体制方面的全球统一标准。

SDH 的一个主要特点是它具有标准化的贯穿全网的运行、管理和维护（OAM）功能，这些功能依靠帧结构中安排的开销（OverHead）来支持。按照网络分层的概念，不同层有不同的开销，开销为保证 SDH 网络正常运行提供用于维护、性能监视的信息和其他运行功能信息。

2．SDH 段开销

众所周知，通常 PDH 的帧结构用一个绘成一行的图或列表的形式来描述，而 SDH 的帧结构是用一个二维的矩阵图来描述。为了对二者做比较，将 PDH 的帧也分成几组，上下重叠起来成为一个二维的矩阵图，如图 1-15 所示。图中除使用 PDH 原有的术语和符号之外，还采用了 SDH 的术语，这是 PDH 标准中所没有的。

从图 1-15 可以看出，2048kbit/s 的帧是按字节间插，各支路在帧中有规律地排列。8448kbit/s 以上的各种高次群是逐比特间插复接，各支路比特在帧中的位置与低次群帧起始点无关，即低次群比特在高次群帧中排列很不规律。

SDH 的帧结构以 STM-1 为例（如图 1-16 所示），它与 2048kbit/s 的帧有很多相似之处，例如：

- 按字节间插，规律排列；
- 开销在左边，净荷在右边，各占有固定的列；
- 频率是固定的 8kHz，即帧周期为 125 μs。

二者不同之处是在 SDH 帧中设有指针。

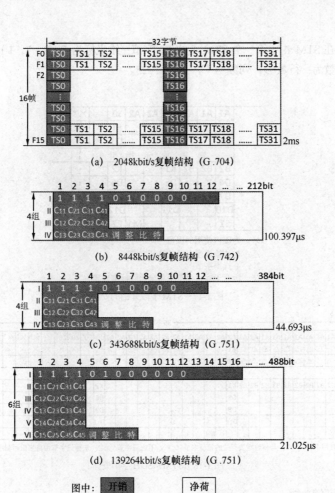

(a) 2048kbit/s复帧结构（G.704）

(b) 8448kbit/s复帧结构（G.742）

(c) 343688kbit/s复帧结构（G.751）

(d) 139264kbit/s复帧结构（G.751）

图中： 开销 净荷

图 1-15 用二维图表示的 PDH 帧结构

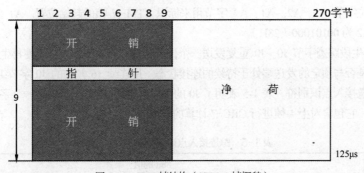

图 1-16 SDH 帧结构（STM-1 帧概貌）

（1）段开销的安排

STM-1 段开销的安排如图 1-17 所示。STM-N 的段开销由 N 个 STM-1 段开销按字节间插同步间插复用而成，但只有第一个 STM-1 的段开销完全保留，其余 $N-1$ 个 STM-1 的段开销仅保留 A1、A2 和 3 个 B2 字节，其他的字节全部省略。

图 1-18 所示为 STM-4 的段开销安排。复接后，每个字节在帧中的位置可用三维矢量 S（a，b，c）表示，其中 a 表示行数，b 代表复列数（1~9），与相同名称字节在 STM-1 帧中的列数相同，c 代表在复列内该字节的间插层数（1~N），折合成行列为：行数=a；列数=N（$b-1$）+c。

例如，在 STM-4 中第一个 STM-1 的 E2 字节三维坐标为 $S(9, 7, 1)$，且 $N=4$，故它所在的行列数为：行数=9；列数=4（7-1）+1=25。

A1	A1	A1	A2	A2	A2	J0		×*
B1	△	△	E1	△		F1	×	×
D1	△	△	D2	△		D3	×	×
管 理 单 元 指 针							
B2	B2	B2	K1			K2		
D4			D5			D6		
D7			D8			D9		
D10			D11			D12		
S1					M1	E2	×	×

×：为国内使用的保留字；
△：与传输媒质有关的特征字节；
*：不扰码字节；
注：所有未标记字节由将来国际标准确定

图 1-17　STM-1 段开销的安排

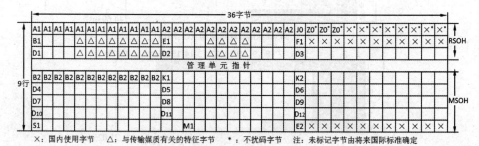

×：国内使用字节　△：与传输媒质有关的特征字节　*：不扰码字节　注：未标记字节由将来国际标准确定

图 1-18　STM-4SOH 字节安排

（2）段开销功能

① 再生段开销功能

帧定位字节 A1、A2。A1、A2 字节用来标识 STM-N 帧的起始位置。A1 为 11110110（F6H），A2 为 00101000（28H）。

• 再生段踪迹字节 J0。J0 重复发送一个代表某接入点的标志，从而使再生段的接收端能够确认是否与预定的发送端处于持续的连接状态。用连续 16 帧内的 J0 字节组成 16 字节的帧来传送接入点识别符。表 1-5 表明了 J0 的 16 字节帧的内容，其中第一个字节是该帧的起始标志，它包含对上—帧进行 CRC-7 计算的结果。

表 1-5　踪迹接入点识别符的 16 字节帧

字　节	8bit 的值						
	1	C1	C2	C3	C4	C5	C6	C7
1	1	C1	C2	C3	C4	C5	C6	C7
2	0	×	×	×	×	×	×	×
3	0	×	×	×	×	×	×	×
⁝	⁝	⁝	⁝	⁝	⁝	⁝	⁝	⁝
16	0	×	×	×	×	×	×	×

注：①C1，C2，C3，C4，C5，C6，C7 是对上一帧进行 CRC-7 计算的结果；
②0×××××××代表按 ITU-T 建议 T.50 规定的字符。

- STM-1 识别符 C1。在 ITU-T 的老建议中，J0 的位置上安排的是 C1 字节，用来表示 STM-1 在高阶 STM-N 中的位置。采用 C1 字节的老设备与采用 J0 字节的新设备互通时，新设备置 J0 为 "00000001"，表示 "再生段踪迹未规定"。

- 再生段误码监视字节 B1。B1 字节用作再生段误码在线监测，它是采用偶校验的比特间插奇偶校验 8 位码，简称为 BIP-8（Bit Interleaved Parity 8 Code Using Evenparity）。在 STM-N 帧中是对前一 STM-N 帧扰码后的所有比特进行 BIP-8 运算，将得到的结果置于当前帧扰码前的位置。接收端将前一帧解扰码前计算得到的 BIP-8 值，与当前帧解扰后的 B1 做比较，如果其中的任一比特不一致，则说明本负责监测的 "块" 在传输过程中有差错。这样只要检测出接收端计算出的 BIP-8 与传送过来的 B1 不一致的数量，就可得到信号传输过程中的差错 "块" 数，从而实现再生段的在线误码监测。

BIP-8 是将被监测部分 8bit 分为一组排列，然后计算每一列比特 "1" 的奇偶数，如果为奇数，则 BIP-8 中相应比特置为 "1"；如果为偶数，则 BIP-8 中相应比特置为 "0"，即加上 BIP-8 的比特后，使每列的比特 "1" 码数为偶数。例如，有一串较短的序列 "11010100、01110011、10101010、10111010"，其 BIP-8 的计算如图 1-19 所示。

1	1	0	1	0	1	0	0
0	1	1	1	0	0	1	1
1	0	1	0	1	0	1	0
1	0	1	1	1	0	1	0
1	0	1	1	0	1	1	1

图 1-19　BIP-8

- 再生段公务通信字节 E1。E1 字节用于再生段公务联络，提供一个 64kbit/s 通路，它在中继器上也可以接入或分出。

- 使用者通路字节 F1。为网络运营者提供一个 64kbit/s 通路，为特殊维护目的提供临时的数据/话音通道。

- 再生段数据通信通道字节 DCC。DCC（Data Communication Channels）是字节中的 D1、D2、D3，用于再生段传送再生器的运行、管理和维护信息，可提供速率达 192kbit/s（$3 \times 64kbit/s$）的通道。

② 复用段开销。

- 复用段误码监视字节 B2。用于复用段的误码在线监测，一个 B2 共 24bit 做比特间插奇偶校验，以前为 BIP-24，校验后改进为 $24 \times BIP-1$。其计算方法与 BIP-8 相似，只不过在此处 24bit 分为一组。产生 B2 字节的方法是：对前一个扰码后的 STM 帧中除再生段开销以外的所有比特做 BIP 运算，将结果放在当前 STM 帧扰码前的 B2 字节处。接收端将收到的前一帧在解扰前计算 BIP 值，再与当前帧解扰后的 B2 异或，得到差错块数。

- 数据通信通道字节 D4-D12。该字节构成管理网在复用段之间运行、管理和维护信息的传送通道，可提供速率达 576kbit/s（$9 \times 64kbit/s$）的通道。

- 复用段公务通信字节 E2。该字节用于复用段公务联络，只能在含有复用段终端功能块（Multiplex Section Termination，MST）的设备上接入或分出，可提供速率为 64kbit/s 的通路。

- 自动保护倒换（APS）通路字节 K1、K2（b1～b5）。K1 和 K2 用于传送复用段保护倒换（Automatic Protection Switching，APS）协议。两字节的比特分配和面向比特的协议在 ITU-T 建议 G783 的附件 A 中给出。K1（b1～b4）指示倒换请求的原因，K1（b5～b8）指示提出倒换请求的工作系统序号，K2（b1～b5）指示复用段接收侧备用系统倒换开关桥接到的工作系统序号。

- 复用段远端缺陷指示（MS-RDI）：K2（b6～b8）。该指示用于向复用段发送端回送接收端状态指示信号，通知发送端，接收端检测到上游故障或者收到了复用段告警指示信号（MS-AIS）。

有缺陷时在 K2（b6～b8）插入"110"码，表示 MS-RDI。

- 同步状态：S1（b5～b8）。S1 字节的 b5～b8 用作传送同步状态信息，即上游站的同步状态通过 S1（b5～b8）传送到下游站。S1 的安排见表 1-6。

表 1-6　S1 字节 b5～b8 的安排

S1 字节的 b5～b8	时钟等级
0000	质量未知
0010	G.811 主时钟
0100	G.812 转接局从时钟
1000	G.812 本地局从时钟
1011	同步设备定时源（SETS）
1111	不可用于时钟同步

注：其余组态预留。

- 复用段远端差错指示（MS-REI）字节 M1。M1 用于将复用段接收端检测到的差错数回传给发送端。接收端（远端）的差错信息由接收端计算出的 $24 \times BIP\text{-}1$（原理同 BTP-8）与收到的 B2 比较得到，有多少差错比特就表示有多少差错块，然后将差错数用二进制表示放置于 M1 的位置，见表 1-7、表 1-8 和表 1-9。

表 1-7　STM-1 的 M1 代码

M1 代码比特 2345678	代码含义
0000000	0 个差错
0000001	1 个差错
0000010	2 个差错
⋮	⋮
0011000	24 个差错
0011001	0 个差错
⋮	⋮
1111111	0 个差错

注：M1 的第一比特忽略。

表 1-8　STM-4 的 M1 代码

M1 代码比特 12345678	代码含义
0000000	0 个差错
0000001	1 个差错

续表

M1 代码比特 12345678	代码含义
0000010	2 个差错
⋮	⋮
1100000	96 个差错
1100001	0 个差错
⋮	⋮
1111111	0 个差错

表 1-9　STM-16 的 M1 代码

M1 代码比特 12345678	代码含义
00000000	0 个差错
00000001	1 个差错
00000010	2 个差错
⋮	⋮
11111111	254 个差错
11111111	≥255 个差错

3．SDH 映射与复用

SDH 具有后向兼容性，即现存的 PDH 系列的各速率等级的信号均已纳入 SDH 的传送模块中（具体地说，可纳入 STM-1 中）。同时 SDH 还具有前向兼容性，即将各种新业务纳入它的复用结构中。这种将 PDH 信号和各种新业务装入 SDH 信号空间，并构成 SDH 帧的过程，称为映射和复用过程。

映射是指一种变换、适配，它源于数学中的集合论，原意指的是一个集合经过一定的变换关系变换到另一个集合。在 SDH 中，映射是指将 PDH 信号比特流或其他类型的信号的比特流经过速率和格式的变换，放置到 SDH 容器中的确切位置上去。例如，码速调整、加入通道开销构成虚容器。映射分为同步映射和异步映射两大类。

- 异步映射采用码速调整进行速率适配，SDH 中采用正/零/负码速调整和正码速调整两种。
- 同步映射不需要速率适配，同步分为比特同步和字节同步，SDH 中采用字节同步，并可细分为浮动模式和锁定模式。

实际 PDH 信号的映射方法见表 1-10。

表 1-10　实际采用的映射方式

映射方式 PDH 信号比特率	异步映射		同步映射			
	正码速调整	正/零/负码速调整	比特同步		字节同步	
			浮动	锁定	浮动	锁定
2048kbit/s		√			√	√
34368kbit/s		√	待定		待定	
139246kbit/s	√					

复用是指几路信号逐字节间插或逐比特间插合为一路信号的过程。在 SDH 中基本采用逐字节复用。

（1）映射与复用结构

复用有不同的实现方法，例如，在大家熟悉的欧洲制式的 PDH 体系中，规定 30 个话路复接成 2048kbit/s 基群信号，4 路 2048kbit/s 支路信号复接成一路 8448kbit/s 信号，4 路 8448kbit/s 信号复接成一路 34368kbit/s 信号等，这就是所谓的 PDH 复用结构或复用路线。有这种规定后，不同厂家的设备就可以实现互连。与此相似，ITU-T 对 SDH 的复用映射结构或复用路线也做出严格的规定。图 1-20 显示了 PDH 各速率等级按复用路线均可以映射到 SDH 的传送模块中去的方法。其中，图 1-20（a）为 ITU-T 的标准；图 1-20（b）为我国的复用路线标准。

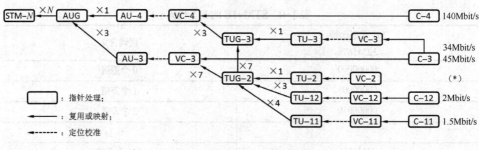

(a) ITU-T G.702建议的SDH复用映射结构

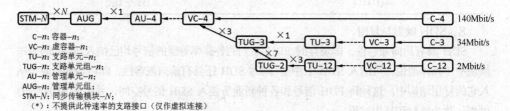

(b) 我国规定的SDH复用映射结构

图 1-20　SDH 复用映射结构

图 1-20 中展示了在 SDH 中使用的几种信息结构：

- 容器 C（Container）是一种用于装载各种速率业务信号的信息结构，容器的种类有 C-12、C-3、C-4 等；

- 虚容器（Virtual Container，VC）是用于支持 SDH 通道层连接的信息结构，它是 SDH 中可以用来传输、交换、处理的最小信息单元，而传送 VC 的实体称为通道；

- 支路单元（Tributary Unit，TU）是一种提供低阶通道层和高阶通道层之间适配功能的信息结构；

- 支路单元组（Tributary Unit Group，TUG）是由一个或多个在高阶 VC 净荷中占据固定的、确定位置的支路单元组成；

- 管理单元（Administration Unit，AU）是提供高阶通道层和复用段层之间适配功能的信息结构；

- 管理单元组（Administration Unit Group，AUG）是由一个或多个在 STM-N 净荷中占据固定位置的管理单元组成。最后，通道开销（Path OverHead，POH）是用于通道监控、维护和管理所必需的附加字节。

容器加上通道开销就构成了虚容器，可以用式子表示为：VC=C+POH。

虚容器加上相应的指针则构成支路单元或管理单元，即：TU（或 AU）=VC+PTR。

为了适应 SDH 的新发展，ITU-T 在 2000 年 4 月的第 15 研究组组会上提出了新的 G.707 及其复用结构。新的复用结构如图 1-21 所示。从图中注意到，除原有的容器外，新 SDH 结构可以容纳更高速和更灵活的新业务接入，以适应和提高更高速率的 SDH 的复用效率。除此以外，ITU-T 也注意到了，在原有的 SDH 复接结构应用的一些问题，如微波 SDH 系统的发展应用，至少 STM-1 的 SDH 标准有些不能适应，所以 ITU-T 还研究制定了 STM-0 的 SDH 子速率结构，参见图 1-22。

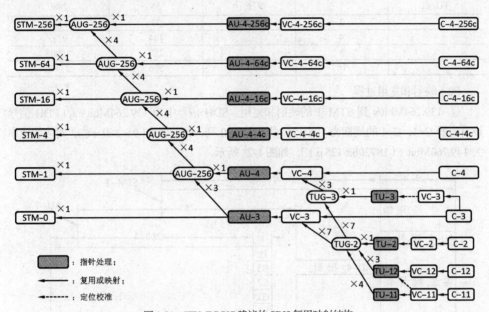

图 1-21　ITU-T G.707 建议的 SDH 复用映射结构

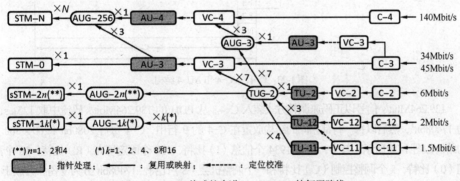

图 1-22　sSTM 格式综合进 ITU-T G.707 的复用路线

SDH 网络节点接口处对 STM-0 的子速率的要求涉及比特率、帧结构、映射和复用格式、在 STM-0 子帧不同开销的功能实现等。

STM-0 子速率主要适用于小容量微波及卫星系统，它规定了两种子速率接口。

sSTM-2n 接口：可传送 n 个 TUG-2（n=1、2 和 4），每个 TUG-2 如 ITU-T G.707 所规定的为 9 行 12 列（108 字节），sSTM-21 由一个 TUG-2 再加 1 列开销组成。其他如 sSTM-22 是 9 行 25 列（225 字节），sSTM-24 是 9 行 49 列（441 字节）。

sSTM-1k 接口：可传送个 k 个 TU-12（k=1、2、4、8 和 16）；每个 TU-12 如 ITU-T G.707 所规定的为 9 行 4 列（36 字节），sSTM-11 由一个 TU-12 再加 1 列开销组成，其他如

sSTM-14 是 9 行 17 列（153 字节），sSTM-116 是 9 行 65 列（585 字节）。sSTM-M 接口主要用于微波，而 sSTM-11 接口也可用于简化功能的站内接口。sSTM 接口速率见表 1-11。

表 1-11　sSTM 接口速率

TU 结构	传送个数	开销	净荷字节数	比特率（kbit/s）
TUG-2	1	9 字节	108	7488
	2		218	14400
	4		432	28224
TU-12	1	9 字节	36	2880
	2		72	5184
	4		144	9792
	8		288	19008
	16		576	37440

（2）映射和复用过程

① 139.264Mbit/s 到 STM-1 的映射和复用。SDH 信号中为 139.264Mbit/s 的 PDH 信号设有容器 C-4，C-4 的周期为 125μs，共 9 行 260 列，18720bit（$9 \times 260 \times 8$），对应的速率为 149.760Mbit/s（18720bit/125μs），如图 1-23 所示。

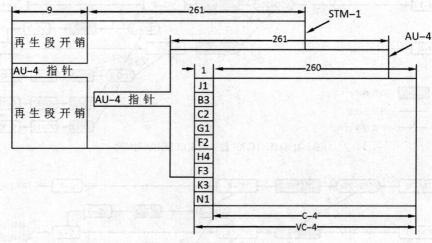

图 1-23　C-4、VC-4 和 AU-4 结构

139.264Mbit/s 信号以正码速调整方式装入 C-4。从 PDH 的 139.264Mbit/s 码流中取 125μs，约 17408bit[1]，然后以每一行都相同的结构放置在 C-4 的 9 行中，C-4 每行 2080bit（260×8bit）的结构如图 1-24 所示。其中，包含 1934 个信息（I）比特，130 个固定填充（R）比特，10 个开销（O）比特，5 个调整控制（C）比特和一个调整机会（S）比特。17408bit 分为 9 份，分放于 9 行中，每份有 1934.22 个比特，C-4 每行的 1934 个信息（I）比特和一个 3 比特位足够容纳它们，但并不需要每一帧均采用正码速调整。当需要码速调整时，发送设备将 CCCCC 置为"11111"以指示 S 比特为调整比特，接收端忽略其值；当不需要码速调整时，发送端将 CCCCC 置为"00000"以指示 S 比特是信息比特，接收端应读出其值。

C-4 加上 9 个开销字节（J1，B3，C2，G1，F2，H4，F3，N1）便构成了虚容器 VC-4，其对应速率为 l50.336Mbit/s（$261 \times 9 \times 8 \times 8$kbit/s）。

1　如以标称速率取为 139264kbit/s×125μs=17408bit，但凡 PDH 中允许有±15ppm 容差，因此在 125μs 内比特数在 17408bit 左右有 0.261 个比特范围的波动。

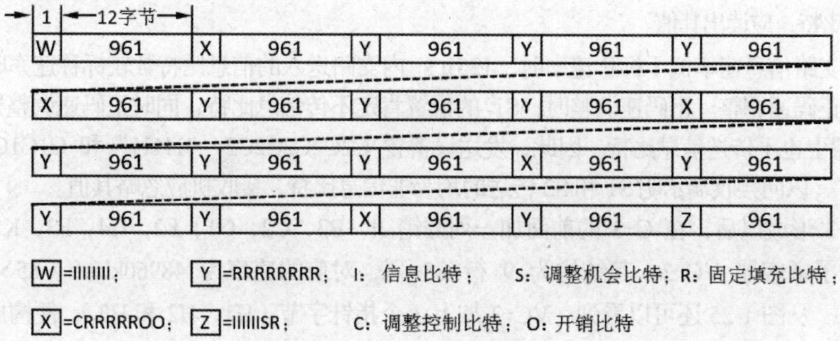

W	961	X	961	Y	961	Y	961	Y	961
X	961	Y	961	Y	961	Y	961	X	961
Y	961	Y	961	Y	961	X	961	Y	961
Y	961	Y	961	X	961	Y	961	Z	961

$\boxed{W}$=IIIIIIII; $\boxed{Y}$=RRRRRRRR; I：信息比特； S：调整机会比特；R：固定填充比特；

$\boxed{X}$=CRRRRROO； $\boxed{Z}$=IIIIIISR； C：调整控制比特；O：开销比特

图 1-24 C-4 一行的结构

VC-4 加上 AU-4 指针构成 AU-4 装入 AUG，再加上段开销 SOH 构成 STM-1 信号结构。

② 34.368Mbit/s 到 STM-1 的映射和复用。SDH 信号中给 34.368Mbit/s 信号设有容器 C-3，C-3 的帧如图 1-25 所示。从图中可以看出，C-3 由 9 行 84 列净荷组成，每帧周期为 125μs，帧频 8kHz，帧长 6048bit（84×9×8），对应速率为 48384kbit/s。C-3 每三行组成一个子帧，共分为三个相同的子帧，每个子帧 2016bit，其中，包含 1431 个信息（I）比特；573 个固定填充（R）比特；两组调整控制比特（C1，C2），每组各 5 个比特，C1C1C1C1C1= "00000" 指示 S1 是信息比特，C1C1C1C1C1= "11111" 指示 S1 是调整比特，C2 与 C1 相同；两个调整机会比特（S1，S2），S1 做负调整机会比特，S2 做正调整机会比特。

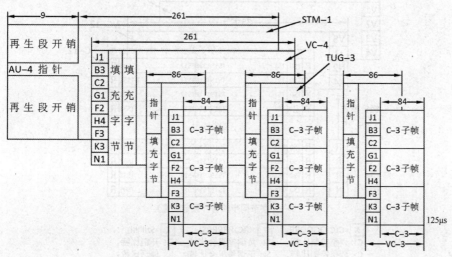

图 1-25 C-3、VC-3、TUG-3 和 VC-4

34.368Mbit/s 信号经过正/零/负码速调整装进 C-3，即在 34368kbit/s 信号码流中每次取 125μs，放入 C-3 的信息（I）比特位。当支路速率等于标称速率 34368kbit/s 时，125μs 内共取 4296bit，分到每个 C-3 子帧刚好为 1432bit（4296÷3），使用零码速调整（即不用调整），详细地说，就是在负码速调整机会比特 S1 位置不传送信息，在正码速调整机会比特 S2 位置传送信息比特（这样每个 C-3 子帧刚好能传 1431+1 比特信息）。因此，发送设备置 C1C1C1C1C1= "11111"、C2C2C2C2C2= "00000"，用以告知接收设备 S2 是信息比特应读出，S1 为非信息比特。

PDH 各速率等级有一定的容差，当支路信号速率高于标称速率时，在规定时间内（125μs）支路送入的比特数也较标称速率多时，必须使用负码速调整，即除了 S2 必须传信息比特外，S1 在必要时也要传 1 比特信息，这样信息比特才不致于丢失。因此，发送设备置 C2C2C2C2C2= "00000"，S1 传信息比特时，C1C1C1C1C1= "00000"，用以告之接收端 S2 和 S1 传送过来的均为信息比特，应读出其值。

当支路信息速率低于标称速率时，125μS 内支路送入的信息比特数较标称速率时少，此时使用正码速调整。正码速调整时，S1 的位置肯定不传信息比特，同时正码速调整机会比特 S2 位置上也不传送信息比特。因此，发送设备置 C2C2C2C2C2= "11111" 和 C1C1C1C1C1= "11111"，以向接收端示明 S1 和 S2 传送的均为非信息比特，接收机应忽略其值。

C-3 形成以后，在 C-3 的前面加一列开销 J1、B3、C2、G1、F2、H4、F3、K3、N1，便构成了虚容器 VC-3，其结构为 9 行 85 列，对应的速率为 48960kbit/s（$85 \times 9 \times 8 \times 8$kbit/s）。从图 1-25 还可以看到：VC-3 加上 3 个指针字节（H1、H2 和 H3），便构成了支路单元 TU-3，TU-3 加上 6 个固定填充字节，直接置入支路单元组 TUG-3，对应的速率为 49536kbit/s（$86 \times 9 \times 8 \times 8$kbit/s）。

3 个 TUG-3（从不同的支路映射复用而得来）复用，再加上两列固定填充字节和一列（9 字节）VC-4 的通道开销，便构成了 9 行 261 列的虚容器 VC-4，最后，加上管理单元 AU-4 指针装入 AUG，再加上段开销 SOH 构成 STM-1 信号。

③ 2.048Mbit/s 到 STM-1 的映射和复用。由于传输设备与交换设备接口大都采用 2.048Mbit/s 速率，故 2.048Mbit/s 信号的映射和复用是最重要的，同时其映射和复用过程也是最复杂的。在 STM-1 信号中设有专门运载 2.048Mbit/s 信号的容器 C-12，如图 1-26 所示。

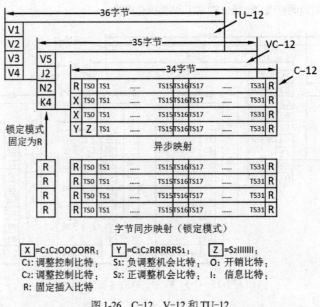

图 1-26　C-12、V-12 和 TU-12

从图 1-26 可以看到，C-12 帧是由 4 个基帧组成的复帧，每个基帧的周期为 125μs，C-12 帧周期为 500μs（4×125μs），处于 4 个连续的 STM-1 帧中，帧频是 STM-1 的 1/4，为 2kHz，帧长为 1088bit（$4 \times 34 \times 8$bit），相应的速率为 2176kbit/s（1088×2kbit/s），2048kbit/s 的信号以正/零/负码速调整方式装入 C-12。C-12 帧左边有 4 个字节（每行的第一个字节其中一个为固定填充字节，其余三个字节中 C1 和 C2 比特用于调整控制共 6 比特，S1 比特为负码速调整比特，正常情况下不传信息，在支路速率高于标称值 2048kbit/s 时，才用来传送信息；C-12 中间的 1024（$4 \times 32 \times 8$）bit 为信息比特，其中有一个 S2 比特，S2 比特正常情况下传送信息比特，但在支路速率低于标称值时，不传信息比特（临时填充），称为正调整机会比特；C-12 帧右边有 4 个字节全部为固定填充字节。

C-12 加上 4 个开销字节（V5，J2，N2，K4）便构成了虚容器 VC-12，对应的速率为 2240kbit/s（$4 \times 35 \times 6 \times 2$kbit/s）。

VC-12 加上 4 个指针字节（V1，V2，V3 和 V4）形成支路单元 TU-12，对应速率为 2304kbit/s（$4 \times 36 \times 8 \times 2$kbit/s）。

2048kbit/s 的映射除了上述的异步映射以外，还有字节同步映射，同步映射与异步映射的不同之处就是左边的 4 个字节全部为固定填充字节"R"而没有 C1、C2 和 S1 比特，同时，S2 比特也固定为传送信息。

同步映射又分为浮动模式和锁定模式，二者不同之处在于锁定模式没有开销字节，被固定塞入字节所替代。

从图 1-26 中还可以看出，TU-12 是由 4 行组成的复帧结构，每行 36 个字节，占 125μs，需一个 STM 帧传送，因此一个 TU-12 复帧需放置于 4 个连续的 STM 帧传送。为了使后面的复接过程看起来更直观，更便于理解，此处将 TU-12 每行（125μs）均按传送的顺序写成一个 9 行 4 列的块状结构，如图 1-27 所示。

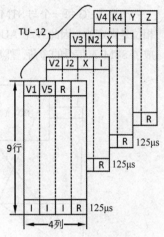

图 1-27 TU-12 复帧

按照我国规定的复用映射结构，三个支路来的 TU-12 逐字节间插复用成一个支路单元组 TUG-2（9 行，12 列）；7 个 TUG-2 通过逐字节间插复用，再加上一列固定填充字节，3 个无效指针指示字节（NPI）和 6 个固定填充字节构成支路单元组 TUG-3（9 行 86 列）；3 个 TUG-3 逐字节间插复用，加上两列固定填充字节和 9 字节的 VC-4 通道开销就构成了虚容器 VC-4，共 9 行 261 列（$3 \times 86+3$），VC-4 加上管理单元 AU-4 指针构成管理单元 AU-4，AU-4 直接置入 AUG，然后加上段开销（SOH），就形成了 STM-1 帧，映射复用如图 1-28 所示。

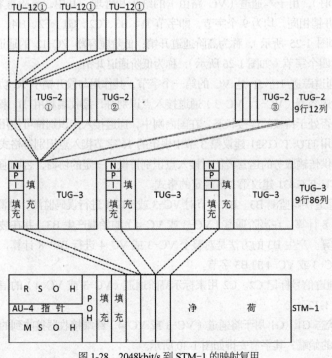

图 1-28 2048kbit/s 到 STM-1 的映射复用

④ N 个 AUG 到 STM-N 的复用。在前面讲述 2.048Mbit/s、34.368Mbit/s 和 139.264Mbit/s 信号映射和复用为 STM-1 时，已涉及一个 VC-4 经 AU-4 装入 AUG。VC-4 装入 AU-4 时，VC-4 在 AU-4 帧内的相位是不确定的，VC-4 的第一个字节的位置用 AU-4 的指针来指示，AU-4 装入 AUG 是直接放入，二者之间相位固定不存在浮动，一个 AUG 加上段开销就构成了 STM-1。

N 个 AUG 每一个与 STM-N 帧都有确定的相位关系，即每一个 AUG 在 STM-N 帧中的相位是固定的，因此 N 个 AUG 只需采用逐字节间插复接方式将 N 个 AUG 信号复用，就构成了 STM-N 信号的净荷，然后再加上段开销就构成了 STM-N 帧，如图 1-29 所示。

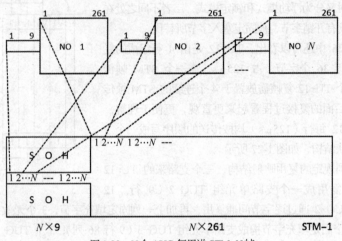

图 1-29 N 个 AUG 复用进 STM-N 帧

（3）通道开销

从上面的映射复用过程可以看到：VC-4、VC-3 和 VC-12 中均加入了通道开销（Path Overhead，POH），用于本通道（VC 路由）的维护和管理。其中，高阶虚容器 VC-4 和 VC-3 的通道开销相同，均为 9 个字节，即字节 J1、B3、C2、G1、F2、H4、F3、K3 和 N1（如图 1-23 和图 1-25 所示），称为高阶通道开销；低阶虚容器 VC-12 的通道开销为 V5、J2、N2 和 K4 四个字节（如图 1-26 所示），称为低阶通道开销。

① 高阶通道踪迹 J1。J1 是 VC 的第一个字节，其作用与段开销中 J0 功能相似，用于重复发送高阶虚容器（VC-4、VC-3）通道接入点识别符，接收端利用 J1 来确认自己与预定的发送端是否处于持续的连接状态。在国内网中，通道接入点识别符可使用 64 字节无格式码串，或使用 ITU-T G.831 建议第 3 节中规定的 16 字节接入点识别符格式。在国际网边界，除非由提供传输服务的运营者们对接入点识别符做了一定的协商，否则通道接入点识别符都应使用 ITU-T G.831 建议第 3 节规定的格式。

② 高阶通道误码监测 B3。B3 字节对 VC-3 或 VC-4 进行误码监测，监测方法与 B1 相似，采用 BIP-8 计算。在高阶通道（VC-3 或 VC-4）的始端产生 B3，并在被监测通道的终结处监视和核算。产生 B3 的方法是对整个 VC-3 或 VC-4 进行 BIP-8 计算，将结果放入下一帧相应的 VC-3 或 VC-4 的 B3 字节。

③ 高阶通道信号标记 C2。C2 用来标示高阶通道（VC-3 或 VC-4）的信号组成，其代码的含义见表 1-12。

④ 通道状态 G1。G1 用于将通道（VC-3 或 VC-4）终端接收器接收到的通道状态和性能回送到通道的始端，其字节安排如图 1-30 所示。

表 1-12 C2 中的代码含义

高位 1234	低位 5678	十六进制	含义
0000	0000	00	未装载或监控未装载信号
0000	0001	01	已装载，非特殊净荷
0000	0010	02	支路单元管理组（TUG）结构
0000	0011	03	支路单元（TU）锁定方式
0000	0100	04	异步映射 34Mbit/s 进入 C-3
0001	0010	12	异步映射 140Mbit/s 进入 C-4
0001	0011	13	ATM 映射
0001	0100	14	局域网的分布队列双总线映射
0001	0101	15	光纤分布式数据接口（FDDI）映射
1111	1110	FE	O.181 测试信号规定的映射
1111	1111	FF	VC-AIS（仅用于串联连接）

REI				RDI	保留	保留	
b1	b2	b3	b4	b5	b6	b7	b8

图 1-30 G1 字节安排

从图 1-30 中可以看到：

- b1~b4 用于高阶通道远端差错指示，即通道终端利用检测出来的差错块数（用二进制表示），用 G1 字节的 b1~b4 回传给本通道的始端；

- b5 用于远端缺陷指示，当 VC-3、VC-4 通道终端接收器检测到本通道有缺陷时，b5 置"1"回送到通道的始端；

- b6、b7 留作选用，不用时，b6 和 b7 置"00"或"11"，接收端对这两个比特的内容不读出，如果使用，则由产生 G1 字节的路径源端自行处理；

- b8 保留。

⑤ 高阶通道使用者字节 F2、F3。这两个字节为使用者提供通道单元之间的通信通路，它们与净荷有关。

⑥ 位置指示字节 H4。H4 字节为净荷提供一般位置指示，也可作为特殊净荷的位置指示，例如，作 VC-12 复帧位置指示。

⑦ 自动保护倒换通路字节 K3。K3 字节的 b1~b4 用于传送高阶通道的自动保护倒换（APS）协议，K3（b5~b8）留用，目前还没有定义它的值。

⑧ 网络运营者字节 N1。N1 用来提供串联连接监视（TCM）功能。

⑨ V5 字节。V5 字节是 VC-12 复帧的第一个字节，用于误码检测、信号标记和 VC-12 通道的状态指示等功能。V5 字节各比特的安排如图 1-31 所示。

BIP-2		REI	REI	信号标记			RDI
b1	b2	b3	b4	b5	b6	b7	b8

图 1-31 V5 字节安排

- b1、b2 用于低阶通道（VC-12）误码性能监测，采用 BIP-2 计算。BIP-2 计算包含 VC-12POH，但不包含 V1，V2，V3 和 V4 字节，当 V3 已用于负调整时，V3 也应包含在内。

- b3 用于低阶通道（VC-12）远端块差错指示（REI）。当通道终端 BIP-2 检出一个或多个误块时，REI 设置为"1"回送到通道的始端，否则设置为"0"。

- b4 为低阶通道（VC-12）远端故障指示。当通道终端检测到故障时，该比特设置为"1"，并回送到通道源设备，否则设置为"0"。

- b5~b7 提供低阶通道（VC-12）信号标记。这三个比特组成 8 个二进制值，分别表示通道是否装载和采用何种特定的映射方式等通道特征信息。这些编码的含义列于表 1-13 中。

- b8 为低阶通道（VC-12）远端缺陷指示（RDI）。当 VC-12 通道终端检测到通道缺陷时，该比特设置为"1"，否则设置为"0"，并回送到本通道的始端。

表 1-13　V5（b5~b7）编码的含义

b5、b6、b7	含义
000	未装载信号或受监控的未装载信号
001	装载非特定信号
010	异步映射
011	比特同步映射
100	字节同步映射
101	留用
110	O.181 特定映射的测试信号
111	VC-AIS

⑩ 低阶通道踪迹字节 J2。J2 用于在低阶通道（VC-12）接入点重复发送低阶通道接入点识别符，接收端利用 J2 来确认自己与预定的发送端是否处于持续的连接状态。J2 的 16 字节帧结构格式与 J0 字节的 16 字节帧结构格式相同。

⑪ 网络运营者字节 N2。N2 字节提供串联连接软控（TCM）功能。ITU-T G.707 建议附件 E 规定了 N2 字节的结构和 TCM 协议。

⑫ 自动保护倒换（APS）通道（b1~b4）。K（b1~b4）为低阶通道传送 APS 协议。

⑬ 保留 K（b5~b7）、K（b8）。K（b5~b7）可保留，此时设置为"000"或"111"，接收机不管这些比特的内容，也可用作低阶通道的增强型远端缺陷指示（RDI），这样远端缺陷指示就能区别远端负载失效（LCD）、服务失效（AIS、LOP）和远端连接失效（TIM.UNEQ）。K（b8）目前无确定的值，接收机不用管它。

第三节　数字同步技术

数字传输的同步有其固定的特点，在 TDM 系统中，同步系统包括位同步、帧同步和复帧同步；位同步是指发端和收端设备的时钟频率一致；帧同步是指在接收端的时隙脉冲排列规律和接收到的码流中时序排列规律一致，以保证正确无误地进行分离原信号；复帧同步是比帧同步具有更长周期的码流序列同步。只有当所有的同步系统都处于正常状态时，通信才能得以实现。

数字同步技术的特点和原理，以及帧同步技术基础知识在前述课程中已经涉及，本节主要介绍准同步系统的同步方法——码速调整原理和同步网传输中的适配技术——指针调整原理。

一、PDH 码速调整

1．正负码速调整及其典型帧结构

在 PDH 数字复接中，数字流是以帧为单位传输的，其帧格式中的码元分配应包括信息位和非信息位。信息位是支路的所有比特（如基群中各路信码及同步、信令、告警等），而附加的非信息位（也称控制位）是由同步 F，调整指示 J 和调整位 Y、Z 等组成。

非信息位在帧内所占的比例是区分调整方向的重要参数。例如，在不考虑容差的情况下，4 个 2048kbit/s 码流经过码速调整，以 2112kbit/s 进行同步复接，其中插入的非信息位为 2112kbit/s − 2048kbit/s=64kbit/s，则信息位与非信息位之比，即信控比 r_{ic} 为

$$r_{ic}=\frac{2048}{2112-2048}=32:1 \qquad (1-1)$$

式（1-1）的物理意义是，在支路中每有 32 个信码 I 就有 1 个非信码作为控制位。如果在帧内以两个连续的码字作为控制位，紧接着必为 64 个信息码元。

在 2112kbit/s 的码流中，应考虑插入控制位的方式。可以设想把支路信息以 2048kbit/s 的速率写入存储器，并以 2112kbit/s 的速率从存储器中顺序地读出。由于瞬时读出的速率（2112kbit/s）稍高于写入的速率（2048kbit/s），所以读出必须是间断的，按帧结构的方式每发送 64 个信息，读出时钟停 2 拍，以后周期地重复，可以使缓冲存储器内的值达到动态平衡。

两个时钟的相位关系是非常重要的。已假定系统时钟是完全精确的（读写时钟差不变），则存储器的平均读写速率是相等的。这时系统无需调整，称为稳定状态。

若允许写入和读出时钟稍有偏差，这时已破坏了读写速率之间的固有稳定度，存储器的平均读写速率在大部分期间已不再相等，这时必须采用码速的正负调整。

采用正-负调整的帧结构，可以调整任何方向的偏差。图 1-32 为一种典型的形式。

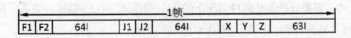

| F1 F2 | 64I | J1 J2 | 64I | X Y Z | 63I |

图 1-32　正-负码速调整的帧结构

图中已加上控制字节 J1、J2、x 和 y，但信息与控制字节的比值 r_{ic} 仍为 32。

J1、J2 称作调整控制位，或调整指示码，表示时钟是否偏离预定的门限及偏差的方向。按表 1-14 确定 J1、J2 的逻辑状态。

表 1-14　正负调整码

写入与读出时钟 速率的比较	调整控制位 J1	调整控制位 J2	Y 时隙 载荷信息	Z 时隙 载荷信息	调整类型
太快	1	0	有	有	负
太慢	0	1	无	无	正
相等	0	0	无	有	不（零）

假定写入时钟高于读出时钟速率，由于无法控制支路输入信息，唯一的办法是提高读出过程的速率。多余的信息是通过读出存储器在控制比特 Y 内传输实现的。在分接端必须提

取比特 Y 的信息，这时称为负调整帧，确定 J1、J2 为 10 来识别。

当写入时钟比读出时钟慢时，则发生相反的状况，即需要正调整帧。这时，读出过程必须稍微放慢。例如，在比特 Z 不读出存储器的内容。这样，在帧中比特载荷信息的总数少 1。比特 Z 通常称为调整或填充（塞入）位。由 J1，J2 的代码 01 识别正调整的帧。

如果在任何方向均无偏差出现，则读出速率不需调整。正如表 1-14，用 00 码识别不需要调整的帧。

由上述描述可以看出，在不考虑容差的情况下，复接输入端支路信号以 2048kbit/s 的恒定速率写入缓冲存储器，而以 2112kbit/s 的瞬时读出速率读出。由于读出时每读出 64 位停拍 2 位，所以保持了 2048kbit/s 的平均速率，从而保证了存储器平均读写速率的平衡，故不需要对速率进行调整。对于二次群复接的情况，如果定义缓冲存储器写入速率为 f_W，读出速率为 f_R，则其频率差 f_D 可表示为：

$$f_D = f_R \times \frac{r_{ic}}{r_{ic}+1} - f_W = f_m - f_W \qquad (1\text{-}2)$$

在不考虑容差的情况下，将 f_W（理想情况为 2048kbit/s）和 f_R（理想情况为 2112kbit/s）代入式（1-2），可以得到 $f_D=0$，这就是零调整。

在考虑频率容差（时钟稳定度）的情况下，f_W 和 f_R 的波动会造成 f_D 在 0 值附近波动，当这一取值为负值时，则需要进行负调整，相反则需要进行正调整。

2．帧内信控比与码速调整类型

无论是哪种类型的调整，都是通过调整 Y 位或 Z 位是否载荷信息来实现的，其实质就是调整帧内信控比 r_{ic}，这一点通过式（1-2）也可以看出来，调整的目的就是使 $f_D=0$，即缓冲存储器读写平衡。实际上，信控比 r_{ic} 与调整类型有关，只需适当的改变信控比的数值，就可使系统处于不同的调整状态。

现在来考虑存在速率容差的情况，对于二次群复接端，这时 $f_W=2048\text{kbit/s} \pm 50\text{ppm}$，$f_R=2112\text{kbit/s} \pm 30\text{ppm}$。

有两种极端的情况：一种是 $f_W=f_{Wmin}$，同时 $f_R=f_{Rmax}$，这时应进行正调整；另一种是 $f_W=f_{Wmax}$，同时 $f_R=f_{Rmin}$，这是负调整的情况。若在这两种情况下分别保持缓冲存储器的读写平衡，即 $f_D=0$，需要分别调整两种情况下的 r_{ic}。根据式（1-2）描述的关系，我们不难得出在第一种情况下 $r_{ic1}=31.96$，在第二种情况下 $r_{ic2}=32.08$。

当 f_R 与 f_W 保持精确稳定时，f_R 与 f_W 的频率差固定，$r_{ic}=32$ 恰好能满足缓冲存储器的读写平衡。但是由于速率波动，使得 f_R 与 f_W 的频率差增大时，需进行正调整，使 r_{ic} 降低方能满足读写平衡。频率差大到极端时，r_{ic} 降到极端，即 r_{ic1}。相反，当速率波动使得 f_R 与 f_W 的频率差减小时，需进行负调整，使 r_{ic} 增加方能满足读写平衡。频率差减小到极致，对应负调整的极致，即 $r_{ic}=r_{ic2}$。所以，f_R 与 f_W 波动的容差范围也正是进行正负调整的范围，即 $r_{ic1} \leq r_{ic} \leq r_{ic2}$。但是当 $r_{ic} > r_{ic2}$ 时系统只能进行正调整以降低 r_{ic}，同样当 $r_{ic} < r_{ic1}$ 时系统只能进行负调整以增加 r_{ic}。

因此，r_{ic1} 和 r_{ic2} 的物理意义在于：r_{ic1} 是负调整和正负调整的分界点，小于该值只能进行负调整，大于该值可进行正负调整；r_{ic2} 是正调整和正负调整的分界点，大于该值只能进行负调整，小于该值可进行正负调整，如图 1-33 所示。

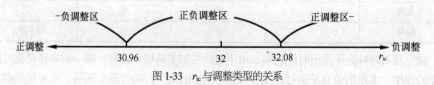

图 1-33 r_{ic} 与调整类型的关系

3. PDH 正码速调整

由前述 PDH 二次群的帧结构可知，每个基群支路有 212 个码，其中信息码 206 位，插入的非信息码 6 ~ 7 位。所以 r_{ic}=206/6=34.333，为正码速调整。

不像正负码速调整需要 Y 和 Z 两位，每个基群支路的正调整只需 1 位，即 V 位（如图 1-34 所示）。需要进行正调整时则在此位放置非信息码，不需要调整时则放置信息码。分接端判断该位是否信息码的依据是其前面的 C_{i1}，C_{i2}，C_{i3} 位，当然为防止因传输误码造成的指示错误，它们采取"三中取二"判断规则，单个支路正码速调整的不规则帧结构如图 1-34 所示。

| F_{f1} | F_{f2} | F_{f3} | 501 | C_{i1} | 521 | C_{i2} | 521 | C_{i3} | V_i | 511 | F_{f1} | F_{f2} | F_{f3} |

图 1-34 单个支路正码速调整的不规则帧结构

（1）正码速调整过程分析

在码速调整中，信码以参与复接的支路时钟 f_W 写入缓存器，以同步的支路时钟 f_R 读出。在这个过程中，必须先写入后再读出，其间的时间差称为读写时差，而它总是随时变化的，记为 Δt_x。

在正码速调整中，有两种均可产生读写时差变化：

① $f_R > f_W$ 读写时，时差随着时间逐渐地减小；

② 插入非信息位（包括帧定位、塞入指示、调整位等）时，将禁止从缓存器读出信息，每禁读一位，使读写时差增加 $1/f_R$。

由于存在以上两方面的读写时差变化，不管起始时差 Δt_0 如何，通过一段时间的调整总可使读写时差在要求的范围内变化，达到读写平衡，称为稳定工作状态。

在实际调整中，写入总以 f_W 的速率进行，即每隔 T_W（=$1/f_W$）时间写入一位信码，以 f_R 的速率读出一位信码。在插入非信息位时，要禁读缓存器中的信息，因此读出是不均匀的。每禁读一位，读写时差增加 T_R（=$1/f_R$），因为这时写入仍在均匀地进行。图 1-35 说明了这种调整的情况，其中实曲线为帧有调整的情况，虚曲线为帧无调整的情况。

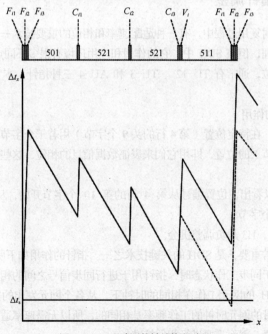

图 1-35 正码速调整帧结构和过程

如果在一帧中不进行调整，读写时差有所减小，若连续的帧均不调整，则 Δt_x 将越来越小，并导致在某一帧末的读写时差小于零（已取空），即 $\Delta t_x < 0$。这说明在没有写入的情况下读出的必然是虚假信号，把这种现象称为"追及"。

为保证码速调整的正常工作，必须避免追及现象的发生。解决的办法是设置一个适当的调整门限 Δt_s。当读写时差小于调整门限时，但还未取空，就在下一帧进行一次正调整，以增加读写时差。

从曲线还可以看出，不调整时，一帧的帧末 Δt_x 有最小值。因此，用帧末的读写时差来决定下一帧是否进行调整是合适的，这一段时间也称为调整申请区或调整窗口。

设上帧帧末的读写时差正好为稳定调整时的调整门限，就有可能在本帧申请正调整。如果申请成功，则在下帧帧初 $x=1$ 时，读写时差达到最大值 Δt_{xmax}。而在其他任何情况申请正调整，读写时差均处于调整门限之下。

在帧末读写时差正好等于调整门限，而申请在下一帧调整未成功，这时在下一帧的帧末，将得到读写时差的最小值。

在实际的码速调整设备中，设置一个稳定调整申请区。在这个区域内，只要 $\Delta t_x \leqslant \Delta t_s$，就可申请在下一帧进行正调整。

稳定调整申请区的起点为帧末读写时差刚达到调整门限（$\Delta t_x = \Delta t_s$），但未申请成功，在下一帧读写时差与调整门限的交点。稳定申请区的终端为帧末的时刻。

（2）正码速调整缓存器的容量

读写时差的最大变化范围 Δt_{pp} 是一个重要的量，它是码速调整中设计缓存器容量的依据。码速调整的核心是缓存器，其容量设计是很重要的。容量太大会增加时延，也不经济，容量太小则不能正常工作。

缓存器的容量应至少容纳输入码流的相位抖动、读写时差峰-峰值变化等因素所引起的读写时差的变化，一般缓存器容量定义为 $8T_W$。

二、SDH 指针调整

在 SDH 的映射复用过程中，有一种适配速率和相位的重要技术——指针处理。指针处理出自码速调整原理，但在 SDH 中，它的作用和应用环境有很多不同点。指针安排在 SDH 复用结构的多个部位，通常有 TU-12 、TU-3 和 AU-4 三种指针，本节以 AU-4 指针为例说明指针调整原理。

1．指针调整的作用

在 AU-4 帧中，在特定位置（第 4 行的头 9 个字节）用若干个字节记载帧中相应数据信息起点（第一个字节）的位置，即用它们来表征数据信息的相位，这些字节就称为指针，如图 1-36 所示。

从图 1-36 可以看出，位置编号从第 4 行的第 10 个字节开始，从 0～782，共 261×9=2349（783×3）个字节。

H1、H2 是指针，H3 是负调整机会。

指针的作用非常重要，是 SDH 的关键技术之一。指针的作用如下所述。

（1）当网络处于同步工作状态时，指针用于进行同步信号之间的相位校准。网络处于同步工作状态时，SDH 的网元工作在相同的时钟下，从各个网元发出的数据传输到某个网元时，各个信号所携带的网元时钟的工作频率是相同的，所以无需速率适配。但是，从瞬时上看，可能忽快、忽慢，因而需要进行相位校准。

（2）当网络失去同步时，指针用作频率和相位校准；当网络处于异步工作时，指针用作频率跟踪校准。网络失去同步或异步工作时，不同网元工作于有频差的状态，需要频率校准，瞬时来看就是相位往单一方向，即单调的增加或减小变化，频率校准伴随相位校准。

（3）指针还可用来容纳网络中的相位抖动和漂移。抖动和漂移可以看成容器（AU）和净荷（VC）之间瞬时相位差，指针调整可以改变这种相位关系。

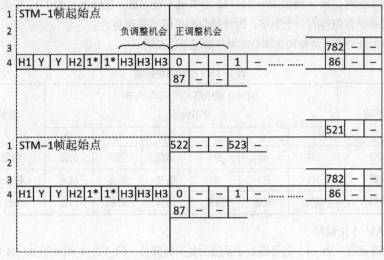

图 1-36　AU-4 指针

2．指针调整原理

为了解释指针调整，下面再从一个新的角度来看 2048kbit/s 信号嵌入 SDH 信号的过程，如图 1-37 所示。

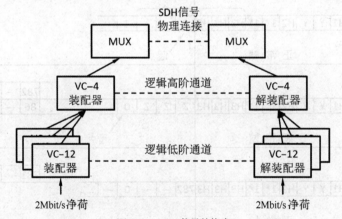

图 1-37　SDH 信号的构成

在 VC-12 装配器设置低阶通道容器，可以将它看成一种在低阶通道上实现端到端传送的小集装箱。但是，如果从网络观点看，则是在 VC-12 层建立端到端连接。

小集装箱将放入大集装箱 VC-4 来传送，而且每个 VC-12 在 VC-4 内有特定的位置，根据初始编号便能在 SDH 信号中找到相应的 VC-12。在 VC-4 装配器设置高阶通道容器，即大集装箱，同样在网上可在 VC-4 层建立端到端连接，而且 VC-4 能够承载沿 VC-4 通道插入和分出的 VC-12。

复用器将段开销加入到信号中形成 SDH 信号，例如，STM-1 信号，一种更大的集装箱。

这就有一个货物和集装箱的速度适配问题：假设要运的货物的速度比集装箱快，解决的办法只能是每箱多装一些；反之，每箱少装一些，即填充冗余物。在这里货物就是要运载的信息（VC-4），它和集装箱（AU-4）的速度适配就是用指针调整来实现的，各种速率关系的调整状态见表 1-15。显然，在 STM-1 帧中，负调整机会字节和正调整机会字节（如图 1-36 所示），就是留作达到这种调节的空间。在信息速率高时，用 H3 来多装信息；在信息速率低时，第 4 行第 10、11、12 字节也不装信息。实际上，表 1-15 中的 H3 和填充字节都是没有内容的一个空字，因此接收端可以不必理会。

下面再分别将正调整和负调整的操作情况予以说明。

表 1-15　指针调整状态

| 状态名称 | STM-1 帧中第 4 行字节的内容 | | | | | | 速率关系 |
| | 字节编号 | | | | | | |
	7	8	9	10	11	12	
零调整	H3	H3	H3	信息	信息	信息	信息=容器
正调整	H3	H3	H3	填充	填充	填充	信息<容器
负调整	信息	信息	信息	信息	信息	信息	信息>容器

3. AU-4 正调整

如高阶通道（VC-4）信号滞后于系统的复用器部分，即 VC-4 相对于 AU-4 帧速率较低，则 VC 的定位必须周期性的后滑，三个正调整机会字节立即显现在这个 AU-4 帧的最后一个 H3 字节之后，这三个字节复用器虽然发送但并未装信号。相应地，在这之后的 VC-4 的起点将后滑三个字节，其编号将增加 1，即指针值加 1，其过程如图 1-38 所示。

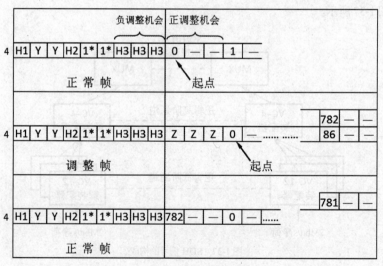

图 1-38　AU-4 正调整过程

显然，每次调整相当于 VC-4 帧 "加长" 了三个字节，每字节约 0.053μs，三个字节约 0.16μs。

4. AU-4 负调整

如高阶通道信号超前于系统的复用器部分，即 VC-4 相对于 AU-4 速率更高，则 VC 的定位必须周期性地前移，此时三个负调整机会字节显现于 AU-4 帧的三个 H3 字节，即这三个字节用来装该帧 VC-4 的信号，相当于 VC-4 帧 "减短" 了三个字节。在这帧之后 VC-4

的起点就向前移三个字节编号，即指针值随之减 1，其过程如图 1-39 所示。显然，每次负调整，相位变化约 0.16μs。

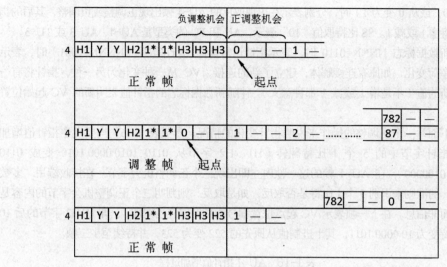

图 1-39　AU-4 负调整过程

上述正或负的调整将根据 VC-4 相对于 AU-4 的速率差，一次又一次地周期性进行，直到二者速率相当时，不过这种调整至少要隔三帧才允许进行一次。

总之，指针的作用是提供在 AU 帧内对 VC 灵活的动态定位的方法，以便 VC 在 AU 帧内浮动，适应 VC 与 AU 或 TU 之间相位的差异和帧速之间的差异。

在一个 STM-1 帧内，可以装 261×9=2349 个字节的净荷。为了在收端有效地分解出净荷中的各个 VC，在一个映射中，必须指出 VC 的开头在何处，指针值就是用来标明装进 STM-1 的 VC 的起始点。

从图 1-36 可以看出，在 STM-1 帧中从第 4 行第 10 字节开头，相邻三个字节共用一个编号，从 0 编到 782，共有 783 （ 2349÷3 ）个净荷可能利用的起始点，用指针的数值（H1 和 H2 字节的后 10 个比特）来表征，如图 1-40 所示。

----------H1----------	------------H2------------	----------H3----------	---------Z---------
1 2 3 4 5 6 7 8 9 10 11 12 13 14 15 16			
N N N N S S I D I D I D I D			
新数据标志	AU/TU	---------10比特指针值--------	------负调整机会-----	-----正调整机会-----

图 1-40　AU-4 指针的安排

由于 VC 的起始位可以在 STM-1 帧内浮动，即起始位可以从 783 个位置中的任何一个位置开始，并按码速调整的需要，可以逐次前移或后滑。VC-4 具有在 STM-1 帧内能够灵活浮动的动态定位功能，使得在同步网内能够对信号方便地进行复用和交叉连接。

另外，VC-4 可以从 AU 帧内任何一点起始，因而其净荷未必能够全部装进某个 AU 帧，多半会是从某帧中开头而在下帧中结束，如图 1-38 和图 1-39 所示。

5．AU-4 指针的安排

图 1-36 指明 AU-4 的指针位于 STM-1 帧的第 4 行前 9 个字节，其中，H1 和 H2 表征指针值，三个 H3 是负调整机会字节，其余 4 个字节（Y 和 1*）填有固定内容。实际有指针功能的两个字节（H1 和 H2）可以视为一个字节，如图 1-40 所示。它的前 4 个比特（NNNN）

为新数据标志，后 10 个比特运载指针值，表明 VC 起点位置的编号（在 NNNN=0110 时有效），这 10 个比特又分为 I（增加指示比特）和 D（减少指示比特）两类，当它们取反（从 1 变为 0，或从 0 变为 1）时，分别表示在出现取反的 AU-4 帧出现正调整或负调整，其后的指针值将增 1 或减 1。SS 比特取值"10"表示，AU 和 TU 的类型是 AU-4、AU-3 或 TU-3。

新数据标志 NNNN=0110 时，表示指针正常操作。当它取反（NNNN=1001）时，表示由于净荷变化，如原有连接解体，建立了新的连接，VC 从一种变化为另一种，指针将有一个全新的值（不是增 1 或减 1 那种意义）。伴随新数据标志的指针值表明新的 VC 起始位置编号。

下面举一个正调整的操作来说明指针变化的情况。参见表 1-16，当要发生指针值增加时，指针字节中的 5 个 I 比特翻转（H1、H2 字节从 0110 1010 0000 1010 变成 0110 100010100000），在 AU-4 帧的这一帧内立即出现三个正调整机会字节。在接收端用"多数表决"的准则来识别 5 个 I 比特是否取反，如是取反，则判明三个正调整机会字节的内容是填充而非信息。在下一帧表示 VC 起点位置编号的指针值应当增加 1，即 H1H2 字节的后 10 个比特变为 10 0000 1011，其十进制值从原先的 522 变为 523，并持续至少三帧。

表 1-16　AU-4 指针值增加过程

指针值		H1 binary		H2 binary		H1	H2
Dec	Hex	NNNN	SSID	IDID	IDID	Hex	Hex
522	20A	0110	1010	0000	1010	6A	0A
增加		0110	1000	1010	0000	68	A0
523	20B	0110	1000	0000	1011	6A	0B

还有一个附属的有效指针是级联指示（CI），CI 用 1001SS1111111111（SS 未规定）来表示，当 H1H2 被置为这个代码时，表示 AU-4 级联。

在需要提供比一个 C-4 更大的净荷，例如，要通过 SDH 来传送速率高于 C-4 的宽带业务时，就将几个 AU-4 级联起来运用。在这种情况时，被级联的第一个 AU-4 指针仍然具有正常的指针功能，其余均置为 CI，使其指针处理器实现和第一个 AU-4 相同的操作。

6. 指针的产生及解释规则

为清楚起见，下面将指针的产生及解释规则归纳如下。

（1）产生 AU 指针的规则

① 在正常运行期间，新数据标志（NDF）被置为"0110"，指针确定在 AU 帧内 VC 的起始点。

② 指针值只能按下列规则③、④或⑤改变。

③ 如果需要一次正调整，就要发出现行指针值，但翻转 I 比特并以虚信息填充其后的正调整机会字节，随后的指针为以前的指针值加 1。在这次操作后，三帧内不允许再进行加或减的操作。

④ 如果需要一次负调整，就要发出现行指针值，但翻转 D 比特并用实际的信息数据改写负调整机会字节，随后的指针为以前的指针值减 1。在这次操作后，三帧内不允许再进行加或减操作。

⑤ 如果由于规则③或④以外的任何原因使 VC 的定位发生变化，则应伴随着 NDF 置为"1001"而发出新的指针值 NDF，仅在含新指针值的第一帧中出现，VC 的新位置开始于由新指针指示的偏移第一次出现处。在这次操作后，三帧内不允许接着进行加或减操作。

（2）解释 AU 指针的规则

① 在正常运行期间，指针确定 VC 在 AU 帧中的起始位置。

② 除相同的新值被连续三次收到或在这之前出现下列③、④或⑤条之一以外，均不理睬现行指针值的任何变化。若连续三次以上收到相同的新值，则不考虑规则③或④。

③ 如果指针码中的 I 比特的多数是翻转的，就要指示一个正调整操作，随后的指针值应增加 1。

④ 如果指针码中的 D 比特的多数是翻转的，就要指示一个负调整操作，随后的指针值应减少 1。

⑤ 除非接收器处于指针丢失状态，如 NDF 为"1001"，此时的指针值应替换原有的指针值。偏移量由新指针值指示。

另外还要说明一点，为了防止由于误码等原因产生的差错。对于 NDF 和 I、D 比特，在接收侧均采用"多数表决"的准则来进行判决。

除上述 AU-4 指针外，还有 TU-3 和 TU-12 两种指针，分别用于适配 VC-3 和 TU-3、VC-12 和 TU-12 之间的相位偏差。TU-3 和 TU-12 指针调整原理与 AU-4 指针相似，不再赘述。

习题与思考题

1. 数字异步与同步复接的区别是什么，异步复接的方式有哪些，各有何特点？

2. PCM30/32 路系统的帧结构中，TS0 与 TS16 时隙传送信息的容量及速率是多少？

3. 循环冗余校验（CRC）在基群中有何作用？

4. 在基群帧结构中，复帧同步码的作用是什么？

5. 我国采用哪一种数字复接等级和速率系列？

6. PDH 体制存在哪些缺陷？

7. SDH 帧由哪几部分组成？SDH 有哪些显著特点？

8. SDH 基本传送模块是什么？其速率为多少？

9. STM-N 帧长、帧频、周期各为多少？帧中每个字节提供的通道速率是多少？

10. 段开销分几部分？每部分在帧中的位置如何？作用是什么？

11. 管理单元指针位于帧中什么位置？其作用是什么？

12. 我国规定 SDH 的复用结构中，2Mbit/s 信号的复用映射路径是什么？

13. 何谓 SDH 容器？我国规定的 SDH 容器有哪几种？

14. 简述 34.368Mbit/s 到 STM-1 的映射和复用过程。

15. SDH 从传送功能上可划分为哪几层？

16. SDH 网采用异步映射方式接入 PDH 信号时，140Mbit/s、2Mbit/s 和 34Mbit/s 信号接入时，各采用何种调整方式？

17. SDH 采用指针技术以后带来的利弊是什么？

18. SDH 网络设备的 OAM 功能指的是什么？

19. STM-1 最多能接入多少个 2Mbit/s 信号？多少个 34Mbit/s 信号？多少个 140 Mbit/s 信号？

20. 何时需要正码速调整？何时进行零码速调整？何时需要负码速调整？

21. 简述新数据标志 NDF 的含义。

22. 在 SDH 复用映射过程中，如高阶 VC-4 信号滞后于系统的复用器部分，请分析 AU-4 指针调整过程。

23. 若参与复接的 4 路基群信号，每一支路标称速率为 2048kbit/s，按准同步复接方式组成标称速率为 8448 kbit/s 的比特流，若每支路采用如下帧结构：

F1	F2	66I	J1	J2	66I	J1	J2	66I	X	Y	Z	65I

试求：（1）标称码速调整率；

（2）帧频；

（3）标称调整比。

注：FJXY 为非信息位，Z 为调整位。

第二章 电路交换

第一节 电路交换概述

电路交换体制的典型代表就是电话交换系统，这里以电话交换系统为例介绍电路交换体制。

一、电话交换系统发展与分类

1．电话交换系统的发展

自 1876 年贝尔发明电话以来，电话交换技术处于迅速的变革与发展中。1878 年在美国康涅狄格洲新哈芬港出现了磁石式电话和人工电话交换机，1880 年开始采用共电式人工电话交换机。这两种人工电话交换机是借助话务员进行电话接续，其效率很低。

1891 年，美国人史端乔（Strowger）发明了步进式电话交换机的核心部件——升降旋转接线器，1892 年步进制（step-by-step）电话交换机最先在美国开通使用，自动选择器取代了话务员，它标志着交换技术从人工时代迈入机电自动交换时代。这一时期的交换机除了预选器是自由旋转外，其他各级机键的动作都由用户话机送来的拨号脉冲控制。在用户通话过程中，除了各级机键的弧刷和接点被占用外，相关的控制设备也被占用。话路系统和控制系统的混合使控制系统的利用率很低。另外，各级机键结构都是采用滑动接触的选择机构，使机键磨损大，噪声高。

1919 年，瑞典工程师比图兰特（Betulander）与帕尔姆格林（Palmgren）申请了纵横接线器专利，并于 1926 年和 1938 年分别在瑞典和美国开通了纵横制自动交换机。纵横制自动交换体制使得控制系统与话路系统分开，提高了控制系统的效率，增加了中继布局的灵活性。其接线器采用压接触方式，减少了摩擦，增加了可靠性。

随着电子技术，尤其是半导体技术的迅速发展，人们开始在交换机内引入电子技术，称作电子交换机，最初引入电子技术的是在交换机的控制部分。而在对落差系数要求较高的话路部分则在较长一段时期未能达到人们的目的——引入电子技术。因此出现了"半电子交换机""准电子交换机"。它们都是用机械接点作为话路部分，而控制部分则是采用电子器件，差别是后者采用了速度较快的"笛簧接线器"。

1946 年第一台存储程序控制的电子计算机的诞生，对交换技术的发展起了巨大的影响。当初，由于计算机的可靠性还不十分高，而交换机对其控制部件要求却很高，要求几十年内连续不断工作，这对专用于交换机的计算机提出了很高要求，从而提高了成本。由于控制机的昂贵，当时采用的是集中控制方式，使得控制系统较为脆弱。只有在大规模集成电路，尤其是微处理器和半导体存储器大量问世以后才得到彻底改变。

早期的程控交换是"空分"的，它的话路部分往往采用机械接点。例如，1965 年美国投产的第一台程控交换机——ESS No.1 系统，就是一台空分交换机。

随着数字通信与脉冲编码调制（PCM）技术的迅速发展和广泛应用，世界各先进国家自 20 世纪 60 年代开始以极大的热情竞相研制程控数字交换机，经过艰苦努力，法国首先于 1970 年在拉尼翁（Lanion）成功地开通了世界上第一个程控交换系统 E10，它标志着交换技术从传统的模拟交换进入数字交换时代。由于程控数字交换技术的先进性和设备的经济性，使电话交换跨上一个新的台阶。随着微处理机技术和专用集成电路的飞跃发展，程控数字交换的优越性愈加明显地展现出来。目前所生产和使用的中、大容量程控交换机全部为数字式的。

2．电路交换机的分类

近百年来由于技术的不断发展，交换系统的设计有很大的进展，由人工交换发展到自动交换；由机电制发展到电子制。在控制方式上由直接控制向间接控制发展的同时，交换系统在向用户提供新业务，减少设备的费用和体积方面有了很大的进展，特别是近几十年来由于数字技术的发展，给交换技术和传输技术的统一提供了条件。

电路交换机的分类大致如图 2-1 所示。

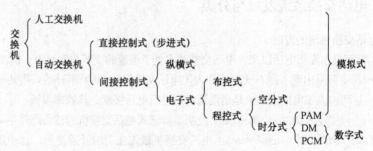

图 2-1　电话交换机的分类

自动交换系统从信息传递方式上可以分为以下两种。

① 模拟交换系统。这是对模拟信号进行交换的交换设备。通过电话机发出的语音信号就是模拟信号。如步进制、纵横制等都属于模拟交换设备。属于模拟交换系统的电子交换设备有空分式电子交换设备和脉幅调制（PAM）的时分式交换设备。

② 数字交换系统。这是对数字信号进行交换的交换设备。目前最常用的数字信号为脉冲编码调制（PCM）的信号，最常用的交换设备是对 PCM 信号进行交换的数字交换设备。

自动电话交换系统从控制方式上来讲可以分为以下两种。

① 布线逻辑控制交换系统（简称布控交换系统）。这种交换系统的控制部分是用机电元件（例如，继电器等）或电子元件做在一定的印制板上，通过机架布线作成。这种交换系统的控制件作成后便不好更改，灵活性小。

② 存储程序控制交换系统（简称程控交换系统）。这是用数字电子计算机控制的交换系统。采用的是电子计算机中常用的"存储程序控制"方式。即把各种控制功能、步骤、方法编成程序放入存储器，利用存储器内所存储的程序来控制整个交换过程。要改变交换系统功能，增加交换的新业务，往往只要通过修改程序或数据就能实现，这样就提高了灵活性。

二、电话交换系统基本功能与结构

1. 电路交换呼叫接续过程

图 2-2 所示是一部磁石式人工交换机示意图。每一个用户都终接在交换机的用户塞孔上，每一塞孔都附有用户呼叫指示器。当用户摇动发电机送来交流电时，指示器的铁芯磁化，吸动衔铁使铜质牌盖翻落，表示用户呼叫。用来接通两个用户线路的设备是由应答塞子和呼叫塞子组成的塞绳，每副塞绳都设有应答和振铃电键及话终指示器。通过电键，每副塞绳都可和话务员通话设备及手摇发电机相连通。

现以#1 用户呼叫#3 用户为例来说明接续过程。

① 主叫用户#1 发出呼叫信号，交换机上#1 用户呼叫指示器牌盖翻落，表示#1 用户呼叫。

② 话务员任选一副空闲的塞绳，将其应答塞子插入#1 用户塞孔，塞孔簧片动作，切断呼叫指示器电路，同时扳应答电键将话务员通话设备与主叫用户接通，询问所需用户号码，并顺手将指示牌盖推还原处。

③ 话务员把同一副塞绳的另一端即呼叫塞子插入#3 用户塞孔，扳振铃电键，由振铃设备向被叫用户发送振铃信号。

④ 被叫用户听到铃声应答后，话务员将电键复原，双方即可通过塞绳进行通话。

⑤ 话终，任何一方都可摇发电机送出话终信号，信号电流流过该副塞绳的话终指示器，使其牌盖翻落，话务员即将这一副塞子从用户塞孔中拔出，并将指示器牌盖推还原处。

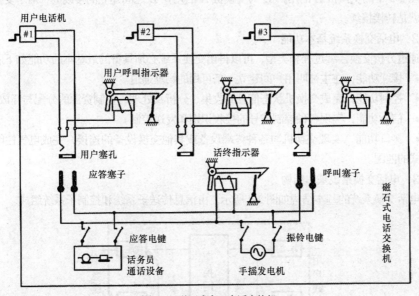

图 2-2　磁石式人工电话交换机

从上述接续过程可以看出，在主被叫用户实现通话之前，需要有一个用户呼叫，话务员进行测试、接续和振铃等处理的过程。通话完毕，还有一个用户挂机，话务员拆线的过程。这就是电路交换的三个典型阶段，即呼叫建立、消息传输和话终释放。不仅是磁石式人工电话交换机，几乎所有电路交换设备都具有这个典型的过程。

如果从电话交换网的角度来看，每个交换机就是一个网络节点，交换节点需要控制的基本接续类型主要有 4 种：本局接续、出局接续、入局接续和转接（汇接）接续，如图 2-3 所示。

● 本局接续是只在本局用户之间建立的接续，即通信的主、被叫都在同一个交换局。图 2-3 中的交换机 A 的两个用户 A 和 B 之间建立的接续①就是本局接续。

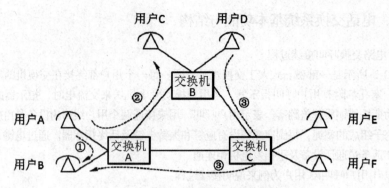

图 2-3　交换网中交换节点的接续类型

- 出局接续是主叫用户线与出中继线之间建立的接续，即通信的主叫在本交换局，而被叫在另一个交换局。图 2-3 中交换机 A 的用户 A 与交换机 B 的用户 C 之间建立的接续②，对于交换机 A 来说就是出局接续。

- 入局接续是被叫用户线与入中继线之间建立的接续，即通信的被叫在本交换局，而主叫在另一个交换局。图 2-3 中交换机 A 的用户 A 与交换机 B 的用户 C 之间建立的接续②，对于交换机 B 来说就是入局接续。

- 转接接续是入中继线与出中继线之间建立的接续，即通信的主、被叫都不在本交换局。图 2-3 中的交换机 B 的用户 D 与交换机 A 的用户 B 之间建立的接续③，对于交换机 C 来说就是转接接续。

2．电话交换系统基本功能

通过分析交换接续过程和类型，可以得出交换系统必须具备的最基本的功能如下所述。

- 接续功能，在主被叫用户间建立一条可用的物理通道。

- 控制功能，完成交换机状态信息的收集、分析及处理，控制资源的分配与释放。

- 信令功能，实现各种控制信号的接收识别和发送控制。

- 接口功能，实现交换机与各种终端设备或其他交换设备的连接，完成电气性能和信号方式的匹配。

3．电话交换系统基本结构

电话交换系统的基本结构如图 2-4 所示，由信息传送子系统和控制子系统组成。

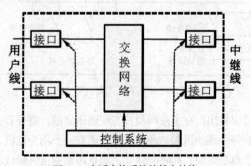

图 2-4　电话交换系统的基本结构

（1）交换网络

交换就是信息（话音、数据等）从某个接口进入交换系统，经交换网络的交换从某个接口出去。由此可知，交换系统中完成交换功能的主要部件就是交换网络。交换网络的最基本功能就是实现任意入线与出线的互连，它是交换系统的核心部件。构建具有连接能力强、无阻塞、高性能、低成本、灵活扩充、便于控制的交换网络是交换领域重点研究的问题，它涉及交换网络的拓扑结构、交换网络内部选路策略、交换网络的控制机理、多播方式的实现、网络阻塞特性、网络可靠性等一系列互连技术。交换网络有时分的和空分的，有单级的和多级的，有数字的和模拟的，有阻塞的和无阻塞的。本章将详细介绍交换网络的基本原理和技术。

（2）接口

接口的功能主要是将进入交换系统的信号转变为交换系统内部所适应的信号，或者是相反的过程。这种变换包括信号码型、速率等方面的变换。交换网络的接口主要分两大类：用户接口和中继接口。用户接口是交换机连接用户线的接口，如电话交换机的模拟用户接口，ISDN 交换机的数字用户接口。中继接口是交换机连接中继线的接口，主要有数字中继接口和模拟中继接口，目前电信网上已很少见到模拟中继接口。

（3）控制系统

控制系统是交换系统的"指挥中心"。交换系统的交换网络、各种接口及其他功能部件都是在控制系统的控制协调下有条不紊地工作的。控制系统是由处理机及其运行的系统软件、应用软件和 OAM 软件所组成的。现代交换系统普遍采用多处理机方式。控制系统的控制方式（如集中控制、分散控制），多处理机之间的通信机制及控制系统的可靠性是交换系统控制技术的主要内容。

交换系统的控制系统使用信令与用户和其他交换系统（交换节点）进行"协调和沟通"，以完成对交换的控制。信令是通信网中规范化的控制命令，它的作用是控制通信网中各种通信连接的建立和拆除，并维护通信网的正常运行。交换系统与用户交互的信令叫作用户信令，交换系统之间交互的信令叫作局间信令。信令技术是交换系统的一项基本技术。

三、话务理论基础

在设计通信网中的电话局交换设备（交换网络）及局间中继线设备数量时，主要根据这些设备所要承受的电话业务量及规定的服务质量指标。电话业务量简称话务量；服务质量指标指的是交换设备未能完成接续的电话呼叫业务量与用户发出的电话呼叫业务量之比，即呼叫损失率，简称呼损。呼损越低，服务质量越高。话务呼损与交换设备数量之间存在着固有的关系。研究这三者之间固有关系的理论即话务理论。本节重点讨论其基本理论。

1．话务量与 BHCA

（1）话务量

话务量定义为单位时间内平均发生的呼叫数与每次呼叫平均占用时长的乘积，记为：

$$A=at_0 \tag{2-1}$$

若 a 与 t_0 所用时间单位相同（如都用小时或分、秒），则 A 的单位是爱尔兰（Erl）或厄兰（Erlang）。

若 a 以小时作为时间单位，t_0 以分钟为单位，则 A 的单位是分钟呼（cm）。

若 a 以小时作为时间单位，t_0 以百秒为单位，则 A 的单位是百秒呼（ccs）

例：一小时内平均呼叫 4200 次，每次呼叫平均占时 2 分钟。因为 t_0=1/30 小时=2 分钟=1.2 百秒，所以话务量

$$A=at_0=4200 \times(1/30)=140\text{Erl}$$
$$=4200\times 2=8400\text{cm}$$
$$=4200 \times1.2=5040\text{ccs}$$

如果对一组用户（如 100 个用户）进行昼夜不停观察，将发现它们的单位小时话务量

（即平均同时占用数）变化范围很大，图 2-5（a）所示是这种变化的一个例子。

图 2-5（a）中 $\bar{k}$ 表示平均同时占用数。从这个例子中可看出，这 100 个用户在凌晨前的几个小时话务量最低；天亮后，话务量开始上升，8 点上班后话务量猛增，9～10 点之间出现高峰，平均有 8 个用户同时呼叫占用；中午话务量下降，下午上班后一段时间又出现一次高峰，然后逐渐下降。整个一昼夜时间内话务最繁忙的 1 小时，称它为"忙时"。显然，上例曲线中 9～10 点之间这一小时为忙时。图 2-5（b）的曲线是按照每小时的平均同时占用数绘制的，实际上每小时内各点时间的同时占用数相差也很大。图 2-5（b）表示忙时内这 100 个用户同时呼叫占用数的变化曲线（图中 k 表示同时占用数）。该曲线是按照每隔 2min 统计一次同时占用数获得的。从图中可看出，这 100 个用户中最多时有 24 个用户同时呼叫占用，最少时只有 3 个用户同时呼叫占用，平均的同时呼叫占用数为 8，即这 100 个用户的忙时话务量为 8 小时呼（话务流量为 8Erl），平均每户为 0.08 小时呼（话务流量为 0.08Erl）。

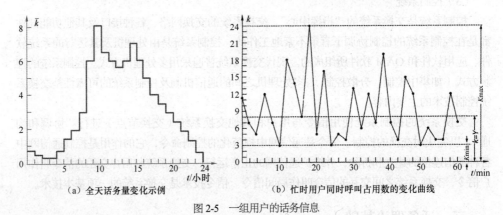

（a）全天话务量变化示例　　　　（b）忙时用户同时呼叫占用数的变化曲线

图 2-5　一组用户的话务信息

（2）BHCA

BHCA（Busy Hour Call Attempt）忙时呼叫次数：一天中话务量最大的一小时内的呼叫次数，通常取：

$$BHCA = 2a = 2A/t_0 \qquad (2-2)$$

例：忙时话务量 A=150Erl，平均呼叫持续时间 t_0=180 秒，则忙时呼叫次数：

$$a = A/t_0 = 150\text{Erl}/0.05 \text{ 小时} = 3000 \text{ 次/小时}$$

$$BHCA = 2 \times 3000 = 6000 \text{ 次}$$

2．呼损率

遇阻呼叫称为呼损，系统发生呼损的概率即为呼损率。呼损率有以下两种计算方式。

- 时间拥塞率（服务器全忙的概率）=服务器全被占用的时间/总考察时间之比。
- 呼叫拥塞率（丢失呼叫的概率）=由于服务器全被占用而丢失的呼叫次数/总呼叫次数。

系统所能达到的呼损率通常称为服务等级 GoS(Grade of Service)。

3．爱尔兰 B 公式

设交换机话路系统能提供 M 条话路通话（内部线束数），当流入话务量为 Y 时，可得出有 k 个同时呼叫的概率为

$$P_k = \frac{\dfrac{Y^k}{k!}}{\sum_{i=0}^{M} \dfrac{Y^i}{i!}} \qquad (2-3)$$

式（2-3）即为著名的爱尔兰 B 公式。由式（2-3）可得出按时间计算的呼损 $E(M, Y)$：

$$E(M,Y) = \frac{\dfrac{Y^M}{M!}}{\sum_{i=0}^{M} \dfrac{Y^i}{i!}} \tag{2-4}$$

$E(M, Y)$ 为同时有 M 个呼叫的概率，也即交换系统的 M 条话路全部被占用的概率。Y 为流入交换系统的话务流量，当 M 条话路全部被占用时，到来的呼叫将被系统拒绝而损失掉。因此，系统全忙的概率即为呼叫损失的概率。电话交换系统就是这样一种对电话业务采用明显损失制的服务系统。

爱尔兰 B 公式反应了话路数 M、流入话务量 Y 和呼损 E 三者之间的关系，由任意两个量可求得第三个量，但由于爱尔兰 B 公式计算繁琐，为方便使用，人们制成了爱尔兰 B 表，供查询使用，如图 2-6 所示。

Devices	Blocking 0,0001	Blocking 0,001	Blocking 0,002	Blocking 0,005	Blocking 0,01	Blocking 0,02
1						
2						
3						
4						
5						
6				1,62	1,91	2,28
7				2,16	2,50	2,94
8				2,73	3,13	3,63
9				3,33	3,78	4,34
10				3,96	4,46	5,08
11	2,72	3,65	4,02	4,61	5,16	5,84
12	3,21	4,23	4,64	5,28	5,88	6,61
13	3,71	4,83	5,27	5,96	6,61	7,40
14	4,24	5,45	5,92	6,66	7,35	8,20
15	4,78	6,08	6,58	7,38	8,11	9,01
16	5,34	6,72	7,26	8,10	8,88	9,83
17	5,91	7,38	7,95	8,83	9,65	10,66
18	6,50	8,05	8,64	9,58	10,44	11,49
19	7,09	8,72	9,35	10,33	11,23	12,33
20	7,70	9,41	10,07	11,09	12,03	13,18
21	8,32	10,11	10,79	11,86	12,84	14,04
22	8,95	10,81	11,53	12,63	13,65	14,90
23	9,58	11,52	12,26	13,42	14,47	15,76
24	10,23	12,24	13,01	14,20	15,30	16,63
25	10,88	12,97	13,76	15,00	16,12	17,50
26	11,54	13,70	14,52	15,79	16,96	18,38
27	12,21	14,44	15,29	16,60	17,80	19,26
28	12,88	15,18	16,05	17,41	18,64	20,15
29	13,56	15,93	16,83	18,22	19,49	21,04
30	14,25	16,68	17,61	19,03	20,34	21,93
31	14,94	17,44	18,39	19,85	21,19	22,83
32	15,63	18,20	19,18	20,68	22,05	23,72
33	16,33	18,97	19,97	21,50	22,91	24,63
34	17,04	19,74	20,76	22,34	23,77	25,53
35	17,75	20,52	21,56	23,17	24,64	26,43
36	18,47	21,30	22,36	24,01	25,51	27,34

Devices	Blocking 0,0001	Blocking 0,001	Blocking 0,002	Blocking 0,005	Blocking 0,01	Blocking 0,02
92	62,58	68,23	70,33	73,58	76,56	80,24
93	63,42	69,10	71,22	74,50	77,49	81,20
94	64,25	69,98	72,11	75,41	78,43	82,17
95	65,08	70,85	73,00	76,32	79,37	83,13
96	65,92	71,73	73,90	77,24	80,31	84,10
97	66,75	72,61	74,79	78,16	81,24	85,07
98	67,59	73,48	75,68	79,07	82,18	86,04
99	68,43	74,36	76,57	79,99	83,12	87,00
100	69,26	75,24	77,47	80,91	84,06	87,97
101	70,10	76,12	78,36	81,83	85,00	88,94
102	70,94	77,00	79,26	82,75	85,95	89,91
103	71,79	77,88	80,16	83,67	86,89	90,88
104	72,63	78,77	81,05	84,59	87,83	91,85
105	73,47	79,65	81,95	85,51	88,77	92,82
106	74,31	80,53	82,85	86,43	89,72	93,79
107	75,16	81,42	83,75	87,35	90,66	94,76
108	76,00	82,30	84,65	88,28	91,60	95,73
109	76,85	83,19	85,55	89,20	92,55	96,71
110	77,70	84,07	86,45	90,12	93,49	97,68
111	78,54	84,96	87,35	91,05	94,44	98,65
112	79,39	85,85	88,25	91,97	95,38	99,62
113	80,24	86,73	89,15	92,89	96,33	100,60
114	81,09	87,62	90,06	93,82	97,28	101,57
115	81,94	88,51	90,96	94,75	98,22	102,54
116	82,79	89,40	91,86	95,67	99,17	103,52
117	83,64	90,29	92,77	96,60	100,12	104,49
118	84,50	91,18	93,67	97,53	101,07	105,47
119	85,35	92,07	94,58	98,45	102,01	106,44
120	86,20	92,96	95,48	99,38	102,96	107,42
121	87,06	93,86	96,39	100,31	103,91	108,39
122	87,91	94,75	97,30	101,24	104,86	109,37
123	88,77	95,64	98,20	102,17	105,81	110,35
124	89,63	96,54	99,11	103,10	106,76	111,32
125	90,48	97,43	100,02	104,03	107,71	112,30
126	91,34	98,33	100,93	104,96	108,66	113,28
127	92,20	99,22	101,84	105,89	109,61	114,25

图 2-6　爱尔兰 B 表的一部分

例 1：一部交换机接 1000 个用户终端，每个用户的忙时话务流量为 0.1Erl。该交换机能提供 123 条话路同时接受 123 个呼叫。求该交换机的呼损。

解：因 Y=0.1Erl×1000=100Erl，M=123。将 Y 和 M 的值代入式（2-4）或查爱尔兰表，得呼损

$$E（123，100）=3‰$$

因有 0.3%（即 0.3Erl）的话务流量损失掉，99.7%（即 99.7 Erl）的话务流量通过了该交换机内的 123 条话路，则每一条话路负荷 99.7/123≈0.8Erl 话务流量，即话路利用率为 80%。

例 2：假定有 10 个用户终端公用交换机内的 2 条话路，每个用户的忙时话务流量为 0.1Erl，求呼损。

解：因 Y=0.1Erl×10=1Erl，M=2，呼损 $E（2，1）$=0.2=20%。因而话路利用率为 40%。

从以上两个例子可看出：当交换机的内部话路数（即线束容量）很小时，其利用率就相当低，呼损很大。当线束容量接近或超过 100 时，其利用率就相当高，呼损很小。在小容量

线束情况下，要保持较高的服务质量，就必须使流入到该线束的话务量大大减少。例如，为使例 2 中的呼损等于 4.5%，则话务流量 Y 必需减少到 0.1Erl。这时线束利用率为 $0.1 \times (1 - 4.5\%) \div 2 \approx 0.05 = 5\%$，因而线束利用率很低。

但是，对于利用率高的大容量线束，当流入到该线束的话务流量增加时，很容易引起负荷；而利用率较低的小容量线束则对过负荷不敏感。

第二节　电路交换控制

一、呼叫处理过程

作为电话交换机的最初形态，磁石式人工电话交换机奠定了电话交换机功能结构及呼叫接续的基本模式，当电话交换机经历了长期发展，来到程控数字交换机时代时，那些基本的模式几乎都被保留下来。不同的是，由于计算机和电子器件的加入，增加了很多技术上的细节。出于对细节理解的考虑，有必要对程控电话交换机的呼叫处理过程进行详细说明。

1．呼叫接续

在程控交换机中，呼叫接续过程都是在呼叫处理程序控制下完成的。

（1）主叫用户摘机

① 交换机检测到用户 A 摘机状态。

② 交换机调查用户 A 类别、话机类别和服务类别。

（2）送拨号音

① 交换机为用户 A 寻找一个空闲收号器及其空闲路由。

② 向主叫用户送拨号音，并监视收号器的输入信号，准备收号。

（3）收号

① 用户 A 拨第一位号码，收号器收到第一位号后，停拨号。

② 用户 A 继续拨号，收号器将号码按位储存。

③ 对"已收位"进行计数。

④ 将号首送到分析程序进行预译处理。

（4）号码分析

① 进行号首（第一至第三位号码）分析，以确定呼叫类别，并根据分析结果是本局、出局、长途或特服等决定该收几位号。

② 检查这一呼叫是否允许接通（是否限制用户等）。

③ 检查被叫是否空闲，若空闲，则予以示忙。

（5）接通被叫

① 测试并预占主、被叫通话路由。

② 找出向被叫送铃流及向主叫送回铃音的空闲路由。

（6）振铃

① 向被叫送铃流，向主叫送回铃音。

② 监视主、被叫用户状态。

（7）被叫应答和通话

① 被叫摘机应答，交换机检测到后，停振铃和停回铃音。

② 建立主、被叫通话路由，开始通话。

③ 启动计费设备开始计费。

④ 监视主、被叫用户状态。

（8）话终挂机

① 主叫先挂机，交换机检测到后，路由复原，停止计费，向被叫送忙音；被叫挂机后，转入空闲状态。

② 被叫先挂机，交换机检测到后，路由复原，停止计费，主叫听忙；主叫挂机，转入空闲。

2. 状态迁移

一个呼叫处理过程相当复杂，它包括处理机监视、识别输入信号、信号分析、任务执行和输出命令（如振铃、送信号）等。在不同情况下，各种请求都是随机的，且对它们的处理方法也各不相同。例如，同样是挂机，还要分是主叫先挂机，还是被叫先挂机，即使是主叫先挂机，还要区分是在什么时候挂机，是拨号中途挂机，还是话终挂机。

在一次局内呼叫处理过程中，可把整个接续过程分为若干阶段，将接续过程中稳定不变的阶段称为稳定状态，如空闲、收号、振铃、通话等。交换机由一个稳定状态变化到另一个稳定状态叫作状态转移。状态转移即处理机接受输入信号，执行相应的各种处理。由此可见，当处理机监视处理要求时，处于稳定状态；当执行所要求的处理任务时，进行状态转移。在大型交换机中，可能有 500 种状态，2000 项处理任务。

例如，用户摘机，从"空闲"状态转移到"等待收号"状态，它们之间由主叫摘机识别、收号器接续、发送拨号音、开始计时等各种处理来连接。又如"振铃"状态和"通话"状态间可由被叫摘机检测、停振铃音、路由驱动等处理来连接。

在一个呼叫处理过程的某个稳定状态下，如果没有输入信号，即如果没有处理要求，处理机是不会理睬这个呼叫处理的。如在"空闲"状态时，只有当处理机检测到摘机信号以后，才开始处理，并进行状态转移。同样的输入信号在不同状态时会进行不同处理，并会转移到不同的新状态。如同样检测到摘机信号，在空闲状态下，则认为是主叫摘机呼叫，要寻找空闲收号器、接通路由、送拨号音，转向"等待收号"状态；如在振铃状态，则被认为是被叫摘机应答，要进行通话接续处理，并转向"通话"状态。

在同一状态下，不同的输入信号处理也不同，如在"振铃"状态下，收到主叫挂机信号，则要做中途挂机处理；收到被叫摘机信号，则要做通话接续处理。前者转向"空闲"状态，后者转向"通话"状态。

在同一状态下，输入同样信号，也可能因不同情况得出不同结果。如在空闲状态下，主叫用户摘机，进行接续处理。如果遇到无空闲收号器，或者无空闲路由（收号路由或送拨号音路由），则就要进行"送忙音"处理，转向"听忙音"状态。如条件满足，则就要连接收号器，送拨号音，转向"等待收号"状态。

因此，用这种稳定状态转移的办法可以比较简明地反映交换系统呼叫处理过程中各种可能的状态，各种处理要求及各种可能结果等一系列复杂过程。

3. 呼叫处理过程

从控制观点看，可把交换机外部的变化（摘机、拨号、中继线占用）叫作事件，它是引起状态转移的原因，处理状态转移的工作叫作任务。交换机的基本功能就是收集所发生的事件（输入），对收到的事件进行正确的逻辑处理（内部处理），向硬件或软件发出要求采取动作的指令（输出）。交换的自动接续即中央处理机根据话路系统内发生的事件做出相应的指令来完成的。根据图 2-7 的描述，可以得到一个局内呼叫过程应包括以下三部分处理。

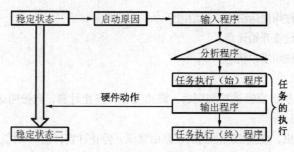

图 2-7　状态转移与程序关系

（1）输入处理，也叫监视处理，即数据采集部分。它识别并接收从外部输入的处理请求和其他有关信号。输入处理的程序叫作输入程序。

（2）分析处理，即内部数据处理部分。它根据输入信号和现有状态进行分析、判别，然后决定下一步任务。分析事件以确定执行何种任务的程序叫作任务分析程序。分析程序主要包括去话分析、数字分析、状态分析、来话分析等。

（3）内部任务执行和输出处理，即输出命令部分。根据分析结果，发布一系列控制命令，命令对象可能是内部某些任务，也可能是外部硬件。控制状态转移的程序叫作任务执行程序。在任务执行中，把硬件动作有关的程序，从任务执行中分离出来，作为独立的输出程序。从任务执行中分离出输出程序的原因是为了使话路系统的动作与软件的动作同步。在任务的执行过程中，中间夹着输出处理，把任务执行又分为前后两部分，分别叫作"始"和"终"。

因为硬件动作滞后于软件动作，为了使硬件动作和软件动作配合工作，所以把任务分为"始"和"终"。例如，话路的某个部分从空闲状态转移到占用状态，在硬件动作之前软件先使它示忙，以免被其他占用，造成重接。等到硬件动作后，还必须由软件进行监视，如由占用状态转到空闲状态的相反过程时，软件发出指令使硬件动作完成后，软件再使它示闲，以避免出现重接（混线）或复原不良的现象。

输出和输入程序中与硬件动作有关的称为输出输入程序，而与硬件动作无关的，如任务分析和任务执行（始，终）程序，是处理机的内部处理信息的程序，称为内部处理程序。

交换动作的基本形式是由输入程序识别外部来的信息并进行分析，决定执行哪一任务，然后执行该任务（始），输出程序使话路系统设备动作，使它转移到另一个稳定状态，此后再执行任务的剩余部分（终），这种反复执行处理的流程，就是交换处理（呼叫处理）程序的基本组成。

二、呼叫处理实现

1. 输入处理

输入处理的主要功能就是要及时检测外界进入到交换机的各种信号，如用户摘/挂机信号、用户所拨号码（PULSE，DTMF）、中继线上的中国 1 号信令的线路信号、7 号信令等，将这些从外部进入到交换机的各种信号称为事件。输入处理是由输入处理程序来完成的。在一次呼叫过程中，会产生许多这样的随机事件，当事件发生时，输入处理程序要及时、准确地检测和识别这些事件，报告给分析处理程序。

输入处理程序需完成的功能主要有 5 个。

- 用户线扫描监视。监视用户线状态是否发生了变化。
- 中继线线路信号扫描。监视采用随路信令的中继线的状态是否发生了变化。
- 接收各种信号。包括拨号脉冲、DTMF 信号和 MFC 信号等。
- 接收公共信道信令。

- 接收操作台的各种信号等。

（1）户线扫描分析

用户线扫描监视程序完成检测和识别用户线的状态变化，其目的就是要检测和识别用户线上的摘机/挂机信号和用户拨号信号。

用户线有两种状态"续"和"断"。"续"是指用户线上形成直流通路，有直流电流的状态；"断"是指用户线上直流通路断开，没有直流电流的状态。用户摘机时，用户线状态为"续"，用户挂机时，用户线状态为"断"；用户拨号送脉冲时，用户线状态为"断"，脉冲间隔时，用户线状态为"续"，因此通过对用户线上有无电流，即对这种"续"和"断"的状态变化进行监视和分析，就可检测到用户线上的摘/挂机信号及脉冲拨号信号。

此外，为了能够及时检测到用户线上的状态变化，处理机必须周期性地去扫描用户线。周期的长短视具体情况而定，用户摘挂机扫描周期一般为 100～200ms，拨号脉冲识别周期一般为 8～10ms。因此，用户线扫描监视程序是周期级程序。

（2）摘挂机识别原理

用户线的状态不外乎有两种："续"和"断"，如果用"0"来表示"续"状态，"1"来表示"断"状态，则用户摘机状态为"0"，用户挂机状态为"1"。设程控交换机摘挂机扫描程序的执行周期为 200ms，那么摘机识别就是在 200ms 的周期性扫描中找到从"1"到"0"的变化点，挂机识别就是在 200ms 的周期性扫描中找到从"0"到"1"的变化点。摘挂机识别原理如图 2-8 所示。

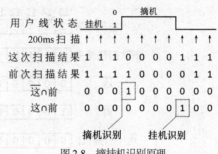

图 2-8　摘挂机识别原理

用摘挂机扫描监视程序对用户线状态进行扫描，图中每个箭头代表一次 200ms 扫描监视程序的执行。由于摘机时用户线状态从"1"变为"0"，挂机时用户线状态从"0"变为"1"，所以只要将前一个 200ms 周期的扫描结果，即"前次扫描结果"，与当前 200ms 周期扫描的结果，即"这次扫描结果"进行比较，确定用户线状态从"1"到"0"的变化点和从"0"到"1"的变化点，就可识别出摘机信号和挂机信号。

用户摘挂机识别的流程图如图 2-9 所示，一般在实际实现时通常采用"群处理"的方法，对一组用户进行检测，而不是逐个用户地检测，这样可大大提高扫描效率。"群处理"技术是程控交换软件设计中经常采用的技术之一。

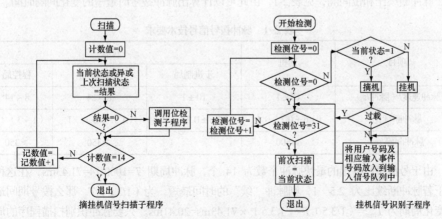

图 2-9　用户摘挂机识别流程图

（3）群处理

为提高效率，在软件设计中尽可能地对一群对象同时进行逻辑运算和处理，将这种方法称作群处理。下面以用户线摘挂机扫描为例说明群处理的基本方法。

设处理机的字长为 16 位，由于每个用户摘挂机扫描的状态只用一个二进制比特就可表示，所以每次可以同时对一组 16 个用户进行摘挂机检测。图 2-10 所示为用户摘挂机扫描的群处理流程。

在群处理过程中，设交换机对 16 个用户扫描的状态数据和运算数据如图 2-10 所示，在群处理的流程中，逐位检查摘机、挂机用户实际上就是逐位检查相应运算结果哪一位为"1"，16 位比特分别对应 16 个用户。对摘机运算结果的检测，可知用户 8 和 10 摘机；对挂机运算结果的检测，可知用户 1 和 15 挂机。

中国 1 号信令的线路信令在交换机的输入端一般表现为电位的变化，因此可采用与用户线监视扫描相同的方法监视扫描线路信令的变化。

	15 14 13 12 11 10 9 8 7 6 5 4 3 2 1 0
这次扫描结果	1 1 1 1 1 0 1 0 1 1 1 1 1 1 1 1
前次扫描结果	0 1 1 1 1 1 1 1 1 1 1 1 1 1 0 1
这	0 0 0 0 0 1 0 1 0 0 0 0 0 0 0 0
前	1 0 0 0 0 0 0 0 0 0 0 0 0 0 1 0
这∩前(摘机)	0 0 0 0 0 1 0 1 0 0 0 0 0 0 0 0
这∩前(挂机)	1 0 0 0 0 0 0 0 0 0 0 0 0 0 1 0

图 2-10　群处理举例

（4）脉冲拨号识别原理

脉冲拨号识别包括脉冲识别和位间隔识别。脉冲识别就是识别用户拨号脉冲。位间隔识别是识别出两位号码之间的间隔，即相邻两串脉冲之间的间隔。

① 脉冲识别。由于用户拨号送脉冲时为"断"，脉冲间隔时为"续"，所以脉冲识别的本质与摘挂机识别是一样的，都是要识别出用户线状态的变化点。若要及时检测到用户线状态的变化，必须确定合适的脉冲识别扫描周期。与脉冲拨号方式相关的参数有三个：脉冲速度、脉冲断续比和位间隔，见表 2-1，由此可以计算出脉冲拨号时最短的变化间隔时间。

表 2-1　脉冲拨号信号技术要求

项目	话机	接收		
		步进制局	纵横制局	程控局
脉冲速度/（脉冲/s）	10±1	10±1	8~14	8~14
脉冲断续比	（1.6±0.2）：1	（1.6±0.2）：1	（1.3~2.5）：1	（1~3）：1
脉冲间隔/ms	≥500		≥350	≥350

由于号盘每秒发出的最快脉冲个数为 14 个，脉冲周期 $T=1000/14=71.43$ms，在这种情况下若脉冲断续比为 2.5：1，则脉冲"续"的时间最短，为（1/3.5）T，那么拨号期间最短的变化周期为 $T_{min}=$（1/3.5）$T=$（1/3.5）×71.43ms=20.41ms。只要脉冲识别扫描程序的周期 $T_s < T_{min}$，就能保证在识别过程中不漏掉每一个脉冲。脉冲识别原理如图 2-11 所示。

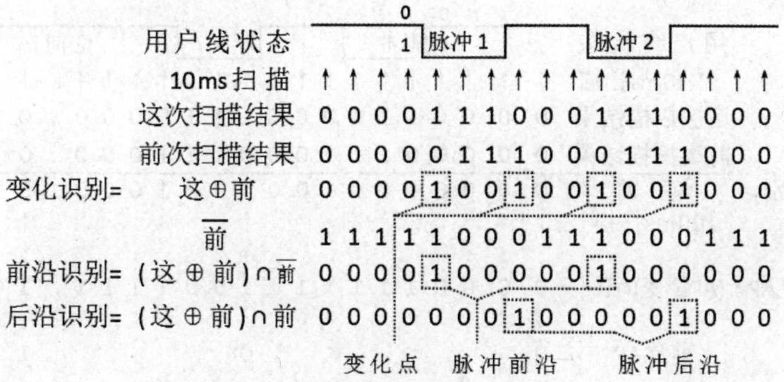

		0															
用户线状态			1	脉冲1					脉冲2								
10ms扫描	↑	↑	↑	↑	↑	↑	↑	↑	↑	↑	↑	↑	↑	↑	↑	↑	↑
这次扫描结果	0	0	0	0	1	1	1	0	0	0	1	1	1	0	0	0	0
前次扫描结果	0	0	0	0	0	1	1	1	0	0	0	1	1	1	0	0	0
变化识别= 这⊕前	0	0	0	0	1	0	0	1	0	0	1	0	0	1	0	0	0
$\overline{前}$	1	1	1	1	1	0	0	0	1	1	1	0	0	0	1	1	1
前沿识别= (这⊕前)∩$\overline{前}$	0	0	0	0	1	0	0	0	0	0	1	0	0	0	0	0	0
后沿识别= (这⊕前)∩前	0	0	0	0	0	0	0	1	0	0	0	0	0	1	0	0	0

变化点　　脉冲前沿　　　脉冲后沿

图 2-11　脉冲识别原理

在图 2-11 中，脉冲识别扫描周期为 10ms，其中"变化识别"用于表示用户线状态是否发生了变化，即标识出用户线状态的变化点。识别脉冲的方法有两个：脉冲前沿识别和脉冲后沿识别。脉冲前沿识别相当于摘挂机识别中的挂机识别，即

$$（这⊕前）∩\overline{前}=这∩\overline{前}$$

脉冲后沿识别相当于摘挂机识别中的摘机识别，即

$$（这⊕前）∩前=\overline{这}∩前$$

这里引入"变化识别"这个中间结果进行稍微复杂的计算，是因为在位间隔识别中要用到"变化识别"。通常脉冲识别和位间隔识别程序是协同工作的。

② 位间隔识别。进行位间隔识别首先要确定位间隔识别的扫描周期。

首先讨论最长的脉冲断续时间间隔。由于最慢的脉冲速度为每秒 8 个脉冲，所以脉冲周期 $T=1000/8 = 125$ms，若脉冲断续比为 2.5∶1，则脉冲断的时间是用户线状态无变化的最大间隔，设其为 T_{max}，则 $T_{max}=（2.5/3.5）T=（2.5/3.5）×125$ms=89.29 ms。为了不将脉冲断续时间间隔误识别为位间隔，位间隔识别的扫描周期又应大于 T_{max}。

另外，脉冲拨号的位间隔时间 $T_w≥350$ms，位间隔识别扫描周期只有小于（1/2）T_w，即 175 ms，按照下述识别原理才能不漏识别位间隔。因此，位间隔识别的扫描周期 T_s 应满足下列条件：

$$T_{max}<T_s<（1/2）T_w$$

当位间隔识别扫描周期满足上述条件时，若在一个位间隔扫描周期内，用户线状态没有发生变化，则这个间隔肯定不是脉冲断续的间隔，因为脉冲断续的时间间隔肯定小于位间隔识别扫描时间，它有可能是一个位间隔。在具体识别过程中，为保证及时识别所发生的位间隔，并且不重复识别同一个位间隔，通常将两个扫描周期结合起来进行判定识别，即若在一个扫描周期内，用户线状态发生了变化，而在紧接着下一个扫描周期内，用户线状态没有发生变化，就判定有可能检测到了一个位间隔。位间隔识别原理如图 2-12 所示。

在图 2-12 中，取位间隔扫描周期为 100 ms。为了表示在一个位间隔扫描周期内用户线状态是否发生了变化，引入了"首次变化"（用 AP 表示）这个变量。对于"首次变化"这个变量，其操作有两个特点。

- 在每个位间隔扫描周期开始时，"首次变化"初始化为"0"。
- 当一个扫描周期内遇到用户线状态发生了变化，则"首次变化"的值被置为"1"，并且在这个扫描周期内保持"1"不变，表明在这个扫描周期内用户线发生了变化。

可以用下面的逻辑关系来表示这种操作的特点：

$$AP=(AP∪变化识别)∩\overline{100}$$

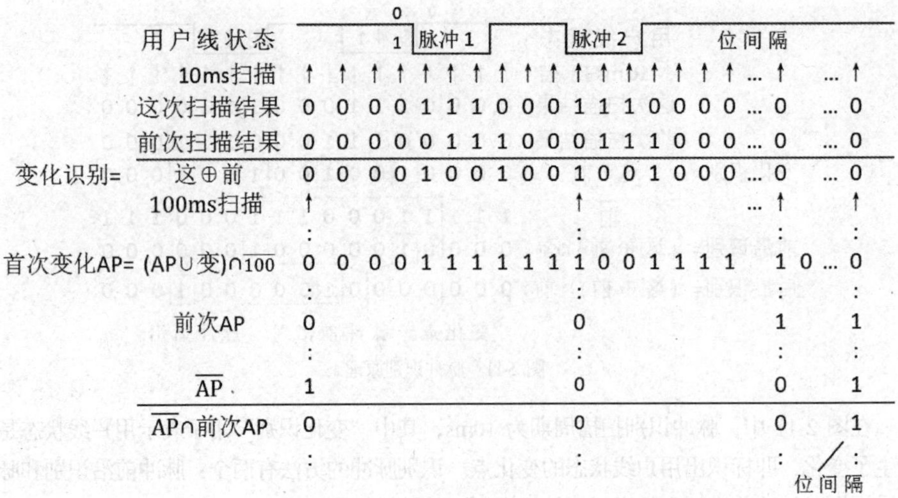

```
                                  0
        用户线状态          1  脉冲1      脉冲2      位间隔
        10ms扫描      ↑ ↑ ↑ ↑ ↑ ↑ ↑ ↑ ↑ ↑ ↑ ↑ ↑ ↑ ↑ ↑ ↑ ... ↑  ... ↑
        这次扫描结果   0 0 0 0 1 1 1 0 0 0 1 1 1 0 0 0 0 ... 0  ... 0
        前次扫描结果   0 0 0 0 0 1 1 1 0 0 0 1 1 1 0 0 0 ... 0  ... 0
  变化识别=  这⊕前     0 0 0 1 0 0 1 0 0 1 0 0 1 0 0 0 ... 0  ... 0
        100ms扫描     ↑                   ↑              ... ↑  ... ↑
                                                         :      :
首次变化AP=(AP∪变)∩100  0 0 0 0 1 1 1 1 1 1 0 0 1 1 1 1    1 0 ... 0
                                                         :      :
        前次AP        0              0                    1      1
                      :              :                    :      :
         AP           1              0                    0      1
      AP∩前次AP        0              0                    0      1
                                                             位间隔
```

图 2-12　位间隔识别原理

在执行每次 100ms 位间隔扫描程序时，都要检查“首次变化”这个变量。若“首次变化”为“0”，则表明在前 100ms 周期内用户线状态没有发生过变化；若“首次变化”为“1”，则表明用户线状态发生了变化，但此时还不能确定为何种变化，既可能为脉冲变化，也可能为位间隔变化，还需要看下一个 100 ms 周期内是否有变化。若仍有变化，则该变化属于“脉冲变化”；若无变化，则为“位间隔变化”，即判定有可能为位间隔。在下一个周期内有可能还识别出用户线无变化，但已经识别出一次了，不再做重复识别。

对于上述的判断结果，需要进一步确认是否为“位间隔”，因为如果用户拨号时中途挂机，用户线也会类似于“位间隔变化”的结果，所以通常还要再判断“当前用户状态”，以区别是用户中途挂机还是位间隔。若当前用户线状态为“1”，则说明用户已挂机，那么识别的就是“中途挂机”，否则即为“位间隔”。

（5）双音多频（DTMF）号码接收原理

双音多频（DTMF）方式的号码与频率有固定的对应关系，见表 2-2，它有两组频率，高频组和低频组，每个号码分别用一个高频和一个低频表示，因此 DTMF 号码识别实际上就是要识别出是哪两个频率的组合。程控交换机使用 DTMF 收号器（硬件收号器）接受 DTMF 信号，DTMF 收号器的示意图如图 2-13 所示。

表 2-2　DTMF 信号的标称频率

数字		H1 1209Hz	H2 1336Hz	H3 1477Hz	H4 1633Hz
	高频组				
低频组	L1 697Hz	1	2	3	13（A）
	L2 770Hz	4	5	6	14（B）
	L3 852Hz	7	8	9	15（C）
	L4 941Hz	11（*）	0	12（#）	16（D）

在图 2-13 中，输出端用于输出某个号码的高频信号和低频信号，信号标志 SP 用于表示 DTMF 收号器是否在收号，当信号标志 SP=0 时，表示 DTMF 收号器正在收号，可以从收号器读取号码信息，当信号标志 SP=1 时，表示 DTMF 收号器没有收号，无信息可读，为了及时读出号码，对信号标志 SP 要进行检测监视，一般 DTMF 信号传送时间大于 40ms，通

常取该扫描周期为 20ms，以确保不漏读 DTMF 号码。DTMF 收号原理如图 2-14 所示，其基本原理与上面介绍的脉冲识别方法是一致的，在此不再赘述。

中国 1 号信令多频互控信号（MFC）的接收原理与 DTMF 信号的接收原理一样，也是识别两个频率，监视扫描"标志信号"，确定读出信号的时机。

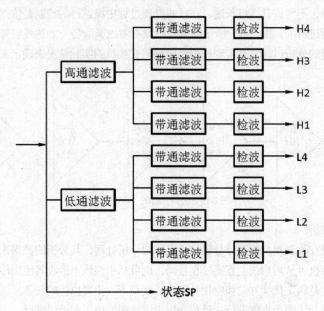

图 2-13　DTMF 收号器示意图

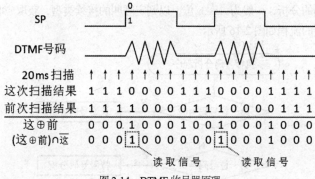

图 2-14　DTMF 收号器原理

2．分析处理

分析处理就是对各种信息（当前状态、输入信息、用户数据、可用资源等）进行分析，确定下一步要执行的任务和进行的输出处理。分析处理由分析处理程序来完成，它属于基本级程序。按照要分析的信息，分析处理可分为去话分析、号码分别、来话分析、状态分析。

（1）去话分析

输入处理的摘挂机扫描程序检测到用户摘机信号后，交换机要根据用户数据进行一系列分析，决定下一步的接续动作。将这种在主叫用户随机发起呼叫时所进行的分析叫去话分析。去话分析基于主叫用户数据，其结果决定下一步任务的执行和输出处理操作。

图 2-15 是去话分析的一般流程，它给出了主要的去话分析内容。交换机检测到用户摘机后，首先要核实用户当前的状态，只有在空闲状态才能发起呼叫，用户呼叫限制的检查排除了因欠费等情况引起的呼叫限制，是判定用户采用双音多频（DTMF）方式，还是脉冲

（PULSE）方式。如果是 DTMF 方式，就要分配 DTMF 收号器来接收号码；如果是 PULSE 方式。则无需分配硬件收号器而是由软件来实现收号。还要获知用户是普通用户还是优先用户，在某种情况下，交换机对两种用户区别对待，如当进行过负荷控制时，会首先限制普通用户的呼出，用户计费方式的分析与是否计费及呼叫过程所产生的话单密切相关，只有本地呼叫权限的用户，不允许其拨打长途，在呼叫处理过程中像这样的控制是依据对用户呼叫权限的分析结果而进行的。图 2-15 所示的流程中没有考虑新业务（如热线服务）的情况，仅给出了一般情况的分析过程，且实现过程时应根据交换机的实际情况来确定去话分析的内容和流程。

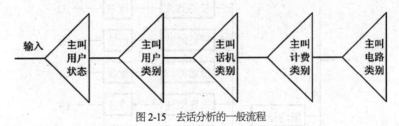

图 2-15 去话分析的一般流程

（2）号码分析

号码分析是在收到用户的拨号号码时所进行的分析处理，其分析的数据来源就是用户所拨的号码，交换机可从用户线上直接接收号码，也可从中继线上接收其他局传送来的号码。号码分析的目的是确定接续方向和应收号码的长度及下一步要执行的任务。

号码分析可分为两个步骤进行：号首分析（或称预处理）和号码翻译。

• 接收到用户所拨的号码后，首先进行的分析就是号首分析。号首分析是对用户所收到的前几位号码的分析，一般为 1 ~ 3 位，以判定呼叫的接续类型，获取应收号长和路由等信息，号首分析的流程如图 2-16 所示。

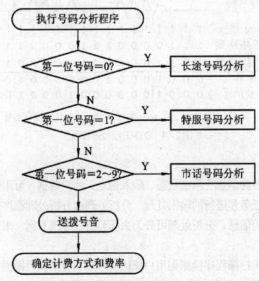

图 2-16 号首分析（预处理）一般流程

• 号码翻译是接收到全部被叫号码后所进行的分析处理，它通过接收到的被叫号码找到对应的被叫用户。每个用户在交换机内都具有唯一的标志，通常称为用户设备号，通过被叫号码找到对应的被叫用户，实际上就是要确定被叫用户的用户设备号，从而确定其实际所处的物理端口。

图 2-17 所示为号码分析及相应任务执行的流程。例如，按照我国电话网编号计划，若号首为"0"，则为国内长途呼叫；号首为"00"，则为国际长途呼叫；号首为"800"，则为智能网业务呼叫；号首为"11"，则为特服呼叫。通过号码分析确定了呼叫类型并获取了相关信息，进而转去执行相应的呼叫处理程序。

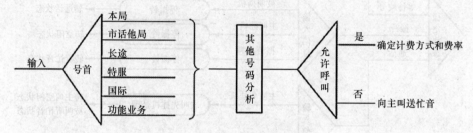

图 2-17　号码分析及相应任务执行流程

（3）来话分析

来话分析是有入呼叫到来时在叫出被叫之前所进行的分析，分析的目的是要确定能否叫出被叫和如何继续控制入局呼叫的接续。来话分析是基于被叫用户数据进行的。

图 2-18 所示为来话分析的一般流程。值得注意的是，当被叫忙时，应判断用户是否登记了呼叫等待、遇忙无条件转移和遇忙回叫业务。

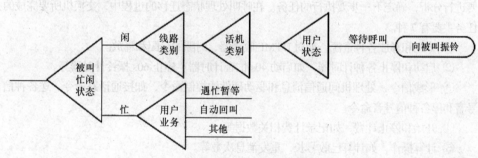

图 2-18　来话分析的一般流程

（4）状态分析

对呼叫处理过程特点的分析可知，整个呼叫处理过程分为若干个阶段，每个阶段可以用一个稳定状态来表示。整个呼叫处理的过程就是在一个稳定状态下，处理机监视、识别输入信号，并进行分析处理、执行任务和输出命令，然后跃迁到下一个稳定状态的循环过程。在一个稳定状态下，若没有输入信号，状态不会迁移。在同一状态下，对不同输入信号的处理是不同的。因此在某个稳定状态下，接收到各种输入信号，首先要进行的分析就是状态分析，状态分析的目的是要确定下一步的动作，即执行的任务或进一步的分析。状态分析基于当前的呼叫状态和接收的事件。

如图 2-19 所示，呼叫状态主要有空闲、等待收号、收号、振铃、通话、听忙音、听空号音、听催挂音、挂起等，可能接收的事件主要有摘机、挂机、超时、拨号号码、空错号（分析结果产生）等。这里要强调的是，事件不仅包括从外部接收的事件，还包括从交换机内部接收的事件。内部事件一般是由计时器超时、分析程序分析的结果、故障检测结果、测试结果等产生的。

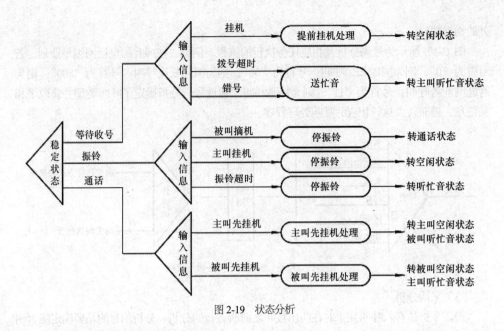

图 2-19 状态分析

3. 任务执行和输出处理

任务执行是指从一个稳定状态迁移到下一个稳定状态之前，根据分析处理的结果，处理机完成相关任务的过程。在呼叫处理过程中，当某个状态下收到输入信号后，分析处理程序要进行分析，确定下一步要执行的任务。在呼叫处理状态迁移的过程中，交换机所要完成的任务主要有 7 种。

① 分配和释放各种资源，如对 DTMF 收号器、时隙的分配和释放。

② 启动和停止各种计时器，如启动 40s 忙音计时器，停止 60s 振铃计时器等。

③ 形成信令、处理机间通信消息和驱动硬件的控制命令，如接通话路命令、送各种信号音和停各种信号音命令。

④ 开始和停止计费，如记录计费相关数据等。

⑤ 计算操作，如计算已收号长，重发消息次数等。

⑥ 存储各种号码，如被叫号码、新业务登记的各种号码等。

⑦ 对用户数据、局数据的读写操作。

在任务执行的过程中，要输出一些信令、消息或动作命令，输出处理就是完成这些信令、消息的发送和相关动作的过程。具体来说，输出处理主要包括以下几方面。

① 送各种信号音、停各种信号音，向用户振铃和停振铃。

② 驱动交换网络建立或拆除通话话路。

③ 连接 DTMF 收号器。

④ 发送公共信道信令。

⑤ 发送线路信令和多频互控（MFC）信令。

⑥ 发送处理机间通信信息。

⑦ 发送计费脉冲等。

三、程序的调度管理

程控电话交换机的交换接续全受处理机控制。为了简化硬件设备，凡是处理机可以做的工作，都交给处理机去完成。对于具有高速处理能力（执行一条指令仅需几微秒）的处理机来说，这似乎是没有问题的。但是一个交换机连接着许多用户及中继线，在同一时刻，会有许多用户同时进行呼叫，这些呼叫的产生都是随机的，而对于每一个呼叫，从摘机呼出到通话结束，要做许多不同的工作，有些工作又有一定的实时性要求，如不能及时处理，便会造成接续错误或降低服务质量，即使是对于多处理机并采用分散控制的程控交换机来说，每个处理机按照分工也担负着大量的处理任务，也会同时出现多个处理请求，而每一个处理机在同一时间只能干一件事，这样就产生了矛盾。要使处理机能很好地对整个交换机进行控制，就必须解决下述两个问题。

① 必须解决多个呼叫同时要求一个处理机进行处理和处理机在同一时间只能干一件事的矛盾。

② 采用什么办法对各种事情都互不影响地加以处理，而对有时间要求的还能不加延误地处理。

具体地说，处理机必须在每秒内处理一定数量的呼叫，有些处理还必须在小于要求的时间内处理完。

1．程序的分级调度

在程控交换机中，根据不同的软件程序对实时性的要求有所不同的特点，一般将软件程序划分为不同的执行级别，以便于进行调度管理。比较典型的划分是将软件程序分为故障级、周期级和基本级，在每一级还可根据需要再划分成若干级别。

• 故障级程序具有最高优先执行级别。一旦设备发生故障，系统就中断正在执行的作业，并立即调用故障处理程序确定故障部件，其后，将故障部件隔离或切换至备用部件，并在维护作业队列中排入对此部件的诊断请求后再返回原中断点，而维护性的作业一般安排在基本级中执行。

• 周期级程序的执行级别低于故障级，其任务是执行实时性要求较高或需要周期定时执行的作业，各种扫描程序、号码接收程序都属于周期级。一般而言，周期级作业仅仅记录外部产生的信息或事件（如用户线、中继线上的状态变化），而对这些信息或事件的分析处理则放在基本级中执行，这样就保证了周期级程序对实时性的严格要求。

• 基本级程序的执行级别最低。当周期级的作业全部完成后，处理机才转入执行基本级作业。在基本级作业中，一般是先执行与交换有关的作业，然后再执行人机命令，外设与交换机的维护与管理等作业。

故障级和周期级程序都是以中断方式进行启动，但两者之间有所区别。故障级程序是按随机中断方式启动，而周期级程序则是利用实时钟定时周期性的中断来启动，因此，周期级也称之为时钟级。对于基本级程序，一般是一些在需要的时候才执行的程序，其大部分都没有周期性执行的要求，但有一些程序也可能有执行周期较长的周期性要求。因此，对于基本级程序，主要采用队列的方式进行处理。对这一类作业，可按它们的优先级分列成几个队列，处理机先处理高优先级队列中的作业，队列中的全部作业处理完毕后再处理次优先级队列中的作业，而对同一队列中的作业，则按先到先处理的原则逐个进行处理。

在设备正常的情况下，处理机中只有周期级作业和基本级作业在交替执行。一般而言，处理机每 10ms（或更短时间）被实时时钟中断一次，每次中断后首先执行周期级作业，周期级作业完成后再执行基本级作业。但是，由于故障的随机性及基本级作业所需的时间长短不一，在每个时钟周期内，不同级别作业的执行顺序存在着以下几种情况。

① 在一个时钟周期内，处理机执行完所有周期级和基本级作业并等待下一个时钟中断的到来，在下一个时钟中断到来后，继续依序执行周期级和基本级作业。

② 在一个时钟周期内，处理机未执行完基本级作业就出现了下一个时钟中断。在这种

情况下，处理机在中断后仍然是首先执行周期级作业，在周期级作业执行完毕后再返回断点继续执行原被中断了的基本级作业，如果还有剩余时间，则还可执行新的基本级作业。

③ 若在执行周期级或基本级作业时设备发生故障，则处理机立即中止正在执行的作业，同时调用故障处理程序进行故障处理，处理完毕后再返回执行原来被中断的作业。

上述几种不同级别作业的执行顺序如图 2-20 所示。一般而言，当被激活的周期级作业较多时，基本级作业的处理时间将相对减少。但是，无论在什么情况下，在每个时钟周期内，处理机至少应保证执行完所有被激活的周期级作业，这是在设计交换机容量、话务量及处理机处理能力时必须考虑的一个重要因素。

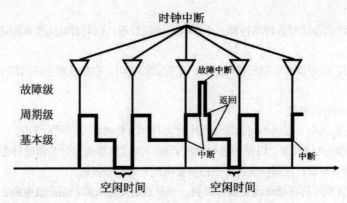

图 2-20 不同级别作业的执行顺序

对于呼叫处理程序，它既包括周期级作业，又包括基本级作业，同时还具有实时性和并发性的特点。为了有效地解决呼叫处理程序的实时性和并发性问题，呼叫处理程序的周期级作业一般按功能分割的方式进行组织，而基本级作业则通常按呼叫分割的方式进行组织。下面对这两种分割方式及其相应的程序调度管理做一些原理性的介绍。

2. 功能分割

通过软件的功能分割可以解决处理机的实时占有问题。功能分割就是对呼叫处理功能进行分离，把一个完整的呼叫处理功能分割成若干个子功能，而每一个子功能都由一个相应的程序模块来实现。例如，根据呼叫处理过程的先后次序，呼叫处理功能大致可分为：

- 呼叫检测；
- 号码分析与翻译；
- 向被叫振铃；
- 建立通话路径；
- 监视通话状态；
- 话终拆线。

这些功能对实时性的要求不完全一样，可根据具体需要做出合理安排。这些功能可以为所有的用户服务，仅在需要时才由处理机执行。

上述每一个功能的实现都需要很多相关信息，这些信息可暂存在相应的呼叫记录之中。

在功能分割方式中，每一种功能都需要有一个工作表来指出哪一个呼叫记录需要它服务。如果每一个呼叫记录在任何时候所需要的功能服务都不多于一个，则呼叫记录可以采用简单的链表形式。这种呼叫记录中包含有指向其他呼叫记录的指针。这样，需要某一个具体功能服务的所有呼叫记录可以被链接在一起，然后由该功能模块依序为这些呼叫记录服务。执行这些功能的程序模块加上它所需要的数据就是一个进程。

当一个进程检测到它所服务的呼叫记录不再需要由它来服务时，它必须把该呼叫记录传递到这个呼叫记录所需要的下一个进程之中。

功能分割系统可以看成是由一些分离的进程组成，每一个进程有一个工作表，在表中排列有由该进程处理的呼叫记录。

在某些情况下，一个呼叫记录可能同时需要多个进程服务。对于这种情况，进程的工作表中将只含有指向呼叫记录的指针，因此，同一个呼叫记录的指针可能会出现在多个进程的工作表之中。

呼叫记录可能需要两个进程服务的一个实例是超时保护。对于实时要求严格的任务，建立超时进程是一个有效的资源保护措施。这个进程可以包含一个由两个字组成的表格队列，其中一个字规定超时保护的时限，另一个字指出发生超时的呼叫记录。这个队列以所规定的时限长短为序排列。在每一次激活超时进程时，该进程就将存储在队列头上的时限值和当前的时间值相比较，如果二者相等则表示出现超时。这时，对有关呼叫记录的处理必须做出相应修正：或许是设置超时标志，或许是修改呼叫记录中的有关状态变量，以待进一步处理。

在功能分割系统中，需要把处理器的时间分配给不同的功能模块，这由操作系统来执行。操作系统以相应的时间周期启动不同的进程。最快的时间周期是相应于外围电路的拨号脉冲检测周期，它一般取值为 10ms。拨号脉冲检测进程可以采用时钟中断的方式建立，在每一次中断时，激活该进程。而对于实时要求稍低的功能，如用户摘、挂机监测，相应进程的执行周期可以长一点，如 100～200ms。对于这一类进程可以采用其他方式启动，如采用位映射技术（也称为时间表技术）。

位映射技术的基本原理是利用一个时间表来调度所需要的进程，在时间表的每一个时间区间内安排有在该段时间内需要启动的进程。下面我们通过图 2-21 对位映射技术的基本原理做些说明。

位映射技术是通过图 2-21 中所示的计数器、时间表、有效位、执行位和执行程序地址 5 个表格来实现的。

计数器按每 10ms 中断加 1 计数。计数器中的内容作为时间表的单元号（即图中的 T0，T1，T2 等），它用来指示需要执行时间表中该单元内的内容。计数器按具体时间表的单元数进行循环计数。图 2-21 中时间表只有 10 个单元，因此计数器计数到 9 然后又从 0 开始计数，循环周期为 100ms。

时间表用来调度需要执行的程序，表中每一列对应一个可能需要执行的程序。表中 1 表示可能要执行相应程序，0 表示不执行（图中空格均表示 0）。究竟是否执行相应程序还要由有效位的相应位确定。如果相应时间表某一列的有效位中是 1，则执行相应程序，否则不执行。

执行位综合时间表与有效位的结果，明确指示在当前时钟周期内是否执行相应程序：1 为执行；0 为不执行。

执行程序地址表用来表示可能要执行的各个程序的具体地址，按照这个地址就可调用、执行相应程序。

位映射技术对调用、执行需要周期性执行的程序较为有效，它可以通过时间表来确定相应程序的执行周期，从而实现对具有不同实时性要求的程序的调度。例如，在图 2-21 的示例中，对用户组的扫描是每 100ms 执行一次；对呼叫建立，通话路径的建立及释放是每 20ms 执行一次；而对收号作业则是每 10ms 执行一次。

综上所述，可以看到功能分割处理有两个主要特点：其一，对功能进行分割；其二，按各个功能模块的实时特性安排不同的执行周期。

虽然功能分割能够较好地解决实时问题，但在实现过程中需要操作系统频繁地照应，这是因为对每一个进程而言，当它把一个呼叫记录转移到另一个进程时需要进行判决。而进程分布在整个程序之中，这样，呼叫处理程序中的判决点就要分布在程序中的许多不同部位，使得调试和修改系统程序较为困难。此外，由于所有的进程在不同的时间周期内要处理大量的工作表，因此，在处理器刚出现过载时很难进行检测，这将丢失一些任务。这表明，功能分割不宜用来解决并发性问题，而呼叫分割系统能够克服这些不足。

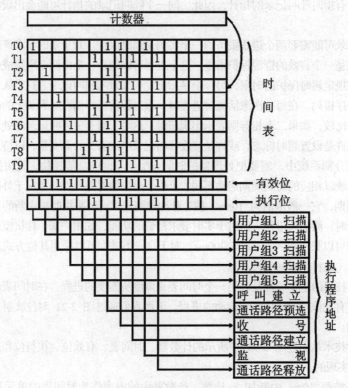

图 2-21　位映射技术原理图

3．呼叫分割

（1）基本原理

呼叫分割系统以随时出现的事件为依据启动相应的呼叫处理进程。一旦事件发生，这个事件及有关呼叫的当前状态就通过队列送到呼叫处理器处理，而且在处理过程中的任何时刻都只有一个进程有效。由于采用队列调度方式，使得呼叫分割系统可以有效地解决程序的并发性问题。

呼叫分割的基本原理如图 2-22 所示。这里，事件检测进程扫描外围电路，检测所发生的事件。当检测到一个事件（如用户摘机、挂机、拍叉簧等）时，事件检测进程就将一个任务表送到输入队列。任务表可以由两个字组成，一个字给出产生事件的端口标识，另一个字给出所发生事件的相应代码。

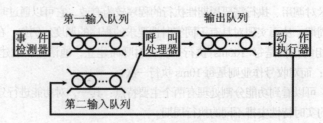

图 2-22　呼叫分割的基本原理

呼叫处理器依次处理输入队列中的各项任务。它取出排在队列中的第一个任务表，通过对端口标识的分析，寻找与这个呼叫有关的呼叫记录。这个呼叫记录包含有该呼叫的当前状态，这个当前状态加上新发生的事件将确定需要对该呼叫执行的动作，从而使该呼叫转移到一个新状态，同时这个新状态将被存储。这些状态变化可直接利用状态转移图导出。

关于状态转移的判决，可以有三种方式来实现。

① 以呼叫的当前状态为根据调用一个程序模块。这个程序将分析新的事件及其他有关信息，执行所需要的输入/输出操作，并将所产生的新状态装入到呼叫记录之中。

② 以所发生的事件为根据调用一个程序模块。这个程序将分析呼叫的当前状态并确定对该呼叫进一步处理的精确过程。

③ 利用呼叫的当前状态和所发生的新事件为参数来查表。由此表给出呼叫的新状态并把呼叫转移到这个新状态所要用到的程序标号中。

这三种方式在实际中都得到了应用。当状态少而可能的事件多时，第一种方式是可取的；当事件少而状态多或者状态明显地没有被存储时，可用第二种方式；而在有很多状态和很多可能的事件，以及需要把实际的逻辑判决因素集中的情况下，第三种方式是有利的。

图 2-23 是可以用于第三种方式的一种查阅表，它是一个含有主表和子表的多级表结构。

主表用呼叫的状态来检索，它含有两个指针表目，一个指向所需要的子表地址，另一个指向这个子表的大小。这个子表的每一个记录由 4 部分组成。

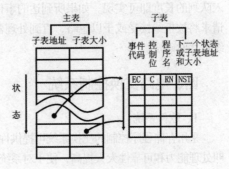

图 2-23 多级查表系统

• 第一部分是相应于一个可能事件的代码，而这个事件是为呼叫的当前状态所要求的。因此，呼叫处理器可以根据呼叫的当前状态来寻找这个子表，然后，它把新事件的代码与存储在这个子表中的事件代码相比较，如果找到了与新事件代码一样的事件代码，它就读该事件代码所在记录中的第二部分。

• 第二部分是控制位，它表示这个事件的下一个状态是否被唯一定义。如果下一个状态被唯一定义，则该记录就给出记录的第三部分。

• 第三部分是一个将被运行的程序名（或标号），这个程序用来把这个呼叫放入到下一个状态（第四部分）之中。

• 如果下一个状态不是被唯一定义，则记录就在第四部分中指出一个将被调用的子程序标号及下一个子表的地址和大小。当这个调用的子程序完成了它的作用就产生一个伪事件（即不是由外围电路发生的实际事件），这个伪事件也用来搜索子表，其搜索方式和状态被唯一定义的情况完全一样。可见，这种安排允许在呼叫的两个状态之间任意的转移。

根据设计时的安排，对于未找到与新事件相同代码的情况，可以认为是一个错误状态而加以处理，也可以对这种情况不予考虑。

（2）呼叫分割系统的实时性

在呼叫处理的作用下，外围电路的状态会经常发生变化。此外，在呼叫处理能够进行处理以前，它可能还需要从后备存储器中提取有关信息，例如，相应分机用户的话务等级等。这两种情况都会浪费呼叫处理器的大量时间，因为处理器要等待状态变化或相应操作的完成。为此，需要采取一些措施来解决这个问题。

在图 2-22 所示的呼叫分割系统中，输入/输出请求是通过对呼叫记录输入所需要的请求，并将这个记录链接到一个先进先出（FIFO）的输出队列中来建立的。这个队列由按功能分割的动作执行器处理。这个动作执行器执行所需要的动作，而一旦动作完成，该呼叫记录就根据其需要送入其他的输入队列，这样，为使该呼叫进入一个新的稳定状态尚需做出的处理都可以完成。

在这些处理动作发生时，处理系统可以检测与该呼叫有关的其他事件，并能把这些事件送到第一个输入队列。通常，当一个呼叫正处在内部处理状态时，让它响应一个新事件是很复杂的。由于这个原因，呼叫记录中一般都含有一个屏蔽位。在呼叫处理器正在处理一个事件时，屏蔽位置 1，此时，如果有新的事件到来，这些新事件就被保持在队列之中，直到当前的操作完成及屏蔽位复 0。这种机理能使得程序设计大大简化。

在呼叫分割系统中，超时可以作为一个额外事件。当呼叫处理器要建立一个超时事件时，实际上是想在未来的某个时间产生一个事件。为建立超时事件，需要一个超时表，而且，当超时时限到时，一个伪事件就被输入到第一个输入队列。为了在需要时取消超时表，呼叫记录中应包含一个和超时表能相互参照的条目。

呼叫分割系统的一个优点是检测处理器的刚开始过载比较简单，这只要监视第一个输入队列的长度即可实现。如果所到达的事件超过了这个队列预先确定的长度，则新的呼叫请求将被拒绝接受或予以忽略，直到处理器的过载情况消失。队列的长度可在模拟调试系统程序时确定。

四、电路交换控制系统

1. 软件系统

采用存储程序控制的交换系统可提供许多新的用户服务，并可灵活增加各种功能，使呼叫处理能力和可靠性大大提高，便于对系统进行更新换代，易于操作维护和管理。程控交换机的软件系统是一个庞大而复杂的实时控制软件系统，它是程控交换机设计、研发和维护的核心，涉及计算机领域众多的技术，如操作系统、数据库、数据结构、编程技术等。

程控交换机的软件系统主要是由系统软件和应用软件组成，系统软件主要指操作系统；应用软件又包括呼叫处理软件、OAM（操作管理维护）软件和数据库系统，其软件组成如图 2-24 所示。

（1）操作系统

程控交换机的操作系统是交换机硬件与应用软件之间的接口。程控交换系统是一个实时控制系统，要对随机发生的外部事件及时地做出响

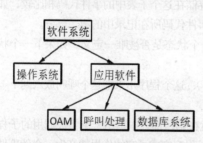

图 2-24　程控交换机软件系统组成

应，并进行处理。此外，程控交换系统应能处理同时发生的大量呼叫，因此要求程控交换机的操作系统是一个实时多任务的操作系统。

实时多任务操作系统能对随机发生的外部事件及时地响应，并进行处理。虽然事件的发生时间是无法预知的，但必须在事件发生时能够在严格的时限内做出响应，即使是在负荷较大的情况下。实时多任务操作系统支持多任务（task）并发处理，多任务的并发性必然会带来任务的同步、互斥、通信及资源共享等问题。这就是实时多任务操作系统最重要的两个特性：实时性和多任务性。

程控交换机的操作系统对任务调度一般采用基于优先级的抢占式调度算法，即系统中的每

个任务都拥有一个优先级，任何时刻系统内核将 CPU 分配给处于等待队列中优先级最高的任务运行。所谓抢占式是指如果系统内核一旦发现有优先级比当前正在运行的任务的优先级高的任务，则使当前任务退出 CPU 进入等待队列，立即切换到高优先级的任务执行。在处理同优先级别的任务时，采用先来先服务或轮转调度的算法。此外，由于程控交换系统的控制系统多采用分布式多处理机结构，所以其操作系统也具有网络操作系统和分式操作系统的特点。

（2）程控交换机的应用软件

程控交换机的应用软件包括呼叫处理软件、OAM 软件和数据库系统。

① 呼叫处理软件。呼叫处理软件主要完成呼叫连接的建立与释放，以及业务流程的控制，它是整个呼叫过程的控制软件，具有以下功能。

• 用户线和中继线上各种输入信号（呼叫信号、地址信号）的检测和识别，如对用户摘机、挂机信号及被叫号码的检测和识别。

• 呼叫相关资源的管理，如控制对时隙、中继电路、DTMF 收号器、MFC 接收器和发送器等的分配和释放。

• 对用户数据、呼叫状态及号码等进行分析。

• 路由选择。

• 控制呼叫状态迁移。

• 控制计时、送音和交换网络的连接。

• 信令协议的处理等。

② OAM 软件。OAM 软件是程控交换机用于操作、维护和管理的软件，以保证系统高效、灵活、可靠地运行，具有以下功能。

• 用户数据和局数据的操作和管理。

• 测试。

• 告警。

• 故障诊断与处理。

• 动态监视。

• 话务统计。

• 计费。

• 过负荷控制等。

③ 数据及数据库系统。在程控交换机中，所有有关交换机的信息都可以通过数据来描述，如交换机的硬件配置、运行环境、编号方案、用户当前状态、资源（如中继、路由等）的当前状态及接续路由地址等。根据信息存在的时间特性，数据可分为暂时性数据和半固定数据。

• 暂时性数据用来描述交换机的动态信息，这类数据随着每次呼叫的建立过程不断产生、更新和清除。

• 半固定数据部分包括系统数据、局数据和用户数据。

为了使程控交换机的软件能够适应不同情况的要求，将软件中的程序和数据分开是非常必要的。因为这样交换机的程序就可以通用，程序只要配以不同的数据就可以适用于各个交换局。对于一个交换局而言，修改局数据不会影响程序的结构，体现了软件的灵活性和可修改性。

a. 数据的分类。

• **系统数据**。系统数据是仅与交换机系统有关的数据，不论交换设备装在何种话局（如市话局、长话局或国际局），系统数据是不变的。

• **局数据**。局数据是与各局的设备情况及安装条件有关的数据。它包括各种话路设备的配置、编号方式及中继线信号方式等。局数据是与交换局有关的数据，一般采用多级表格的形式来存放局数据。

局数据是反映交换局设置和配置情况的数据，主要包括以下几种。

- 交换机硬件配置情况。用户端口数、出/入中继线数、DTMF 收号器数、MFC 收发器数、信令链路数等。
- 各种号码。本地网编号及其号长、局号、应收号码、信令点编码等。
- 路由设置情况。局向、路由数。
- 计费数据。呼叫详细话单（CDR）等。
- 统计数据。话务量、呼损、呼叫情况等。
- 交换机类别。C1~C5 ， C5 又分为市话端局、长市合一等。
- 复原方式。主叫控制、被叫控制、互不控制。

用户数据。用户数据是交换局反映用户情况的数据。包括用户类别、用户设备号码、用户话机类别及新业务类别等。

用户数据是每个用户所特有的，它反映用户的具体情况，有静态用户数据和动态用户数据之分。用户数据主要包括以下几种。

- 用户类别。住宅用户、公用电话用户、PABX 用户、传真用户等。
- 话机类别。PULSE 话机、DTMF 话机。
- 用户状态。空闲、忙、测试、阻塞等。
- 限制情况。呼出限制、呼入限制等。
- 呼叫权限。本局呼叫、本地呼叫、国内长途、国际长途等。
- 计费类别。定期、立即、免费等。
- 优先级。普通用户、优先用户。
- 使用新业务权限。表示用户是否有权使用呼叫转移、会议电话、三方通话、呼叫等待、热线电话、闹钟服务等新业务。
- 新业务登记的数据。闹钟时间、转移号码、热线号码等。
- 用户号码。用户电话簿号码、用户设备号等。
- 呼叫过程中的动态数据。呼叫状态、时隙、收号器号、所收号码、各种计数值等。

b. 表格。数据常以表格的形式存放，包括检索表格和搜索表格两种。

- **检索表格。**检索表格以源数据为索引进行查表来得到所需的目的数据，它分为单级和多级两种。

单级检索表格所需的目的数据直接用索引查一个单个表格即可得到。例如，在程控交换机中将用户电话号码译为设备号码的译码表，就属于这种表格。

图 2-25 所示为单级检索表格。在表格中索引号码 FA+ABCDEFG，FA 为首地址，ABCDEFG 为 7 位用户电话号。它是按次序排列的，作为检索地址，根据这一地址，就可查到相应一行表格中所存放的设备号。若每个设备号在译码表中占一个单元，则有：FA+AECDEFG=设备号。若每个设备号在译码表中占 n 个单元，则有：FA $+n \times$ ABCDEFG=设备号。

多级检索表格则要通过多级表格检索查找，才能得到所需的目的数据。即，表格安排成多级展开的形式。查第一张表格得到下

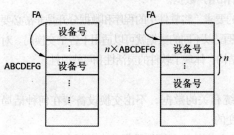

图 2-25　单级检索表格

一张表格的地址，依此类推，最后得到所需要的数据。要连续查找的表格数目可以是固定的，也可以是可变的。

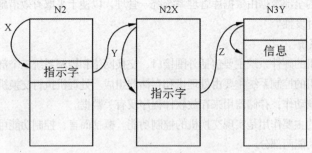

图 2-26 多级检索表格

图 2-26 所示为三级检索，若是用户译码表，则 XYZ 即为用户电话号码，X 可对应于局号，Y 可对应于千位号，Z 可对应于用户号码的最后三位号码。根据局号 X，在 N1 表中可查到千位号译码表的首址 N2X；根据千位号 Y，在 N2X 表中可查到后三位号码译码表的首址 N3Y，根据后三位号码 Z，在 N3Y 表中可查到所需信息或所需信息的地址，即该用户的设备码。

* **搜索表格**。在搜索表格中，每个单元都包含有源数据和目的数据两项内容。在搜索时，以输入源数据为依据，从表首开始自上而下地依次与表中的源数据逐一比较，当在表中找到源数据与输入的源数据一致时，搜索停止，即可在相应的单元中得到目的数据。表中的源数据可形象地称作"键孔"，而输入的源数据称作键，在搜索时，相当于将键依次插入键孔试试看，如果一致，就停止搜索而取出目的数据。

图 2-27 所示为搜索表格。搜索表格主要用于用户线和中继线的联选。在每一单元中表示该相应的用户线或中继线是否空闲。若空，即被选中。若不空，则指示在该群中的下一条用户线或中继线的表格地址。

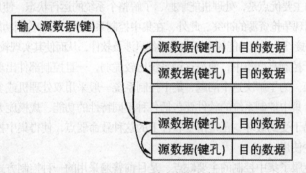

图 2-27 搜索表格

选用哪一种表格，主要取决于处理机的编址容量及在处理某些格式的数据时其指令系的效率。

为了有效地管理这些庞杂的数据，交换机采用数据库技术，使用数据库管理系统实现对数据高效、灵活、方便地操作。由于目前交换机多采用分散控制方式，所以交换机的数据库系统多采用分布式数据库。

数据库是可以共享的相关数据以一定方式组织起来的集合。它不仅可以描述数据本身，而且还能描述数据之间的联系。在数据库中，数据之间的联系由存取路径来实现。

数据库大大减小了数据的冗余。因为在数据库中，同一个数据不需要重复。

使用数据库可以使应用程序对数据的存储结构和存储方法有较大的独立性。这样，当修改数据的总体逻辑结构时，局部逻辑结构可以不变，因此，根据局部逻辑结构编写的应用程序也就不必改变。

数据库中的全部数据由数据库管理系统统一管理，以便于采取有效措施保证数据的完整性、安全性和并发性。

2．硬件系统

程控交换机的硬件系统主要包括外围接口、交换网络和控制系统三个部分。

程控交换机的控制系统主要由处理机和存储器组成。处理机执行交换机软件程序，指挥硬件、软件协调动作；存储器用来存放软件程序及有关数据。

控制系统的主要作用是实现交换机的控制功能。概括而言，控制功能可分为呼叫处理功能和运行维护功能两部分。

- 呼叫处理功能包括对从建立呼叫到释放呼叫整个呼叫过程的控制处理，例如，收集处理各个外围接口电路的状态变化，分析处理所接收到的各种信号，控制交换网络的选路与接续，以及调度管理各种硬件和软件资源。

- 运行维护功能则包括对用户数据、系统数据的设定及对故障的诊断处理等。而要确保此功能的实现及稳定工作，交换机的控制方式及其容错机制是必须要考虑的。

（1）控制方式

控制系统的结构与程控交换机的控制方式之间有密切关系，控制方式不同，控制系统结构也有所不同。控制方式一般可分为集中控制和分散控制，在程控数字交换机中基本上都采用分散控制方式。

集中控制与分散控制是相对于系统资源和控制功能而言的。简而言之，在程控交换机中，如果任何一台处理机都可以实现交换机的全部控制功能，管理交换机的全部硬件和软件资源，则这种控制方式就叫作集中控制；反之，如果任何一台处理机都只能执行部分控制功能。管理交换机的部分硬件和软件资源，则是分散控制。

集中控制的主要优点是，处理机能掌握、了解整个系统的运行状态，使用、管理系统的全部资源，不会出现争抢资源的冲突。此外，在集中控制系统中，各种控制功能之间的接口都是程序之间的软件接口，任何功能的变更和增删都只涉及软件，从而使其实现较为方便、容易。

然而，由于控制高度集中，使得这种系统比较脆弱，一旦控制部件出现故障，就可能引起整个系统瘫痪。为了解决这个问题，集中控制系统一般采用双处理机或多处理机的冗余配置方式，但是，集中控制系统的软件要包括各种不同特性的功能，规模庞大，过于集中，不便于管理，且易于受到破坏，正是由于软件上的这种致命弱点，使得集中控制方式得不到发展，目前已很少使用。

分散控制克服了集中控制的主要缺点，是目前普遍采用的一种控制方式。

分散控制系统是一个多处理机系统。根据处理机的自主控制能力，分散控制可分为分布控制和分级控制。

① **分布控制**。分布控制也称为全分散控制，其主要特点是，系统中每一个处理机都有完全的自主控制能力，不受其他处理机的控制。即，系统中所有的处理机都在同一级平面上工作，在控制上彼此独立。这种系统也称为单级分散控制系统。

在分布控制系统中，每台处理机所完成的工作可按容量分担或功能分担的方式进行分配。

容量分担即每台处理机只对系统的部分容量执行全部控制功能，包括呼叫处理及运行维护功能。即，在容量分担方式中，资源的使用是分散的，每台处理机只能使用预先分配的固定数量的资源；而控制功能的实现是集中的，每台处理机都能独立实现全部控制功能。因此，在容量分担方式中，每台处理机的工作都一样，各处理机中的驻留软件也相同，只是各自的服务对象不同而已。

容量分担的主要优点在于每个模块的完全独立性，任何一个模块中的故障不会影响其他模块，而且系统扩容也较为灵活方便。其缺点是各个模块过于独立，系统的公共资源（如中继线等）难以共享。

在容量分担方式中，确定每个模块容量的大小是一个两难选择。模块容量太小，同等容量系统的模块数量多，各个模块间通信频繁，影响工作效率；模块容量过大，则会产生集中控制方式中的问题。

实际上，按容量分担可以看成是由多个小容量的集中控制式交换机互连而成的一个专网系统。因此，在大容量的程控交换系统中，这种方式并不具备什么优势，它一般只用于中等容量的用户交换机中，每个模块的容量一般在1000线以下。

功能分担则是把交换机的接口、交换、控制功能按不同类别分散在不同的处理机中去执行，即有的执行接口功能，有的执行交换功能，有的执行控制功能。例如，在S1240程控交换系统中，整个系统被划分为近20个模块，每个模块都有1个处理机。每个处理机尽管硬件结构相同，但驻留的软件不同，实现的功能也不同。在这种功能分担方式中，资源的使用是集中的，即每个处理机可使用所有的公共资源，而控制功能的实现则是分散的。

从上述讨论中可以看到，容量分担具有资源分散、功能集中的特点，而功能分担则具有资源集中、功能分散的特点。之所以如此，是因为在容量或功能分担中都是采用静态分配方法，这就是说，在容量分担方式中，分配给处理机的服务对象固定不变；在功能分担方式中，分配给处理机实现的功能固定不变。静态分配的优点是使分散控制比较容易地实现，但它不能真正实现全分散控制，因此，无论是容量分担还是功能分担，都或多或少地带有"集中"的特性。若要实现真正的全分散控制，需要对容量和功能都采取动态分配方式。在动态分配中，每台处理机都可以使用全部资源和处理所有的功能。在任何时候，根据系统的不同状态，每台处理机之间都能做到资源和功能的最佳分配。动态分配是一种较为理想的分配方式，但是，这种方式需要极为复杂的逻辑控制。目前，它还只是一个有待解决的基础研究课题。

在实际系统中，容量分担和功能分担并不是截然分开的，往往是以一种分担方式为主，而兼有另一种分担方式。

② **分级控制**。分级控制是介于集中控制和分布控制之间的一种控制方式，它兼顾有这两种控制方式的特点。在分级控制方式中，有些资源和功能分散由不同的处理机使用和实现；有些资源和功能则集中由一台处理机进行处理。分级控制是当前用得最为普遍的一种控制方式。国内外大多数机型都采用这种控制方式。

分级控制来源于对控制功能的分级。根据处理的复杂性和程序执行的实时性，交换系统的控制功能可以从逻辑上分为以下三级。

第1级为呼叫处理的低层功能，主要任务是检测各种外围接口电路的状态变化和接收各种外来输入信号，其特点是工作繁忙、处理简单、实时性强。

第2级为呼叫处理的高层功能，其主要任务是分析处理从第1级接收来的所有信息，调度管理整个系统的公共资源，如选择交换网络通路，选择中继线路由，分配信号收发器等。这一级的工作没有第1级繁忙，实时性要求也没有第2级严格，但分析处理程序要比第1级复杂。

第3级的任务是实现运行维护功能。这一级的程序最复杂，而且在程序里，大约占整个软件程序的2/3，但程序执行的频次很低，仅在系统出现故障或需进行人机对话时才执行这一级程序，而且实时性要求也不高。

参照这三级结构模式，可以为每一级配置不同档次的处理机。这些处理机通常称之为外围处理机、呼叫处理机和主处理机，如图 2-28 所示。外围处理机一般为 8 位或 16 位处理机。呼叫处理机和主处理机一般采用 16 位或 32 位的处理机。出于费用上的考虑，在大多数程控交换机中，运行维护级任务只是虚拟的，其功能可以合并到第 2 级，由呼叫处理机执行。如果运行维护级有实际的处理机存在，该处理机也是为不在同一地点的多台交换机共用，这也就是远端集中维护方式。目前，关于远端集中维护的接口标准已经形成，在此标准基础上，许多国家正在发展电话管理网络 TMN，改变传统的交换机运行维护方式。

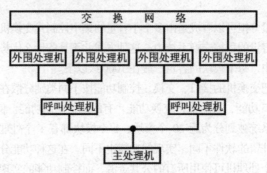

图 2-28 分级控制中处理机的配置

分级控制系统是容量分担与功能分担的结合，在三级之间体现了功能分担，而在各个外围处理机之间则是按容量分担，每个外围处理机可处理 256、512 或 1024 个端口。之所以选择这几种容量，主要有两个原因：一是受限于外围处理机的处理能力，因为外围处理机一般用低档的 8 位机或 16 位机；另一个原因是，在每个外围模块中般都有一级由单 T 芯片构成的交换网络，而单 T 芯片一般也就是这三种容量。

从上述几种分散控制方式的介绍中可以看到，分散控制有助于整个系统硬件、软件模块化，同时提高了系统的可靠性，并使得系统软件结构清晰，修改方便，编写也相对容易。此外，硬件、软件的高度模块化使得分散控制系统能适应通信业务发展的需要，因此，分散控制系统代表了交换系统的发展方向。

（2）控制系统的容错技术

控制系统的硬件实现方式多种多样，不可能找到两个控制系统结构完全相同的程控交换系统。然而，无论哪一个程控交换系统，对控制系统而言，一个最基本而又极为重要的要求是，它必须非常可靠地运行。

一部交换机，包括成千上万个电子元件、部件及数万条甚至几十万条软件程序语句，虽然对这些元件、部件和软件进行了精心严格的设计和反复调试，但还不能确保它们不出现故障。为此，在程控交换机，特别是在程控交换机的控制系统中，必须采用多种提高可靠性的措施，而容错技术就是其中常用的一种。

所谓容错，包含两层意思：其一，允许系统中某些部件或软件程序出现故障；其二，即使在出现故障的情况下也不能影响整个系统的正常运行。

硬件的冗余配置和数据的容错编码是两种用得最为广泛的容错技术。例如，在程控交换机中，一些关键部件，如中央处理机、交换网络、系统时钟等，一般都是冗余配置；而在处理机之间传送的消息中则常常使用容错编码技术。这两种技术在程控交换机中既可独立分别使用，也可综合使用。下面分别予以介绍。

① **处理机的冗余配置**。处理机的冗余配置一般有两种形式：一是双机配置，一是多机配置。

双机配置是提高可靠性的一种最简单的方法。在双机配置中，两台处理机执行的功能完全一样，当一台处理机出现故障时，则由另一台接替运行。这两台处理机可以按微同步方式、主备用方式或者话务分担的方式工作，如图 2-29、图 2-30、图 2-31 所示。

　　a. 微同步方式。微同步工作方式中，在两台处理机之间接有一个比较器，每一台处理机都有一个供自己专用的存储器，而且，每一台处理机所能实现的控制功能完全一样。图 2-29 是一个同步双工配置的典型结构。

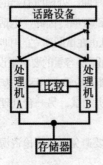

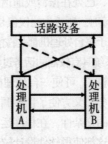
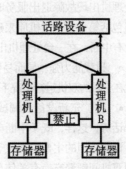

图 2-29　微同步方式　　　　　图 2-30　主备用方式　　　　　图 2-31　话务分担方式

　　在正常工作时，这两台处理机同时执行同一条指令，进行同样的分析处理，但只有一台处理机输出控制消息，执行控制功能。所谓微同步，就是在每执行一条指令后，通过比较器来检查比较两台处理机的执行结果是否一致（实际上是检查比较两个存储器中的数据内容是否相同）。如果一致，就转移到下一条执行指令，继续运行程序；如果不一致，则表明有处理机运行不正常，应使有故障的处理机立即退出服务，尽快使正常的处理机接替运行。一般，在检测到故障时，两台处理机立即退出服务，并各自单独运行专门的测试程序，以判别是哪一台处理机出现故障，然后进行切换。

　　微同步方式的主要优点是对硬件故障反应快，几乎没有呼叫丢失，软件也比较简单，缺点是对软件故障的防护能力较差，而软件的故障可能会导致系统部分甚至全部再启动，从而中断通信服务。

　　b. 主备用方式。

　　主备用方式即由一台处理机运行软件程序，执行控制功能，另一台处于备用状态。只有当运行的主用处理机出现故障时，才进行主备切换，使备用处理机投入运行。表面上看这种方式很简单，实际上在进行主备切换时，往往由于系统需要再启动而中断服务。为尽量减少呼叫的丢失，两台处理机可以使用一个公共存储器，以在进行主备切换时保存现场数据，但这将使维护工作大大复杂化。

　　主备用有冷备用与热备用之分。所谓冷备用或热备用是指在系统正常运行时备用设备未加电还是已加电。对于冷备用工作方式，在进行主备切换时，由于备用设备在切换之前未加电，没有保存现场数据，使得已经建立的呼叫也要丢失。热备用使用了公共存储器来保存现场数据，因此，已经建立的呼叫在切换后不会丢失，所丢失的仅仅是那些在切换时企图建立的呼叫。图 2-30 是一种热备用的结构框图。

　　c. 话务分担方式。

　　在话务分担方式中，两台处理机各自独立同时运行，每一台处理机只负责一部分的服务对象（或者说话务容量），当一台处理机出现故障时，则由另一台处理机承担全部话务容量。

　　为了协调运行，两台处理机之间应有一条通信链路，用以交换互相配合所需的信息。此外，为避免两台处理机同时争抢同一硬件资源或软件资源，还需要有一个硬件或软件的互斥装置。而且由于每一台处理机是独立地处理自己的呼叫，与另一台处理机无关，因此，每一台处理机必须有自己专用的存储器来存放临时性的呼叫数据。图2-31是话务分担方式的原理框图。

话务分担的主要优点如下所述。

- 对瞬时性硬件故障和软件错误有高度的容错能力，它们几乎在所有的情况下都可以不中断服务。这是由于两台处理机彼此独立工作，不像微同步方式那样总是在相同的环境下执行相同的程序指令，而同时在两台处理机上出现软件程序差错的概率是极低的。而且，在一台处理机出现故障退出服务时，另一台处理机继续建立它自己的呼叫，处理所有新的呼叫，甚至包括第一台处理机原来建立的、已处在振铃或通话阶段的全部呼叫。因此，电话服务几乎没有中断，在一台处理机出现故障时，所丢失的仅仅是该处理机正在试图建立的呼叫。

- 过载能力强。显而易见，由于每台处理机都是按能处理全部话务容量的要求来设计的，因此在正常的双机运行情况下，该系统具有较高的话务过载能力，能适应较大的话务波动。

- 在扩充新设备、调试新程序时，可使一台处理机进行脱机测试，另一台处理机承担全部话务，这样，既不中断电话服务，又方便了程序调试。

话务分担的主要缺点在于软件的复杂性。在程序运行中，既要避免双机同抢资源，还要实现双机间频繁交换有关信息口，这都使得软件设计较为复杂。

d. 多机配置。

多机配置常使用三模冗余（TNR）的配置方式，如图 2-32 所示。在这种配置方式中，三台处理机完全同步工作，并通过一个多数表决电路产生正确的信号，去控制外围电路和交换网络。三台处理机中，如果只有一台处理机出现故障，则对系统没有任何影响，系统仍能正常运行。

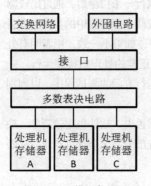

图 2-32 三模冗余配置

三模冗余可以扩展到 N 模冗余，所允许出故障的处理机数为（N-1）/2。

在三模冗余的工作方式中，除了采用多数表决电路来判决出故障的处理机外，还可以采用容错编码技术来纠正瞬时性的故障和识别出故障的设备。

② 容错编码。在多处理机同步工作的配置方式中，假设有一台处理机由于故障而发出了错误的命令，如果任由这个错误的命令到达其接收目的地，势必引起系统的错误动作。为了避免出现这种情况，就需要检测出这台处理机，而且还需要检测出错误的命令，并进行纠错，以使正确的命令发送出去。为此，可以采用容错编码技术。

容错编码方式有很多种，如奇偶检验编码、循环冗余检验（CRC）编码等。这里介绍一种 4/2 容错编码。

4/2 容错编码是把 2 个信息数据通过编码变成 4 个编码数据，而且，从任何 2 个编码数据中通过解码可以恢复出原来的 2 个信息数据。下面具体说明 4/2 容错编码的编码、解码原理及其检错和纠错方法。

a. 4/2 容错编码与解码

4/2 容错编码是把 2 个 4 位的二进制信息数据 d0 和 d1 编码成 4 个 4 位的二进制编码数据 CS0，CS1，CS2 和 CS3，其 4 个编码方程为

$$CS3=d1$$
$$CS2=d0$$
$$CS1=x^7·d1+x^{11}·d0$$
$$CS0=x^{11}·d1+x^7·d0$$

其中，加法运算是模 2 加法，乘法运算是模(x^4+x+1)乘法（由于每个数据都只有 4 位，故选（x^4+x+1）作为乘法运算的本原多项式）。

4/2 容错解码时，通过相应运算可以从上述 4 个编码数据中任意 2 个解码恢复出原来的 2 个信息数据。对于 4 个编码数据 CS0，CS1，CS2 和 CS3，两两有 6 种不同的组合，因此可以得到 6 组不同的解码方程，见表 2-3。

表 2-3　解码方程

编码数据	解码方程组
CS3 和 CS2	$d1=CS3$ $d0=CS2$
CS3 和 CS1	$d1=CS3$ $d0=CS2+（CS2+x^{11}\cdot CS3+x^4\cdot CS1）$
CS3 和 CS0	$d1=CS3$ $d0=CS2+（CS2+x^4\cdot CS3+x^8\cdot CS0）$
CS2 和 CS1	$d1=CS3+（CS3+x^4\cdot CS2+x^8\cdot CS1）$ $d0=CS2$
CS2 和 CS0	$d1=CS3+（CS3+x^{11}\cdot CS2+x^4\cdot CS0）$ $d0=CS2$
CS1 和 CS0	$d1=CS3+（CS3+x^6\cdot CS1+x^{10}\cdot CS0）$ $d0=CS2+（CS2+x^{10}\cdot CS1+x^6\cdot CS0）$

由于每组解码方程只用到 2 个编码数据，因此，当 1 个或 2 个编码数据有误码时，可以从另外 2 个正确的编码数据中解码恢复出原来的信息数据。显然，如果 4 个编码数据中都没有误码，则上述各组解码方程中括号内的部分将全部为零，各组解码方程将给出完全一样的信息数据 d0 和 d1。因此，各个解码方程组中括号内的部分包含有相应编码数据的差错信息，利用这个结果，可对相应编码数据进行检错和纠错。

b. 4/2 编码的检错与纠错

4/2 编码中有 2 个信息数据和 4 个编码数据，下面将讨论在 2 个信息数据正确的前提下，如果有 1 个或 2 个编码数据出现了差错时，怎样进行检错和纠错。

为能对 CS0，CS1，CS2，CS3 这 4 个编码数据进行检错和纠错，选出以下 4 个纠错方程：

$$S_3=CS2+x^{10}\cdot CS1+x^6\cdot CS0$$
$$S_2=CS3+x^6\cdot CS1+x^{10}\cdot CS0$$
$$S_1=CS3+x^{11}\cdot CS2+x^4\cdot CS0$$
$$S_0=CS3+x^4\cdot CS2+x^8\cdot CS1$$

假若以 e_0，e_1，e_2，e_3 分别表示 CS0，CS1，CS2，CS3 中的差错数据，则有

$$CS3=d1+e_3$$
$$CS2=d0+e_2$$
$$CS1=x^7\cdot d1+x^{11}\cdot d0+e_1$$
$$CS0=x^{11}\cdot d1+x^7\cdot d0+e_0$$

将该 4 式代入到 S_0 到 S_3 中，可得

$$S_3=e_2+x^{10}\cdot e_1+x^6\cdot e_0$$
$$S_2=e_3+x^6\cdot e_1+x^{10}\cdot e_0$$
$$S_1=e_3+x^{11}\cdot e_2+x^4\cdot e_0$$
$$S_0=e_3+x^4\cdot e_2+x^8\cdot e_1$$

由此可以清楚地看出 S_0 到 S_3 仅与差错数据 e_0，e_1，e_2，e_3 有关，而与信息数据 $d0$，$d1$ 无关。如果编码数据完全正确，则 S_0 到 S_3 全为 0。然而，只要有一个编码数据出现差错，即 $e_0 \sim e_3$ 中有一个不为 0，则 S_0 到 S_3 就不会全为 0。因此利用 S_0 到 S_3 可以对编码数据进行检错。

选用不同的纠错方程，对编码数据所能检错的差错类型是不同的，对于前面所选的 4 个纠错方程，利用 S_0，S_1，S_2 和 S_3 可以检错的类型有如下 4 种。

- 单个码字差错（包括单个码元差错）。
- 两个码字中的单个码元差错。
- 在已知一个码字有错时的单个码元差错。
- 不可纠差错。

这 4 种差错类型可以由 S_0，S_1，S_2 和 S_3 的特定组合来表示，因此，根据这些特定组合可以判断出编码数据的差错类型，并能进行差错定位。下面我们分别予以说明。

- 单个码字差错（含单个码元差错）。单个码字差错是指在 4 个编码数据中有一个数据出错，它可能是一位或几位码元有差错。此时，4 个差错数据 e_0，e_1，e_2，e_3 中只有相应该编码数据的一个不为零，这使得 S_0 至 S_3 的组合值中只有一个为零，见表 2-4。

表 2-4　单个码字差错

差错码字	S_0，S_1，S_2，S_3 的组合表示
CS3	$S_3=0$，$S_2 \neq 0$，$S_1 \neq 0$，$S_0 \neq 0$
CS2	$S_3 \neq 0$，$S_2=0$，$S_1 \neq 0$，$S_0 \neq 0$
CS1	$S_3 \neq 0$，$S_2 \neq 0$，$S_1=0$，$S_0 \neq 0$
CS0	$S_3=0$，$S_2 \neq 0$，$S_1 \neq 0$，$S_0=0$

单个码元差错是指差错码字中的某一位有错，根据差错码字相应的差错数据 e_0，e_1，e_2 和 e_3 的码多项式为 1，x，x^2 或 x^3 可指出哪一位码元有错。

例如，如果 CS3 编码数据中第 3 位码元有错，则 $e_3=x^2$，可得

$$S_3=0, \quad S_2=x^2, \quad S_1=x^2, \quad S_0=x^2$$

这里，$S_3=0$ 表示 CS3 数据有错，而 $S_2=x^2$，$S_1=x^2$，$S_0=x^2$ 表示该数据中的第 2 位码元不对。因此，根据 S_0 至 S_3 的值的不同组合，可以判断出是哪一个码字中的哪一位码元有错。其一般情况见表 2-5。

表 2-5　单个码元差错的表示

差错码字	S_0，S_1，S_2，S_3 的组合表示
CS3	$S_3=0$，$S_2=1$，x，x^2 或 x^3 $S_1=1$，x，x^2 或 x^3，$S_0=1$，x，x^2 或 x^3
CS2	$S_3=1$，x，x^2 或 x^3，$S_2=0$ $S_1=x^{11}$，x^{12}，x^{13} 或 x^{14}，$S_0=x^4$，x^5，x^6 或 x^7
CS1	$S_3=x^{10}$，x^{11}，x^{12} 或 x^{13}，$S_2=x^6$，x^7，x^8 或 x^9 $S_1=0$，$S_0=x^8$，x^9，x^{10} 或 x^{11}
CS0	$S_3=x^6$，x^7，x^8 或 x^9，$S_2=x^{10}$，x^{11}，x^{12} 或 x^{13} $S_1=x^4$，x^5，x^6 或 x^7，$S_0=0$

- 在两个码字中的单个码元差错。这种差错是指在两个码字中都有，而且都只有某一位码元发生了差错。在这种情况下，S_0 至 S_3 均不为 0，而根据其具体的值可以确定是哪个

码字中的哪一位码元有错。

例如，S_0 至 S_3 均不为 0，而且 $S_3=x^{10}$，$S_1=x^2$，则有 $e_1=1$，$e_3=x^2$，从而可知 CS1 的第 0 位和 CS3 的第 2 位有错。这种差错的一般情况见表 2-6。

表 2-6　两个码字中的单个码元差错的表示

差错控制	S 值	差错控制	S´ 值
	$S_3\neq0$, $S_2\neq0$, $S_1\neq0$, $S_0=0$		$S_3\neq0$, $S_2\neq0$, $S_1\neq0$, $S_0=0$
CS3 和 CS2	$S_3=1, x, x^2$ 或 x^3 $S_2=1, x, x^2$ 或 x^3	CS2 和 CS1	$S_2=x^6, x^7, x^8$ 或 x^9 $S_1=x^{11}, x^{12}, x^{13}$ 或 x^{14}
CS3 和 CS1	$S_3=x^{10}, x^{11}, x^{12}$ 或 x^{13} $S_1=1, x, x^2$ 或 x^3	CS2 和 CS0	$S_2=x^{10}, x^{11}, x^{12}$ 或 x^{13} $S_0=x^4, x^5, x^6$ 或 x^7
CS3 和 CS0	$S_3=x^6, x^7, x^8$ 或 x^9 $S_0=1, x, x^2$ 或 x^3	CS1 和 CS0	$S_1=x^4, x^5, x^6$ 或 x^7 $S_0=x^8, x^9, x^{10}$ 或 x^{11}

- 在已知一个码字有错时的单个码元差错。如果我们已经知道某个编码数据有错，例如，CS3 有错，而相应的 S_3 值不为 0，则说明除了该编码数据有错外，在其他的编码数据中还有错。若此时 $S_3=x^{11}$，则有 $e_1=x$，因此，可以判定编码数据 CS1 的第 1 位码元有错。这说明利用一个有差错的编码数据及其相应的不为 0 的 S 值，可以检测出另一个编码数据的单个码元差错情况。

对于已知有差错的编码数据的实际差错位置，可以由表 2-7 中其他三个未用的相应 S 值来确定。

表 2-7　在已知一个编码数据有差错时，其他编码数据出现单个码元差错的表示

已知有差错的数据	其他出错的数据	指示单个码元差错位置的 S 值
CS3	CS2	$S_3=1, x, x^2$ 或 x^3
	CS1	$S_3=x^{10}, x^{11}, x^{12}$ 或 x^{13}
	CS0	$S_3=x^6, x^7, x^8$ 或 x^9
CS2	CS3	$S_2=1, x, x^2$ 或 x^3
	CS1	$S_2=x^6, x^7, x^8$ 或 x^9
	CS0	$S_2=x^{10}, x^{11}, x^{12}$ 或 x^{13}
CS1	CS3	$S_1=1, x, x^2$ 或 x^3
	CS2	$S_1=x^{11}, x^{12}, x^{13}$ 或 x^{14}
	CS0	$S_1=x^4, x^5, x^6$ 或 x^7
CS0	CS3	$S_0=1, x, x^2$ 或 x^3
	CS2	$S_0=x^4, x^5, x^6$ 或 x^7
	CS1	$S_0=x^8, x^9, x^{10}$ 或 x^{11}

- 不可纠差错。至此，我们用不同的 S_0，S_1，S_2，S_3 值的各种不同的组合表示出了某些差错情况。由于每个 S 值都是 4 位，因此，它们之间各种不同的组合共有 $4^4=256$ 种。在这 256 种不同的组合中，只有一部分可以用来作为编码数据特定差错的指示值（如前所述），而其余组合则表示为不可纠差错。表 2-8 分别列出了各种不同差错类型的数目。

表 2-8　差错类型

差错类型	数目
无差错	1
单个码字中单个码元差错	4×4=16
单个码字中多个码元差错	4×11=44
两个码字中的单个码元差错	6×16=96
不可纠差错	99
总计	256

第三节　电路交换接续

一、交换单元

交换单元（Switch Element，SE）是构成交换网络最基本的部件。若干个交换单元按照一定的拓扑结构连接起来，就可以构成各种各样的交换网络。交换单元是完成交换功能最基本的部件。

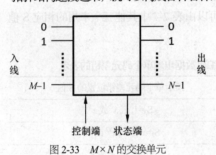

图 2-33　$M×N$ 的交换单元

如图 2-33 所示，一个交换单元从外部看主要由 4 个部分组成：输入端口、输出端口、控制端与状态端。交换单元的输入端口又称为入线，输出端口称为出线，一个具有 M 条入线，N 条出线的交换单元称为 $M×N$ 的交换单元，入线编号为 0~M-1，出线编号为 0~N-1。控制端主要用来控制交换单元的动作，可以通过控制端的控制将交换单元的特定入线与特定出线连接起来，使信息从入线交换到出线而完成交换的功能。状态端用来描述交换单元的内部状态，不同的交换单元有不同的内部状态集，通过状态端口让外部及时了解工作情况。

从内部看交换单元，其构成是多种多样的，它可以是一个时分总线或是一个空分的开关阵列，各种类型的交换单元将在下文介绍。无论交换单元内部如何构成，它都应该能够完成最基本的交换功能，即能把交换单元任意入线的信息交换到任意出线上。

从不同的角度，例如，信息传送方向、信号传送形式、出入线数量关系等，可以对交换单元进行多种分类。按照交换单元的所有入线和出线之间是否共享单一的通路，可以把交换单元分为空分交换单元与时分交换单元，如图 2-34 所示。这是按照交换单元内部结构进行的分类。

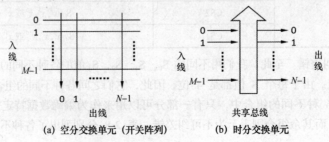

（a）空分交换单元（开关阵列）　　　　（b）时分交换单元

图 2-34 空分交换单元与时分交换单元

时分交换单元的基本特征是所有的输入端口与输出端口之间共享唯一的一条通路，从入线来的所有信息都要通过这条唯一的通路才能交换到目的出线上去。这条唯一的通路可以是一个共享总线，也可以是一个共享存储器。

空分交换单元的所有入线与出线之间存在多条通路，从不同入线来的信息可以并行地在这些通路上传送，空分交换单元也可称为空间交换单元，典型的空间交换单元就是开关阵列。

1．开关阵列

交换单元完成的最基本的功能就是交换。在交换单元内部，要把某条入线上的信息交换到某条出线上去，最简单最直接的方法就是把该入线与该出线在需要的时候直接连接起来。为了做到在需要的时候直接将入线和出线连接起来，人们自然会想到在入线和出线之间加上一个开关，开关接通，则入线与出线连接；开关断开，则入线与出线连接断开。如此构成的交换单元内部就是一个由大量开关组成的阵列，因此，把这样的交换单元称为开关阵列。

开关阵列的开关一般位于入线与出线的交叉点上，它有两种状态：接通与断开。图2-35 表示了一个开关的两种不同状态。当开关接通时，入线与出线就连接在一起；当开关断开时入线与出线就不连接。开关阵列的开关分为两种：单向开关和双向开关。单向开关主要用于有向交换单元，只允许信息从入线传送到出线；双向开关一般用于无向交换单元，允许信息双向传送。

对于一个 $M \times N$ 的有向交换单元，其开关阵列的实现如图 2-36 所示。在入线和出线上的每个交叉点都有一个开关，且开关为单向开关，那么它共需要 $M \times N$ 个开关。一般把入线 i 与出线 j 交叉点的开关记为 K_{ij}。如果需要将入线 i 与出线 j 连接，只要把开关 K_{ij} 置为接通状态即可。

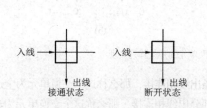

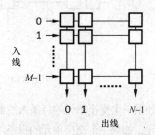

图 2-35　开关阵列中开关的两种状态　　　　图 2-36　$M \times N$ 有向交换单元

一个 N 无向交换单元的开关阵列实现如图 2-37（a）所示。N 无向交换单元没有入线和出线之分，因此无论是横向还是纵向的信息端，只要编号相同就是同一个信息端，该信息端可以双向传送信息。同时其所使用的开关也是双向开关。将实现 N 无向交换单元的开关阵列与实现 $N \times N$ 有向交换单元的开关阵列相比较，它们的功能基本相同，区别主要是对于 N 无向交换单元的开关阵列：①入线 i 与出线 j 相连，那么入线 j 与出线 i 一定相连；②编号相同的入线与出线之间没有连接关系。N 无向交换单元的开关阵列若采用双向开关实现时，共需要 $N(N-1)/2$ 个开关，即有 $N(N-1)/2$ 个交叉点。

N 无向交换单元的开关阵列若采用单向开关，则其开关阵列的实现如图 2-37（b）所示。相同编号的入线和出线的复合构成了 N 无向交换单元的信息端。与 $M \times N$ 有向交换单元的开关阵列结构相似，相同编号的入线和出线不需要连接，故没有开关。采用单向开关实现时，共需要 $N(N-1)$ 个开关，很明显，其开关阵列的开关数比采用双向开关时要多。

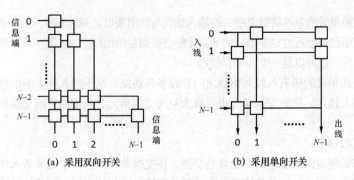

图 2-37 N 无向交换单元的开关阵列实现

一个 $M \times N$ 无向交换单元的开关阵列实现如图 2-38（a）所示。由图可知，$M \times N$ 无向交换单元的开关阵列与 $M \times N$ 有向交换单元开关阵列的实现结构完全相同，不同的是信息端是双向传送信息，并且所使用的开关是双向的。

若 $M \times N$ 无向交换单元的信息端是由一对单向传送信息的入线和出线复合而成，那么 $M \times N$ 无向交换单元就有 $M+N$ 条单向传送信息的入线和 $M+N$ 条单向传送信息的出线，且其开关阵列的构成需采用单向开关。假设 $L=M+N$，则其开关阵列的另一种实现方式如图 2-38（b）所示，可看作是 $L \times L$ 有向交换单元的一种部分连通情况。

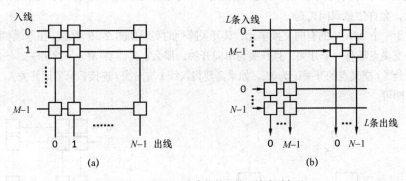

图 2-38 $M \times N$ 无向交换单元的开关阵列实现

如果一个交换单元的每条入线都能够与每条出线相连接，那么称这个交换单元为全连通交换单元；如果一个交换单元的每条入线只能与部分出线相连接，那么称这个交换单元为非全连通交换单元。图 2-36 和图 2-38（a）的交换单元是全连通交换单元，图 2-37 和图 2-38（b）的交换单元是非全连通交换单元。在非全连通交换单元的开关阵列中，如果入线 i 与出线 j 不需要连接，那么开关 K_{ij} 就不存在，显然，如果要用开关阵列实现全连通的交换单元，那么所需要的开关数目会比非全连通的多。

开关阵列的特点主要表现在以下方面。

• 容易实现同发与广播功能。如果一条入线上的信息要交换到多条出线上，那么只要把这条入线与相应的出线所对应的开关打开即可，从而实现了同发和广播，反之，如果不允许同发和广播，那么每一入线与所有出线相对应的开关只有一个处于连接状态即可。

• 信息从入线到出线具有均匀的单位延迟时间。信息从任一入线到任一出线经过的开关数是相等的，因而经开关阵列构成的交换单元的信息延迟时间是均等的，不存在时延抖动。

• 开关阵列的控制简单。构成开关阵列的每一个开关都有一个控制端和一个状态端，以控制和反映开关的通断情况。开关的状态不外乎"通"和"断"，用两值信号表示即可。

• 开关阵列适合于构成较小规模的交换单元。当交换单元的入线数 M 与出线数 N 较大时交叉点数会迅速增加，那么相应所需的开关数也会迅速增加。如要构成一个 100×80 的全连通有向交换单元，其开关阵列的开关数为 8000 个，这表明实际使用开关数的多少反映开关阵列实现的复杂度和成本的高低，所以应尽量减少开关数。

- 开关阵列的性能依赖于所使用的开关。开关是双向还是单向、可传送模拟信息还是数字信息、是电开关还是光开关决定了所构成的交换单元是无向交换单元还是有向交换单元、是可交换模拟信号的交换单元还是可交换数字信号的交换单元、是电交换单元还是光交换单元。

在实际应用中，一般存在三种开关阵列：继电器、模拟电子开关与数字电子开关。

继电器一般构成小型的交换单元，所构成的交换单元是无向的，可交换模拟和数字信息，其缺点是干扰和噪声大、动作慢（ms 级）、体积大（cm 级）。

模拟电子开关一般由半导体材料制成，只能单向传送信息，且衰耗和时延较大。但模拟电子开关的开关动作比继电器快得多，构成的交换单元与继电器构成的交换单元相比，体积小，一般用来代替继电器构成小型的交换单元。

数字电子开关由简单的逻辑门构成，开关动作极快且无信号损失，用于完成数字信号的交换，目前得到广泛的应用。

需要说明的是，开关阵列的物理实现不一定是由一个个的开关构成，可以由多路选择器构成。一个 $M \times N$ 的交换网络可以由 N 个 M 选一的集中器实现，也可以由 M 个一选 N 的分路器构成，如图 2-39 所示。

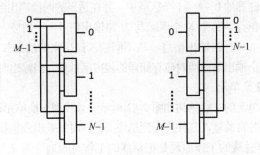

图 2-39　开关阵列的多路选择器等效实现

2. T型（时分数字）接线器

话音信号数字化后在 PCM 线上传输时，一个话路占用一个时隙（TS）。对数字信号进行交换实际上是实现时隙交换，时隙交换就是把 PCM 入端某个时隙的信息交换到 PCM 出端的另一个时隙中去，程控数字交换机必须能够进行时隙交换。时隙交换如图 2-40 所示。

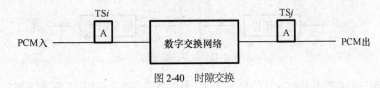

图 2-40　时隙交换

图中 PCM 入线上的 TSi 中的话音信号 A（8 bit 编码），经过数字交换网络后，交换到 PCM 出线中的 TSj，完成了时隙交换。而一个时隙代表一个电话用户，这就相当于建立了两个用户间的话路。

由于一个用户的话音信息在 PCM 复用线上是每帧出现一次，因而时隙交换必须每帧进行一次。每帧时间只有 $125\,\mu s$，因此，每秒钟必须交换 8000 次。完成一次通话交换网络通常要进行几十万次以上的时隙交换。另外，数字信号采用四线制传输，发送占用两条线，接收占用另外的两条线。因此，数字交换必须同时建立两个方向的通路。另一方向就是 PCM 入线上的 TSi 的信息要交换到 PCM 出线上的 TSj 中去。

① 时分交换单元的一般构成。相对于空间交换单元而言，时分交换单元的内部只存在一条唯一的通路，该通路由输入复用线上各子信道分时共享，从入线上来的各子信道的信息都必须通过这个唯一的通路才能完成交换。通常人们根据时分交换单元内这个唯一的公共通路是存储器还是总线，将时分交换单元划分为两种类型：共享存储器型交换单元和共享总线型交换单元。

a. 共享存储器型交换单元

图 2-41　共享存储结构

共享存储器型交换单元的一般结构如图 2-41 所示。交换单元具有 N 路输入信号和 N 路输出信号。作为交换单元核心部分的存储器被划分为 N 个区域，N 路输入信号被放在存储器的 N 个区域中，不同区域的 N 路信号被读出，形成 N 路输出信号。

通常共享存储器有两种工作方式：输入缓冲方式和输出缓冲方式。

输入缓冲方式是指存储器中 N 个区域与 N 路输入信号一一对应，即 $0 \sim N-1$ 路输入信息分别对应存放在存储器的 $0 \sim N-1$ 个区域中，并在适当的时候输出到目的输出信道上。

输出缓冲方式是指存储器中 N 个区域与 N 路输出信号一一对应，即存储器的 $0 \sim N-1$ 个区域分别对应 $0 \sim N-1$ 路输出信息。从不同输入信道来的信息如果要交换到输出信道中，就把信息放在这个输出信道所对应存储器的相应区域中，当输出时刻到来时输出信息。

b. 共享总线型交换单元

共享总线型交换单元的一般结构如图 2-42 所示。总线型交换单元有 N 条入线与 N 条出线，每条入线都经过各自的输入部件连接到总线上，同时每条出线也都经过各自的输出部件连接到总线上。共享总线的工作原理是把总线的工作时间划分为 N 个时间片（称其为时隙），在每一个时隙内把总线分给相应入线所对应的输入部件，当一个输入部件获得总线上的输入时隙后，就把入线上的信息送到总线上。与此同时，信息的目的出线相对应的输出部件将总线上的信息读入，然后从出线上输出信息。

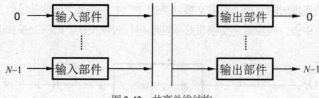

图 2-42　共享总线结构

输入部件的功能是接收入线信号，进行信号的格式变换，在相应时隙到来时将输入信号发送到总线上暂时存储输入线上的连续信号，输入部件一般具有缓冲存储器。设输入部件每隔 τ 时间获得一个时隙，输入端输入的信号速率为 V bit/s，则输入部件缓冲存储器的容量至少应为 $V\tau$ bit。

输出部件的功能是检测总线上的信号，将属于本端口的信息读出，进行格式变换，在出线上输出。由于出线上输出的是连续的比特流，所以输出部件应设置缓冲存储器。设输出部

件每隔 τ 时间获得一组信息量，且其值为常数，输出端输出的信号速率为 V bit/s，则输出部件的缓冲存储器的容量至少应为 $V\tau$ bit。

总线主要包括数据总线和控制总线。总线的宽度是指所包含的信号线数。由于数据线数的多少与交换单元的容量密切相关，所以通常把总线含有的数据线数称为总线的宽度。设总线型交换单元有 N 条入线，每条入线上传送的同步时分复用信号的速率为 V，则总线上的信号速率就是 NV。因此，当 N 增大时，总线上传送的信息速率会增大。由于该速率以及入、出线控制电路的工作速率是有极限的，所以入、出线数及所传送的信号速率不能超过一定的值。由于上述因素的限制，设总线上的一个时隙长度不能超过 T，并且在一个时隙中只能传送 B 个比特，则下式成立：

$$kNV=B/T$$

其中 k 为总线时隙分配规则因子。当采用简单的固定分配时隙规则时，$k=1$；当采用复杂的按需分配时隙规则时，$k<1$。$1/k$ 反映了总线的利用程度。可以通过增加 B、减少 T 来增加交换单元的容量。为了增加 B，最直接的方法就是增加总线的宽度，即增加数据线的数量，但这会使交换单元变得复杂。为了减少 T，最直接的方法就是使用快速的器件，如较高存储速率的存储器。

② T 型接线器。T 型接线器的作用是完成一条 PCM 复用线上各时隙间信息的交换。T 型接线器由话音存储器（SM）和控制存储器（CM）两部分组成，它们一般都是采用高速的随机存取存储器，如图 2-43 所示。

语音存储器（SM）是用来暂时存储话音脉码信息的，故又称"缓冲存储器"。控制存储器（CM）是用来寄存话音时隙地址的，又称"地址存储器"或"时址存储器"。

T 型接线器的工作方式有两种：一种是"顺序写入，控制读出"方式；另一种是"控制写入，顺序读出"方式。在这里顺序写入和顺序读出中的"顺序"系指按照话音存储器的地址顺序，受时钟脉冲来控制，而控制读出和控制写入的"控制"是指按控制存储器中已规定的内容来控制话音存储器的读出或写入。至于控制存储器的内容则是由处理机控制写入和清除的。

T 型接线器的工作原理如下。

这里着重分析"顺序写入，控制读出"方式。在图 2-43 中，T 型接线器的输入线和输出线各为一条有 32 个时隙的 PCM 复用线。如果占用时隙 TS3 的用户 A 与占用时隙 TS19 的用户 B 通话，那么在 A 讲话时，就应将 TS3 的话音脉码信息交换到 TS19 中去。而在时钟脉冲控制下，当 TS3 时刻到来时，把 TS3 中的脉码信息写入 SM 内的地址为 3 的存储单元内。而此脉码信息的读出是受 CM 控制的，当 TS19 时刻到来时，从 CM 读出地址 19 中的内容"3"，以这个"3"为地址去控制读出 SM 内地址是 3 中的话音脉码信息。这样就完成了把 TS3 中的信码交换到 TS19 中的任务。同样，在 B 用户讲话时，应通过另一条复用线和相应的 T 接线器在 TS19 时刻到来时把 TS19 中的信码写入 SM，而读出这一信息的时刻却是下一帧的 TS3。由此可见，在 T 型接线器进行时隙交换的过程中，话音脉码信息要在 SM 中存储一段时间，这段时间小于 1 帧。这就是说在数字交换中会出现时延。

SM 的存储单元数是由输入 PCM 复用线每帧内的时隙数所决定的。SM 中每个存储单元的位数取决于每个时隙中所含的码位数。图 2-43 中的 SM 容量为 32 个单元，每个存储单元有 8 位码。CM 的存储单元数与 SM 相同，但每个存储单元只需存 SM 的地址数，图 2-43 中的这个例子只需存 5 位码，因为 SM 地址只有 $2^5=32$ 个。

用同样道理我们可以自行推出"控制写入，顺序读出"的工作原理。

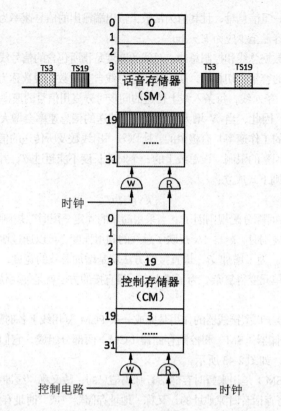

图 2-43 T 型接线器

3．S 型（空分数字）接线器

数字交换机中的 S 型接线器的作用是完成不同 PCM 复用线之间的信码交换。它主要是由交叉点矩阵及控制存储器（CM）组成，如图 2-44 所示。

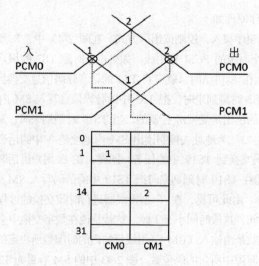

图 2-44 S 型接线器

当接至数字交换机的 PCM 复用线为两条或两条以上时，就需要采用 S 型接线器来完成复用线之间的交换。

在图 2-44 中输入 PCM0 的 TS1 中的信码要变换到输出 PCM1 中去时，当时隙 1 到时，在 CM0 的控制下，使电子交叉接点 1 闭合（即用实线圈内表示），就把输入 PCM0 的 TS1 中的信码直接转换到输出 PCM1 的 TS1 中去。同样原理，在图 2-44 中，我们把 PCM1 的 TS14 的信码交换到输出 PCM0，是在时隙 TS14 时。因而，S 型接线器能完成不同的 PCM 复用线间的信码交换，但是在交换中其信码的时隙位置不变，即它不能完成时隙交换。因此该 S 型接线器在数字交换网络中不单独使用。

在 S 型接线器中的 CM 对电子交叉点的控制有两种方式：输入控制和输出控制。

输入控制方式，如图 2-44 所示就属于这种方式。它对应每一条输入 PCM 复用线就有一个 CM，由这个 CM 决定输入 PCM 线上各时隙中的信码要交换到哪一条输出 PCM 线上去。

输出控制方式，它对应每一条输出 PCM 复用线有一个 CM，由这个 CM 来决定哪条输入 PCM 线上哪个时隙的信码要交换到这条输出 PCM 线上来。

S 型接线器中的控制存储器也是高速的随机存取存储器。电子交叉矩阵采用高速电子门电路组成的选择器来实现。

4．多端 T 型交换单元

当电话用户很多时，话音时隙不可能都在一条 PCM 复用线上传输。因为那样数码率太高，数字交换网络不可能达到那么快的交换速度，因而，要求数字交换机能进行多条 PCM 复用线上的时隙交换。

多端输入的 T 接线器就是要在输入端连接多条 PCM 线（High Way，HW），即多端脉码交换。如果输入端接 8 条 HW，话音存储器就应有 256 个存储单元，如果接 16 条 HW，话音存储器就应有 512 个存储单元。若有 256 个存储单元，则需要 8 位定时脉冲（$256=2^8$），即 $A_0 \sim A_7$，由它们的不同组合方式组成按时序排列的 256 个控制脉冲。这样就产生了两个问题。

问题一：多条 HW 中的时隙在进入 T 接线器时的顺序如何排列？

以 8 端脉码输入为例，256 个时隙（tS0 ~ tS255）的排列方式应是：HW_0 的 TS0（tS0），HW_1 的 TS0（tS1），HW_2 的 TS0（tS2），……，HW_7 的 TS0（tS7），HW_0 的 TS1（tS8），HW_1 的 TS_1（tS9），……

各端脉码的时隙号（$HW_n TSk$）与总时隙号（tSj）存在着一一对应关系。

例：求 $HW_1 TS20$ 的总时隙编号。

端号：$1 \rightarrow 001$（$A_2 \sim A_0$）；

时隙号：$20 \rightarrow 10100$（$A_7 \sim A_3$）；

总时隙：$(10100001)_2 = (161)_{10}$

所以，总时隙编号为 tS161，其时隙编码为 10000101（$A_0 \sim A_7$）

在表示总时隙的 8 位二进制码中，其前 3 位 $A_0 A_1 A_2$ 表示 HW_n，后 5 位 $A_3 \sim A_7$ 表示个 HW 中的 TSk。

根据各端时隙号的排列规律，可以得出 tS_j 与各端时隙号 TSk 之间的表达式：

$$j = 端数 \times k + 端号\ n$$

在上例中，$j = 8 \times 20 + 1 = 161$。

问题二：如何解决因多端输入引起的速率提高及因此而带来的各种问题？

每一端的脉码传输速率为 2048kbit/s，若 8 端脉码输入，则可达 16384kbit/s 的速率，若 16 端脉码输入，则高达 32768kbit/s。这样高的速率会带来辐射、干扰及对工艺和开关速度的要求提高等问题。为此，各厂家都采取了降低速度的措施，通常的办法是采用串/并变换。

图 2-45 所示为一 8 端脉码输入的 T 接线器框图。它由复用器（串/并变换）、话音存储器、控制存储器和分路器（并/串变换）组成。

图 2-46 所示为定时脉冲波形图。

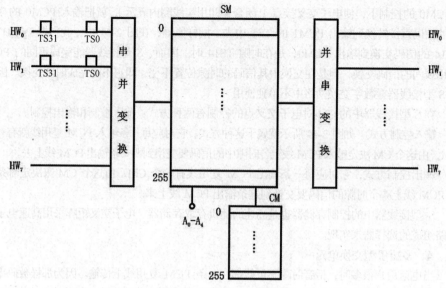

图 2-45   8 端输入的 T 接线器

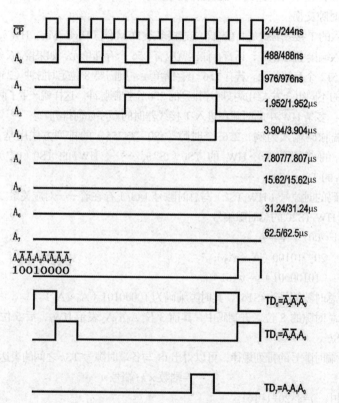

图 2-46   定时脉冲波形图

CP 脉冲的脉冲/间隙宽度为 244ns/244ns，与 30/32 路 PCM 系统中的一个位时隙脉冲宽度（488ns）相同。A_0 是 CP 脉冲的分频，A_1 是 A_0 的分频，A_2 是 A_1 的分频，……，A_7 是 A_6 的分频。

$A_0 \sim A_7$ 通过译码电路可译成 256 个时间位置不同的定时脉冲。它们的持续时间是 488ns，周期为 125μs，用以代表不同的 256 个存储单元地址，以控制存储单元的写入或读出。

例如，HW_1TS1 的代码为 10010000（$A_0 \sim A_7$），送入译码电路后变成 $A_0\overline{A_1A_2A_3}$ $\overline{A_4A_5A_6A_7}$，而这 8 个定时脉冲相与的结果恰好出现在 CP_9 的那一个脉冲时刻。所以，SM 或 CM 各单元的启闭就由定时脉冲相与产生的脉冲来控制。

a. 串/并变换电路。

输入端每条 HW 线上有 32 个时隙，每个时隙内有 8 位串行码的 PCM 数字信号，其传输速率为 2048kbit/s。经串/并变换后，则输出 8 位并行码，在每条输出线（位线）上传输的是 8 条 HW 线的各个时隙的某一位码，传输速率仍为 2048kbit/s（每条位线上有 256 个时隙，每个时隙持续时间 488ns），这正是 8 个定时脉冲所形成的控制脉冲的宽度。若是 16 条 HW 线输入，则位线上每个时隙持续时间及 CP 脉冲的宽度应如何调整，请读者自行分析。图 2-47 所示为 8 端脉码的串/并变换原理图。

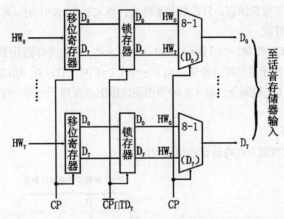

图 2-47　8 端脉码的串/并变换电路

8 个移位寄存器的输入端分别与 8 条 HW 线相连，每个移位寄存器的输出端为 8 条线，每条线上在各个时隙里只有一位码，在 D_0 线上只出现各时隙的 D_0 位码，在 D_1 线上只出现各时隙的 D_1 位码，……，在 D_7 线上只出现各时隙的 D_7 位码，即移位寄存器是串入并出的。

由于移位寄存器的 8 位并行输出不是同时出现，而是在 CP 脉冲的控制下逐位出现，故在其后各加了一个锁存器进行锁存，以便同时输出。锁存器是由 $\overline{CP} \cap TD_7$ 控制的。

$\overline{CP}$ 是 CP 脉冲的后半周期出现的时间，$TD_7 = A_0A_1A_2$ 是 D_7 位码出现的时间，$\overline{CP} \cap TD_7$ 是一个位控制脉冲，它出现在 D7 位码出现的后半周期内，这个时间恰好是在这个时隙的 8 位码已经全部出齐的稍后一点，当 $\overline{CP} \cap TD_7 = 1$ 时，则将已经变换就绪的 8 位并行码一起送入锁存器。这时，锁存器中的数据和输入端串行码的数据在时间上已经延迟了一个时隙。

8—1 电子选择器的功能是把 8 个 HW 的并行码按一定的次序进行排序，一个一个地送出。如在 8—1（D_0）电子选择器上，8 条输入线上分别是 HW_0，HW_1，……，HW_7 的 D_0 位码，这是同时出现的，在 CP 脉冲前半周期的控制下逐位输出，在 D_0 线上按 HW_0，HW_1，……，HW_7 的顺序依次将各 HW 的 D_0 位码输出，然后紧接着输出下一个时隙的 $HW_0 \sim HW_7$ 的 D_0 码。与此同时，在 D_1，D_2，……，D_7 线上同样输出 $HW_0 \sim HW_7$ 的 D_1，D_2，……，D_7 码。

b. 并/串变换电路。

并/串变换电路是将并行码转换成串行码，如图 2-48 所示。

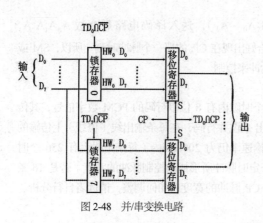

图 2-48 并/串变换电路

锁存器的并入并出的 8 位寄存器，它是在位脉冲 $TD_0 \cap \overline{CP} \sim TD_7 \cap \overline{CP}$ 控制下，将 8 条 HW 的各位码（$D_0 \sim D_7$）分别在各自位脉冲的后半周期写入锁存器 $0 \sim 7$ 中。

$TD_0 \sim TD_7$ 是 8 个位脉冲，它是由定时脉冲 A_0，A_1，A_2 所控制，$TD_0 = \overline{A_0} \cdot \overline{A_1} \cdot \overline{A_2}$ 出现的时间就是 D_0 位码出现的时间，TD_1 出现的时间就是 D_1 位码出现的时间，……，TD_7 出现的时间就是 D_7 位码出现的时间。

移位寄存器具有移位和寄存的功能，由 CP 和 S 控制线控制。在 CP=1，S=1 时，移位寄存器处于置数状态，只置数而不移位；当 CP=1，S=0 时，移位寄存器处于移位状态，只移位而不置数。

S 端由 $TD_0 \cap CP$ 控制，当 TD_0=1，CP=1 时，S=1，移位寄存器处于置数状态，于是将锁存器中 8 位码转存于移位寄存器中。当下一个 CP=1 时，TD_0=0，所以 S=0，移位寄存器处于移位状态，在 CP 控制下，按 CP 的节拍逐位输出，直到下一时隙的 TD_0 出现，再置数一次，……

c. 话音存储器。

图 2-49 是读出控制方式的话音存储器原理图。

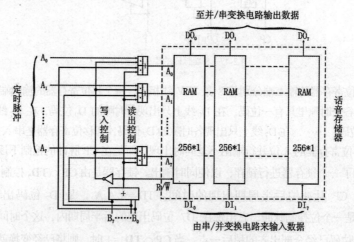

图 2-49 读出控制方式的话音存储器

- 输入数据 $DI_0 \sim DI_7$ 是某一话音抽样幅度的编码，它是以 8 位并行码的方式存入话音存储器的某个单元中。

- $DO_0 \sim DO_7$ 是输出话音信息。

- $A_0 \sim A_7$ 是定时脉冲，话音存储器的写入顺序是按照 $A_0 \sim A_7$ 代码的顺序执行，它代表了 256 个单元地址，故话音存储器有 256 个存储单元。

- $B_0 \sim B_7$ 代表了读出的单元地址，它们是由控制存储器送来的。

- R/$\overline{W}$ 为读写控制线。当 R/$\overline{W}$ =1 时，话音存储器处于读出状态，按 $B_0 \sim B_7$ 提供的地址，读出该单元内所存储的信息；当 R/$\overline{W}$ =0 时，话音存储器处于写入状态，将话音信息 $DI_0 \sim DI_7$ 的内容写入到以 $A_0 \sim A_7$ 为地址的单元中。

工作原理如下所述。

CP 处于前半期时，控制存储器不送数据，即 $B_0 \sim B_7 = 0$，使 R/$\overline{W}$ =0，话音存储器处于写入状态，"与非"门输出为 1，"写入控制"信号为 1，"读出控制"信号为 0，使各"与或"门上侧"与"门打开，下侧"与"门关闭，定时脉冲 $A_0 \sim A_7$ 输入到话音存储器作为写入的单元地址，按 $A_0 \sim A_7$ 的先后顺序写入此时刻送来的话音信息 $DI_0 \sim DI_7$，这就是顺序写入。

CP 处于后半期时，$B_0 \sim B_7 \neq 0$，则 R/$\overline{W}$ =1，话音存储器处于读出状态，经"与非"门输出的"写入控制"信号为 0，"读出控制"信号为 1，使各"与或"门下侧"与"门打开，上侧"与"门关闭，阻断了定时脉冲 $A_0 \sim A_7$ 通向话音存储器的通路，打开了 $B_0 \sim B_7$ 至话音存储器的通路，使 $B_0 \sim B_7$ 成为话音存储器的读出地址，读出相应单元内的话音信息 $DO_0 \sim DO_7$，这就是控制读出。

d. 控制存储器。

控制存储器是由 RAM、锁存器、比较器和读写控制器组成，如图 2-50 所示。

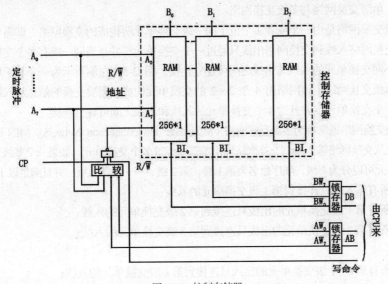

图 2-50　控制存储器

控制存储器的写入受中央处理机的控制，它和中央处理机之间有 17 条连线：

数据总线（DB）有 8 条（$BW_0 \sim BW_7$），$BW_0 \sim BW_7$ 实际上是发话人的话音信息在话音存储器中的存储地址；

地址总线（AB）有 8 条（$AW_0 \sim AW_7$），$AW_0 \sim AW_7$ 是控制存储器的单元地址；

写令线 1 条，当需要写入时，即送"1"。

控制存储器的工作原理如下。

中央处理机根据主叫用户的要求，选定路由后，便通过数据总线送来数据 $BW_0 \sim BW_7$，放入锁存器暂存；通过地址总线送来写入地址 $AW_0 \sim AW_7$，放入锁存器暂存；通过写令线送来写命令"1"。当定时脉冲 $A_0 \sim A_7$ 送来的信号组合与写入地址 $AW_0 \sim AW_7$ 完全一致时，比较器输出"1"。

当 CP=1 时，读写控制器的"与非"门的三个输入线均为 1，则输出为 0，R/$\overline{W}$ =0 使 RAM 处于写入状态。数据 $BW_0 \sim BW_7$ 即可按此时定时脉冲所提供的写入地址写入到 RAM 中。

CP 的后半期，CP=0，使 R/$\overline{W}$ =1，RAM 处于读出状态。此时就可将该单元所存放的数据 $B_0 \sim B_7$ 读出送至话音存储器，控制话音存储器读出 $B_0 \sim B_7$ 单元的话音信息。

二、交换网络

1. 交换网络的基本概念

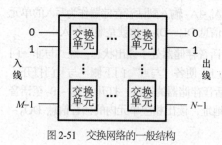

图 2-51 交换网络的一般结构

前面讲述了各种类型的交换单元，此处将对交换网络进行讨论。交换网络的基本结构如图 2-51 所示。交换网络是由交换单元按照一定的拓扑结构扩展而成的，所构成的交换网络也称为互联网络。交换网络从外部看，也有一组输入端和一组输出端，将其分别称为交换网络的入线和交换网络的出线，如果交换网络有 M 条入线和 N 条出线，则把这个交换网络称为 $M \times N$ 的交换网络。

交换网络也有多种分类方法，主要有以下 4 种分类。

（1）单级交换网络与多级交换网络

单级交换网络是由一个或者多个位于同一级交换单元所构成的交换网络，即需要交换的信息从交换网络入线到交换网络出线只经过一个交换单元，并且当同一级有多个交换单元构成时，不同交换单元的入线与出线之间可建立连接。图 2-52 左侧所示为一个基于均匀洗牌交换的单级交换网络，该网络由 4 个 2×2 的交换单元构成，需要交换的信息从入线到出线只经过 4 个交换单元，并且这 4 个交换单元的入线和出线之间可建立连接。

多级交换网络通常称为多级互联网络（Multistage Interconnection Network，MIN），需要交换的信息从交换网络输入端到交换网络输出端需要经过多个交换单元。如果一个多级互联网络的交换单元可以分为 k 级，顺序命名为第 1 级、第 2 级、……、第 k 级，并且满足以下条件：

- 所有输入端只连接到第 1 级交换单元的入线；
- 所有第 1 级交换单元的出线只连接到第 2 级交换单元的入线；
- 所有第 2 级交换单元的出线只连接到第 3 级交换单元的入线；
- ……
- 所有第 $k-1$ 级变换单元的出线只连接到第 k 级交换单元的入线；
- 所有交换网络的输出端只连接到第 k 级交换单元的出线。

称这样的交换网络为 k 级交换网络或者 k 级互联网络。k 级交换网络的应用十分广泛，如 CLOS 网络、banyan 网络、TST 网络及 benes 网络，就属于 k 级交换网络。图 2-52 右侧所示为一个三级的 banyan 网络。

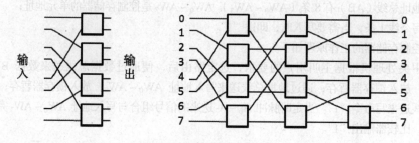

图 2-52 单级与多级交换网络

（2）有阻塞交换网络与无阻塞交换网络

交换网络的阻塞是指从交换网络不同输入端来的信息在交换网络中交换时发生了对同一公共资源争抢的情况，这时在竞争资源中失败的信息就会被阻塞，直到这个公共资源被释放。图 2-53 所示为一个两级交换网络，假设在同一时刻，入线 0 有信息要交换到出线 2，入线 1 有信息要交换到出线 3，那么此时就会发生争抢内部链路的情况，在竞争中失败的信息被阻塞。

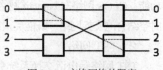

图 2-53　交换网络的阻塞

对同一公共资源的竞争一般有两种情况：一种为内部竞争；一种为出线竞争。图 2-53 所示的竞争为内部竞争，同时要交换的两路信息同抢交换单元内部的通路资源；出线竞争是不同入端来的信息同时争抢交换网络同一个输出端口而发生的竞争。因为内部竞争而发生的阻塞称为内部阻塞，所以存在内部阻塞的交换网络称为有阻塞交换网络，而不存在内部阻塞的交换网络称为无阻塞交换网络。

无阻塞交换网络比有阻塞交换网络更有优势，因为不希望出现内部竞争，即使在有阻塞交换网络中，也要想办法解决内部阻塞。对于无阻塞交换网络，一般存在三种不同意义的无阻塞交换网络。

* 严格无阻塞交换网络。交换网络中只要连接的起点与终点是空闲的，则任何时候都可以在交换网络中建立一个连接。

* 可重排无阻塞交换网络。任何时候都可以在交换网络中直接或间接地对已有连接重新选路来建立一个连接，只要这个连接的起点或终点处于空闲状态。

* 广义无阻塞交换网络。如果在顺序建立各连接时遵循一定的规则选择路径，则任何时候都可在交换网络中建立一个连接，只要这个连接的起点和终点处于空闲状态。

（3）单通路交换网络与多通路交换网络

在单通路交换网络中，任一条入线与出线之间只存在唯一的一条通路，即从一个输入端口来的信息要交换到一个输出端口，信息只能在唯一的一条通路上传送，没有其他可供选择的通路。

在多通路交换网络中，任一条入线与出线之间存在多条通路。如果信息要从一个输入端口交换到一个输出端口，可以选择多条通路中的一条进行交换，而不像单通路交换结构只有唯一一条通路。

多通路交换网络示意图如图 2-54 所示。

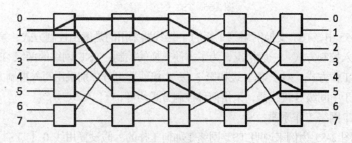

图 2-54　多通路交换网络

图中信息要从交换网络入线 1 交换到出线 5，可以选择多条路径（图中示例出了两条路径），而不是只有一条。单通路交换网络不存在内部阻塞，控制简单。多通路空分交换网络比单通路空分交换网络复杂，但是多通路变换网络有很好的容错性能。

（4）时分交换网络与空分交换网络

与交换单元的分类方法一样，交换网络也可以分为时分交换网络和空分交换网络。时分结构的基本特征是，所有的输入与输出端口分时共享单一的通信通路，具有时隙交换功能。空分结构的基本特征是，可以在多对输入端口与输出端口间同时并行地传送信息，具有空间交换的功能，CLOS 网络与 banyan 网络属于典型的空分变换网络。在电话交换系统中，广泛应用的是时空结合的交换网络，既能完成时隙交换也能完成空间交换，如 TST 网络和 DSN 网络。

2. TST 网络

TST 网络是电话交换系统中经常使用的一种三级交换网络，它由两级 T 接线器与一级 S 接线器组合而成，能完成不同复用线上的不同时隙内的信息交换。

（1）TST 网络结构

TST 交换网络结构如图 2-55 所示，它具有 32 条双向时分复用线，并且每条时分复用线上都有 32 个时隙，编号相同的入线与出线共同组成一条双向时分复用线。TST 交换网络的第 1 级有 32 个 T 接线器，分别连在每一条输入线上，第 2 级为一个 32×32 的 S 接线器，第 3 级由 32 个 T 接线器组成，分别连在每一条输出线上。

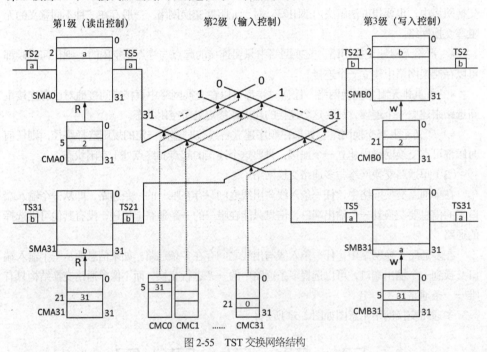

图 2-55 TST 交换网络结构

在图 2-55 中，TST 交换网络第 1 级的 T 接线器采用的是读出控制方式，第 3 级 T 接线器采用了写入控制方式。一般情况，为了方便交换的控制，TST 网络的两级 T 接线器通常采用不同的工作方式。对于第 1 级和第 3 级 T 接线器也可分别采用写入控制方式和读出控制方式。对于中间级 S 接线器，采用何种控制方式均可。

（2）TST 网络工作原理

下面以图 2-55 为例来说明 TST 网络是如何工作的。假设复用线 0 上 TS2 与复用线 31 上 TS31 存在信息交换，注意这是两个方向上的信息交换 A→B 与 B→A。

- 建立通路的时候，在中间级 S 接线器上应选择一个其入线 0 和出线 31 都空闲的内部时隙进行 A→B 方向的信息交换，假设这个内部时隙为 TS5；中间级 S 接线器同时还要选择一个其入线 31 和出线 0 都空闲的内部时隙进行 B→A 方向的信息交换，假设这个内部时隙为 TS21。

- 第 1 级与复用线 0 相连的 T 接线器的工作目的非常明显，是要将复用线 0 上 TS2 来的信息交换到内部时隙 TS5 上，在它的 CMA0 第 5 个单元中写入 2；当内部时隙 TS5 到来时，中间级 S 接线器完成该信息从复用线 0 交换到复用线 31，在 CMC0 第 5 个单元中写入

31；最后由第 3 级 T 接线器完成复用线 31 上由内部时隙 TS5 到最终输出时隙 TS31 上的信息交换，在 CMB31 第 5 个单元中写入 31。

- 复用线 0 的 TS2 到来时，TS2 上信息 a 按顺序写入复用线 0 对应的第 1 级 T 接线器（输出控制）SMA0 的第 2 个单元。当 TS5 时隙到来时，从 CMA0 第 5 个单元中读出数据 2，即将 SMA0 第 2 个单元中的信息 a 放到内部时隙 TS5 上；同时中间级空间接线器（输入控制）从 CMC0 第 5 个单元中读出数据 31，打开入复用线 0 与出复用线 31 之间的开关，完成不同复用线上相同内部时隙 TS5 的信息交换；复用线 31 对应的最后一级 T 接线器（输入控制）从 CMB31 第 5 个单元中读出数据 31，把 TS5 上来的信息 a 写入 SMB31 的 31 号单元；最后，当复用线 31 的 TS31 到来时，从 SMB31 的 31 号单元中顺序读出信息 a 输出，完成 A→B 方向上的信息交换。

- 与 A→B 方向上信息交换的过程相似，从 B→A 方向上的信息交换将通过内部复用线 31 和内部复用线 0 上共同的内部时隙 TS21 完成信息交换。此时，在 CMA31 第 21 个单元中写入 31，CMC31 第 21 个单元中写入 0，CMB0 第 21 个单元中写入 2。

- 当复用线 31 的 TS31 到来时，TS31 上信息 b 按顺序写入复用线 31 对应的第 1 级 T 接线器（输出控制）SMA31 的第 31 个单元。当 TS21 时隙到来时，从 CMA31 中第 21 个单元读出数据 31，即将 SMA31 第 31 个单元中的信息 b 放到内部时隙 TS21 上；同时中间级空间接线器（输入控制）从 CMC31 第 21 个单元中读出数据 0，打开入复用线 31 与出复用线 0 之间的开关，完成不同复用线上相同内部时隙 TS21 的信息交换；复用线 0 对应的最后一级 T 接线器（输入控制）从 CMB0 第 21 个单元中读出数据 2，把 TS21 上来的信息 b 写入 SMB0 的 2 号单元中；最后，当复用线 0 的 TS2 到来时，从 SMB0 的 2 号单元中顺序读出信息 b 输出，完成 B→A 方向上的信息交换。

如果第 1 级 T 接线器采用写入控制方式，第 3 级 T 接线器采用写出控制方式，同时中间级的 S 接线器采用输入控制方式不变，这时得到 TST 网络的另一个实现方案，如图 2-56 所示，它同样可完成复用线 0 上 TS2 与复用线 31 上 TS31 的信息交换。

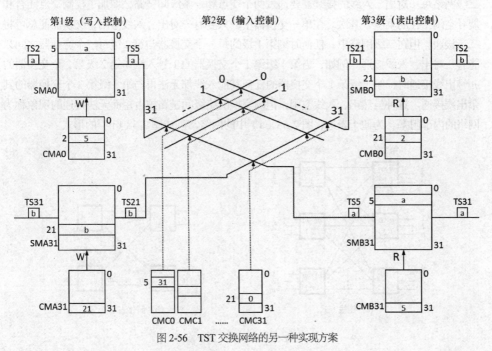

图 2-56　TST 交换网络的另一种实现方案

关于 TST 网络，应注意以下几点。

● 交换网络一般建立双向通路，即除了建立上述 A→B 方向上的信息传输，还要建立 B→A 方向上的信息传输，因此，内部时隙的选择一般采用"反相法"，即两个方向的内部时隙相差半个帧（该帧是指 TST 网络输入线或输出线的复用帧）。在图 2-55 和图 2-56 的 TST 网络中，复用帧大小为 32，半帧为 16 时隙，故 A→B 方向上选择了内部时隙 TS5，那么 B→A 方向上的内部时隙就是 TS21（16+5=21）。一般地，设 TST 交换网络输入线或输出线的帧为 F，选定的 A→B 方向上的内部时隙为 $TS_{A\to B}$，则 B→A 方向上的内部时隙为 $TS_{B\to A}=TS_{A\to B}+F/2$。

● 在一般情况下，TST 网络存在内部阻塞，但概率非常小，约为 10^{-6}。

● 构成 TST 网络的第 1 级 T 接线器和第 3 级 T 接线器一般采用不同的控制方式，但无论采用写入控制方式，还是读出控制方式，本质是一样的。

三、交换网络的内部阻塞

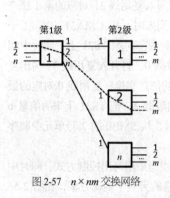

图 2-57　$n\times nm$ 交换网络

实用中的多级网络常是方形网络，即整个网络的入线数与出线数相等。如果一个 $n\times n$ 的交换器的 n 条出线如图 2-57 所示那样接至 n 个 $1\times m$ 的交换器的入线，则第一级的每条入线将有 nm 条出线。于是这 $n+1$ 个交换器构成了一个 $n\times nm$ 的交换网络。如果把第 1 级交换器增加到 m 个，同时把第 2 级每个交换器的输入线数也增加到 m，我们可得到如图 2-58（a）所示的二级网络。不难看出，网络的 nm 条入线中的任何一条均可与 nm 条出线中的任一条接通，因而它相当于一个 $nm\times nm$ 的交换器。但与单一的交换器相比，这种二级交换网络有两点重要的不同：首先，二级网络每一对出、入线的接续需要通过两个交点和一条级间链路，增加了控制交点闭合和搜寻空闲路径的难度，其次，在单一交换器中，只要有一对出、入线空闲，交换器便总可将二者接通。但在二级网络中，任何时刻第 1 级的每一个交换器与第 2 级每一个交换器之间只能有一对出、入线接通。例如，当第 1 级第 1 个交换器的 1 号入线与第 2 级第 2 个交换器的 m 号出线接通时，第 1 级第 1 个交换器的任何其他入线都无法再与第 2 级第 2 个交换器的其余出线接通。这种虽然出、入线空闲，但因交换网络级间链路被占用而无法接通的现象称为网络的内部阻塞。为便于表达，图 2-58（a）中的网络常画成图 2-58（b）的形式。

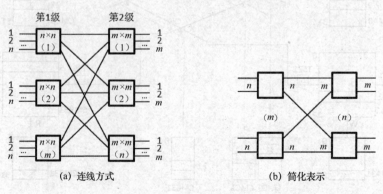

(a) 连线方式　　　　　　　　(b) 简化表示

图 2-58　$nm\times nm$ 二级网络

为便于计算网络的内部阻塞概率，假设整个交换网络的输入话务量为 A，各交换器每条出线的话务负荷相等，则每条内部链路被占用的概率可近似为

$$a=A/nm \qquad (2-5)$$

网络的内部阻塞率应等于所需链路被占用的概率，因此，

$$B_i=a \qquad (2-6)$$

当网络的输入线数进一步增加时，可按相同的方法将二级网络扩展为三级、四级或更多级。图 2-59 给出了一个三级网络。此时任何一个第 1 级交换器与一个第 3 级交换器之间仍然只存在一条通路，但它现在由两条级间链路级联而成。因此，当仍假设每条内部链路的话务量是 a 时，每条链路空闲的概率是 $1-a$。两条链路均空闲，因而级联链路空闲的概率为 $(1-a)^2$。因此，上述三级网络的内部阻塞概率是

$$B_i=1-(1-a)^2 \qquad (2-7)$$

比较式（2-6）和式（2-7）

图 2-59 $nmk \times nmk$ 级网络

$$B_{i3}=1-(1-a)^2=a(2-a)>a=B_{i2}$$

一般地说，当按上述原则构成交换网络时，级数越多，内部阻塞概率将越高。

减小内部阻塞率的一种方法是增加级间链路数。图 2-60 给出了这样一个网络，由于级间链路增加到 L 条，内部阻塞概率将减少为

$$B_i=a^L \qquad (2-8)$$

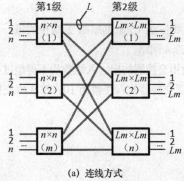

(a) 连线方式

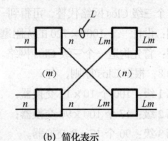

(b) 简化表示

图 2-60 L 重内部链路的二级网络

但此时第 2 级交换器将相应地增大到 $Lm \times Lm$。同理，一个 L 重连接的三级网络的内部阻塞率将是

$$B_i=1-(-a^L)^2 \qquad (2-9)$$

L 重连接法的主要缺点在于为减小网络内部阻塞率，必须增大第二级交换器容量。

减小内部阻塞率的另一种更常用方法是采用混合级。图 2-61 给出了这样一种网络。它前两级是如图 2-58 所示的二级网络，但第 2 级网络的 mn 条出线并未像图 2-59 那样连到 nm 交换器，而是仅连接了 m 个交换器。不难看出，第 1 级中任何一个交换器与第 3 级中的任一交换器间现在有了 n 条链路。因此，网络的内部阻塞率下降为

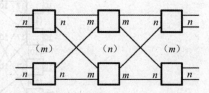

图 2-61 利用混合级减小内部阻塞

93

$$B_i=[1-(1-a)^2]^n \qquad (2-10)$$

网络的任何一条入线经第 1 级交换后将有 n 条出线，经第 2 级交换后有 nm 条出线，而经第 3 级后仍有 nm 条出线。为此，我们将前两级称为发散级，而第 3 级称为混合级。采用发散级的目的是使交换网络满足出、入线数量要求，而混合级则可改善网络的内部阻塞率。

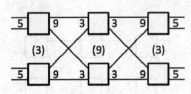

图 2-62 三级无阻塞网络举例

式（2-6）~式（2-10）仅是网络内部阻塞率的计算公式。事实上，当网络的内部链路达到一定的数量时，可以完全消除内部阻塞。图 2-62 给出了一个三级无阻塞网络。第 1 级有 3 个 5×9 交换器，第 2 级有 9 个 3×3 交换器，而第 3 级有 3 个 9×5 交换器。现假设第一级的某个交换器 A 的前一条空闲入线欲与第 3 级中的某个交换器 B 的一条空闲出线接通。在最坏的情况，当交换器 A 的入线希望接通时，它的其余 4 条入线已占用它 9 条出线中的 4 条，于是这条入线尚有 5 条出线与交换器 B 相通。再假设交换器 B 的其余 4 条出线均已占用，而它们使用的入线又恰好是 AB 之间剩余 5 条链路中的 4 条，于是 A、B 之间仅存在一条通路。换而言之，只要网络的出、入线空闲，则必存在内部链路使二者连通。

上述网络称为克劳斯（Clos）网络。对于一般情况，Clos 已证明，当第 1 级有 m 个交换器，每个交换器有 n 条入线，而第 3 级有 k 个交换器，每个有 j 条出线时，一个三级无阻塞网络应满足：

第 1 级有 m 个 $n \times (n+j-1)$ 交换器；

第 2 级有 $n+j-1$ 个 $m \times k$ 交换器；

第 3 级有 k 个 $(n+j-1) \times j$ 交换器。

上述原则可推广到任意奇数级网络。例如，将三级 Clos 网络第 2 级中的每一个交换器都用一个三级 Clos 网络代替，可得到一个五级 Clos 网络。

例：设计一个 1000×720 的无阻塞网络，所用交换器的出、入线数均不得超过 20。

解：首先构造一个三级 Clos 网络。取第 1 级交换器的入线数为 10，第 3 级交换器的出线数为 8，根据 Clos 原则，有

第 1 级：100 个 10×17 交换器；

第 2 级：17 个 100×90 交换器；

第 3 级：90 个 17×8 交换器。

由于第 2 级交换器的出、入线数均超过 20，将每个交换器再用一个三级 Clos 网络代替。网络的结构可取：

第 1 级：10 个 10×19 交换器；

第 2 级：19 个 10×9 交换器；

第 3 级：9 个 19×10 交换器。

所构成的五级无阻塞网络如图 2-63 所示。

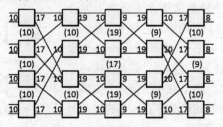

图 2-63 五级无阻塞网络举例

第四节　电路交换信令

在交换机各部分之间或者交换机与用户、交换机与交换机间，除传送话音、数据等信息外，还必须传送各种称为"信号"或"信令"（signaling）的专用控制信号，以保证交换机协调动作，完成用户呼叫的处理、接续、控制与维护管理等功能。图 2-64 表示电话交换网呼叫过程所需要的基本信号。

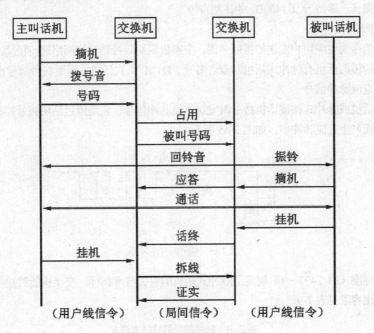

图 2-64　呼叫过程的基本信号

按信令的作用范围，可分为用户线信号（或称用户线信号方式）与局间信号（或称局间信号方式），前者在用户线上传送，后者在交换机间（或局间）中继线上传送。如果按信令的功能，则可分为监视信令、地址信令（或选择信令）与维护管理信令。

一、用户线信令

用户线信令是在用户与交换机之间用户线上传送的信令，对于常见的模拟电话用户线情况，这种信令包括监视信令与地址信令。

1. 监视信令

监视信令反映直流用户环路通、断的各种状态信号，如主叫用户摘机（呼出占用）、主叫用户挂机（正向清除或拆线）及被叫用户摘机（应答）、被叫用户挂机（反向清除或拆线）。交换机检测到这些信号，便会产生有关的动作，如交换机向主叫用户发拨号音或忙音、回铃音，或向被叫用户馈送振铃信号等。

我国国家标准 GB 3380—82 规定了电话自动交换网有关振铃、信号音等用户线信号的要求。对程控交换机而言，主要技术指标如下。

- 馈电电压为-48V，容差为（+6，-4）V。
- 用户环路电阻（包括话机摘机电阻）不大于 2000Ω，交换机向用户话机馈电电流应为 18～50mA。

- 铃流源为（25±3）Hz 正弦波，谐波失真不大于 10%，输出电压有效值为（90±15）V，普通振铃节奏定为 5s 断续，即 1s 送、4s 断，时间偏差不超过 ±10%。
- 拨号音为（450±25）Hz 连续信号，电平为（-10±3）dBm。
- 忙音为（450±25）Hz、0.7s 断续（0.35 送、断）信号，电平为（-10±3）dBm。
- 回铃音为（450±25）Hz、5s 断续（1s 送、4s 断）信号，电平为（-10±3）dBm。

拨号音的频率也可以利用 400Hz。此外还有一些辅助音，如 450Hz 的空号音、长途通知音、拥塞音、等待音及 1400Hz 的提醒音等。

2．地址信令

地址信令为主叫用户发送的被叫号码，交换机识别后控制交换网络进行接续。由于目前广泛应用的模拟话机有脉冲式话机与双音多频（DTMF）式话机，因而拨号信号也有两种。

（1）直流脉冲信号

号盘话机或脉冲式按键话机拨号时发送直流脉冲信号，它是通过话机拨号控制用户环路电流断续而产生直流脉冲串，如图 2-65 所示。

图 2-65　拨号脉冲的波形

我国标准 GB 1493—78 规定了脉冲式话机的有关技术指标。交换机能够接收的脉冲速度与断续比容限见表 2-9。

表 2-9　脉冲拨号信号技术要求

项目	话机	接收		
		步进制局	纵横制局	程控局
脉冲速度/（脉冲/s）	10±1	10±1	8～14	8～14
脉冲断续比	（1.6±0.2）:1	（1.6±0.2）:1	（1.3～2.5）:1	（1～3）:1
脉冲间隔/ms	≥500		≥350	≥350

（2）双音多频信号

这是一种配合程控交换机的快速按键话机所发送的拨号信号。ITU-T 建议与我国的标准（GB 3378—82）规定了按键数字与频率的组合关系，见表 2-10。

表 2-10　DTMF 信号的标称频率

数字	高频组	H1 1209Hz	H2 1336Hz	H3 1477Hz	H4 1633Hz
低频组	L1 697Hz	1	2	3	13(A)
	L2 770Hz	4	5	6	14(B)
	L3 852Hz	7	8	9	15(C)
	L4 941Hz	11（*）	0	12（#）	16(D)

标准规定，对应于标称频率，按键话机发送的 DTMF 信号的频偏不应超过 1.8%，每位

数字的信号时长一般为 30～40ms，程控交换机的接受器对 ±2.0%内的频偏应可靠接收。对于数字用户线情况，其信令应符合 ISDN 用户-网络接口（如 BRI）D 通路协议（LAPD），由于比较复杂这里不做专门介绍。

二、局间信令

局间信令是在交换机或交换局之间中继线上传送的信令，通常又称为中继线信令或中继线信号方式。由于目前使用的交换机制式和中继传输信道类型很多，组网涉及面广，因而局间信令比较复杂。除某些简单的应用情况（如用户程控交换机按模拟用户线方式接入上级程控交换机），以模拟用户线信令作为中继线信令外，一般都采用其他更为复杂的局间信令，进行交换机间互联。为保证通信网中交换机互通，现已建立了某些局间信令标准。

根据信令通路与话音通路的关系，可将局间信令分为随路信令（Channel Associated Signaling，CAS）与共路信令（Common Channel Signaling，CCS）；若按信道与信号的形式，可分为直流、交流与数字型信令；如同用户线信令，也可将局间信令按功能分为监视信令、地址信令等。通常沿用公共控制纵横交换机构成电话网的习惯，分别将其称为线路信令和记发器信令。

各种机电式交换机都采用随路信令，程控数字交换机虽然目前也常采用随路信令，但它一般具有共路信令的功能与潜力。为充分发挥程控数字交换系统的优点，采用先进的共路信令是当前程控交换技术的一个重要发展方向。

为了统一局间信令，ITU-T 陆续提出并形成了 1 至 7 号及 R1，R2 信令系统的建议，见表 2-11。我国也对局间直流信令和中国 1 号信令等做出了规定。其中 ITU-T1 号至 5 号与 R1，R2 及中国 1 号信令均属随路信令形式，ITU-T6 号与 7 号信令为共路信令形式。

表 2-11　ITU-T 局间信令系统建议

局间信令类型	信令系统	说明
CAS	CCITTNo.1 信令	国际无线电路人工交换
CAS	CCITTNo.2 信令	二线制电路半自动操作（未用）
CAS	CCITTNo.3 信令	半自动和自动接续，仅用于欧洲终结或经转业务
CAS	CCITTNo.4 信令	用于单向传输电路，但不适用于洲际电路或话音插空技术 TASI 电路
CAS	CCITTNo.5 信令	用于终端和经转的国际长途业务
CCS	CCITTNo.6 信令	根据程控模拟交换机提出，但可工作于模拟和数字信道
CCS	CCITTNo.7 信令	程控数字交换机新型信令
CAS	CCITT R1 信令	用于北美
CAS	CCITT R2 信令	用于欧洲
CAS	中国 1 号	我国使用

ITU-T 1 号至 4 号信令用于国际人工长途、半自动长途电话交换，现在很少采用。目前还在应用的随路信令有 ITU-T 5 号与 R1，R2 信令，R1 主要用于北美，R2 主要用于欧洲。6 号信令主要为模拟应用而设计，但可工作于模拟与数字信道，适用于国际、国内长途与卫星电路。7 号信令是 1980 年提出的新型共路信令形式，它适于程控数字网发展的需要。目前我国应用较广的局间信令是中国 1 号随路信令和 7 号共路信令。

局间信令是在中继线上传送，除实线情况可直接传送直流信号外，一般采用频分方式传送音频带内或带外载波中继信号，或采用 PCM 时分多路复用方式传送数字中继信号，以提高中继线利用率。

三、随路信令与中国 1 号信令

随路信令是将话路所需的控制信号（如占用、应答、拆线、拨号等）由该话路本身或与之有固定联系的信令通路来传送，即同一通路传送话音信息和与其相应的信令。

1. 线路信令

局间线路信令一般包括示闲、占用、应答与拆线等信号，用以监视和表示中继线的呼叫状态，控制接续的进行。它有前向与后向信令、模拟与数字信令之分，当需要通过多个交换机实现接续时，线路信令一般采用逐段转发方式或端到端传送方式。

（1）模拟线路信令

它是在模拟通路上传送的线路信号，主要采用直流或交流两种方式。

直流线路信令主要用于局间中继为实线情况，借助中继线 a，b 的电位与阻抗状态来表示各种接续状态。由于交换机制式、类型不同，相应的信号配合规程也各异，对于纵横制局间二线中继线路信号的规定见表 2-12。表中"0"表示相应线断路，"+"与"－"分别表示经低阻（不大于 800Ω）接地和接负电源（一般为-60V），"高阻+"表示经高阻（不小于 9kΩ）接地。

表 2-12　纵横制市话局间直流线路信号

接续状态			出局		入局	
			a 线	b 线	a 线	b 线
示　闲			0	高阻+	－	－
占　用			+		－	
被叫应答			+	－	－	+
复原	主叫控制	被叫先挂机	+	－	－	－
		主叫后挂机	0	高阻+	－	－
			0	－	－	+
		主叫先挂机	0	－	－	－
			0	高阻+	－	－
	互叫先挂机	被叫先挂机	+	－	－	－
			0	高阻+	－	－
			0	－	－	+
		主叫先挂机	0	－	－	－
			0	高阻+	－	－
	被叫控制	被叫先挂机	+	—	－	－
		主叫先挂机	—	－	－	+
		被叫后挂机	0	高阻+	－	－

对于长话网和使用频分制复用设备的市话网，其局间信令采用话音频带（300～

3400Hz）的带内或带外交流信令。例如，R2 信令系统采用带外 3825Hz 信号，中国 1 号信令系统采用带内 2600Hz 单频长信号（600ms）、短信号（150ms）、连续信号，以及长、短组合信号，详见国家标准 GB 3376—82 有关规定。ITU-T5 号信令系统采用带内双频（2400Hz、2600Hz）连续信号，分别见表 2-13 与表 2-14。

表 2-13　中国 1 号信令的线路信号

信令种类		传送方向		信令结构
		前向	后向	
占用		→		2600Hz，单脉冲 150ms
拆线（主叫挂机）				2600Hz，单脉冲 600ms
重复拆线				2600Hz　600ms 600ms 600ms
应答			←	2600 Hz，单脉冲 150ms
挂机（被叫挂机）				2600Hz，单脉冲 600ms
拆线证实（释放监护）				2600Hz，单脉冲 600ms
闭塞				2600Hz，连续
话务员	再振铃或强拆	→		2600Hz　150ms 150ms 150ms 150ms 150ms 150ms　每次至少 3 个脉冲

表 2-14　ITU-T5 号信令的线路信号

信号种类	传送方向		信号频率	持续时间
	前向	后向		
占用	→		2400Hz	连续
忙闪		←	2600Hz	连续
证实	→		2400Hz	
答应		←	2400Hz	连续
证实	→		2400Hz	
反向拆线		←	2600Hz	连续
证实	→		2400Hz	
正向转移	→		2600Hz	（850±200）ms
正向拆线	→		2400Hz，2600Hz	连续
释放监护		←	2400Hz，2600Hz	连续

（2）数字线路信令

当局间中继采用 PCM 传输方式时，局间线路信令应采用数字型，即以 0、1 的组合代码表示不同的线路状态。如前所述，对于 30/32 路 PCM 基群系统，一帧有 32 个时隙（TS0～TS31），每时隙为 8bit，每帧的 TS0 传送帧同步信号；TS1～TS15 与 TS 17～TS31 传送 30 路话音信息，而 TS16 用于传送各话路相应的随路线路信号。由于每话路的线路信号需占 4bit，因而为提供 30 路线路信号的传送容量，应采用复帧结构。每一复帧由 16 帧组成，分别记作 F0~F15，在第 0 帧（F0）的 TS16 传送复帧同步信号、复帧失步对局告警信号和备用位，其余 15 帧（F1~15）的 TS16 以 4bit 为单位，分别传送 30 路各自的线路信号代码。具体分配如图 1-1 所示。

表 2-15 给出我国关于公用网端局（市话及长话全自动、半自动、人工来话）至专用网支局或用户交换机的中继电路基群 PCM 信号标志编码数标方式的部分规定。其他应用环境的编码可看国家标准或有关规范。

表 2-15　PCM 标志编码数标方式

接续状态		编码					
		前向			后向		
		a_f	b_f	c_f	a_b	b_b	c_b
示　闲		1	0	1	1	0	1
占　用		0	0	1	1	0	1
占用证实		0	0	1	1	1	1
被叫应答		0	0	1	0	1	1
复原方式　主叫控制	被叫先挂机	0	0	1	1	1	1
	主叫后挂机	1	0	1	1	1	1
		1	0	1	1	0	1
		1	0	1	1	0	1
	主叫先挂机	1	0	1	1	1	1
		1	0	1	1	0	1
互不控制		0	0	1	1	1	1
	被叫先挂机	1	0	1	1	1	1
		1	0	1	1	0	1
		1	0	1	0	1	1
	主叫先挂机	1	0	1	1	1	1
		1	0	1	1	0	1
被叫控制		0	0	1	1	1	1
	被叫先挂机	1	0	1	1	1	1
		1	0	1	1	0	1
	主叫先挂机	1	0	1	0	1	1
	被叫后挂机	1	0	1	1	1	1
		1	0	1	1	0	1

如果在数字程控局之间采用 PCM 数字线路信令，则接口方式比较简单，通常可利用 PCM 基群线路终端进行连接，借助 TS16 传送前向或后向信号。若在程控数字交换局与机电式模拟交换局之间采用数字线路信令，则需要在原机电交换机出入中继器与 PCM 复用设备间增加信号转换器，实现模拟信令与数字信令的转换。目前主要使用两种中继接口配合方式：a，b 线方式与 E，M 线方式。

2．记发器信令

局间记发器信令是完成电话自动接续的控制信号，主要包括选择路由所需的地址信号（如被叫号码）。

与线路信令不同，记发器信令是在用户通话之前传送，因而可以利用话音通路并占据整个话音频带或时隙实现这种信号的传送。目前各国广泛采用传送速度快、有检错能力的带内多频（MF）信号作为局间记发器信令。

（1）记发器信令的传送方式与传送过程

带内多频信号按其具体传送方式可分为脉冲方式（非互控方式）、脉冲证实方式（半互控方式）与互控方式。脉冲方式是以单向、不互控（即无后向证实信号）、逐段转发的形式，传送表示被叫号码的多频脉冲（MFP）信息；脉冲证实方式是在每次传送前向多频脉冲信息后，回送一个后向证实信号，适于端到端形式信号的传送；互控方式是每送一前向信息都需加以证实，连续地传送前向和后向多频互控（MFC）信号，适于端到端形式信号的传送。逐段转发与端到端传送方式示意图如图 2-66（a）、（b）所示。

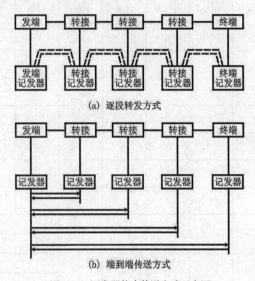

图 2-66 记发器信令传送方式示意图

记发器互控信号的传递过程如图 2-67 所示，在发送每个信号时前向与后向配合，一般采用四拍工作：第 1 拍发送一个前向信号；第 2 拍接收端识别前向信号后，立即回送一个后向信号；第 3 拍发送端识别后向信号后，立即停发前向信号；第 4 拍接收端识别出前向信号已停发，立即停发后向信号。互控方式的可靠性较强，但速度较慢。

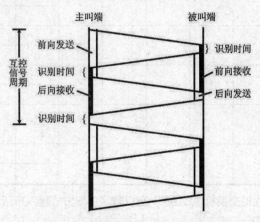

图 2-67 记发器互控信号的传递过程

（2）记发器信令的编码与作用

ITU-T5 号和 R1 的记发器信令属于非互控方式，采用 6 中取 2 编码的多频脉冲信号。R2 和中国 1 号信令系统记发器信号均属于互控方式，即采用多频编码、连续互控、端到端方式传送。它们的前向信号都采用 6 中取 2 编码，其差别仅在于 R2 信令的后向信号采用 6 中取 2 编码，而中国 1 号信令的后向信号现采用 4 中取 2 编码，见表 2-16。这种多频互控（MFC）信号由各自话路进行传送，对于数字型中继线，它们经 PCM 数字化后占据各话路相应时隙随路传送。

表 2-16　中国 1 号信令的记发器信号

数码	前向信号/Hz						后向信号/Hz			
	1380	1500	1620	1740	1860	1980	1140	1020	900	780
	f_0	f_1	f_2	f_4	f_7	f_{11}	f_0	f_1	f_2	f_4
1	*	*					*	*		
2	*		*				*		*	
3		*	*					*	*	
4	*			*			*			*
5		*		*				*		*
6			*	*					*	*
7	*				*					
8		*			*					
9			*		*					
10				*	*					
11	*					*				
12		*				*				
13			*			*				
14				*		*				
15					*	*				

我国规定用户程控交换机（PABX）在以数字中继方式接入市话网（PSTN）时，应采用数字型中国 1 号信令。

目前已可以利用专用集成电路实现上述多频（MF）记发器信号的产生和接收功能，

如 APTEK 微系统公司的 AMS3501 利用数字频率合成方法可产生 5 号与 R1 信令，或 R2，中国 1 号信令的记发器信号。AMS3101，3104，3103 利用带通滤波器组和数字译码方法，可分别实现 5 号与 R1 信令，以及 R2 与中国 1 号信令中记发器信号的 PCM A 律码流的产生、发送和接收功能。有关它们的性能、参数等内容，可参见其产品手册，在此不再赘述。

为提高记发器信号的使用效率和传送能力，上述各前向信号与后向信号在接续过程的不同阶段中，可以有不同的含义和作用。在中国 1 号信令标准中，将前向信号分为前向 I 组与 II 组，后向信号分为后向 A 组与 B 组。在后向 A 组的 A3 信号（即转向 B 组信号）发出前，由前向 I 组与后向 A 组构成互控关系；在 A3 信号发出后，由前向 I 组与后向 B 组构成互控关系。

前向 I 组信号主要代表数字信息等，II 组信号代表发端业务类别；后向 A 组信号起控制前向数字信息的发码位次与证实作用，B 组信号表示被叫用户状态。其具体含义见表 2-17 与表 2-18。

表 2-17 中的 KA 信号在长途全自动接续时使用，为发端市话局向发端长话局前向发送的主叫用户类别信号；KC 为长话局之间前向传送的接续类别信号；KE 为市话局之间前向传送的接续类别信号；KD 为前向 II 组信号，表示本次呼叫发端业务类别。表 2-18 中的 A 组信号（又称 A 信号）起控制和证实前向 I 组信号的作用；后向 B 组信号（又称 KB 信号）表示被叫用户状态，作为前向 II 组的互控信号。

表 2-17　前向信号

端号	前向 I 组信号				前向 II 组信号
	KA 信号	KC 信号	KE 信号	数字	KD 信号
1	普通，定期			1	半自动呼叫（长途）
2	普通，立即			2	全自动呼叫（长途）
3	普通，营业处			3	市内电话（市话用）
4	优一，立即			4	市内用户传真或数据通信（市话用）
5	免费			5	半自动证实主叫
6	小交换机			6	测试呼叫
7	优一，定期			7	
8	优二，定期			8	
9	优一，营业处			9	
10	免费			0	
11	备用	优一呼叫，选优质电路	会接标志（市话接续）		
12	备用	指定呼叫	备用		
13	计划测试用	测试呼叫	测试呼叫		
14	备用	优二呼叫，选优质电路	备用		
15	备用	备用	备用		

表2-18　前向信号

编码	后向A组信号	后向B组信号（KB信号）	
	A信号	长途接续时（KD=1，2，6）	市话接续时（KD=3，1）
1	A1：发下一位	被叫空闲	被叫空闲
2	A2：从第一位发起	被叫市话忙	备用
3	A3：转至B信号	被叫长途忙	备用
4	A4：机键拥塞	机键拥塞	被叫忙或机键拥塞
5	A5：空号	被叫为空号	被叫为空号
6	A6：发KA和主叫号码	备用	被叫小交换机中继线空闲

（3）局间各记发器信令发码顺序

根据 GB 3377—82 有关号码顺序的文字符号规定，设被叫国家号码为2位—I1 I2，被叫城市（地区）号码为2位——X1 X2，被叫用户号码为6位——PQABCD，主叫用户号码为6位——P′ Q′ A′ B′ C′ D′。在此只对用户交换机分机用户呼叫的几种简单情况举例说明。

用户交换机在本地网内的呼叫信号发送顺序：

用户交换机——端局

用户交换机发前向信号	P	Q	A	B	C	D	KD=3
接口端局发后向信号	A1	A1	A1	A1	A1	A3	KB

用户交换机——端局——端局（汇接接续，重发局号时）

用户交换机发前向信号	P	Q	P	Q	A	B	C	D	KD=3
接口端局发后向信号	A1	A2							
收端局发后向信号			A1	A1	A1	A1	A1	A3	KB

国内长途全自动信号发送顺序：

用户交换机——端局——发端长途局：

用户交换机发前向信号	0	X1	X2	0	X1	X2	P	KA	P'	…	D'	15	Q	A	B	C	D	…	KD=2
接口端局发后向信号	A1	A1	A2																
发端长途局发后向信号				A1	A1	A1	A6	A1	A1	…	A1	A1	A1	A1	A1	A1	A1	A3	KB

其中 KA、KB、KD 与 A1、A2、A3、A6 等信号的编码及含义在表2-17和表2-18中已给出。其他各种呼叫接续情况可参见国家标准 GB 3377—82 和有关规定。

例：采用中国1号信令的两直联市话局间的一次接续过程如图 2-68 所示（线路信号为数字型）。其中 A 为主叫局，B 为被叫局，以两用户占用第1路中继为例。将由两局间 PCM 复用线 F1 帧 TS16 的 D7D6 位传送线路信号，而记发器信号则随话路 TS1 传送。当未发生呼叫时，双方示闲，即 D7D6=10。A 局收齐主叫用户所拨局间字冠 PQ 位后，选中第1路中继，即发出前向占用信号（D7D6=00），要求占用该路中继。B 局回送占用确认（D7D6=11）。A 局继续收号，并将所收号码（ABCD 位）逐位译为多频记发器信号，经数字化后由 TS1 送给 B 局，即开始了多频记发器信号互控传送过程。4 位用户号码共4个互控周期，每周期四拍。B 局收到 KD 信号后测试被叫用户忙闲，若闲则回送 KB=1 给 A 局，并经话路 TS1 给主叫送回铃音，同时向被叫振铃。被叫摘机应答后，B 局向 A 局送应答信号（D7D6=01），然后两局内部填写与通话路由有关的 CM 内容，两用户即可开始通话。如被叫先挂机，则 B 局向 A 局送后向拆线信号（D7D6=11），主叫挂机后，A 局向 B 局送前向拆线信号（D7D6=10，同时又是示闲信号），B 局还原后回送 A 局释放监护信号（D7D6=10，示闲信号）。至此，一次局间接续结束。

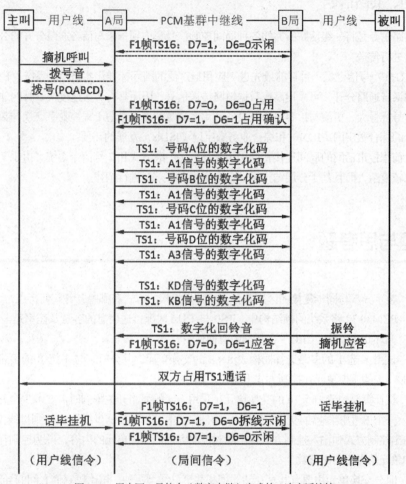

图 2-68　用中国 1 号信令（数字中继）完成的一次市话接续

需要指出的是，由于随路信令的记发器信号是逐位发送的，因而接续较慢。如果主被叫局并不是直联的，经过一级或两级汇接局的转发，速度更受影响。

总起来说，在话路中传送随路信令方式存在以下一些限制。

● 信号传送速度较慢，因此"拨号后等待时间"一般较长，这对电话通信来说，大多数还是可以容许的，但对于程控交换机来说就要影响某些新业务的应用。

● 信息容量有限。

● 传递与呼叫无关的信号信息能力有限，有些系统在通话期间不能传送信号。

● 各种信令系统都是为特定应用条件而设计的，这就可能使得在同一网络中能形成各种不同系统，造成经济上和管理上的困难。

● 由于大多数系统都是按照每话路配备信号设备的，所以比较昂贵。

出现了程控交换机之后，由于处理机是以数字方式工作的，它和处理的对象——模拟信号之间产生了一些矛盾，降低了处理机的效率。一个比较有效的方法是在两个处理机之间提供一条双向高速信令链路，通过这个链路以数字方式传送信令，即一群电路（几百条）以分时方式共享一条公共信令链路。这样使用一条与话音通路分开的公共信令链路的信令方式，对于程控交换局来说就十分合适了。

四、共路信令

共路信令是将一组话路所需的各种局间控制信号集中到一条与话音通路分开的公共信号信道上进行传送。

ITU-T7 号信令是一种目前最先进、应用最广泛的国际标准化共路信令系统，由于它将信令与话音通路分开，可采用高速数据链路传送信号，因而具有传送速度快、呼叫建立时间短、信号容量大、更改与扩容灵活及设备利用率高等特点。最适于程控数字交换与数字传输相结合的综合数字网（IDN）和综合业务数字网（ISDN）发展的需要。

目前程控市话网的局间连接普遍采用光纤数字中继方式和 7 号信令系统。由于 7 号信令系统比较复杂，而且基于分层结构设计，本书将在下一章进行阐述。

习题与思考题

1. 数字异步与同步复接的区别是什么？异步复接的方式有哪些，各有何特点？
2. PCM30/32 路系统的帧结构中，TS0 与 TS16 时隙传送信息的容量及速率是多少？
3. 循环冗余校验（CRC）在基群中有何作用？
4. 试用 8 选 1 的多路选择器构成 8×8 的交换单元，并分析它与 1 选 8 的多路选择器构成的 8×8 的交换单元在控制方式上有何不同？
5. 试计算要构造 16×16 的交换单元，采用 $k=4$ 的绳路开关阵列时需要多少个开关？
6. 一个 S 型接线器的交叉点矩阵为 8×8，设有 TS10 要从母线 1 交换到母线 7，试分别按输出控制方式和输入控制方式画出此时控制存储器相应单元的内容，说明控制存储器的容量和单元的大小（比特数）。
7. 时分交换单元主要有共享存储器型和共享总线型两种，试比较它们之间的异同。
8. 一个 T 型接线器可完成一条 PCM 上的 128 个时隙之间的交换，现有 TS28 要交换到 TS18，试分别按输出控制方式和输入控制方式画出此时话音存储器和控制存储器相应单元的内容，说明话音存储器和控制存储器的容量和每个单元的大小（比特数）。
9. 根据 T 型接线器的工作原理，试分析影响 T 型接线器的容量因素有哪些？

第三章　分组交换

　　有趣的是，分组交换的概念起源于电话通信，而不是数据通信，尽管后来它被广泛地应用于数据和计算机通信中。大家公认，分组交换技术是兰德（RAND）公司的保罗·布朗（Paul Baran）和他的同事于 1961 年在美国空军 RAND 计划的研究报告中首先提出来的。他们当时所从事的工作是如何使军用电话通信安全、不被窃听。

　　布朗等的想法是，将通话双方的对话内容分成一个一个很短的小块（分组）。在每一个交换站将这一呼叫的"分组"与其他呼叫的"分组"混合起来，并以"分组"为单位发送。通话的内容通过不同的路径到达终点，终点站收集所有到达的"分组"，然后将它们按顺序重新组合成可懂的语言。如果传输线路在网内的某一位置被分接，或者微波中继站间的通信被截收，但是收听到的是由多个对话交错在一起的"分组"，它们的含义是不连贯的。虽然这个方案在 1964 年公布于世，但是由于在一个大型网络中需要执行复杂的处理和控制功能，在当时的技术条件下未能实现。

　　在这段时间里，美国国防部高级研究计划署（DARPA）在美国各地支持一些设在不同大学和研究所里的大型计算站（当时包括伊利诺伊大学和加利福尼亚大学等 14 个大型计算机中心），用于进行基础和应用研究。由于时区的不同及各个计算中心工作量和所配置的计算机硬件和软件的不同，希望寻求一种资源共享的方法，使计算机能更有效地工作。DARPA 着手进行计算机网络的研究工作。

　　为了达到有效的资源共享，要求在计算机之间有高速、大容量和时延小的通信路径，但是这种通信线路的通信费用又很高，又必须采用一种适合的交换技术，有效地利用通信线路的资源。这时，DARPA 研究人员看到了分组交换在满足这种通信要求方面的潜力，并从事分组交换技术的研究和开发工作，于 1969 年完成了世界上第一个分组交换网 ARPANet。

　　ARPANet 的成功，证实了分组交换技术的实用性，同时也进一步看到了利用分组交换技术实现公用数据通信网的前景。鼓舞了许多公司开始研究和开发分组交换技术。

　　集成电路技术和计算机技术的不断进步导致了数据处理成本的下降，使用计算机进行数据处理的部门不断增多，应用越来越广泛，然而，数据处理部门的经理们也看到了他们用于数据处理方面的经费在增加，其原因并不是由于计算机使用的增多，而是由于数据通信的需求在增多，而用于远程数据传输的费用很难降下来，而且数据通信对信息传输的可靠性要求也比较高，因此特别需要设计一种适合计算机通信的，经济又可靠的通信网络。解决这一问题的出路就在于使用越来越便宜的计算机的处理能力来充分利用昂贵的通信资源。

　　分组交换技术的出现正好满足了这种要求。世界上许多通信公司都投入力量积极研究和开发分组交换设备和网络技术，并迅速获得了广泛的应用。

　　分组交换的最基本的思想就是实现通信资源的共享。

第一节 分组交换原理

一、统计复用与存储转发

1. 统计复用

数字电话网络是为话音业务而设计的，它的主要特征是一个呼叫独占分配给它的网络资源，即周期性出现的时隙。对于话音连接，这种设计具有较高的效率，因为在大部分时间里，总有一方在说话。然而随着网络中的数据通信量的增多，一些效率问题开始显现出来。数据通信的特点是大部分时间空闲和突发的较大数据流量，而且不同数据设备的速率也不一定相同。这使得为恒定速率的话音通信而设计的同步时分复用（Synchronizaton Time Division Multiplexing，STDM）系统，在用于数据通信时效率很低。

分组交换技术的出现正好解决了这个问题。从外部看，分组交换网络与电路交换网络是相同的：都是由若干交换节点及其间互连的链路构成网状拓扑结构，用户终端通过连接到某个边缘交换节点来使用网络。但从内部工作过程来看，它有两个区别于电路交换的本质特征：统计复用和存储转发。

统计复用也称为异步时分多路复用（Asynchronizaton Time Division Multiplexing，ATDM）。它的思想就是按需分配带宽，即打破用户对某个时隙的独占而改为公用，用户传送数据时，哪个时隙空闲就用哪个。这就解决了带宽利用率问题。但是，问题也随之产生了，如何分辨这些随时会出现在任何时隙上是数据是属于哪个用户呢？原来用物理特性（如时间）标识不同用户的方法显然行不通，于是逻辑标识开始出现。典型的做法是将用户数据分组，每个分组添加一些比特用以识别不同的用户，与另外附加的用来实现控制的数据比特一起，就构成了分组的头部（Head）。因为头部数据不是用户真正要传递的信息，因此被称为"开销"（Overhead），相对而言，真正的传送数据部分则被称为"净荷"（Payload）。带有不同逻辑标识的分组通过各个时隙在同一条物理电路上传送时，就在这条电路上划分出了多个逻辑子信道，如图3-1所示。

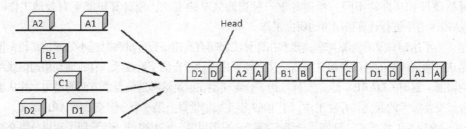

图 3-1　4 个逻辑子信道的统计复用示意图

2. 存储转发

统计复用要求在交换方式上进行根本性的变革。图 3-2 所示为分组交换的示意图。由于采用逻辑标识识别不同用户，用户之间的信息交换也需要依据逻辑标识做出判断。交换节点对每个接收到的分组都要读取其分组的头部信息，查明该分组来自哪个用户（以源地址标识），要去往哪个用户（以目的地址标识），然后依据一定的算法寻找并实现将分组转移到出口链路，发送出去。所以，交换节点只处理分组的头部，而不需要处理净荷。在交换节点读取分组头部，做出转发判断之前，分组只能在交换节点暂存等待。而且，当短时间大数据量出现时，来不及被处理的分组也只能在交换节点暂存等待。这个暂存等待的步骤称为"排队"。理想的方式是分组都被处理并转移到出口链路上，等待空闲的逻辑信道而进行排队，称为输出排队。不过，当实际交换设备处理能力不足时，就需要让分组在入口链路上进行排队，称为输入排队。当然也有时会采用二者兼有的混合排队方式。总之，分组在交换节点的处理采取了先存储后转发的机制，通常概括为存储转发。

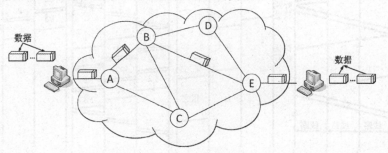

图 3-2　分组交换过程

与电路交换相比，分组交换采用存储转发带来的最大缺点是由于经常发生排队，分组会经历较大且变化的延迟。这导致分组交换网在支持实时业务方面有一定的困难。而在电路交换中，用户的数据在各个交换节点无需被识别和处理。也可以说是透明传送的，数据经历的延迟很短且是固定的。此外，在分组交换中转发和排队对每个分组都需要进行，所需的处理也远比电路交换复杂得多。因此，分组交换机比电路交换机实现复杂，成本也就高。分组交换所需附加的开销信息也会在一定程度上降低带宽利用率。但是，由于分组交换的统计方式在带宽利用率方面带来的好处远大于开销带来的损失，人们还是认为分组交换才是未来网络交换技术的发展方式。分组交换与电路交换的对比可以归纳为表 3-1。

表 3-1　分组交换与电路交换的对比

对比项	分组交换	电路交换
延迟	不固定，有时可能很大	固定，小
所需的处理	复杂	简单
交换机成本	较高	较低
宽带利用率	高	低

分组交换的存储转发并不是全新的技术，早在网络技术产生之前，邮政系统所采用的信件转递方式就可以看作是一种存储转发。后来出现的电报通信网也是以存储转发方式工作，只不过转发的数据单元是用户一次通信所传递的完整数据（一封电报的全部内容）。这种方式通常称为"报文交换"。实际上报文交换与分组交换并没有本质的区别，报文交换只是使用了较大的分组长度（以至于包含了全部用户数据）而已。报文交换的主要缺点是数据会经历更长的延迟。这是因为采用存储转发意味着在每个交换节点，都先要将数据单元完整接收下来再重新发送出去，所以数据单元越长为此而额外消耗的时间也越多。分组交换将用户的数据切分成若干小块分别传送，使各个交换节点的延迟时间重叠起来，从而减少总的延迟。两者的对比如图 3-3 所示。

3．分组的大小

分组的传输时间和其大小有很大的关系，如图 3-4 所示。在这个例子中，假设有一条虚电路，从站点 X 经节点 a 和 b 到站点 Y。要发送的消息包含 40 字节，并且每个分组包含 3 个字节的控制信息，放在每个分组的开头，称为头。如果整个消息作为一个单独的 43 字节（3 字节的头加上 40 字节的数据）的分组发送，则分组首先从站点 X 被发送到节点 a（如图 3-4 所示），当全部分组被接收后，它才可以从 a 传送到 b。当 b 收到全部该分组后，才可以传送到站点 Y。忽略交换所需时间，总的传输时间为 129 个字节时（43 字节 × 3 个分组传输）。

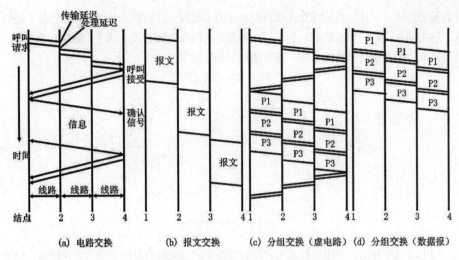

(a) 电路交换　　(b) 报文交换　　(c) 分组交换（虚电路）(d) 分组交换（数据报）

图 3-3　电路交换、报文交换、分组交换的对比

现在假设我们把这个消息分成两个分组来传送，每个分组包含 20 字节的数据和 3 字节的头（或称控制）信息。在这种情况下，节点 a 可以在收到站点 X 所发的第一个分组后就开始传输它，而不需要等待第二个分组。由于重叠地传输，总传输时间下降到 92 字节时，当把这个消息分置在 5 个分组中时，每个中间节点可以更快地开始传送而节省更多的时间，总的传输时间为 77 个字节时。然而，用更多和更小的分组来传输这个消息最终会导致传输时间的增加，而不是减少，如图 3-4（d）中所示的那样。这是由于每个分组包含一个固定长度的头，更多的分组意味着有更多这样的头。需要说明的是，这个例子中没有考虑每个节点的处理和排队时延。当一个消息用很多的分组传输时，这些时延之和也会很大。所以分组交换网的设计者必须考虑这些因素，以便得到一个合适的分组大小。

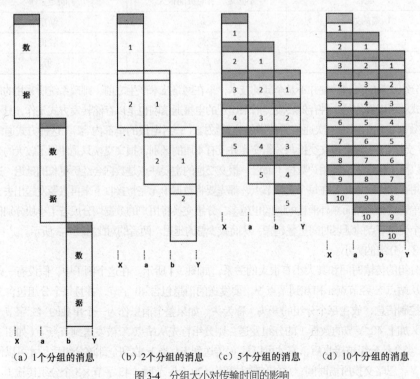

(a) 1个分组的消息　　(b) 2个分组的消息　　(c) 5个分组的消息　　(d) 10个分组的消息

图 3-4　分组大小对传输时间的影响

二、网络分层

分组交换网带来了较高的带宽利用率和更大的灵活性，但其实现也更复杂。对于复杂系统的实现，计算机领域的做法是将复杂系统分割为若干更小的子系统，使每个子系统的复杂程度控制在易于实现的范围内，同时合理安排子系统间的相互关系，使整个系统可以借助各子系统较容易地实现。分层便是这种做法的一种体现。

分层的含义是将网络功能分解在若干水平层内实现，每一层只解决特定范围内的问题，各层之间定义明确的接口形式。这样就将实现复杂度大大降低了，而且，这也是实现异种网络互通的有效手段。

这里用一个简化的例子来说明分层的方法。如图 3-5 所示，考虑两台计算机，它们之间有一条通信线路相连，该线路可以传输连续的比特流，计算机通过与该线路的接口就可以使用它提供的这种通信能力。现在，两台计算机上的应用程序想要以分组为单位传输数据。为了实现这一需求，可以在两台计算机上各编制一个软件模块。双方约定以某个特殊的比特序列 F 作为分组起始的标志（假定这个序列在要传输的数据中不会出现）。发送方模块在每个要发送的分组 Data 前附加这个比特序列 F 和数据长度信息 L，结果用{F，L，Data}来表示，然后通过线路接口将其发送出去。接收方模块一旦在通过线路接口收到的比特流中检测到序列 F，就读取后面的数据长度 L，然后读取相应数量的数据，从而得到发送方传来的分组 Data，并上交给应用程序。有了这样的分组定界模块之后，应用程序只要使用该模块提供的功能，而不是直接使用通信线路，就可以实现以分组为单位的数据传输了。此时，在两台计算机上应用程序，看起来它们之间似乎有一个能够传输分组的通信管道。当然，实际上这个管道并不存在，它只是在原来的通信线路这一功能层上加上分组定界层，从而提供的一种抽象通信能力。

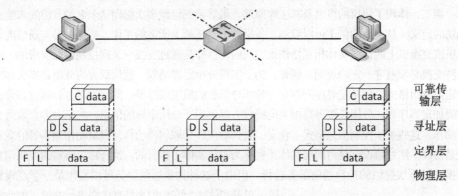

图 3-5　分层通信示意

再进一步，假设若干台计算机通过线路连接在一台交换机上，交换机和所有计算机都运行着上述分组定界模块。我们可以在计算机和交换机的分组定界层之上再加上一个寻址层。首先，我们为每台计算机分配一个唯一的编号作为其地址，然后配置交换机使其知道每一个端口连接的计算机的地址，在计算机中，我们要求应用软件使用寻址层，而不是使用分组定界层提供的通信服务。这时，在发送方计算机上，应用程序在发送分组 P 时需要指定接收方的地址 D。寻址功能层负责将这个目的地址 D 和本计算机的地址 S（源地址）附加在分组前面构成{D，S，Data}，然后交给原来的分组定界层发送出去。在线路上传输的数据将是{F，L，{D，S，Data}}，其中 L 是{D，S，Data}的长度。交换机中的分组定界层监视其每个端口的通信线路，一旦接收到分组，就去掉 F，L，将{D，S，Data}上交给寻址层。交换机寻址层读取其中的目的地址 D，确定其出端口，然后仍通过分组定界层将其发送到相应端口的线路上去。在接收方计算机上，分组定界层将收到的分组{D，S，Data}交给寻址层，后者则简单地将其中的源地址 S 和数据 Data 上交给应用程序（上交 S 是为了使接收者知道发送者是谁）。通过引入交换机和寻址层，计算机间的通信能力进一步增强了，现在任何两台计算机都可以互相传送分组了，只要指定目的地址即可。在应用程序看来，它们之间有一个可以有多个参与方的通信管道。这就是寻址层借助分组定界层提供的抽象通信能力。

在寻址层之上，我们还可以添加一个可靠传送层，使用检错/重传方法实现无差错传输。此时应用程序间就有了更强的抽象通信能力。具体过程就不详细描述了。

这个例子实际上描述了一个简化的分级交换网络工作过程，但它可以说明许多问题。首先，它说明了分层方法对系统实现的作用。为了实现"任意两台计算机之间都能够可靠传输分组"这一目标，不是编制一个软件模块，而是分解为可靠传输、寻址、分组定界 3 个层，每一层专注于特定的功能。这就使每层都易于实现。同时，我们使各层之间是独立的，仅通过明确定义的接口来交互。这样各层只要保证功能和接口不变，就可以进行内部实现细节的修改而不会影响其他层，例如，为了提高性能将软件处理改为硬件实现，从而提高系统的灵活性。通常将完成某层功能的软硬件模块称为该层的"实体"。

其次，为了说明抽象通信服务的概念和实现方法，以及层之间的关系。抽象通信服务就是一个功能层提供的功能增强了的通信服务。每一层提供的通信服务都是在下层提供的服务基础上，加上本层所做的工作来进行实现。如在上面的例子中，分组定界层借助下层（通信线路）传输比特的服务，通过做添加、识别分组定界序列的工作，实现了传输分组的通信服务。同时，分组定界层也被它上面的寻址层所使用，以提供多方通信服务。总结起来就是每一层都依赖于下一层提供的服务实现本层功能，同时用这些功能为上层提供服务。在上层看来，某层提供的抽象通信服务就像是一个增强的逻辑管道。

第三，体现了协议的概念及其工作原理。虽然我们已经多次提到这个名词，但尚未给出确切的定义。从上面的例子可以看到，各层在下层基础上所做的工作，都是由参与通信的计算机或交换机上的该层实体相互协作来完成的。协作是通过交换一系列控制信息实现的，而这种交换必须遵守一定的规则。例如，为了实现分组定界功能，通信双方的分组定界实体要约定好分组格式，包括定界序列内容、各部分信息的放置顺序等，然后发送方就通过在分组中附加定界序列、分组长度等数据来向接收方提供用于分组定界的信息，指示对方采取适当的动作。这些关于控制信息格式、含义，收到后应该采取何种动作，以及动作顺序等的规则就是协议。注意协议都是由同层实体（也称为对等实体）执行的。执行协议所需的控制信息交换通过下层提供的抽象通信服务进行。但由于这种抽象通信服务可以看作是一个逻辑管道，对等实体认为它们似乎是直接在进行交换。因此常常说协议是水平的，服务（由下层向上层提供）是垂直的。这种关系如图 3-6 所示。值得指出的是，下层的协议对上层是透明的，即，只要能够提供上层所要求的服务，可以使用任何协议来实现下层的功能。

第四，分组头部的作用及其与分层的关系。分组的头部（有时还有尾部）包含执行协议所需交换的控制信息，因此每一层协议都有相应的头部。在上面的例子中，分组定界层的头部包括定界序列和数据长度，寻址层的头部则包括源、目的地址。一般而言，协议越复杂，头部包含的信息也越多。一个分组在被应用程序产生后，在发送过程中从上到下经历各层，每经过一层就会被加上该层的头

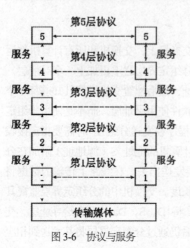

图 3-6 协议与服务

部；而在接收端，是自下而上经过各层，每经过一层就会被去除该层头部（同时根据头部中的信息进行相应处理）。这样到达应用程序时就恢复为最初的分组形式。这个过程如图 3-7 所示。我们有时会使用某某层分组的概念，指的就是被该层加上头部之后的分组。

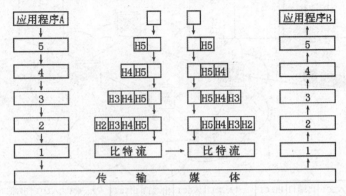

图 3-7　数据经过各层协议的过程

三、面向连接与无连接

分组交换网中数据分组的传递主要有两种形式：面向连接和无连接。面向连接的分组传送方式就是先通过节点交换机建立起一条连接源节点和目的节点之间的逻辑通道，然后进行数据分组的传递，所有数据传送完毕后，再释放事先建立的逻辑通道。这与电路交换中先建立连接，再进行通话，最后拆线的过程类似。但是电路交换建立的是一条物理（实线或时隙）通道，分组交换建立的是逻辑通道，因此也把这种面向连接的分组传送形式称为虚电路方式。无连接的分组传送方式则不需建立逻辑通道，直接进行分组传递即可，这种方式类似于电报报文的传递，因此称为数据报方式。

1．面向连接分组交换

当两个用户在采用面向连接方式的分组交换网中进行通信时，为建立一条连接主被叫的逻辑通道，主叫方需发出一个专门用于此目的的"呼叫请求"控制分组。该分组不携带任何数据信息，只包含源地址、目的地址等控制信息。该分组在网络中穿越若干交换节点直至到达目的端（被叫）。在穿越过程中，每个交换节点都要根据目的地址选定下一个交换节点。决定下一个交换节点要借助路由表提供的信息，如图 3-8 所示，路由表记录了对应于目的地址的下一跳节点的信息。"呼叫请求"控制分组到达目的端后，会以某种方式向被叫用户提示这个请求（相当于电话机振铃），如果被叫用户同意建立连接（相当于应答），则会回送一个"呼叫接受"控制分组。这个分组沿"呼叫请求"分组经过的路径原路返回，并在沿途每个交换节点中分配逻辑子信道标号（或称虚电路标号）LCI，建立起转发表项，如图 3-8 所示。转发表项的主要内容包括入端口号、入端口 LCI 号及对应的出端口号和出端口 LCI 号等。转发表是用于后续数据分组传递时的交换控制表格，由于一般建立的连接都是双向的，所以实际上是同时建立两个转发表项，分别对应两个方向（思考：有了端口号，为什么还要分配 LCI 号）。

当"呼叫接受"控制分组到达源端后，连接就建立起来，双方开始互相发送数据分组。发送的数据分组头部都包含分配的 LCI 号（已经不需携带地址信息），节点交换机根据入端口上收到的数据分组的 LCI 号查找转发表，确定出端口和相应的 LCI 号，更换数据分组的LCI 号后，将其发送到相应端口链路上。数据分组就这样逐个节点转送直至到达目的端。这样，通过同一个连接传送的所有数据分组都走相同的路径，目的端会按源端发送数据分组相同的顺序接收数据分组。

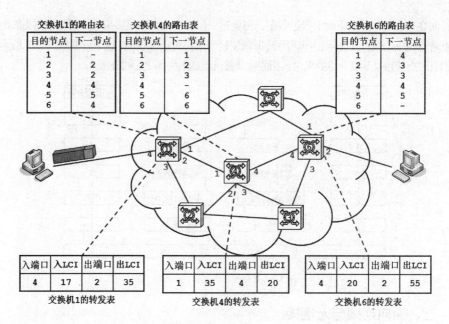

交换机1的路由表

目的节点	下一节点
1	-
2	2
3	2
4	4
5	4
6	4

交换机4的路由表

目的节点	下一节点
1	1
2	3
3	3
4	-
5	6
6	6

交换机6的路由表

目的节点	下一节点
1	4
2	3
3	3
4	4
5	5
6	-

交换机1的转发表

入端口	入LCI	出端口	出LCI
4	17	1	35

交换机4的转发表

入端口	入LCI	出端口	出LCI
1	35	2	20

交换机6的转发表

入端口	入LCI	出端口	出LCI
4	20	2	55

图 3-8　面向连接网络工作过程（LCI：逻辑子信道标号）

　　需要结束通信时，任何一方发出"呼叫拆除"控制分组（相当于挂机），该分组沿逻辑链路到达另一端，在途中逐个节点释放 LCI 号和转发表项。到达另一端后，会以某种形式通知用户采取相应动作（相当于催挂音）。这样一次通信就结束了。

　　通过上述过程可以看出，呼叫建立的过程就是利用控制分组进行查找路由表、分配 LCI 号、生成转发表项的过程，数据分组传递的过程就是根据数据分组头部信息查找转发表、调换 LCI 号、进行转发的过程。路由表和转发表中保存的是与资源分配、记录有关的重要"状态信息"，所以说面向连接网络是"有状态"的。显然，还有一些疑问没有搞清楚，例如，路由表里的信息是从哪里得来的？LCI 号是以什么方式进行分配的？

　　路由表信息生成将在后续内容中进行阐述，这里重点说明一下 LCI 号的分配问题。

　　大家应该已经注意到，LCI 号是局部有效的。这是因为如果使 LCI 号在整条逻辑通道上有效，那么因为同一个交换节点内不可能出现相同 LCI 号，所以 LCI 号必须全网唯一。这就要求设立一个专门负责标号分配的服务器以避免标号冲突，这会造成转发表生成时延增加，还会使标号服务器成为网络单故障点。既然 LCI 号是局部有效的，那么又如何来区分不同的逻辑通道呢？如果采用全局链路标号+局部 LCI 号的序列来描述某条逻辑通道中某个中间段，势必会使标号过于庞大，无法在分组头部中携带。实际上一条逻辑通道所经过的各交换节点的转发表项依次连接，构成了一个链表，分组只需包含链表起始节点入端口上的 LCI 号，就可以沿着这个链表走到其末端。因此，不同逻辑通道由其第一个 LCI 号就可以区分了。其实，面向连接分组交换中的 LCI 号在各个节点的调换，与电路交换中 PCM 编码在交换机中进行时隙位置的调换是同样的道理。所以，分组交换只不过是用逻辑标识代替了电路交换中的时隙（物理）标识，用统计复用代替了同步时分复用，用存储转发代替了空分/时分交换而已。

2．无连接分组交换

　　在采用无连接方式的分组交换网中，完全没有逻辑子信道的概念。源端发出的每个分组都像面向连接方式中"呼叫请求"控制分组那样，依据其携带的目的地址查找路由表，最终到达目的端。不过，这时的"'呼叫请求'控制分组"是携带了数据信息的，是数据控制分组。在分组交换网中，采用的地址序列一般比较长，这使得在以地址为索引来查找路由表时，处理开销也比较大。

显然，无连接方式的分组交换是以"无状态"方式工作的，每个分组在传递过程中"各行其道"。这使得分组传送时不能保证端到端的顺序，进而使可靠传递和服务质量受到影响。不过这种方式在面对网络节点故障时，后续分组仍能继续绕过故障点进行传递，这使得整个网络的错误恢复更快，健壮性更好。

面向连接和无连接两种分组交换方式分别是由电信领域和计算机领域的专家提出的，明显不同的思维方式导致了这两种方式的较大差异，具体见表3-2。

表3-2　面向连接网络与无连接网络的对比

对比内容	面向连接网络	无连接网络
倡导者的技术领域	电信	计算机
分组头部中的用户标识信息	逻辑子信道标号	完整的源、目的地址
转发处理开销	低	高
头部开销	低	高
路由选择	仅在建立连接时进行	对每个分组进行
交换节点失效时	所有经过的虚电路都不能工作	少数分组丢失，此后的通信还可进行
一次通信任务内分组的转发路径	都相同	可能互不相同
分组顺序	能够保证端到端顺序	不能保证
服务质量保证支持	相对容易	较困难

需要说明的是，由于电信运营商控制着长途通信线路，投入实际使用的大规模分组交换网（或称广域网）都是面向连接的，如 X.25、ATM 网络等。无连接网络主要以网际网的面目出现，也就是因特网。

四、路由选择

如前所述，分组在网络传递过程中要依据路由表进行路径选择，那么路由表该如何表示？网络依据什么信息来进行路由选择？路由表的内容又是如何生成的？这些就是接下来要回答的问题。

1. 路由表

每个节点交换机中始终保持着一个路由表，它以表格的形式列出了分组从该节点传送到任意目的节点的路由信息。如图 3-9 所示，根据拓扑关系可以得出每一个节点中的路由表。"下一结点"列中的"—"表明，分组可通过本节点交换机直接发往终端用户，不需再进行转发到其他节点。

分析上图中路由表，不难发现还可以进一步简化。例如，节点 1 路由表中的目的节点是 2、3 或 4 时，下一节点都是 3，这是因为去往 2、3 或 4 的分组都要经节点 3 转发。当这样具有相同转发方向的"重复项"很多时，就会导致搜索路由表要耗费很多不必要的时间。为此，可将路由表重复项合并为一项，作为"默认路由"处理。默认路由比其他项的优先级低，当转发分组找不到明确对应项目时，就使用默认路由，可以看到所有重复项只需检索一次即可，从而减少了检索路由表花费的时间。默认路由的目的节点以"*"标记，如图 3-10 所示。

目前广域网分组交换除支持路由表法实现分组转发外，还支持一种标头指示法，这是一种由分组头携带预定路由的源路由方式。不过，标头指示法目前应用很少，这里只集中讨论得到最广泛应用的路由表法。

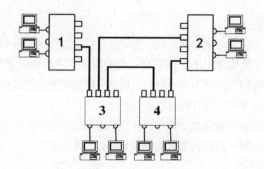

节点1的路由表		节点2的路由表		节点3的路由表		节点4的路由表	
目的节点	下一节点	目的节点	下一节点	目的节点	下一节点	目的节点	下一节点
1	—	1	3	1	1	1	3
2	3	2	—	2	2	2	2
3	3	3	4	3	—	3	3
4	3	4	4	4	4	4	—

图 3-9　网络节点路由表举例

节点1的路由表		节点2的路由表		节点3的路由表		节点4的路由表	
目的节点	下一节点	目的节点	下一节点	目的节点	下一节点	目的节点	下一节点
1	-	2	-	1	1	2	2
*	3	4	4	2	2	4	-
		*	3	3	-	*	3
				4	4		

图 3-10　使用默认路由的简化路由表

现在已经明确了路由表的表现形式及如何用来选择路由，那么，路由表的内容是如何得到的呢？对于如前所示的简单网络，可以很容易地写出所有节点的路由表。但是，对于包括上百个节点的大型广域网而言，就必须使用某种合适的计算方法来生成路由表内容，这就是路由选择算法。

了解一个路由选择算法的关键是要清楚两点：依据什么信息进行计算？使用什么方法进行计算？也有的书籍中将路由选择算法能否适应网络变化作为一项重要内容。其实，前两个问题是路由计算问题，即根据网络的拓扑和状态，按照一定的性能准则，计算分组传送路径的问题。如果考虑了第三个因素，便成为路由选择策略问题。也可以把路由计算看作是网络拓扑和状态相对稳定时的一种静态路由策略，或称非自适应路由选择策略。而把随网络拓扑和状态变化进行自动调整的路由选择称为自适应路由选择策略。

2．非自适应路由选择策略

（1）固定路由法

这种方法是在每个节点上保持一张路由表，这些表的内容是在整个系统进行配置时生成的，并且在此后的一段时间内保持不变。当网络拓扑固定不变且通信流量也相对稳定时，采用固定路由法是适当的。

那么如何制作这样的路由表呢？常用的方法是将网络内任何两个节点之间的最短路径事先计算好，然后算出网络中任意两个节点之间的最短路径，并据此制成路由表，存放在各个节点中。这里计算的依据就是网络拓扑和节点之间的路径，计算的方法就是找出任意两点之间的最短路径。

下面介绍一种常用的求最短路径的算法，这是由迪杰斯特拉（Dijkstra）提出的，也叫Dijkstra算法。已知条件是整个网络的拓扑和各链路的长度。

需要指出，若将已知的各链路长度改为链路的代价或时延，这就相当于求任意两节点之间具有最小代价或最小延时的路径，求最小路径的路由算法具有普遍的应用价值。

下面以图 3-11（a）所示的网络图为例来讨论这种算法，即寻找从源节点到网络中其他各节点的最短路径。为方便起见，设源节点为节点 1，然后一步一步地寻找，每次找一个节点到源节点的最短路径，直到把所有的节点都找到为止。

令 $D(v)$ 为源节点（节点 1）到节点 v 的距离，就是沿某一路径的所有链路的长度之和。再令 $l(i, j)$ 为节点 i 至节点 j 之间的距离。整个算法有以下步骤。

① 初始化。令 N 表示网络节点的集合，先令 $N=[1]$。对所有不在 N 中的节点 v，写出：

$$D(v) = \begin{cases} 1(1,v), \text{若节点}v\text{与节点1直接相连} \\ \infty, \text{若节点}v\text{与节点1不直接相连} \end{cases}$$

在用计算机进行求解时，可以用一个比任何通路大得多的数值代替 ∞。对于上述例子，可以使 $D(v)=99$。

② 寻找一个不在 N 中的节点 w，其 $D(w)$ 值为最小。把 w 加入到 N 中。然后对所有不在 N 中的节点 v，用 $[D(v), D(w)+l(w, v)]$ 中的较小值去更新原有的 $D(v)$ 值，即：

$$D(v) \leftarrow \min[D(v), D(w)+l(w, v)]$$

③ 重复步骤②直到所有的网络节点都在 N 中为止。

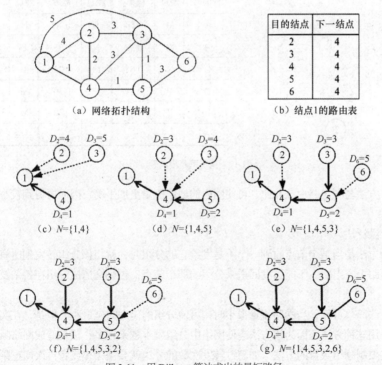

（a）网络拓扑结构　　　　　（b）结点1的路由表

目的结点	下一结点
2	4
3	4
4	4
5	4
6	4

（c）$N=\{1,4\}$　　（d）$N=\{1,4,5\}$　　（e）$N=\{1,4,5,3\}$

（f）$N=\{1,4,5,3,2\}$　　　（g）$N=\{1,4,5,3,2,6\}$

图 3-11　用 Dijkstra 算法求出的最短路径

图 3-11 给出了 Dijkstra 算法迭代求解步骤的详细图解。可以看出，上述步骤③共执行了 5 次。第一次迭代找出节点 1 通过链路（1，4）到达节点 4 的距离最小，如图 3-11（c）所

示。第二次迭代找出下一个最近节点是 5，如图 3-11（d）所示。第三次迭代找出下一个最近节点是 3，如图 3-11（e）所示。第四次迭代找出下一个最近节点 2，如图 3-11（f）所示。最后一次迭代找出最后一个最近节点 6，如图 3-11（g）所示。至此，所有节点都包含到网络节点集合 *N* 中，计算过程即告结束。最后就是得出以节点 1 为根的最短路径树，如图 3-11（g）所示，于是很容易生成如图 3-11（b）所示的节点 1 的路由表。从最短路径可清楚地看出从源节点（节点 1）到网内任何一个节点的最短通路。此路由表指出对于发往某个目的节点的分组，从节点 1 发出后的下一个节点应当是哪个节点。当然，像这样的路由表在所有其他各节点中都应当有一个。但这就需要分别以这些节点为源节点，重新执行算法，然后才能找出对应的最短路径树及相应的路由表。

（2）概率路由法

这种方法是事先在每个节点的内存中设置一个路由表，但此路由表给出几个可供选择的输出链路，并且对每条链路赋予一个概率。当一个分组到达该节点时，此节点即产生一个从 0.00 ~ 0.99 的随机数，然后按此随机数的大小，查表找出相应的输出链路。

如图 3-12 所示，当一个分组到达节点 K 时，就先查看它的目的地址，假设查出的目的节点为 B。从表中可以看出，共有三条输出链路可供选择，即 K→M，K→N 和 K→L。若在节点 K 产生的随机数在 0.00 ~ 0.34 之间，则选择 K→M 作为输出链路，若随机数在 0.35 ~ 0.69 或 0.70 ~ 0.99 之间，则分别选择 K→N 或 K→L 作为输出链路。因此，分组从 K 到 B，走 K→M，K→N 和 K→L 三条链路的概率分别是 35%、35%和 30%。

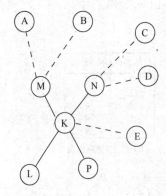

结点K中的路由表

目的站	经过	概率	经过	概率	经过	概率
A	M	0.50	L	0.40	N	0.10
B	M	0.35	N	0.35	L	0.30
C	N	0.65	M	0.25	P	0.10
D	N	0.55	P	0.30	M	0.15
E	P	0.45	N	0.30	M	0.25
…	…		…		…	

图 3-12　用概率路由法确定路由

这种方法与固定路由法相比，可使网内的通信流量更加平衡，因而可得到较小的平均分组时延。

（3）洪泛法

这种方法是当某个节点收到一个不是发给它的分组时，就将该分组转发到所有与此节点相连的链路上。当然，不能再发回送来分组的那个节点，否则会造成分组在各条链路上往返循环。

洪泛法简单可靠，当网路流量很小时，可使分组的传送时延最小。但是，在实际应用中却很少采用这种方法。因为该方法会使网络中分组副本越来越多，极易造成网络阻塞。尽管也有一些限制分组数目的方法，如超过转发次数的分组就会被丢掉或者再次通过某节点的分组被丢掉等，但这些方法不能根本解决分组副本占用网络资源问题。

在某些特殊场合，如需将某种信息迅速扩散到全网各个节点时，洪泛法还是很有效的。

3. 自适应路由选择策略

当网络拓扑或网络状态发生变化时，自适应路由选择能获取变换后的网络拓扑或状态，并使用一定的路由计算方法（如 Dijkstra），重新生成路由表。因而，网络拓扑和状态信息的获取就成为自适应路由的关键。

（1）分布式路由选择策略

这种路由选择策略是每个节点定期或不定期地与相邻节点交换网络状态信息（如链路的时延等信息）。经过多次交换，各节点均可掌握全网的情况，从而根据某种路由算法计算并更新其路由表。在网络中不设控制中心，路由表的更新完全由各个节点自己决定。

在分布式路由选择策略中，最基本的算法有两个，即距离向量算法和链路状态算法。

下面分别介绍这两种路由算法。

① 距离向量算法。距离向量算法是在最早的 ARPANet 中曾使用过的路由选择方法。这种方法虽已停止使用（因为在 1979 年以后又产生了新的路由选择方法），但却在计算机通信中起过重要的作用，并由此产生了若干新的发展。

在采用距离向量算法的网络中，每个节点都有一张路由表。路由表中包含两列向量，一个是距离向量，另一个称为后继节点（即下一节点）向量。这里网络节点之间的"距离"可以用节点间路径的跳数、时延、排队队长等度量。ARPANet 中就是以时延作为距离的度量值。因此在 ARPANet 的每个节点的路由表中拥有如下两个向量：

$$D_i = \begin{bmatrix} d_{i1} \\ \vdots \\ d_{iN} \end{bmatrix}, S_i = \begin{bmatrix} s_{i1} \\ \vdots \\ s_{iN} \end{bmatrix}$$

其中，D_i 为节点 i 的时延向量；

d_{ij} 为节点 i 至节点 j 的最小时延的当前估值（$d_{ij} = 0$）（$j = 1, \cdots, N$）；

N 为网络中的节点数；

S_i 为节点 i 后继节点向量；

s_{ij} 为后继节点（$j = 1, \cdots, N$），即从节点 i 到节点 j 的当前最小时延路由中节点 i 的后继节点。

每个节点每隔一个周期（128ms）与它的所有相邻节点交换它们的时延向量，然后根据收到的全部时延向量来修改本节点的时延向量和后继节点向量。对于任一节点，就按以下方法进行两个向量的修改：

$$d_{kj} = \min_{i \in A} \left[d_{ki} + d_{ij} \right]$$

$$S_{kj} = i, \text{用这个 } i \text{ 使} [d_{ki} + d_{ij}] \text{为量小}$$

其中，A 为节点 k 的所有相邻节点集合；d_{ki} 为节点 k 到节点 i 的时延的当前估值。

我们仍以图 3-11（a）所示的网络为例。不过现在把每条链路旁边注明的数字看成是时延（例如，以 ms 为单位）。为便于参照，将此网络重新画在图 3-13（a）中。而图 3-13（b）是在更新前节点 1 的路由表。我们可以注意到，从节点 1 到节点 3，5 和 6 的时延并不是所能得到的最小时延，这是由某些原因造成的（如某条链路暂时有故障），在此不必去管它。重要的是，路由表给出了在节点 1 的两个向量 D_1 和 S_1。

现在假定经过了 128ms，节点 1 收到了来自三个相邻节点（节点 2，3 和 4）的时延向量 D_2，D_3 和 D_4，如图 3-13（c）所示，于是进行更新运算，得出了更新后的路由表，如图 3-13（d）所示。

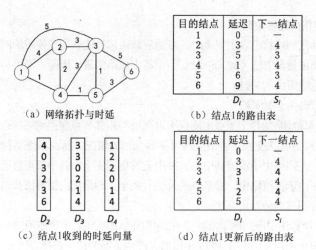

（a）网络拓扑与时延　　　　（b）结点1的路由表

（c）结点1收到的时延向量　　　（d）结点1更新后的路由表

图 3-13　节点 1 的路由表更新

可以看一下更新后的路由表中 $d_{13}=3$ 和 $s_{13}=4$ 是怎样得出的（其余各项目请读者自行核对一下）。节点 1 的三个相邻节点是节点 2，3 和 4。因此，从节点 1 经不同节点到节点 3 的时延分别为：

$$①\to②\to③\qquad d_{12}+d_{23}=3+3=6$$
$$①\to③\qquad d_{13}+d_{33}=5+0=5$$
$$①\to④\to③\qquad d_{14}+d_{43}=1+2=3$$

这里 d_{12}，d_{13} 和 d_{14} 的数值取自原先在节点 1 的时延向量，而 d_{23}，d_{33} 和 d_{43} 的数值则取自节点 1 刚收到的时延向量（从相邻节点 2，3 和 4 发过来的）。取其中时延最小的一个，即得出 $d_{13}=3$。因而从节点 1 出发后的第 2 个节点应为节点 4。最终得到的路由表如图 3-13（d）所示。

a. 无穷计算问题。距离向量路由算法在理论上是能有效工作的，但在实际运用中却有很大的缺陷。虽然它最终能得出正确的答案，但有可能太慢。特别是，它对好消息的反应迅速，但对坏消息却反应迟钝。考虑有一个节点，它到目的点 X 的最佳路由很长，如果在某次交换信息时。它的邻居 A 突然报告说有一个到 X 更短的路径，即可以使该节点到 X 的距离更短，那么该节点仅需简单地将后继节点改为 A，也就是使用它到 A 的链路来传送到 X 的分组流。可见，好消息经过一次向量交换就处理完毕。图 3-14 所示的一个 5 节点（线性）子网，距离采用跳数度量，即每条链路的跳离为 1。假设节点 A 刚开始不在子网上，而且所有其他节点也知道这一点。即，它们将到 A 的距离都记为无穷大。当 A 连接到网络工作后，其他节点通过向量交换都知道它上网了。为了简单起见，假设有一个时钟周期令所有节点同时启动向量交换。在第一次交换路由信息后，B 就在路由表中记上到 A 的距离是 1。其他节点还认为 A 没有上网。这时候各节点的路由表中关于节点 A 的表项如图 3-14（a）中的第二行所示。在第二次交换后，C 知道 B 有一条到 A 和长度为 1 的路径，因此它就更新其路由表，记上一条长度为 2 的到 A 的路径，但 D 和 E 到现在还不知道这一消息。很明显，好消息的传播是每交换一次路由信息就前进一个节点。在一个最长路径为 N 跳的子网中，最多经过 N 次路由信息的交换，所有节点都会知道新增的链路和节点。

现在讨论一下坏消息的传播速度。如图 3-14（b）所示，开始时，所有的链路和节点都在网上。节点 B，C，D 和 E 到 A 的距离分别是 1，2，3 和 4。假定 A 突然下网了，或者

A 与 B 之间的线路断开了，这对于 B 来说都一样。在第一次交换路由信息时，B 没有从 A 处得到任何信息，但 C 说："我有一条到 A 的长度为 2 的路径。"B 并不知道 C 到 A 的路径还要经过 B 本身。B 认为 C 可能有多条独立的长度为 2 的路径通往 A。结果，B 认为它能通过 C 到达 A 路径长度为 3。第一次交换后，D 和 E 并不更新其对应于 A 的表项。第二次交换路由信息时，C 注意到它所有的邻居都声称有一条通往 A 的长度为 3 的路径。它随意选择任意一个邻居，并将到 A 的距离设为 4，如图 3-14（b）的中第三行所示。后续的交换过程如图 3-14（b）中所示。通过这张图可以看出，坏消息传播得很慢。只有当所有节点慢慢地增加其距离值，直至无穷大时，才发现网络拓扑发生了变化。这就是所谓的"无穷计算问题"。在实际的系统中可以将无穷大的取值设置成最长路径加 1，但是，如果采用时延作为距离的度量值时，就很难定义一个合适的距离上限。

A	B	C	D	E	
◎ —	◎ —	◎ —	◎ —	◎	
	∞	∞	∞	∞	初始值
	1	∞	∞	∞	1次交换后
	1	2	∞	∞	2次交换后
	1	2	3	∞	3次交换后
	1	2	3	4	4次交换后

A	B	C	D	E	
◎ —	◎ —	◎ —	◎ —	◎	
	1	2	3	4	初始值
	3	2	3	4	1次交换后
	3	4	3	4	2次交换后
	5	4	5	4	3次交换后
	5	6	5	6	4次交换后
	7	6	7	6	5次交换后
	7	8	7	8	6次交换后
	:	:	:	:	
	8	8	8	8	

(a)　　　　　　　　　　　　(b)

图 3-14　无穷计算问题

　　b. 水平分裂算法。文献中已提出多种解决无穷计算问题的办法。这里只介绍其中的一种方法：任意节点到节点 X 的距离如果是从节点 Y 发送的路由信息中获得的，那么该节点不向 Y 报告其到 X 的真实距离（实际上报告的距离值为无穷大）。例如，在图 3-14（b）的初始状态下，节点 C 向 D 报告其到 A 的真实距离，但 C 向节点 B 报告其到 A 的距离为无穷大；类似地，D 告诉 E 实情，但向 C 说它到 A 的距离为无穷大。

　　现在，让我们看看 A 下网后的情况。在第一次交换时，B 发现直达路径已没有了，而 C 也报告说到 A 的距离为无穷大。因为两个邻居都到不了 A，B 便将它到 A 的距离也设为无穷大。第二次交换时，C 发现从它的两个邻居点都不能到达 A，它也将 A 标为不可到达。使用水平分裂法，坏消息以每交换一次路由信息传播一个节点的速度传播。这比不用水平分裂方法要好得多。

　　糟糕的是，水平分裂法虽然被广泛应用，但也有失败的时候。考虑如图 3-15 所示由 4 个节点组成的子网，初始化时，A 和 B 到 D 的距离都为 2，到 C 的距离为 1。假设 CD 线路断开了。使用水平分裂法，A 和 B 告诉 C，它们不能到达 D。因此，C 即将得到结论，D 是不可达的，并告诉 A 和 B。不幸的是，A 知道 B 有一条到 D 的长度为 2 的路径，因此，它认为能通过 B 经 3 跳到达 D。类似地，B 也认为能通过 A 经 3 跳到达 D。下一次

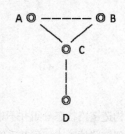

图 3-15　水平分裂法的一个失败例子

交换路由信息后，它们又都将到 D 的距离增加到 4。两个节点就这样逐渐地将到 D 的距离增加到无穷大，这正是我们曾力图避免的情况。

② 链路状态算法。ARPANet 一直采用距离向量路由算法，直到 1979 年它才被链路状态路由算法替代。两个主要问题导致了距离向量路由算法的消亡。第一，采用时延（队列长度）作为距离的度量值，在选择路由时没有将链路的带宽考虑进去；第二，节点间采用定时方式交换路由信息，所以距离向量路由算法的收敛速度比较慢，甚至出现像水平分裂算法那样的假象。因此，它被一种全新的链路状态路由（Link State Routing）算法所替代。

链路状态路由算法的思想十分简单，可以分 5 部分加以描述。每个路由器必须：

- 发现它的邻居节点，并获取其网络地址；
- 测量到各邻居节点的时延（或代价）；
- 组装一个分组通告它刚知道的路由信息；
- 将这个分组发送给所有其他网络节点；
- 计算到所有其他节点的最短路径。

事实上，完整的拓扑结构和所有的链路时延都通过试验测量获得，并发布到网络中每一个节点。于是各个节点可以用 Dijkstra 算法来找出它到所有其他节点的最短路径。下面，我们将更详尽地讨论上述 5 个步骤。

a. 发现邻居节点。当一个节点被激活以后，它的第一个任务就是要知道谁是它的邻居，这是通过向每条点到点链路发送特殊的 Hello 分组来实现的。在另一端的节点应发回一个应答分组，以说明它是谁。所有网络节点的名字必须是全局唯一的。

当两个或多个节点通过一个局域网（LAN）连接起来时，情况就稍为复杂一些。

b. 测量链路时延或代价。链路状态路由算法需要每个节点知道它到邻居节点的时延或代价。取得时延值的最直接方法就是发送一个要求对方立即响应的特殊的 Echo 分组。将测量的往返时间除以 2，就可以得到该链路的时延估计值。想要更精确些，可以重复这一过程多次，再取平均值。

c. 构建链路状态分组。一旦用于交换的链路状态信息收集完毕，下一步就是构造一个包含所有这些状态信息的分组。该分组以发送者的标志符开头，紧跟着是顺序号、寿命和一个邻居节点表。在邻居节点表中，列出所有的邻居节点及相应的链路时延。图 3-16（a）所示给出了一个子网示例，其时延标在节点连线上，图 3-16（b）给出了相应的 6 个链路状态分组。

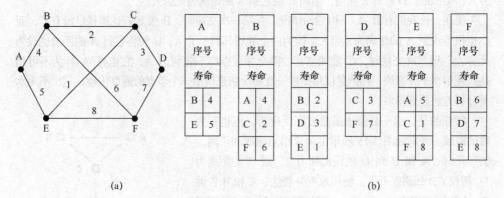

(a)   (b)

图 3-16　链路状态分组的格式

构造链路状态分组并不难，难的是决定何时构建。一种方式是定期构建；另一种方式是当出现链路故障或邻居节点增删或链路的特征值明显改变等这样一些重要事件时再构建。

d. 发布链路状态分组。本算法中最具技巧性的部分就是如何可靠地发布链路状态分组。当链路状态分组被发布后，首先收到该分组的节点将改变其路由。结果，不同的节点可能在使用不同版本的网络拓扑和链路状态信息，这导致网络各节点对网络链路状态信息的掌握不一致，从而计算出来的路由可能出现死循环、不可达和其他问题。

链路状态分组的基本发布方法是利用洪泛（Flooding）方式。为防止节点处理和转发过时的链路状态分组，每个分组引入一个顺序号。该顺序号在每次发送新分组时加 1。节点记忆它所见过的所有链路状态分组的源节点标志和顺序号。当一个链路状态分组到达时，它先查看一下该分组是否已收到过。如果是新的，就把它转发到除了输入链路之外的所有链路；如果是重复的，则丢弃它。如果一个分组的顺序号比目前已到达的最大的顺序号还小，则被认为是过时信息而加以废弃。在分组扩散过程中，寿命字段每单位时间递减一次，如果寿命为 0，则删除该分组，以保证没有任何分组可以在网络中无限长地存活下去。

为了防止节点之间的链路出故障引起问题，规定所有的链路状态分组都需要应答。由于链路状态分组以洪泛方式扩散，这就要求每个节点对接收到的链路状态分组能够自行确定需要向哪些邻节点转发、需要对哪些邻节点进行应答，所以每个节点需要构造一个如图 3-17 所示的分组处理数据结构。该图是图 3-16（a）所示子网中节点 B 所用的数据结构，每一行对应于一个新近到达，但尚未完全处理完毕的链路状态分组。数据结构记录了分组来自何处、它的顺序号和寿命，以及描述链路状态的数据。另外，对应于 B 的每条输出链路（到 A，C 和 F）各有一组发送标志位和应答标志位。发送标志位表示该链路状态分组必须发送给哪些邻节点。应答标志位表示应给哪些邻节点发送应答消息。

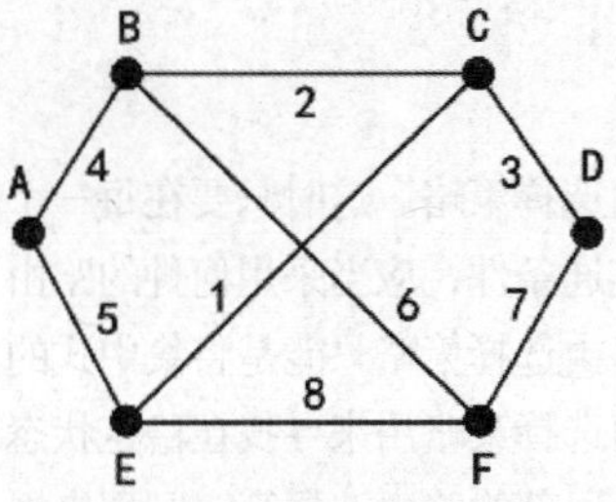

源结点	序号	寿命	发送标志			ACK标志			数据
			A	C	F	A	C	F	
A	21	60	0	1	1	1	0	0	……
F	21	60	1	1	0	0	0	1	……
E	21	59	0	1	0	1	0	1	……
C	20	60	1	0	1	0	1	0	……
D	21	59	1	0	0	0	1	1	……

图 3-17 节点 B 的分组缓冲区数据结构

在图 3-17 中，如标志位所示，从 A 来的链路状态分组直接到达 B。它必须被送往 C 和 F，并且向 A 发应答。类似地，从 F 来的分组必须转发给 A 和 C，并向 F 发应答。但是，当第三个来自节点 E 的分组到达时就有所不同。由于该分组已经到达两次，一次经过 EAB，一次经过 EFB。因此，它只需发往 C，但要向 A 和 F 发应答，如标志位所示。如果在原始分组还在缓冲器中处理时就到达一个它的副本，标志位就得进行一下修改。例如，在表中的第四个来自 C 节点的分组被转发之前，又有一个 C 的状态信息分组的副本从 F 到达，那么 6 个标志位就应改为 100011，表示不必再转发给 F 了，而应向 F 发应答。

e. 计算新路由。每个节点获得所有的链路状态分组后，便可以构造整个网络拓扑图，每一链路的两个方向都将标出时延（或代价）值，此时每个节点就可以在本地运行 Dijkstra 算法，从而确定到达所有目的节点的最短路径（或最小代价路径），并形成分组转发路由表。

链路状态路由算法在实际网络中得到了广泛的应用，如在 Internet 中应用广泛的 OSPF 协议使用的就是该算法。另一个使用该算法的主要协议是 IS-IS（Intermediate System-Intermediate system）协议，该协议应用于多种 Internet 骨干网（包括老的 NSFNet 骨干网）和一些数字蜂窝系统中。

（2）集中式路由选择策略

集中式路由选择策略的核心是在网络中设有网控中心 NCC。NCC 负责全网状态信息的收集、路由计算及路由选择的实现。集中式路由选择策略也有多种，这取决于储存在 NCC 中的网络信息的类型、路由的计算方法及实现路由选择的技术。例如，路由选择实现的技术可以是从 NCC 周期性地把路由表分发到所有的节点，也可以是以一次虚呼叫为基础实现路由选择（当然只适用于虚电路分组交换）。

集中式路由选择策略的最大好处是：各个节点不需要进行路由选择计算，较容易得到更精确的路由最优化，同时还消除了路由不断变来变去的"振荡"现象。而这些问题在网络状态不太明确时最容易发生。集中式路由选择策略还可起到对进入网络的通信流量实施某种控制的作用。这一特点使得集中式路由选择策略很有吸引力。例如，美国 Tymshare 公司的 TYMNET，其 NCC 不断地监视着全网的负荷。负荷一旦超过门限，网络便拒绝一切呼叫。而分布式控制网络的流量控制是很难实现的。

但集中式的路由选择策略存在着两个较严重的缺点。一个缺点是在离 NCC 较近的地方通信流量的开销较大。这是因为要周期性地从所有节点收集网络的状态信息的报告，同时还要将路由选择的命令从 NCC 送到网内的每一个节点。另一个更严重的缺点是可靠性问题。一旦 NCC 出故障，则整个网络即失去控制。为了解决这一问题，可按不同等级设置若干个 NCC（在 TYMNET 中有 4 个），它们彼此不间断地互相监视着。当高级别的 NCC 出故障时，比它低一级的 NCC 马上接替工作。用这种方法花费较大，并且仍会产生一些问题。在军事环境下，NCC 显然是个非常容易受到打击的目标。

为了克服集中式路由选择的缺点，可以同时综合使用几种路由选择策略，即采用混合式路由选择策略。

（3）混合式路由选择策略

从原则上讲，在一个网络中可以混合使用不同类型的路由选择策略。这时只要在每一个节点明确定义出：对于何种类型的通信业务、负荷及网络的连通条件，应当采用何种的路由选择策略。出于对线路和处理机开销的考虑，可行的混合式路由选择策略只能是将集中式的和局部分布式的自适应路由选择策略结合起来。集中式的路由选择策略用来寻找在稳定状态下的最佳路由，然后由 NCC 将路由表送到每一个节点去。而局部的路由选择策略则用来提供对局部的拥塞和故障的迅速响应。这种响应只是暂时的，因而并不要求很精确，不久 NCC 就会发现通信流量及网络拓扑的变化情况，于是就会对路由表进行更新。

五、流量控制

1. 流量控制的必要性

在分组交换网中，网络节点采用存储-转发的机制对分组进行处理，如果分组到达的速率大于节点处理分组的速率，就可能造成网络节点中存储区被填满，导致后来的分组无法被处理。另外，由于线路的传输容量是有限的，如果网络中数据流分布不均匀，可能会导致某些线路上流量超过其负载能力，分组无法被及时传送。这些情况都会造成网络的拥塞和网络吞吐量迅速下降，以及网络时延的迅速增加，严重影响网络的性能。当拥塞情况严重时，分组数据在网络中无法传送，不断地被丢弃，而源点无法发送新的数据，目的点也收不到分组，造成死锁。

图 3-18 所示是拥塞对吞吐量和时延的影响。图中比较了进行控制和不进行控制情况下吞吐量和时延的变化情况。

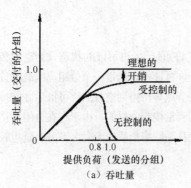

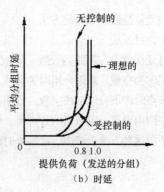

图 3-18　拥塞的影响

由于流量控制可以使网络的数据发送和处理速度平滑均匀，是解决网络拥塞的一个有效手段，所以为了防止网络阻塞和死锁的发生，提高网络的吞吐量，必须进行流量控制。流量控制是分组交换的重要技术之一。

2．流量控制机制

一般来说，流量控制可以分成以下几个级别来进行：

① 相邻节点之间点到点的流量控制；

② 用户终端和网络节点之间点到点的流量控制；

③ 网络的源节点和终点节点之间端到端的流量控制；

④ 源用户终端和终点终端之间端到端的流量控制。

这 4 个级别的流量控制位于网络的不同位置区域，如图 3-19 所示。

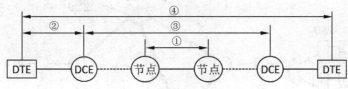

图 3-19　分级的流量控制机制

3．流量控制方法

实际应用中流量控制的方法主要有以下三种。

（1）证实法

发送方发送一个分组之后不再继续发送新的分组，接收方收到一个分组之后会向发送方发送一个证实，发送方收到这个证实之后再发送新的分组。这样接收方可以通过暂缓发送证实来控制发送方的发送速度，从而达到控制流量的目的。发送方可以连续发送一组分组并等待接收方的证实，这就是常说的滑动窗口证实机制。滑动窗口证实机制既提高了分组的传输效率，又实现了流量的控制。这种方式可用于点到点的流量控制和端到端的流量控制。X. 25 的数据链路层和分组层均采用这种流量控制方法。

（2）预约法

发送端在向接收端发送分组之前，先向接收端预约缓冲存储区，然后发送端再根据接收端所允许发送分组的数量发送分组，从而有效地避免接收端发生死锁。以数据报方式工作的分组交换网通常采用这种流量控制方式，以避免目的节点在有多个分组到达时，因进行分组重新排序而使该节点的存储器被占满，既无法接收新的分组，也无法发送未完成排序的分组。网络的源节点和终点节点之间的端到端的流量控制，以及源用户终端和目的终端之间的

125

端到端的流量控制可采用此方法。

（3）许可证法

许可证法就是在网络内设置一定数量的"许可证"。许可证的状态分为空载和满载，不携带分组时为空载，携带分组时为满载。每个许可证可以携带一个分组。满载的许可证在到达终点节点时卸下分组变成空载。分组需要在节点等待得到空载的许可证后才能被发送，因而通过在网内设置一定数量的许可证，可达到流量控制的目的。由于存在分组等待许可证的时延，所以这种方法会产生一定额外时延，尤其是网络负载较大时，额外时延也较大。

第二节 分组交换协议

一、分组交换网

1. 分组交换网构成

分组交换网主要由分组交换机、用户终端设备（DTE）、分组装拆设备（PAD）、远程集中器（Remote Collecting Unit ，RCU）、网络管理中心（Network Management Center，NMC）和传输线路设备等构成，如图 3-20 所示。

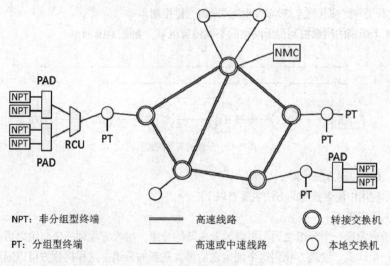

图 3-20 分组交换网的基本构成

（1）分组交换机

分组交换机是构成分组交换网的核心设备，根据分组交换机在网络中所处的位置，可将其分为汇接交换机和本地交换机。汇接交换机负责交换机之间的交互，其所有的端口都是中继端口，用于和其他交换机互联，主要提供路由选择和流量控制功能。本地交换机主要负责与用户终端的交互，其大部分端口都是用户终端接口，并具有中继端口与其他交换机互联，以及具有本地交换能力和简单的路由选择能力。无论何种交换机均具有以下主要功能：

- 支持网络的基本业务（虚电路、永久虚电路）和其他可选业务；
- 完成路由选择和流量控制；
- 完成 X.25、 X.75 等多种协议的处理；

- 完成相应的运行维护管理、故障报告及诊断、计费及网络统计等功能。

（2）用户终端设备

用户终端包括分组型终端（PT）和非分组型终端（NPT）。分组型终端发送和接收的均是标准的分组，可以按照 X.25 协议直接与分组交换网进行交互。非分组型终端是不能直接和 X.25 网交互的设备，它要通过分组装拆设备进行协议处理、数据格式转换、速率适配等操作才能接入到分组交换网。

（3）分组装拆设备

PAD 完成非分组型终端 NPT 接入分组网的协议转换，主要包括规程转换功能和数据集中功能。规程转换功能是指进行 NPT 的接口与 X.25 协议的相互转换工作。数据集中功能是指 PAD 可以将多个终端的数据流组成分组后，在 PAD 至交换机之间的中高速线路上复用，有效利用了传输线路，同时扩充了 NPT 接入的端口数。

（4）远程集中器

远程集中器可以将距离分组交换机较远的低速数据终端的数据集中起来，通过一条较高速的电路送往分组交换机，以提高电路利用率。远程集中器包含了部分 PAD 的功能，可支持非分组型终端接入分组交换网。

（5）网络管理中心

网络管理中心的主要任务是进行网络管理、网络监督和运行记录等。目的是使网络达到较高的性能，保证网络安全、有效和协调运行。

（6）传输线路

传输线路是进行数据传输的物理媒介，包括交换机间的中继传输线路和用户线路。

2. 分组交换网工作原理

分组交换网采用的是分组交换方式，其实质是存储转发。交换机将分组进行存储，然后根据包含在分组头中的控制信息及分组交换网的路由选择策略转发分组，来自不同通信的分组在网内以统计时分复用的方式被传送。分组被传送到目的交换机，如果目的终端是 NPT，则由 PAD 把分组恢复成原始报文；如果目的终端是 PT，则只需把分组按照顺序传送到该终端即可。分组交换很容易实现在不同速度和不同规程的终端间通信，而这在电路交换方式中是很困难的。图 3-21 所示为分组交换网的基本工作原理。

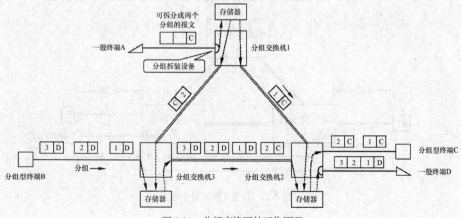

图 3-21 分组交换网的工作原理

3. 分组交换网协议

为了数据通信协议的标准化，CCITT（ITU-T 的前身）做出了积极的努力，除了为在公用电话网上开放数据传输业务制定一系列 V 建议外，为利用数字通信网和分组交换网的数据通信制定了 X 系列建议。其中部分建议及其内容见表3-3。

表3-3 CCITT 有关 X 建议名称及其主要功能和内容

编号	主要功能和内容
X.3	公用数据通信网内分组装/拆（PAD）功能
X.20	公用数据通信网起止式传输业务用的 DTE 与 DCE 之间的接口
X.20bis	公用数据网内可与 V.21 建议兼容的起止式 DTE 与 DCE 之间的接口
X.21	公用数据网内同步式 DTE 与 DCE 之间的接口
X.21bis	为与同步式 V 系列调制解调器接口设计的数据终端设备在公用数据网内的应用规程
X.24	公用数据网上 DTE-DCE 之间的接口电路定义表
X.25	报文分组型公用数据网 DTE-DCE 接口
X.26	在数据通信领域内，通常与集成电路设备一起使用的不平衡双流交换电路的电特性
X.27	在数据通信领域内，通常与集成电路设备一起使用的平衡双流交换电路的电特性
X.28	公用数据网中，对于存取报文分组的分组装/拆设备的起止式 DTE-DCE 的接口
X.29	公用数据网中，分组式终端与分组装/拆功能之间的控制信息及用户数据的交换规程
X.50	同步数据通信网之间的国际接口采用的多路复用方案的基本参数
X.51	在应用 10 位比特组结构的同步数据通信网之间的国际接口的多路复用方案的基本参数
X.75	在分组交换的公用数据网内的国际电路上用于传递数据的终端和经转接呼叫的控制规程
X.121	公用数据通信网的国际编号制度

　　分组交换协议是在分组交换过程中数据终端设备（DTE）与分组交换网及分组交换网内各交换节点之间关于信息传输过程、信息格式和内容等的约定。分组交换协议可分为接口协议和网内协议，接口协议是指 DTE 和与它相连的网络设备之间的通信协议，即 UNI 协议；网内协议是指网络内部各交换机之间的通信协议，即 NNI 协议。国际标准化组织（ISO）和国际电信联盟（ITU）制定了一系列分组交换协议，如 X.25、X.75、X.3、X.28、X.29、X. 121 等，相关建议在典型分组交换网络中的分布如图 3-22 所示。

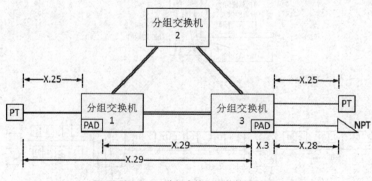

图 3-22　分组交换网通信协议

二、X. 25 协议

　　X.25 协议于 1976 年首次提出，它是在加拿大 DATAPAC 共用分组网相关标准的基础上制定的，在 1980 年、1984 年、1988 年和 1993 年又进行了多次修改，成为使用最为广泛的分组交换协议。

许多人没有正确地理解 X.25 在分组网络中所扮演的角色。X.25 不是分组交换规范，而是分组网络接口规范。X.25 中不包含任何关于网络内部操作的内容。因此，X.25 不知道网络内部的操作。例如，X.25 并不知道网络使用的是自适应的还是固定的目录路由，也不知道网络内部操作是面向连接的还是无连接的。读者也许听说过术语"网络云"，它正是起源于这些概念。

从图 3-23 可以明显看出，X. 25 是一种用户网络接口（UNI）。它定义了在用户设备（DTE）和网络（DCE）之间进行数据交换的过程，它的正式名称叫作"数据终端设备（DTE）和数据电路端接设备（DCE）之间用于在公用数据网的分组节点上进行终端操作的接口"。在 X.25 中，DCE 是面向 DT 的分组网络的"代理"。

X.25 协议最初为 DTE 接入分组交换网提供了虚电路和数据报两种接入方式，1984 年之后，X.25 协议取消了数据报方式。另外，X.25 网络使用 STDM 技术进行传输，而不是T1/E1 体制。

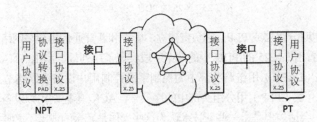

图 3-23　X.25 在分组交换网络中的作用

1．X. 25 协议结构

X.25 协议采用分层的体系结构，自下而上分为三层：物理层、数据链路层和分组层，分别对应于 OSI 参考模型的下三层。各层在功能上相互独立，每一层接受下一层提供的服务，同时也为上一层提供服务，相邻层之间通过原语进行通信。在接口的对等层之间通过对等层之间的通信协议进行信息交换的协商、控制和信息的传输，如图 3-24 所示。

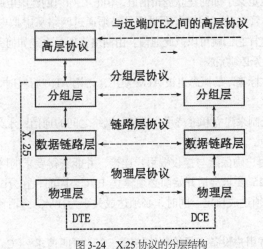

图 3-24　X.25 协议的分层结构

物理层（第 1 层）是 DTE 和 DCE 之间的物理接口，它是一个 V 系列、X.21 或者X.21bis 接口。当然，X.25 网络也能与其他物理层接口（如 V.35、电子工业协会制订的

ELA232-D 标准，甚至高速 2.048Mbit/s 接口）互操作。

X.25 假定数据链路层（第 2 层）是均衡链路访问过程（LAPB）。LAPB 协议是 HDLC 的一个子集。X.25 分组作为 LAPB 帧中的 I（信息）字段被传送（如图 3-25 所示）。LAPB 确保 X.25 分组通过链路传输，然后丢弃（剥下来）帧中其余的字段，并将分组提交给网络层。链路层的主要功能是无差错地交付分组，尽管通信链路本身容易出错。从这一点看，它与 ISDN 中的 LAPD 很相似。在 X.25 中，分组由网络层创建，并被插入到数据链路层创建的帧中。

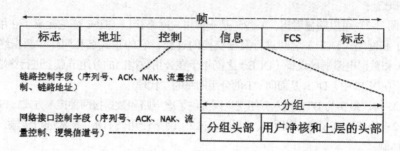

图 3-25　X.25 的 PDU（分组和帧）

网络层，也叫分组层或 PLP，它负责建立、管理和断开通信用户与网络之间的连接。由图 3-25 中可以看出，X.25 的 PDU 中的两个字段实现了序列号、ACK、NAK 和流量控制。首先，第 2 层（LAPB）用链路头部中的控制字段控制用户设备和网络节点之间的链路操作；其次，第 3 层（PLP）用分组头部中的序列号、ACK 等控制用户设备和网络节点之间的链路上的用户会话。但是，一些新技术认为这些操作是冗余的或者不必要的，因此被删除或减少了。

X.25 采用逻辑信道号（LCN）来标识 DTE 与网络之间的连接。LCN 只不过是一个虚电路标识符（VCI）。一条物理信道能分配多达 4095 个逻辑信道（即用户会话），然而出于性能上的考虑，实际上并非同时分配所有编号。LCN 用作通过物理电路输入或输出网络的每个用户分组的标识符（标签）。通常，一条虚拟电路同时被两个不同的 LCN 标识—— 一个用于标识网络上本地端的用户，而另一个用于标识网络上的远程端用户。

X.25 非常明确地定义了如何建立逻辑信道，但它在如何创建虚电路方面为网络管理员留有很大的余地。尽管如此，网络管理员还是必须通过网络从虚拟电路的每一端将两个 LCN 映射到一起，这样它们就可以彼此通信。由网络管理员决定如何完成这一任务，但如果使用 X.25，这一任务必须完成。

由 X.25 倡导的"标签"的概念也被 ATM 使用，讨论 ATM 标签时，读者也许还需回过头来参考这一部分。

X.25 提供两套机制来建立和维持用户设备与网络之间的通信：永久虚拟电路（PVC）和交换虚电路（SVC）。

PVC 的发送端用户确保能与接收端用户连接，并能获得要求的网络服务，以支持用户到用户的会话。X.25 要求会话开始前必须建立 PVC。因而，在分配 PVC 之前，两个用户和网络管理员必须达成协定。同时，必须达成关于为 PVC 会话预留 LCN 和建立设施的协定。

SVC 要求发送方用户设备必须给网络传输一个"呼叫请求"（Call Reguest）分组以开始连接操作。而网络节点将这个分组中继给远程网络节点，由远程的网络节点给被呼叫的用户设备发送一个"来话呼叫"（Incoming Call）。如果接收端 DTE 选择了确认并接受这个呼叫，它就给网络发送一个"呼叫接受"（Call Accepted）分组。网络于是将此分组以"呼叫接通"（Call Connected）分组的形式传送给请求呼叫的 DTE。以这种方式一个会话得以建立起来。而要终止会话，两端 DTE 均可发出一个"清除请求"（Clear Call）分组，它被当成一个"清除指示"（Clear Indication）分组而接收，并由"清除确认"分组来确认。

应当记住的是，X.25 比较落后了。它被设计用来在容易出错的网络上支持用户通信，同时假设大多数用户设备的智能相对较低。此外，X.25 被设计成用于同样落后的物理接口上（因此本身很慢），如 EIA232-D 和 V.28。

关于对数据本身的控制，本书讨论的几种新技术都基于这种思想：管理用户数据（净荷），不是在网络中，而让用户计算机执行此项功能更合适。

2. X.25 物理层

X.25 的物理层协议规定了 DTE 和 DCE 之间接口的电气特性、功能特性和机械特性，以及协议的交互流程。物理层完成的主要功能有：

- DTE 和 DCE 之间的数据传输；
- 在设备之间提供控制信号；
- 为同步数据流和规定比特速率提供时钟信号；
- 提供电气地；
- 提供机械的连接器（如针、插头和插座）。

X.25 物理层协议可以采用的接口标准有 X.21 建议、X.21bis 建议等，见表 3-4。

表 3-4 数据通信网的接口分类

终端	同步/异步	建议名称
V 系列	异步	X.20bis
	同步	X.21bis
X 系列	异步	X.20
	同步	X.21

以 X.21 建议为例，其终端接口使用的规格见表 3-5。

表 3-5 终端接口的规格

建议	通信速度	连接器	连接器规定	互连电路	电气特性	
					DTE	DCE
X.21	9600bit/s 以下	15 引脚	ISO4903	X.24	X.27/X.26	X.27
	9600bit/s 以上	15 引脚	ISO4903	X.24	X.27	X.27

注：X.26、X.27 分别与 V.10、V.11 相同。

由于用 X.21 相互连接的电路与模拟网用的 V.24 相比，使用非常少，因此 X.21 接口用的连接器引脚也只用 15 引脚。15 引脚的 DTE-DCE 接口连接器及引脚分配按照 ISO 4903 标准进行规定。

数据通信网终端接口的电气特性建议中包括 X.26（不平衡电流环互连电路）和 X.27（平衡电流环互连电路）。X.26 和 X.27 在建议的文本中并没有具体的记述，而是分别参照 V 系列接口电气条件的 V.10 和 V.11。

在各种终端接口中使用的相互连接电路及 ISO 4903 连接器的引脚排列见表 3-6，X.21

中使用的相互连接电路见表 3-7。

表 3-6 ISO 4903 互连器的引脚分配

引脚号	不平衡与平衡混合存在	平衡型
1	可用于安全接地或屏蔽连接	
2	T	T
3	C	C
4	R	R
5	I	I
6	S	S
7	—	—
8	G	G
9	Ga	T
10	Ga	C
11	R	R
12	I	I
13	S	S
14	—	—
15	留作将来国际标准互连用	

表 3-7 X.21 中使用的相互连接电路

电路符号	用途	方向 DTE-DCE
G	信号地或公用返回线	
Ga	DTE 公用返回线	→
T	发送	→
R	接收	←
C	控制	→
I	显示	←
S	信号单元时钟	←
B	字节时钟	←

说明：

G：该电路为降低接口外部环境造成的信号紊乱而使用；

S：提供连续数据传输用的时钟；

B：有时用于提供附加的特殊功能。

数字网的同步都是从属于网络主时钟的从属同步。由于电路 S 只从 DCE 向 DTE 单向提供时钟，因此没有像模拟网（V.24）所规定的终端时钟 ST1、RT。

X.21DTE 和 X.21bisDTE 在不进行半双工操作的前提下可以相互操作。

3. X.25 数据链路层——LAPB

X.25 数据链路层协议是在物理层提供的双向的信息传输通道上，控制信息有效、可靠地传送的协议。X.25 的数据链路层协议采用的是 HDLC（高级数据链路控制规程）的一个子集——平衡型链路访问规程（Link Access Procedure Balanced，LAPB）协议。HDLC 提供两种链路配置：一种是平衡配置；另一种是非平衡配置。非平衡配置可提供点到点链路和点到多点链路。平衡配置只提供点到点链路。由于 X.25 数据链路层采用的是 LAPB 协议，所以 X.25 数据链路层只提供点到点的链路方式。

X.25 数据链路层完成的主要功能如下：

- DTE 和 DCE 之间的数据传输；
- 发送和接收端信息的同步；
- 传输过程中的检错和纠错；
- 有效的流量控制；
- 协议性错误的识别和告警；
- 链路层状态的通知。

（1）数据链路层工作原理

数据链路层完成的主要功能就是建立数据链路，利用物理层提供的服务为分组层提供有效可靠的分组信息的传输。X.25 数据链路层所完成的工作主要可以分为三个阶段，即数据链路层所处的三种状态：链路建立、信息传输和链路断开，如图 3-26 所示。

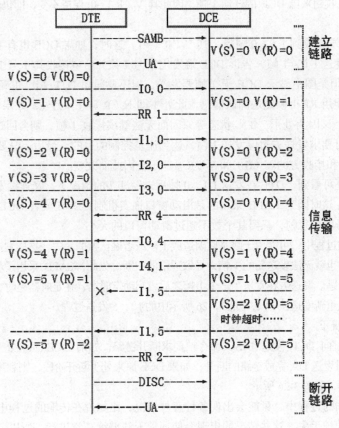

图 3-26　数据链路层工作原理

① 链路建立。

DTE 和 DCE 都可以首先发起链路的建立过程，但通常都由 DTE 先发起建链请求。DCE 可以通过主动发送一个 DM 帧要求 DTE 启动链路的建立过程。

DTE 通过发送 SABM（模 8 工作方式）或 SABME（模 128 工作方式）来启动链路的建立过程。DCE 在接收到正确的 SABM 或 SABME 之后判断能否进入信息传输阶段，如果能进入则发送 UA 帧响应，同时把 V（R）和 V（S）置"0"，DCE 进入数据传输阶段。DTE 收到 UA 帧，把 V（R）和 V（S）置"0"，DTE 进入数据传输阶段，此时就可以进行数据的传输，如图 3-26 所示。

这里的 V（S）是指发送变量，用来保存下一个发送的 I 帧（信息帧）的编号。V（R）则是指接收变量，用来保存希望接收的下一个信息帧的编号。

如果 DCE 不能进入信息传输阶段，则发送 DM 帧，表示链路不能建立。

② 信息传输。

信息传输阶段的任务是保证 DCE 和 DTE 之间信息的正确传输。为此，X.25 采用了帧的顺序编号及证实机制、超时重发机制等控制手段来达到这一目的。

如图 3-26 所示，DTE 向 DCE 发出一个 I 0，0 帧，其含义为告诉对端本端发出的是 0 号 I 帧，同时希望接收来自对端的 0 号 I 帧。其中第一个"0"表示本 I 帧的编号，是发送序号变量 N（S）的值；第二个"0"表示希望接收的下一个 I 帧的编号，是接收序号变量

N（R）的值。

由于已经发出 0 号 I 帧，所以 DTE 下一个将要发送的 I 帧编号为 1，即 V（S）=1。同样由于还没有收到来自 DCE 的任何 I 帧，因此其 V（R）=0 保持不变，即仍然等待接收 0 号 I 帧。

当 DCE 端接收到 I 0，0 帧后，其 V（R）=1。这时，如果 DCE 也有 I 帧要发送给 DTE，则会发送 I 0，1 帧，告诉 DTE 端发出 0 号 I 帧并希望接收其 1 号 I 帧，同时其 V（S）=1。但是图中显示 DCE 无 I 帧要发送，但还要通知 DTE 端已正确接收其 0 号帧，于是便使用 RR 1 帧发送确认信息，此处 1 即 N（R）=1。另外，如果 DCE 此时既无 I 帧发送，又因为处于"忙"状态等原因而无法继续接收 I 帧，则会回送 RNR 帧进行确认，这可要求发送方暂停发送 I 帧，达到流量控制的目的。最后，只要发送的不是 I 帧，发送方和接收方的 V（S）和 V（R）都不会因此而改变。

由图中还可看到，DTE 在发送 I 1，0 帧后未经证实的情况下，又连续发送了 I 2，0 和 I 3，0 帧。这时因为 LAPB 采用的是滑动窗口证实机制，DTE 或者 DCE 可以发送未证实顺序编号的信息帧，只要其个数不超过滑动窗口的大小。

信息传输过程中，可能由于线路原因造成 I 帧或者确认帧的丢失，这样发送方会一直得不到响应帧，也就无法发送新的 I 帧，导致通信的中断。为此，LAPB 采用了超时重发机制来解决这一问题。发送方在发送了一个 I 帧之后，启动定时器，在定时器超时之后还没有收到确认帧，就重新发送该 I 帧，如图 3-26 所示中的 I 1，5 发送过程。

③ 链路断开。

DTE 通过向 DCE 发送 DISC 命令帧要求断开链路，如果 DCE 原来处于信息传输阶段，DCE 通过发送 UA 完成链路的断开；如果 DCE 原来处于断开阶段，则利用 DM 完成链路的断开过程，如图 3-26 所示。

在帧传输的过程中，可能会出现各种意外情况，比如说在传输的过程中，帧的结构被破坏或者帧被丢失。这些情况的出现会使通信无法继续正常进行，所以 X.25 的链路层规定了一系列差错恢复程序，根据差错的类型启动相应的恢复程序，具体请参见相关介绍。

（2）帧类型

数据链路层传送信息的最小单位是帧，由上述工作过程可看出帧主要分为三类：链路建立和断开等控制阶段的无编号帧（U 帧）、信息传输阶段用来传送信息的信息帧（I 帧）和用来提供监视和控制的监控帧（S 帧），如表 3-8 所示。

① 信息帧（I 帧）。信息帧用于传输分组层的分组数据，只在数据传输过程中使用。信息帧的识别标志是其控制字段（C 字段）第 1 比特为"0"，C 字段还包含发送序号 N（S）和接收序号 N（R），用于帧接收的肯定证实。在模 8 基本方式中，序号范围为 0 ~ 7；在模 128 扩充方式中，序号范围为 0 ~ 127。C 字段中的第 5 比特位称作探询（poll）/最终（final）位，即 P/F 位。对于命令帧，该位为 P 位；对于响应帧，该位为 F 位。P/F=0，该位不起作用；命令帧 P=1，表示要探询对端的状态，响应帧 F=1，则是对刚收到的 P=1 的命令帧的响应。因为 I 帧是命令帧，所以其 C 字段第 5 比特位总为探询位（P）。

② 监控帧（S 帧）。监控帧用于保护信息帧的正确传输，它不传递信息（没有 I 字段），只在数据传输过程中使用。监控帧的识别标志是 C 字段的第 1 比特位和第 2 比特位分别为"1"和"0"，第 3、4 比特位用于区分不同类型的监控帧。监控帧有三种：RR 帧（接收准备好）、RNR 帧（接收未准备好）和 REJ 帧（拒绝帧）。监控帧的控制字段包含接

收序号 N（R）。监控帧既可以是命令帧也可以是响应帧，所以其 C 字段第 5 比特位为 P 或 F 位。

③ 无编号帧（U 帧）。无编号帧在链路的建立、断开和复位等控制过程中使用。无编号帧的识别标志是 C 字段的第 1 比特位和第 2 比特位均为 "1"。第 5 比特位是 P/F 位，第 3，4，6，7，8 比特位用于区分不同类型的无编号帧。无编号帧包括 SABM（置异步平衡方式）、DISC（断开）、DM（已断开方式）、UA（无编号确认）、FRMR（帧拒绝）、 SABME（置扩充的异步平衡方式）。无编号帧除 FRMR 之外，都没有 I 字段。

表 3-8　LAPB 帧的分类

	命令	响应	帧的名称	控制字段比特编码							
				8	7	6	5	4	3	2	1
信息帧	I		信息帧	N(R)			P	N(S)			0
监控帧	RR	RR	接收准备好	N(R)			P/F	0	0	0	1
	RNR	RNR	接收未准备好	N(R)			P/F	0	1	0	1
	REJ	REJ	拒绝	N(R)			P/F	1	0	0	1
无编号帧		DM	已断开放式	0	0	0	F	1	1	1	1
	SABM		置异步平衡方式	0	0	1	P	1	1	1	1
	DISC		断开	0	1	0	P	0	0	1	1
		UA	无编号确认	0	1	1	F	0	0	1	1
		FRMAR	帧拒绝	1	0	0	F	0	1	1	1
	SABME		置扩充的异步平衡方式	0	1	1	F	1	1	1	1

（3）帧结构

LAPB 帧的基本结构如图 3-27 所示，所有帧均包含标志 F、地址字段 A、控制字段 C、帧检验序列 FCS，部分帧还包含信息字段 I。

标志F	地址字段A	控制字段C	信息字段I	检验序列FCS	标志F
----8bit----	----8bit----	----8/16bit----	----变长----	----16bit----	----8bit----

图 3-27　LAPB 帧的结构

各字段的作用与功能如下所述。

① 标志字段 F。

标志（flag）字段用一个特殊的 8 比特序列 01111110 来限定帧两侧的边界，所有的帧必须以 F 开头，并以 F 结束。在用户网络接口的两侧，接收器连续搜索标志序列，以此来同步一帧的开始。当收到一帧时，接收器继续搜索标志序列以确定该帧是否结束。

为避免 01111110 序列可能会作为数据或与其他部分字段的组合在帧中的某个地方出现，使帧同步遭到破坏，采用了一个叫作 "比特填充" 的方法：发送器在传输开始标志和结束标志之间不停地检测信号单元中连续 1 的个数，并在发现 5 个 1 之后插入一个附加的 0。在接收端，接收器检测到开始标志之后，对后面的比特流进行监视，当出现 5 个连续 1 时，要对第 6 个比特进行检查，如果为 0，则将其删除，如果第 6 个比特为 1，而第 7 个比特为 0，则该序列被作为一个标志接收，如果是第 6 和第 7 比特都为 1，则是发送器指明的废弃状态。

图 3-28 给出了一个比特填充的例子。请注意，最前面两次 0 比特插入对防止虚假标志码型并不是严格必须的，但它们对于算法的执行是必须的。该图还说明了比特填充的缺陷。当一个标志同时用作结束和开始标志时，1 比特错误可以将两个帧合成一个。反过来，帧内部的 1 比特错误可以将一帧拆成两帧。

111111111111011111101111110 ——原始形式

1111101111101101111101011111010 ——比特填充后

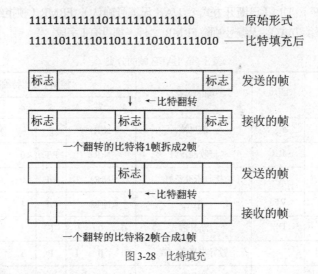

图 3-28 比特填充

② 地址字段 A。

该字段的长度为 8bit。在 DTE 和 DCE 之间交换的帧有命令帧和响应帧两种。命令帧用来发送信息或产生某种操作，响应帧是对命令帧的响应。地址字段的作用就是用来区分两个传输方向上的命令帧和响应帧，因而需要两个地址 A 和 B。DCE 发送的命令帧、DTE 发送的响应帧的地址字段使用 A 地址；DTE 发送的命令帧、DCE 发送的响应帧的地址字段使用 B 地址。此外，在 DTE 和 DCE 之间还存在着单链路和多链路，所谓多链路就是在 DTE 和 DCE 接口之间存在着多条双向的链路，即多条单链路，这些链路组成接口上的一条逻辑的双向通路。为了区分多链路，定义了 C 和 D 地址，其应用情况分别对应于单链路的 A 和 B 地址，帧地址字段的编码见表 3-9。

表 3-9 帧地址字段的编码

地址	比特编码	16 进制值	应用
A	0000 0011	03	单链路
B	0000 0001	01	
C	0000 1111	0F	多链路
D	0000 0111	07	

③ 控制字段 C。

LAPB 定义了两种工作方式：模 8 方式和模 128 方式。如果工作在模 8 方式，以上三种类型帧的控制字段长度均为 8bit；如果以模 128 方式工作，信息帧和监控帧的控制字段长度为 16 bit，无编号帧控制字段长度为 8bit。

前文提到 LAPB 三种类型的帧，控制字段就是用来区分帧的类型并携带控制信息的。

④ 信息字段 I。

只有信息帧和无编号帧中的 FRMR 帧会包含信息字段。信息帧中的信息字段为来自分组层的分组数据。FRMR 帧的信息字段为拒绝的原因。

⑤ 帧检验序列 FCS。

帧检验序列为 16 bit，用来检查帧通过链路传输可能产生的错误。FCS 在发送方按照特定的算法对发送信息进行计算而产生，并附于帧尾；在接收端通过检查 FCS 来判别在传输过程中是否发生了错误。

4．X.25 分组层

X.25 分组层是利用数据链路层提供的可靠传送服务，在 DTE 与 DCE 接口之间控制虚呼叫分组数据通信的协议。其主要功能有：

- 支持交换虚电路（SVC）和永久虚电路（PVC）；
- 建立和清除交换虚电路连接；
- 为交换虚电路和永久虚电路连接提供有效可靠的分组传输；
- 监测和恢复分组层的差错。

（1）分组的结构与类型

分组层传送信息的最小单位为分组。分组与 I 帧的关系如图 3-29 所示。

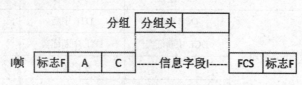

图 3-29　分组与 I 帧的关系

分组是由分组头和分组数据组成。分组头的格式如图 3-30 所示。分组头含有三个字段，共三个字节，这三个字段分别为：通用格式识别符（Generic Format Identifier， GFI）、逻辑信道群号和逻辑信道号（LogicChannel Group Number + Logic Channel Number，LCGN + LCN）、分组类型识别符（Packet Type Identifier ，PTI）。

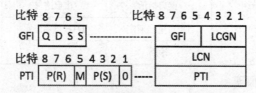

图 3-30　分组头格式

① GFI。GFI 由分组头的第一个字节的 5~8 位组成，共 4bit。它定义了分组的一些通用功能，Q bit 用来区分分组是用户数据（Q=0）还是控制信息（Q=1），D bit 用来标识数据分组是 DTE 到 DCE 的本地确认（D = 0）还是 DTE 到 DTE 的端到端确认（D=1），SS bit 用来表示分组的顺序编号是模 8 方式（SS=01）还是模 128 方式（SS=10）。

② LCGN+LCN。X.25 采用统计时分复用的方式共享 DTE–DCE 之间的接口带宽，因此可以把该接口划分成多个逻辑信道。LCGN + LCN 就是用来区分这些逻辑信道的，共 12bit，可以提供 4095 个逻辑信道号（1~4095，"0" 被保留用作特殊用途）

③ PTI。分组类型识别符为 8bit，用于识别不同的分组。分组可以划分成两大类：数据分组和控制分组（流量控制分组和其他控制分组），见表 3-10。

数据分组用于传送用户数据。数据分组的 PTI 应包含发送分组序号 P（S）和接收分组序号 P（R），以便于分组层的流量控制和重发纠错，其 PTI 的结构如图 3-40 所示，其中

M bit 为后续数据比特，用于用户报文分段，M=1 表示该数据分组之后还有属于同一报文的分组，M=0 表示该数据分组是报文的最后一个分组。

流量控制分组的作用类似于数据链路层的监控帧，包含接收分组序号 P（R）（GFI 的 6~8 位）。

其他控制分组用于呼叫的建立、清除、差错恢复等。

表 3-10　分组的分类

分组类型			DCE→DTE	DCE←DTE	PTI 87654321
数据分组			DCE 数量	DTE 数量	xxxxxxx0
控制分组	流量控制分组		DCE RR	DTE RR	xxx00001
			DCE RNR	DTE RNR	xxx00101
				DTE REJ	xxx01001
	其他控制分组	呼叫建立分组	入呼叫	呼叫请求	00001011
			呼叫连接	呼叫接收	00001111
		传输控制分组	DCE 中断	DTE 中断	00100011
			DCE 中断证实	DTE 中断证实	00100111
				登记请求	11110011
			登记证实		11110111
		呼叫清除分组	清除指示	清除请求	00010011
			DCE 清除证实	DTE 清除证实	00010111
		恢复分组	复位指示	复位请求	00011011
			DCE 复位证实	DTE 复位证实	00011111
			重启指示	重启请求	11111011
			DCE 重启证实	DTE 重启证实	11111111
			诊断		11110001

（2）分组层工作原理

分组传送方式采用的是统计时分复用，它将一条逻辑链路按照动态时分复用的方法划分成多个逻辑信道，允许多个通信同时使用一条逻辑链路，实现了资源共享。用逻辑信道号 LCN 标志每一个逻辑信道，LCN 只在 DTE 与 DCE 接口或中继线上的点到点之间有效，即在 DTE 与 DCE 接口或中继线上的每段线路上，逻辑信道号是独立分配的。虚电路是端到端之间建立的虚连接，是由多个逻辑信道串接而成的。X.25 分组层协议就是关于 DTE 与 DCE 接口之间虚呼叫分组数据通信的协议。分组层所要完成的功能就是在 DTE 与 DCE 接口之间建立虚电路连接，传输分组信息及在通信结束时清除虚电路连接，这里所说的建立和清除虚电路连接是指交换虚电路，对于永久虚电路则仅有数据传输阶段。为了保证分组层的正常工作，X.25 定义了主要系统参数和变量。

- P（S）：发送分组号。
- P（R）：接收分组号。
- 发送窗口：可以发送的未确认的最大分组数。
- 发送计时器：与数据链路层的 T 功能一致。

下面分别介绍分组层各个阶段的操作规程及工作原理。

① 呼叫建立。

一次成功的呼叫建立过程如图 3-31 所示。主叫 DTE 通过发送"呼叫请求"分组请求建立虚电路。本地 DCE 把分组转换成网络协议规定的格式后发送到远端 DCE，然后由远端 DCE 将其转换成"入呼叫"分组发给被叫 DTE。如果被叫 DTE 同意建立该虚电路，则发送"呼叫接收"分组，由远端 DCE 转换成网络协议规定的分组格式向本地 DCE 发送，再由本地 DCE 转换成"呼叫连接"分组送到主叫 DTE，表示虚电路已经建立，进入数据传输阶段。这时就可以在主被叫 DTE 之间进行数据交互了。

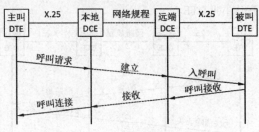

图 3-31　呼叫建立过程

这里要强调的是，DTE-DCE 接口上同一虚电路双向交互分组所使用的 LCN 是相同的。为避免 DTE 和 DCE 在分配 LCN 时发生冲突，X.25 分组层协议规定 DTE 从大到小分配 LCN，DCE 从小到大分配 LCN。如果发生冲突，则 DTE 分配优先。

如果被叫 DTE 不同意接收该呼叫则发送"清除请求"分组，经过远端 DCE 和本地 DCE 的转换后向主叫 DTE 发送"清除指示"分组，主叫 DTE 发送"清除证实"给本地 DCE，再传送给被叫 DTE，如图 3-32 所示。

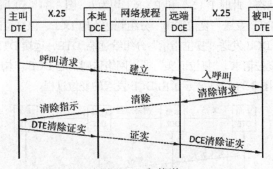

图 3-32　呼叫拒绝

② 数据传输。

X.25 分组层的数据传输和链路层的信息传输非常相似。数据分组相当于链路层的信息帧，流量控制分组相当于监控帧，$P(S)$ 相当于 $N(S)$，而 $P(R)$ 相当于 $N(R)$。分组层也采用了分组的顺序编号、确认机制和超时重发等控制机制。确认机制也是采用了滑动窗口机制。同样，采用滑动窗口机制也实现了流量控制的目的。

需要注意的是，链路层和分组层之间还有以下不同之处。

• 数据链路帧的编号及确认是在一条链路上进行的，分组层分组的编号及确认是在一条虚电路上进行的。一条链路上可以同时存在多条虚电路，即在一个链路层可以同时提供多个分组层窗口的服务。帧的编号与分组的编号之间没有关系。

• 链路层帧的确认是在 DTE 和 DCE 之间进行的，按照流量控制的类型分属于点到点的流量控制。而分组层分组的确认既可以在 DTE 和 DCE 之间进行，也可以在主叫 DTE 和被叫 DTE 之间进行，即具有点到点和端到端的流量控制。分组层确认方式的选择可由分组头中的通用格式标识符 D bit 的不同取值来实现。

③ 呼叫清除。

呼叫清除过程可以由任何一端的 DTE 发起，也可以由网络发起。呼叫清除过程将释放所有与该呼叫有关的网络资源，被该虚电路占用的逻辑信道将恢复到"准备好"状态。

图 3-33 表示了由主叫 DTE 发起的呼叫清除过程。主叫 DTE 发送"清除请求"，该分组通过网络到达远端 DCE，远端 DCE 向被叫 DTE 发送"清除指示"，被叫 DTE 用"清除证实"回应，该分组被送达主叫 DTE。

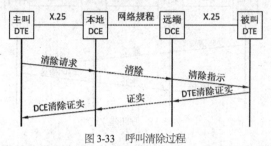

图 3-33　呼叫清除过程

④ 分组层恢复过程。

恢复过程用于处理在呼叫建立和数据传输阶段所发生的异常情况。恢复过程包括复位（reset）、重启（restart）、诊断（diagnostic）及清除（clear）过程。清除过程前面已经介绍，这里主要介绍前三种恢复过程

复位过程一般是在虚电路上出现了严重差错的情况下使用的，该过程使虚呼叫或者永久虚电路复原为初始状态，此时 P（S）和 P（R）均为 0。图 3-34（a）所示的是由 DTE 发起的复位过程。本地 DTE 发送"复位请求"分组到达本地 DCE，该复位请求通过网络发送到远端 DCE，由远端 DCE 发送"复位指示"分组给远端 DTE，远端 DTE 通过发送"复位证实"分组表示接受复位请求，"复位证实"通过网络传到本地 DCE，本地 DCE 向本地 DTE 发送"复位证实"。图 3-34（b）表示了由 DCE 发起的复位过程。

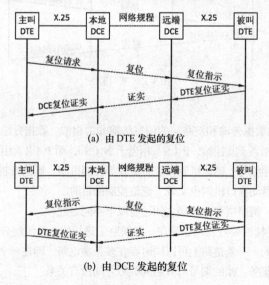

(a) 由 DTE 发起的复位

(b) 由 DCE 发起的复位

图 3-34　复位过程

当 DTE 和网络出现故障的情况下，通过重启过程将 DTE 与 DCE 接口上的所有交换虚电路清除，并复位该接口上的所有永久虚电路。重启过程如图 3-35 所示。本地 DTE 通过向本地 DCE 发送"重启请求"分组开始重启过程。网络向所有虚呼叫的远端 DTE 发送"清除指示"分组，向所有永久虚电路的远端 DTE 发送"复位指示"。本地 DCE 在收到所有的"清除证实"和"复位证实"之后向本地 DTE 发送"重启证实"分组。

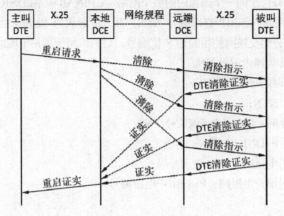

图 3-35　重启过程

当 DCE 接收到错误的分组，例如，分组长度小于三个字节、不正确的通用格式识别符（GFI）等，DCE 将它们丢弃，并向 DTE 发送"诊断"分组，该分组含有诊断码，用于指示差错信息。DTE 不对"诊断"进行证实，而 DCE 仍保持发送"诊断"分组之前的原状态。

三、X.75 与 X.121

分组交换网之间的互联是通过 X.75 协议来实现的。 X.75 协议定义了分组交换网之间的接口标准。如图 3-36 所示，X.75 位于分组网的信号端接设备（Signaling Terminal Equipment，STE）之间。

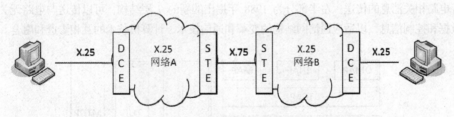

图 3-36　分组交换网之间的互联

STE 的主要功能是完成虚电路的建立和接续，包括呼叫信号的转接、路由选择、地址变换、链路规程、双边流量控制参数和吞吐量级别协商、逻辑信道号的变换、故障处理等。

实现分组交换网之间的互联要求各网都要使用 X.121 规定的网络编号方案。

X.121 编号方案由 ITU-T 制定，最大由 14 位十进制数构成，如图 3-37 所示。其中最前面的一位 P 为国际呼叫前缀，其值由各个国家决定，我国采用"0"。紧接着 4 位称为数据网络识别码（Date Network Identification Code，DNIC），DNIC 由三位数据国家代码（Data Country Code ，DCC）和 1 位网络代码组成。DCC 的第 1 位 Z 为区域号，世界划分为 6 个

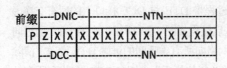

图 3-37　国际统一的分组交换网络编号

区域，编号为 2 ~ 7（Z=0 和 Z=1 备用，Z=8 和 Z=9 分别用于同用户电报网和电话网的互联）。DCC 的第 2、3 位原则上用于区分区域内的国家，例如，中国的 DCC 是 "460"，有 10 个以上网络的国家可以分配 2 个以上的 DCC。DCC 之后的一位用于区分位于同一个国家内的多个网络。CHINAPAC 的 DNIC 为 "4603"。

DNIC 之后为网络内部用户终端编号 NTN，其长度最大为 10 位，由网络管理部门自己决定，我国的公用分组交换网使用的是 8 位编号，后两位用于用户子地址编码。DNIC 的最后一位加上 NTN 称为国内编号 NN。

公用分组交换网的呼叫号码如下：

- 网内呼叫：NTN；
- 国内网间呼叫：NN 或 P+DNIC+NTN；
- 国际呼叫：P+DNIC+NTN ；
- 分组网呼叫电话网：P+9+电话号码；
- 分组网呼叫用户电报网：P+8+用户电报编号。

第三节　ITU-T7 号信令

一、7 号信令基本概念

1. 分层协议结构

7 号信令方式和以往任何一个电话网信令方式最大的不同之处就是采用了分层的功能结构和消息通信的机制，这也是现代通信协议的一个重要特征。

7 号信令的分层结构如图 3-38 所示。其中右半部分为早期的 4 级结构，于 1980 年提出。当时将层称之为 "级"（level）。它的功能主要是控制电路连接的建立和释放，因此只支持电路相关消息的传送。左半部分为 1988 年提出的新的 7 层结构，可以传送与电路无关的数据和控制信息，以适应通信网结构的变革和通信技术、计算机技术的互相渗透和融合。

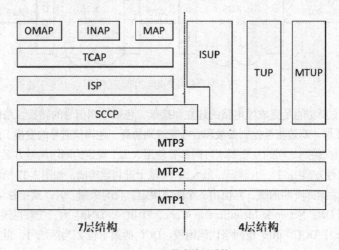

图 3-38　7 号信令体系结构

（1）4级结构

第1级称为信令数据链路功能，相当于7层结构中的物理层。它定义了数据链路即传输媒体的物理、电气和功能特性，以及链路接入点的方法。

7号信令的最佳传送速率设计为64kbit/s，可以用PCM系统中的任一时隙作为其数据链路。在PCM基群系统中常用TS16，在二次群中按优先级下降次序选用TS67～TS70。该数字链路可以通过交换网络的半固定通路和信令终端相连。信令数据链路也可以采用模拟信道，速率不低于4.8kbit/s，通常经调制解调器和信令终端直接相连，不通过交换网络连接。

信令数据链路的基本要求是透明性，它要求链路中不能接入回声抑制器、数字衰减器、A/μ律变换器等设备。

第2级称为信令链路功能，相当于7层结构中的数据链路层，其作用是保证信令消息比特流（帧）在相邻两个信令点之间点到点的可靠传送。

第3级称为信令网功能，属于7层结构中的网络层。具体包括两部分功能。

- 信令消息处理（SMH）功能：负责发送消息的选路和接收消息的分配或转发。
- 信令网管理（SNM）功能：其主要作用是在信令网发生异常的情况下，根据预定数据和网络状态信息调整消息路由和信令网设备配置，以保证消息的正常传送。这是7号信令中最有特色的一部分，也是最复杂的一部分，它直接影响到信令网的可靠性。

由于第3级只能提供无连接服务，即数据报传送方式，因此它所对应的是不完备的网络层功能。

第1级至第3级统称为消息传递部分（Message Transfer Part，MTP），它们的作用是确保消息无差错地由源端传送到目的地，它们只关心消息的传递，并不处理消息本身的内容。

第4级称为用户部分（UP），相当于7层结构中的应用层，具体定义各种业务的信令消息和信令过程。已定义的用户部分包括电话用户部分（TUP）、数据用户部分（DUP）和ISDN用户部分（ISUP）。它们都是基于电路交换的业务，定义的都是电路相关消息。其中DUP指的是电路交换数据业务，现很少使用。

（2）7层结构

7层结构在4级结构的基础上增加了以下几层协议。

① 信令连接控制部分（Signaling Connection Control Part，SCCP）。这部分的主要功能是通过全局名翻译支持电路无关消息的端到端传送，同时还支持面向连接，即虚电路方式的消息传送服务。SCCP和原来的第3级相结合，提供了7层结构中较完备的网络层功能。

② 事务处理能力应用部分（Transaction Capability Application Part，TCAP）。它的主要功能是对网络节点间的对话和操作请求进行管理，为各种应用业务信令过程提供基础服务。它本身属于应用层协议，但和具体应用无关。

③ 和具体业务有关的各种应用部分（AP）。已定义或部分定义的包括7号信令网的操作维护应用部分（OMAP）、智能网应用部分（INAP）和移动应用部分（MAP）。它们均为应用层协议。

④ 中间业务部分（Intermediate Service Part，ISP）。这部分相当于7层结构中的第4～6层。由于7号信令网是一个专用的通信子网，消息通信采用全双工方式，为了提高信令传送的实时性，尽可能减少不必要的开销，目前ISP协议并未定义，只是形式上保留，待以后需要时再扩充。

ISP和TCAP合称为TC，由于ISP尚未定义，因此TCAP和TC视作同义语，由SCCP直接支持。此外，ISUP中涉及端局至端局信令关系的少数功能需要SCCP的支持。

2. 7 号信令消息格式

7 号信令消息由若干字段组成，各功能层负责组装和处理相关字段，整个 7 号信令消息相当于一个不定长的分组数据包。应用层生成信息本体，经下面各层依次加上封装字段后发送，接收端各层依次检验和去除封装，最后将无差错的信息本体送交对等的应用层。

组装后的 7 号信令消息称为信号单元（Signal Unit，SU）。所有信号单元的长度均为 8 比特的整数倍，通常以 8 比特作为信号单元的长度单位，称作八位位组（octet），也就是计算机上常称的字节。

在 7 号信令中，共有 3 种信号单元（帧）：消息信号单元（MSU）、链路状态信号单元（LSSU）和填充信号单元（FISU）。它们的格式如图 3-39 所示，图中标出了各字段的比特数。其中，MSU 为传送应用层和网络管理信息的信号单元，信息本体包含在 SIF 字段中；LSSU 为传送信令链路状态的信号单元，链路状态由 SF 字段指示；FISU 是在网络节点没有消息需要发送时向对方发送的空信号，其作用是维持信令链路的通信状态，同时起到证实对方发来的消息的作用。

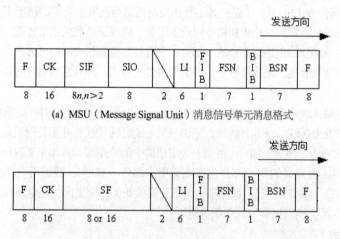

(a) MSU（Message Signal Unit）消息信号单元消息格式

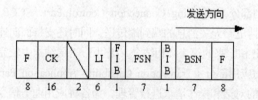

(b) LSSU（Link State Signal Unit）链路状态信号单元消息格式

(c) FISU（Fill-In Signal Unit）填充信号单元消息格式

图 3-39　7 号信令消息格式

三种信号单元都在信令网中传递，但其用途不同，通过长度指示位 LI 可以很容易地区分。当 LI=0 时，该单元为 FISU，当 LI=1 或 2 时，该单元为 LSSU，当 LI>2 时，该单元为 MSU。FISU 和 LSSU 都发于第 2 级，收于第 2 级，MSU 传递了真正的用户信息，发收都在第 3 级或以上。

信号单元中各个字段的含义如下。

• F（Flag）：信号单元定界标志，一个 8 位组，码型为 01111110，它既表示前一个单元的结束，也表示后一个单元的开始。

• CK（Checkbit）：检错码，一到两个 8 位组，用以检测信号单元在传输过程中可能产生的误码。

- LI（Length Indicator）：信号单元长度指示码。长度为 6 个比特，用以指示 LI 和 CK 之间（不包括它们自身）的 8 位位组数目。对 MSU，LI>2，对 LSSU，LI=1 或 2，对 FISU，LI = 0。当消息长度超过 63 时，长度指示位 LI=63。

- FSN/FIB 和 BSN/BIB 信号单元序号和重发指示位，构成两个 8 位位组，用于实现纠错功能。

- FSN（Forward Sequence Number）：前向序号，即本消息的顺序号，7 比特。

- FIB（Forward Indicator Bit）：前向重发指示位，1 比特。

- BSN（Backward Sequence Number）：后向序号，7 比特，向对方指示序号直至 BSN 的所有消息已正确无误地收到。

- BIB（Backward Indicator Bit）：后向重发指示位，1 比特。

- SIO（Service Information Octet）：业务指示 8 位位组，只出现于 MSU，用于指示消息类别和网络类型。

- SIO 分为两个子字段：低 4 比特的 SI（业务指示语）指示消息类别和高 4 比特的 SSF（SubService Field）子业务字段指示网络类型。

- SIF（Signaling Information Field）：信令信息字段。包括用户实际发送的信息内容。它由两部分组成：标记和信号信息。后者由具体用户部分决定，前者包括 DPC（目的信令点编码）、OPC（源信令点编码）和 CIC（电路选择码）或 SLS（信令链路选择码）。

- SF（Status Field）：状态字段。只用于 LSSU，指示链路状态，由第 2 级生成。

二、消息传递部分

1. 信令数据链路层（MTP1）

信令数据链路级是 7 号共路信令系统的第 1 级功能。第 1 级功能定义了信令数据的物理、电气和功能特性，并规定与数据链路连接的方法，提供全双工的双向传输通道。信令数据链路是由一对传输方向相反和数据速率相同的数据信道组成，完成二进制比特流的透明传递。信令数据链路通常是 64kbit/s 的数字通道，常对应 PCM 传输系统中的一个时隙。

作为第 1 级功能的信令数据链路要与数字程控交换机中的第 2 级功能相连接，可以通过数字交换网络或接口设备而接入，通过程控交换机中的数字交换网络接入的信令数据链路只能是数字的信令数据链路。在数字交换网络可以建立半固定通路，便于实现信令数据链路或信令终端（第 2 级）的自动分配。

2. 信令链路功能级（MTP2）

信令链路功能作为第 2 级的信令链路控制，与第 1 级的信令数据链路共同保证在直联的两个信令点之间，提供可靠的传送信号消息的信令链路，即保证信令消息的传送质量满足规定的指标。第 2 级完成的功能包括信令单元定界、信令单元定位、差错检测、差错校正、初始定位、信令链路差错率监视、流量控制、处理机故障控制等。下面将对以上功能具体说明。

（1）单元信号定界与定位

要从信令数据链路的比特流中识别出一个个的信号单元，应有一个标志码对每个信号单元的开始和结束进行标识。7 号信令系统规定标志码采用固定编码 01111110 作为信号单元的开始和结束。在接收时，要检测标志码的出现；在发送时，要产生标志码。

为了信号单元能正确定界，必须保证在信号单元的其他部分不出现这种码型。协议采用"0"比特插入法。在发送端，对不包括标志码的信令单元进行检查，当消息信息中出现了 6

个连"1"时，要执行插"0"操作，即在 5 个连"1"后插入"0"；在接收端，对检出标志码的信令单元进行检查，发现 5 个"1"比特存在，则执行删"0"操作，即将 5 个连"1"之后插入的"0"删除。

在正常情况下，信号单元长度有一定限制且为 8 比特的整数倍，而且在删"0"之前不应出现大于 6 个连"1"。若不符合以上情况，就认为失去定位，要舍弃所收到的信号单元，并由信号单元差错率监视过程进行统计。

（2）差错检测

由于传输信道存在噪声和干扰等，使信令在传输过程中会出现差错。为保证信令的可靠传输，必须进行差错处理。7 号信令系统通过循环校验方法来检测错误。CK 是校验码，长度是 16 个比特。由发送端根据要发送的信令内容，按照一定的算法计算产生校验码。在接收端根据收到的内容和 CK 值按照同样的算法规则对收到的校验码之前的比特进行运算。如果按算法运算后，发现收到的校验比特运算与预期的不一致，就证明有误。该信号单元即予以舍弃。

（3）差错校正

作用是出现差错后重新获得正确的信号单元。7 号信令方式采用重发纠错，即在接收端检出错误后要求发送端重发。

有两种差错校正方法：基本方法和预防循环方法。当要求传输时延≤15ms 时，采用基本方法，一般用于地面电路。当传输时延>15ms 时，采用预防循环校正方法，用于卫星通信等。

① 基本差错校正。基本差错校正方法是一种非互控、肯定/否定证实，重发纠错的方法。

非互控方式是指发送方可以连续地发送消息信号单元，而不必等待上一信号单元的证实后才发送下一信号单元。非互控方式可以显著提高信号传递的速度。

肯定证实指示信令单元的正确接收，否定证实指示收到的信令单元有误而要求重发。证实由每个信号单元所带的序号实现如：前向序号（FSN）、后向序号（BSN）、后向指示比特（BIB）和前向指示比特（FIB）。

FSN 完成信号单元的顺序控制，BSN 完成肯定证实功能。远端将最新正确接收的消息信号单元的 FSN 赋给反向发出的下一个信号单元的 BSN。也就是对方发来的 BSN 值，显示了对本方发送的消息信号单元证实到哪一个 FSN。否定证实由 BIB 反转来实现。

② 预防循环重发校正方法（PCR）。预防循环重发校正是一种非互控、肯定证实，循环重发方法。每个信令终端都配有重发缓冲器（RTB），暂存已发但尚未收到肯定证实的信令单元。每当没有新的信令单元要发送时，就将存储在重发缓存器中未得到肯定证实的单元自动地循环重发，若有了新的信令单元，则停止重发的循环，优先发送新的信令单元。由于采用了主动的循环重发，PCR 方法不使用否定证实。

（4）初始定位

初始定位过程是首次启用或发生故障后恢复信令链路时所使用的控制程序。

执行初始定位过程是通过信令链路两端交换链路状态信令单元（LSSU）实现的。

LSSU 中的状态字段 SF 为 8 比特，现只用了低位 3 比特，编码和含义见表 3-11。

● SIO（失去定位）：用于启动信令链路，并通知对端本端已准备好接收任何链路信号。

● SIN（正常定位）：用于指示已接收到对端发来的 SIO 信号且已启动本端信令终端，并通知对端启动正常验收过程。

● SIE（紧急定位）：用于指示已接收到对端发来的 SIO 信号且已启动本端信令终端，并通知对端启动紧急验收过程。

● SIOS（业务中断）：用于指示信令链路不能发送和接收任何链路信号。

- SIPO（处理机故障）：第 2 功能级以上部分发生错误，通知对端。
- SIB（链路拥塞）：在拥塞状态下，向对端周期地发送链路忙信号。

表 3-11 LSSU 链路状态字段含义

HGFED	C	B	A	状态	意义
备用	0	0	0	状态 "0"	链路失调
	0	0	1	状态 "N"	链路处于正常调整状态
	0	1	0	状态 "E"	链路处于经济调整状态
	0	1	1	状态 "OS"	链路本身故障、业务中断
	1	0	0	状态 "PO"	处理机或上层模块故障、业务中断
	1	0	1	状态 "B"	链路忙

初始定位过程分为 5 个阶段，即未定位阶段、已定位阶段、验收周期阶段、验收完成阶段及投入使用阶段。

启动正常定位过程还是启动紧急定位过程，由第 2 功能级以上部分决定，两种定位过程的区别在于验收周期，正常定位过程的验收周期在使用 64kbit/s 的数字通路时为 8.2s、错误门限为 4，即在验收周期 8.2s 的时间内，错误的信令单元不能超过 4 个，否则就算验收不合格。紧急定位过程的紧急验收周期在信令链路使用 64kbit/s 的数字通路时为 0.5s，错误门限 1。

为了防止因偶然差错使链路不合格，验收可以连续进行 5 次，5 次都不合格，就认为该信令链路不能完成初始定位过程，发 SIOS。

（5）信令链路差错率监视

用以监视信令链路的差错率，以保证良好的服务质量。当信令链路差错率达到一定的门限值时，应判定为此信令链路故障。

有两种差错率监视过程，分别用于不同的信号环境。一种是信号单元差错率监视，适用于在信令链路开通业务后使用，另一种是定位差错率监视，在信令链路处于初始定位过程的验证状态中使用。

（6）第二级流量控制

用来处理第二级检出的拥塞状态，以不使信令链路的拥塞扩散，最终恢复链路的正常工作状态。

当信令链路接收端检出拥塞时，将停止对消息信号单元的肯定/否定证实，并周期地发送状态指示为 SIB（忙指示）的链路状态信号单元，以使对端可以区分是拥塞还是故障。当信令链路接收端的拥塞状况消除时，停发 SIB，恢复正常运行。

（7）处理机故障

当由于第 2 级以上功能级的原因使得信令链路不能使用时，就认为处理机发生了故障。处理机故障是指信号消息不能传送到第 3 级或第 4 级，这可能是由于中央处理机故障，也可以是由于人工阻断一条信令链路。

当第二级收到了第三级发来的指示或识别到第三级故障时，则判定为本地处理机故障，并开始向对端发状态指示（SIPO），并将其后所收到的消息信令单元舍弃。当处理机故障恢复后将停发 SIPO，改发信令单元，信令链路进入正常状态。

3．信令网功能级（MTP3）

信令网功能级是 7 号信令系统中的第 3 级功能，它原则上定义了信令网内信息传递的功能和过程，是所有信令链路共有的。

信令网功能分两大类：信令消息处理功能和信令网管理功能。

· 信令消息处理功能的作用是引导信令消息到达适当的信令链路或用户部分；

· 信令网管理功能的作用是在预先确定的有关信令网状态数据和信息的基础上，控制消息路由或信令网的结构，以便在信令网出现故障时可以控制重新组织网络结构，保存或恢复正常的消息传递能力。

（1）信令消息处理

信令消息处理（SMH）功能的作用是实际传递一条信令消息时，保证源信令点的某个用户部分发出的信令消息能准确地传送到所要传送的目的信令点的同类用户部分。信令消息处理由消息路由，消息识别和消息分配三部分功能组成，它们之间的结构关系如图 3-40 所示。

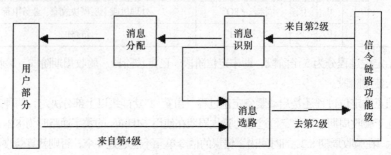

图 3-40　信令消息处理功能结构

· 消息识别（Message DisCrimination，MDC）功能接收来自第 2 级的消息，根据消息中的 DPC 以确定消息的目的地是否是本信令点。如果目的地是本信令点，消息识别功能将消息传送给消息分配功能，如果目的地不是本信令点，消息识别功能将消息发送给消息路由功能转发出去。后一种情况表示本信令点具有转接功能，即信令转接点（STP）功能。

· 消息分配（Message DisTribution，MDT）功能接收到消息识别功能发来的消息后，根据信令单元中的业务信息字段的业务指示码（SIO）的编码来分配给相应的用户部分及信令网管理和测试维护部分。凡到达了消息分配的消息，肯定是由本信令点接收的消息。

· 消息路由（Message RouTing，MRT）完成消息路由的选择，也就是利用路由标记中的信息（DPC 和 SLS），为信令消息选择一条信令链路，以使信令消息能传送到目的信令点。

送到消息路由的消息有以下几类：

· 从第 4 级发来的用户信令消息；

· 从第 3 级信令消息处理中的消息识别功能发来的要转发的消息（当作为信令转接点时）；

· 第 3 级产生的消息，这些消息来自信令网管理和测试维护功能，包括信令路由管理消息、信令链路管理消息、信令业务管理消息和信令链路测试控制消息等。

选择消息路由时，首先检查去目的地（DPC）的路由是否存在，如果不存在，将向信令网管理中的信令路由管理发送"收到去不可达信令点的消息"。如果去 DPC 的路由存在，就按照负荷分担方式选择一条信令链路，并将待发的消息传送到第 2 级。

以上是 MTP3 的信令消息处理中三个不同的功能的简单介绍，不难发现第 3 级功能的实现必须依据信令消息中的某些标识，如目的信令点编码（DPC）、信令链路选择码（SLS）等。这些标识就是存在于信令消息中的路由标记，是每一条信令消息必须有的路由标签（Label）。路由标记位于消息信号单元（MSU）的信令信息字段（SIF）的开头，如图 3-41 所示。

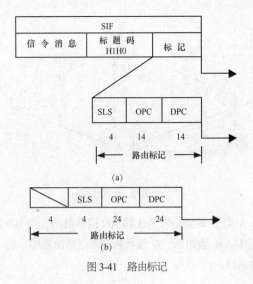

图 3-41 路由标记

路由标记包含:

- 目的信令点编码（Destination Point Code，DPC）;
- 源信令点编码（Originating Point Code，OPC）;
- 信令链路选择码（Signaling Link Selection，SLS）。

DPC 是消息所要到达的目的地信令点的编码，OPC 是消息源信令点的编码，SLS 是用于负荷分担时选择信令链路的编码。图 3-41（a）中所示的路由标记为 32 位，DPC 与 OPC 各为 14 位，SLS 为 4 位，是国际采用的 14 位信令点编码方式。我国采用的路由标记示于图 3-41（b），DPC 与 OPC 各为 24 位，SLS 用 4 位，另 4 位备用。

对于与电路有关的电话用户部分（TUP）的信令消息，SLS 实际上是 CIC（电路识别码）的最低 4 位比特。CIC 表明该信令消息属于哪一个电路。

（2）信令网管理

信令网管理的目的，是在已知的信令网状态数据和信息的基础上，控制消息路由和信令网的结构，以便在信令网出现故障时可以完成信令网的重新组合，从而恢复正常的信令业务传递能力。它由三个功能过程组成：信令业务管理、信令链路管理和信令路由管理。

信令网管理的功能是通过不同的信令点间相互发送信令网管理的消息实现的。

以下 8 种可能的事件会对链路的状态产生影响：信令链路的故障和恢复，信令链路的断开和接通，信令链路的阻断和阻断消除，信令链路的禁止和解除禁止。

① 信令业务管理。信令业务管理功能用来将信令业务从一条链路或路由转移到另一条或多条不同的链路或路由，或在信令点拥塞时，暂时减少信令业务。信令业务管理功能包括倒换、倒回、强制重选路由、受控重选路由、信令点再启动、管理阻断、信令业务流量控制。

- 倒换。当信令链路由于故障、阻断等原因成为不可用时，倒换程序用来保证把信令链路所传送的信令业务尽可能地转移到另一条或多条信令链路上。在这种情况下，该程序不应引起消息丢失、重复或错序。如图 3-42 所示，AB 链路故障，信令点 A 和信令转接点 B 均实行倒换过程。

- 倒回。倒回程序完成的动作与倒换相反，是把信令业务尽可能快地由替换的信令链路倒回已可使用的原链路上。在此期间，消息不允许丢失、重复和错序。

- 强制重选路由。当达到某给定目的地的信令路由成为不可用时，该程序用来把到那个目的地的信令业务尽可能快地转移到新替换的信令路由上，以减少故障的影响。

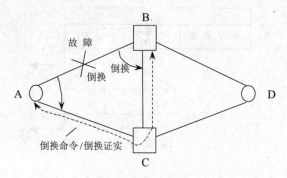

图 3-42　倒换过程

如图 3-43 所示，A 至 D 的路由有 AB 和 AC 两条链路，当 BD 链路故障时，A 的业务已不能通过 B 转发至 D，B 通知 A，A 施行强制重选路由程序，将 A 的业务全部转至 AC链路上，通过 C 转发至 D。

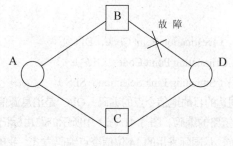

图 3-43　强制重选路由

- 受控重选路由。当达到某给定目的地的信令路由成为可用时，使用该程序把到该目的地的信令业务从替换的信令路由转回到正常的信令路由。该程序完成的行动与强制重选路由相反。
- 管理阻断。当信令链路在短时间内频繁地倒换或信号单元差错率过高时，需要用该程序向产生信令业务的用户部分标明该链路不可使用。管理阻断是管理信令业务的一种措施，在管理阻断程序中，信令链路标志为"已阻断"，可发送维护和测试消息，进行周期性测试。
- 信令点再启动。当 AB、AC 链路均故障时，信令点 A 孤立于信令网，信令点 A 对于 B、C、D、E 均不可达，此时信令网的变化重组 A 无法得知。

若 AB 或 AC 可用后，信令点 A 执行信令点再启动程序，信令点 B、C 执行邻接点再启动程序，使 A 的路由数据与信令网的实时状态同步，并使 B、C、D、E 修改到达 A 的路由数据，如图 3-44 所示。

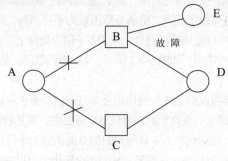

图 3-44　信令点再启动

- 信令业务流量控制。当信令网因网络故障或拥塞而不能传送用户产生的信令业务时，使用信令流量控制程序来限制信令业务源点发出的信令业务。

② 信令路由管理。信令路由管理功能用来在信令点之间可靠地交换关于信令路由是否可用的信息，并及时地闭塞信令路由或解除信令路由的闭塞。它通过禁止传递、受控传递和允许传递等过程在信令点间传递信令路由的不可利用、受控及可用情况。

- 禁止传递（TFP）。当一个信令转接点需要通知其相邻点不能通过它转接去往某目的信令点的信令业务时，将启动禁止传递过程，向邻近信令点发送禁止传递消息。收到禁止传递消息的信令点，将实行强制重选路由。

如图 3-45 所示，STPB 检测到 BD 间路由故障，执行禁止传递程序，发送有关信令点 D 的禁止传递消息（TFP）给相邻信令点 A。A 启动强制重选路由程序，将到 D 的业务全部倒换到经 STPC 转发。

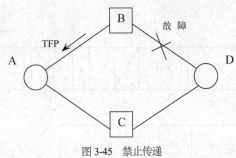

图 3-45　禁止传递

- 允许传递（TFA）。目的是通知一个或多个相邻信令点，已恢复了由此 STP 向目的点传递消息的能力。如图 3-46 所示，BD 链路恢复，STPB 执行允许传递过程，并向邻接点发有关 D 的 TFA 消息，A 启动受控重选路由功能。

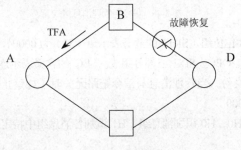

图 3-46　允许传递

- 受控传递。受控传递程序（TFC）目的是将拥塞状态从发生拥塞的信令点送到源信令点。图 3-47 所示是受控传递的过程。STPB 检测到 BD 之间拥塞，执行受控传递程序，并向 A 发关于 D 的 TFC 消息给 A，A 收到后通知用户部分减少向 D 的业务流量。

信令路由组测试的目的是测试去某目的地的信令业务能否经邻近的 STP 转送。当信令点从邻近的 STP 收到禁止传递消息 TFP 后，开始进行周期性的路由组测试。

- 信令路由组拥塞测试。目的是通过测试了解是否能将某一拥塞优先级的信令消息，发送到目的地。

③ 信令链路管理。信令链路管理功能用来控

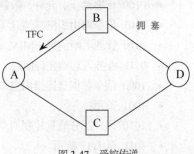

图 3-47　受控传递

制本端连接的所有信令链路，包括信令链路的接通、恢复、断开等功能，提供建立和维持信令链路组正常工作的方法，当信令链路发生故障时，该功能就采取恢复信令链路组能力的动作。根据分配和重新组成信令设备的自动化程度，信令链路管理分为基本的信令链路管理程序，自动分配信令终端程序，自动分配信令终端和信令数据链路程序三种。

基本的信令链路管理程序由人工分配信令链路和信令终端，即，有关信令数据链路和信令终端的连接关系是由局数设定的，并可用人机命令修改。这一程序是目前主要的信令链路管理方式。自动分配信令终端程序、自动分配信令数据链路和信令终端程序极少使用，国标未作要求。

④ 信令网管理消息格式。从上述描述可以了解到，MTP3 具备信令消息处理及信令网管理的功能，其中信令网管理功能是通过不同的信令点或信令转接点间相互发送或处理信令网管理消息实现的。信令网管理消息格式如图 3-48 所示。

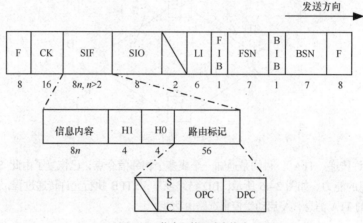

图 3-48　信令网管理消息格式

其中，业务信息 8 位位组（SIO）的业务表示语（SI）为 0000。

路由标记有 DPC、OPC、SLC 三部分组成。SLC 的含义表示连接源信令点和目的信令点之间的信令链路的身份，当管理消息与信令链路无关时（如禁止传递消息和允许传递消息），SLC 的编码为 0000。

标题码包含 H1，H0，H0 识别消息组，H1 识别各消息组中特定的信令网管理消息。H0 的编码分配如下：

- 0000 备用；
- 0001 倒换和倒回消息（CHM）；
- 0010 紧急倒换消息（ECM）；
- 0011 信令流量控制消息（FCM）；
- 0100 传递禁止、允许、限制消息（TFM）；
- 0101 信令路由组测试消息（RSM）；
- 0110 管理阻断消息（MIM）；
- 0111 业务再启动允许消息（TRM）；
- 1000 信令数据链连接消息（DLM）；
- 1001 备用；
- 1010 用户部分流量控制消息（UFC）；
- 1011 至 1111 备用。

信令网管理消息共有 9 个消息组，共计 27 个消息，限于篇幅，在这里不对信令网管理消息做进一步的介绍，有兴趣的读者可以查阅相关的资料。

三、信令连接控制部分

MTP 层的寻址是根据目的信令点编码（DPC）将消息传送到指定的目的地，然后根据业务指示语（SI）将消息分配给指定的用户部分。但随着电信网的发展，MTP 的局限性也开始凸显出来，具体表现为如下几点。

• 越来越多的网络业务需要在远端节点之间传送端到端的控制信息，这些信息与呼叫连接电路无关，甚至与呼叫无关，而 MTP 的寻址功能无法满足这些要求。

• MTP 只能实现无连接，提供数据报的服务。而电信网的发展使得在网络节点之间可能需要传送大量的非实时消息（如计费文件等），这些消息数据量大，可靠性要求高，需要在网络节点间建立虚电路，实现面向连接的数据传送。MTP 不能适应电信网的发展。

• 信号点编码不是国际统一编码，没有全局的意义。每个号的编码只与一个给定的国内网有关，如果与别的国内网信点连接时，就不被识别。在某些情况下，如移动用户漫游到国外，需要进行位置更新，寻找归属位置寄存器时，信令点就不可能被正确寻址。

• 对于一个信令点来讲，业务表示语（SI）编码只有 4 位，最多只允许分配 MTP 的 16 个用户。而实际上用户却远远超过 16 个，MTP 不能满足更多用户的寻址需求。

信令连接控制部分 SCCP（Signaling Connection Control Part）在 7 号信号方式的分层结构中，属于 MTP 的用户部分之一，同时为 MTP 提供基于全局码的路由和选路功能，以便通过 7 号信令网在电信网中的交换局和专用中心之间传递电路相关的非电路相关的信息和其他类型的信息，建立无连接或面向连接的服务。

当用户要求传送的数据超过 MTP 的限制时，SCCP 还要提供必要的分段和重新组装功能。SCCP 属于 7 号信令网第 3 层，完成 MTP3 的补充寻址功能，即与 MTP3 结合，提供相当于 OSI 参考模型的网络层功能。为了开放 ISDN 端到端补充业务，智能网业务，移动电话的漫游和频道切换，短消息等业务，一定要在 7 号信令网中的各信令点添加 SCCP 功能。

1. SCCP 功能模块

SCCP 由 4 个功能模块构成：SCCP 路由控制、面向连接控制、无连接控制、SCCP 管理，如图 3-49 所示。

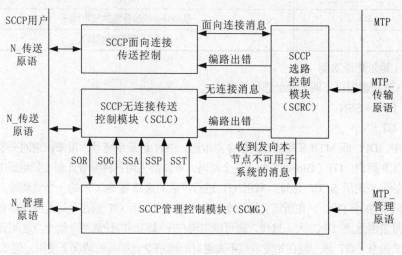

图 3-49　SCCP 功能模块结构

SCCP 路由功能完成无连接和面向连接业务消息的选路。它接收 MTP 和 SCCP 的其他功能块送来的消息，进行路由选择，将消息送往 MTP 或 SCCP 的其他功能块。

无连接控制部分根据被叫用户地址，使用 SCCP 和 MTP 路由控制直接在信令网中传递数据。面向连接则根据被叫用户地址，使用路由控制功能建立到目的地的信令连接，然后利用建立的信令连接传送数据，传送完毕后，释放信令连接。SCCP 管理部分提供一些 MTP 的管理部分不能覆盖的功能。

2．SCCP 的基本功能

（1）附加的寻址功能

由于 MTP 只能指示最多 16 个用户，对于 SCCP 来说，MTP 只能指示用户是 SCCP 用户，但不能具体指明是 SCCP 的哪个用户。通过子系统号码 SSN 标识一个信令点内更多的 SCCP 用户。子系统号用 8 位二进制码定义，最多可定义 256 个不同的子系统。表 3-12 具体指明了 SCCP 用户。

表 3-12　SCCP 用户

取值	解释
0	不含子系统 SSN
1	SCCP 管理
2	备用
3	ISDN 用户部分
4	操作维护管理部分
5	移动用户部分
6	归属位置登记处
7	拜访位置登记处
8	移动交换中心
9	设备识别中心
10	认证中心
11	备用
12	智能网应用部分
13～252	备用
253	基站分系统操作维护应用部分
254	基站分系统应用部分

（2）地址翻译功能

SCCP 可根据以下两类地址进行寻址：

* DPC + SSN；
* GT。

其中，DPC 即 MTP 采用的目的信令点编码；SSN 是子系统号，用来识别同一节点中的不同 SCCP 用户；GT（Global Title）是全局码，可以是采用各种编号计划（如电话/ISDN 编号计划等）来表示 SCCP 地址。利用 GT 进行灵活的选路是 SCCP 的一个重要特点。它和 DPC 的不同在于 DPC 只在所定义的信令网中才有意义，而 GT 则在全局范围内都有意义，且其地址范围远比 DPC 大。这样，就可以实现在全球范围内任意两个信令点之间直接传送电路无关消息。GT 码一般在始发节点不知道目的地信令点编码的情况下使用，但 SCCP 必须将 GT 翻译为 DPC+SSN 和新的 GT 组合，才能交由 MTP，用这个地址来传递消息。

3．SCCP 消息格式

SCCP 消息封装在 SIF 字段中，通过 MSU 在信令网中传递，如图 3-50 所示。

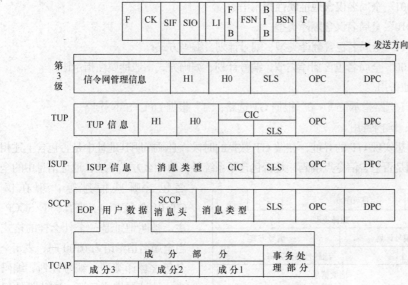

图 3-50 各类消息在 MSU 中的封装结构

（1）消息类型

消息类型由一个 8 位组组成。它统一规定了每一种 SCCP 消息的功能和格式，且对所有消息都是必备的。MAP 目前只用无连接业务的 4 种：

单元数据（UDT）用于传送单元数据，单元数据服务（UDTS）用于通知单元数据未到达的原因；增强的单元数据（XUDT）用于传送增强的单元数据，增强的单元数据服务（XUDTS）用于通知增强的单元数据未到达的原因。在前面的章节中有解释，此处不多讲。

（2）地址编码格式

SCCP 是用来在网络中寻址的。而要想正确寻址，SCCP 层就要有相应的地址信息，这些地址信息封装在 SCCP 消息结构中，有其规定好的格式。

SCCP 消息中的主叫地址和被叫地址由地址类型指示语和地址信息两部分组成，是若干个 8 位位组的结合体。地址信息部分的格式决定于地址表示语的编码。SCCP 主、被叫地址的格式如图 3-51 所示。地址类型指示语是一个 8 位位组，格式如图 3-52 所示。

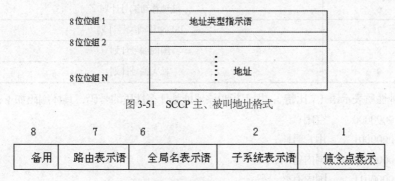

图 3-51 SCCP 主、被叫地址格式

图 3-52 地址表示语格式

比特 1（信令点表示语）：“0”不包含信令点编码；“1”包含信令点编码。

比特 2（子系统表示语）："0" 不包含子系统；"1" 包含子系统。

比特 3~6（全局名表示语）：

- "0000" 地址字段不包含全局名；
- "0001" 全局名仅含地址属性指示语；
- "0010" 全局名仅含翻译类型；
- "0011" 全局名包含翻译类型、编号计划、编码方式；
- "0100" 全局名包含翻译类型、编号计划、编码方式、地址属性指示语；
- 其他备用。

比特 7（选路指示位）："0" 根据 GT 选路；"1" 根据 DPC+SSN 选路。

比特 8：国内备用。

如果要想实现 GT 的寻址，在做 GT 数据的时候，必须指明其地址中是否包含上述相关的信息，如是否包含信令点编码，是否包含子系统号，用什么方式寻址，地址信息中的全局名包含哪些信息等。现在仅以 GT=0100（GT=4）来看一下 SCCP 的主、被叫地址是一个什么样的格式。当全局名指示语为 0100 时，表示全局名包含翻译类型、编号计划、编码方式、地址属性指示语，它的具体地址信息如图 3-53 所示。

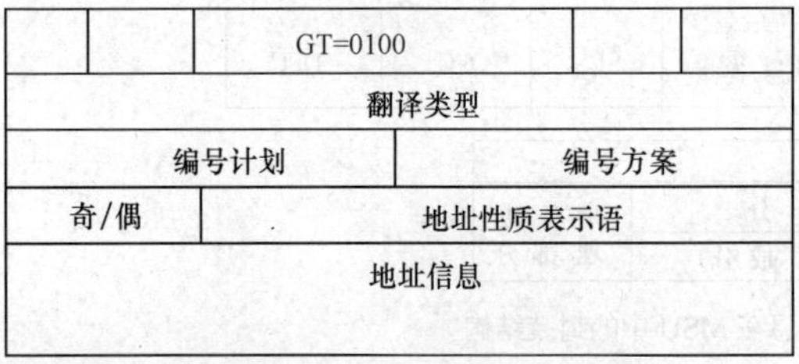

		GT=0100		
		翻译类型		
编号计划			编号方案	
奇/偶		地址性质表示语		
		地址信息		

图 3-53 全局名格式（GT=4）

翻译类型（8 比特）：指出全局名的翻译功能，把消息的地址翻译成新的 DPC，SSN，GT 的不同组合。当不使用翻译类型时，翻译类型填充 0。

编号计划（4 比特）：用于指明地址信息采用哪种编号计划，见表 3-13。

表 3-13 编号计划

序号	编号计划
1	ISDN/电话编号计划
2	备用
3	数据编号计划
4	Telex 编号计划
5	海事移动编号计划
6	陆地移动编号计划
7	ISDN/移动编号计划
8	国内编号计划
9	私人编号计划

地址性质表示语（7 比特）：用于指明该地址是什么性质的号码，具体编码如下：

- 0000000　空闲；
- 0000001　用户号码；
- 0000010　国内备用；
- 0000011　国内有效号码；
- 0000100　国际号码；

- 0000101　　空闲；
- 0000110　　智能网业务号码；
- 其他　　　空闲。

4. SCCP 路由控制功能

SCCP 路由控制功能根据 SCCP 消息中的被叫地址选择路由。SCCP 路由控制功能接收的消息，既可能是由 MTP 层传送过来的其他节点的消息，也可能是由面向连接或无连接控制送来的消息。而从 MTP 传送过来的消息，大致可分三种类型：各种类型的无连接消息、连接请求消息（CR）、面向连接消息（不包括 CR）。出于说明问题的需要，这里只对无连接消息讨论。

各种类型的无连接消息，在消息中一定包含"被叫用户地址"参数，该参数用于选取路由，其中的路由表示语是决定选取路由的根据。

① 如果路由表示语为 1（即根据 DPC+SSN 选路），则意味着本节点就是消息的目的地，则检查该子系统的状态，如果子系统可用，就将消息传给无连接控制或面向连接控制，如果子系统不可用，则启动消息返回程序（对无连接消息）。

② 如果路由表示语为 0（即根据 GT 码选路），则需要进行 GT 码的翻译，根据翻译结果选择路由。这时可能出现以下几种情况。

- 如果全局码的翻译存在，且结果是根据 SSN 选取路由，如 DPC 是本节点，则按①处理，如 DPC 不是本节点，且远端的 DPC、SCCP 和 SSN 都可用，则将消息发送给消息传递部分（对无连接消息）。

- 如果全局码的翻译存在，且翻译结果是根据 GT 选路，则翻译功能还必须提供 MTP 传递消息所需的信息（DPC、OPC、SLS 和 SIO），即确定下一个翻译节点的地址，然后将消息传送给 MTP。

- 如果全局码翻译不存在，对无连接业务直接启动消息返回程序。

由于节点的资源有限，不可能期望一个节点的 SCCP 能翻译所有的全局名，因此有可能始发端先将 GT 翻译成某个中间点的 DPC，该中间点的 SCCP 再将 GT 翻译成最终目的地的 DPC。一个消息可以有若干个转接点。

具体的翻译过程如图 3-54 所示。在源节点和目的信令点之间可能存在若干个中间转接点，在 SCCP 层的翻译过程中，首先根据 GT 信息将从源节点发出的信息的地址翻译中间节点 1 的 DPC，交由 MTP 层传递，当信息送到中间节点 1 后，中间节点 1 发现自己不是目的地，于是进行下一次的 GT 翻译过程，将地址信息翻译成中间节点 2 的 DPC，交由 MTP 层继续传递，依次类推，直到目的节点发现该消息的地址是本节点，GT 翻译过程停止，目的信令点的 SCCP 层根据具体的 SSN 将信息送给对应的用户。

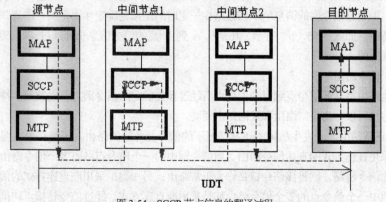

图 3-54　SCCP 节点信息的翻译过程

究竟一次 GT 的寻址过程要经过几个中间节点，这要根据信令网的结构和信令链路的配置情况具体而定，它不是固定的。

四、7 号信令网

在我国，信令网是重点建设的支撑网之一，合理规划和建设信令网对高效可靠传递信令信息，减少网络负担，降低投资成本有着重要意义。对于网络的维护人员而言，熟悉和了解信令网的建设，对分析 GT 有很大的帮助。

1.7 号信令网基本概念

公共信道信令的基本特点是传送话音的通道和信令的通道相分离，有单独的传送信令的通道，将这些传送信令的通道组合起来，就构成了信令网。

7 号信令系统控制的对象是一个电路交换的信息传送网络，但 7 号信令本身的传输和交换设备构成了一个单独的信令网，是叠加在电路交换网上的一个专用的计算机通信网。

（1）7 号信令网的组成

7 号信令网通常由三部分构成，它们分别是信令点（Signaling Point，SP）、信令转接点（Signaling Transfer Point，STP）和信令链路（Signaling Link，SL）。

- 信令点（SP），是处理控制消息的节点，产生消息的信令点为该消息的起源点，消息到达的信令点为该消息的目的信令点。

- 信令转接点（STP），具有信令转发功能，能将信令消息从一条信令链路转送到另一条信令链路的信令节点。信令转接点分为综合型和独立型两种，独立型的信令转接点只具有转接功能，综合型除具有转接功能之外，还具有用户部分。

- 信令链路（SL），两个信令点之间传送信令消息的链路称为信令链路。直接连接两个信令点的一组链路构成一个信令链路组。

（2）信令网的工作方式

所谓工作方式，是指信令消息所取的通路与消息所属的信令关系之间的对应关系。在信令网内有直连式、非直连和准直连之分。

- 直连工作方式，两个信令点之间的信息，通过直接连接两个信令点的信令链路传递，如图 3-55（a）所示。

- 非直连工作方式，信令消息根据当前的网络状态经过某几条信令链路转接，在不同时刻，信令的消息路由经过的路径是不确定的。这种方式由于信令点的数据需要做得太多，目前都不采用。

- 准直连工作方式，属于某信令关系的消息，在传递过程中，要经过一个或几个信令点转接，但通过信令网的消息所取的通路在一定时间是预先确定和固定的。准直联方式是非直联的特例。如图 3-55（b）所示，凡是从 A 到 B 点的信令信息全部通过 C 点转接，这条通路是确定的。

（3）信令路由

信令路由是从源信令点到目的信令点所经过预先确定的信令消息传送路径。按路由特征和使用方法可以分为正常路由和迂回路由两类。

- 正常路由，未发生故障的正常情况下的信令业务流的路由。正常路由主要有两类，一类是采用直连方式的直达信令路由。当信令网中的一个信令点具有多个信令路由时，如果有直达的信令链路，则将该信令链路作为正常路由；另一类是采用准直连方式的信令路由。当信令网中一个信令点的多个信令路由都是采用准直连方式，经过信令转接点转接的信令路由，则正常路由为信令路由中的最短路由。

- 迂回路由，因信令链路或路由故障造成正常路由不能传送信令业务流而选择的路由。迂回路由都是经过信令转接点转接的准直连方式的路由。迂回路由可以是一个路由，也可以是多个路由，按经过的信令转接点的次数，由小到大依次分为第一迂回路由、第二迂回路由等。

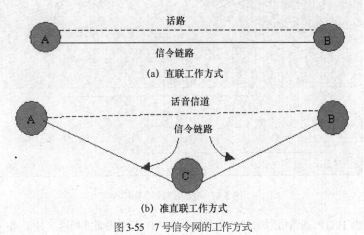

(a) 直联工作方式

(b) 准直联工作方式

图 3-55　7 号信令网的工作方式

下面用图示来说明这个问题，如图 3-56 所示。

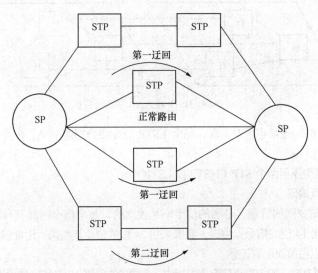

图 3-56　正常信令路由的设定

2．我国信令网

（1）我国信令网结构

信令网按结构可分为无级信令网和分级信令网。它们的区别在于无级信令网没有信令转接点的概念，所有信令点直联，当信令点多的时候，它就变得非常复杂，不适合实际的信令网使用。分级信令网是我国目前采用的信令网构成方式，它的网络容量大，设计简单，扩容方便，适合现代通信网络的发展。

我国信令网分三级：高级信令转接点（HSTP）、低级信令转接点（LSTP）和信令点（SP）。具体的结构如图 3-57 所示。

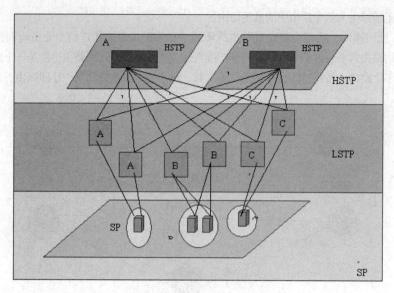

图 3-57　我国三级信令网结构

第 1 级 HSTP 通常成对出现，分别位于 A、B 两个平面并相连。处于同一平面内各个 HSTP 网状相连，非同平面的非成对出现的 HSTP 不连，如图 3-58 所示。

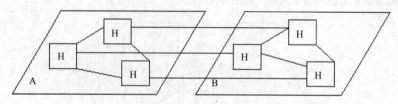

图 3-58　HSTP 在 A、B 平面的连接

第 2 级 LSTP 通常也成对出现，每个 LSTP 至少要分别连至 A、B 平面内成对出现的 HSTP。

每个 SP 至少连至两个 STP（HSTP 或 LSTP）。

（2）信令点编码

为了便于信令网的管理，各国的信令网是独立的，每个信令网具有自己的信令编码规则。国际上采用 14 位的信令点编码，我国采用 24 位的信令点编码。因此信令点不具有国际统一性，这一点在前面已有论述。

信令点编码是唯一确定某个信令点的标志。我国的 24 位信令点编码格式如图 3-59 所示。

主信令区	分信令区	信令点
8bit	8bit	8bit

图 3-59　我国信令点编码格式

主信令区原则上以省、自治区、直辖市为单位统一编排。

信令点编码用 SPC 表示，则起源信令点编码为 OPC，目的信令点编码为 DPC，这是网络中经常见到的概念，OPC 和 DPC 都是一个相对的概念，对于一个信令点而言，根据信令信息的方向，有时用 OPC，有时用 DPC，但是 SPC 的概念是绝对的，一旦确定就不会改变。

五、电话用户部分

电话用户部分（TUP）是 7 号信令系统的第 4 功能级，它定义了用于电话接续的各类局间信令。与以往的随路信令系统相比，7 号信令提供了丰富的信令信息，不仅支持基本的电话业务，还可以支持部分用户补充业务。

1．电话信令消息的一般格式

在讲述 SCCP 的消息的时候，曾经提到 SCCP 消息封装在 MSU 中进行传递。对于 TUP 消息，消息的传递方式是一样的，也是封装在 MSU 信令单元格式中传递，但消息体结构有区别，如图 3-60 所示。

图 3-60　电话消息信令单元格式

电话用户消息的内容是在消息信令单元（MSU）中的信令信息字段（SIF）中传递，SIF 由路由标记、标题码及信令信息三部分组成。

① 路由标记如图 3-61 所示。

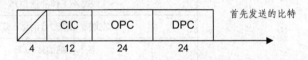

图 3-61　电话应用部分的路由标记

它与 SCCP 消息的区别在于 CIC 编码。在 SCCP 消息中是 4 个比特的信令链路选择码，在 TUP 消息中，CIC 是什么呢？

CIC 又叫电路识别码，分配给不同的电话话路，用来指明通话双方占用的电路。它是一个 12 比特的编码，对于 2048kbit/s 的数字通路，CIC 的低 5 位是话路时隙编码，高 7 位表示源信令点和目的信令点之间 PCM 系统的编码。对于 8448kbit/s 的数字通路，CIC 的低 7 位是话路时隙编码，高 5 位表示源信令点和目的信令点之间 PCM 系统的编码。因此理论上一条信令链路可以指示 4096 个话路。

② 标题码。所有电话信令消息都有标题码，用来指明消息的类型。从上图可以看出标题码由两部分组成，H0 代表消息组编码，H1 是具体的消息编码。在这里不再给出具体的消息组和消息，有兴趣的读者可以参看相关 7 号信令手册。

2．TUP 消息内容和作用

以我国为例，目前国内 TUP 消息总数为 57 个（13 大类），实际使用 46 个（11 大类），见表 3-14。

这里对 TUP 的主要消息做简单的介绍。

（1）前向地址消息（FAM）

前向地址消息群是前向发送的含有地址信息的消息，目前包括 4 种重要的消息。

• 初始地址消息（IAM），初始地址消息是建立呼叫时前向发送的第一种消息，它包括地址消息和有关呼叫的选路与处理的其他消息。

表 3-14　我国 TUP 消息

	TUP
前向地址消息 FAM	初始地址消息 IAM
	附加初始地址消息 IAI
	后续地址消息 SAM
	单个号码后续地址消息 SAO
前向建立消息 FSM	一般前向建立信息消息 GSM
	导通检验成功消息 COT
	导通检验失败消息 CCF
后向建立消息 BSM	一般请求消息 GRQ
后向建立成功消息 SBM	地址全消息 ACM
后向建立不成功消息 UBM	交换设备拥塞消息 SEC
	电路群拥塞消息 CGC
	地址不全消息 ADI
	呼叫失败消息 CFL
	空号消息 UUN
	线路不工作消息 LOS
	发送专用信号音消息 SST
	接入拒绝消息 ACB
	不提供数字通路消息 DPN
呼叫监视消息 CSM	拆线消息 CLF
	被叫挂机消息 CBK
	应答、计费消息 ANC
	应答、不计费消息 ANN
	再应答消息 RAN
	前向转移消息 FOT
	主叫挂机消息 CCL
电路监视消息 CCM	释放监护消息 RLG
	闭塞消息 BLO
	闭塞证实消息 BLA
	闭塞解除消息 UBL
	闭塞解除证实消息 UBA
	复原消息 RSC
	导通检验请求消息 CCR
电路群监视消息 GRM	维护群闭塞消息 MGB
	硬件群闭塞消息 HGB
	维护群闭塞解除消息 MGU

	TUP
电路群监视消息 GRM	硬件群闭塞解除消息 HGU
	维护群闭塞证实消息 MBA
	硬件群闭塞证实消息 HBA
	维护群闭塞解除证实消息 MUA
	硬件群闭塞解除证实消息 HUA
	群复原消息 GRS
	群复原证实消息 GRA
国内专用后向建立成功消息 NSB	计次脉冲消息 MPM
国内专用呼叫监视消息 NCB	话务员消息 OPR
国内专用后向建立不成功消息 NUB	用户市话忙消息 SLB
	用户长话忙消息 STB
暂不用消息	应答、计费未说明消息 ANU
	计费消息 CHG
	国内网拥塞消息 NNC
	用户忙消息 SSB
	扩充的后向建立不成功消息 EUM
	软件群闭塞/闭塞解除消息 SGB/SGU
	软件群闭塞/闭塞解除证实消息 SBA/SUA
	自动拥塞控制消息 ACC
	恶意呼叫追查消息 MAL

- 带附加信息的初始地址消息（IAI），IAI 也是建立呼叫时首次前向发送的一种消息，但比 IAM 多出一些附加信息，如用于补充业务的信息和计费信息。

在建立呼叫时，可根据需要发送 IAM 或 IAI。

- 后续地址消息（SAM），SAM 是在 IAM 或 IAI 之后发送的前向消息，包含了进一步的地址消息。

- 带一个信号的后续地址消息（SAO），SAO 与 SAM 的不同在于只带有一个地址信号。

（2）前向建立消息（FSM）

前向建立消息是跟随在前向地址消息之后发送的前向消息，包含建立呼叫所需的进一步的信息。

FSM 包括两种类型的消息：一般前向建立信息消息和导通检验消息，后者包括导通信号和导通失败信号。

- 一般前向建立信息消息（GSM），GSM 是对后向的一般请求消息（GRQ）的响应，包含主叫用户线信息和其他有关信息。

- 导通检验消息（COT 或 CCF），导通检验消息仅在话路需要导通检验时发送。是否需要导通检验，在前方局发送 IAM 中的导通检验指示码中指明。导通检验结果可能成功，也可能不成功。成功时发送导通消息 COT，不成功时则发送导通失败消息 CCF。

（3）后向建立消息（BSM）

目前规定了一种后向建立消息：一般请求消息（GRQ）。BSM 是为建立呼叫而请求所需的进一步信息的消息，GRQ 是用来请求获得与一个呼叫有关信息的消息。GRQ 总是和 GSM 消息成对使用的。

（4）后向建立成功信息消息（SBM）

SBM 是发送呼叫建立成功的有关信息的后向消息，目前包括两种消息：地址全消息和计费消息。

- 地址全消息，地址全消息是一种指明地址信号已全部收到的后向信号，收全是指呼叫至某被叫用户所需的地址信号已齐备。地址全消息还包括相关的附加信息，如用户空闲等信息。
- 计费消息，计费消息（CHG）主要用于国内消息。

（5）后向建立不成功消息（UBM）

后向建立不成功消息包含各种呼叫建立不成功的信号。

- 地址不全信号（ADI），收到地址信号的任一位数字后延时 15～20s，所收到的位数仍不足而不能建立呼叫时，将发送 ADI 信号。
- 拥塞信号，拥塞信号包含交换设备拥塞信号（SEC）、电路群拥塞信号（CGC）及国内网拥塞信号（NNC）。一旦检出拥塞状态，不等待导通检验的完成就应发送拥塞信号。任一 7 号交换局收到拥塞信号后立即发出前向拆线信号，并向前方局发送适当的信号或向主叫送拥塞音。
- 被叫用户状态信号，被叫用户状态信号是后向发送的表示接续不能到达被叫的信号，包括用户忙信号（SSB）、线路不工作信号（LOS）、空号（UNN）和发送专用信息音信号（SST）。被叫用户状态信号不必等待导通检验完成即应发送。
- 禁止接入信号（ACB），ACB 用来指示相容性检验失败，从而呼叫被拒绝。

（6）呼叫监视消息（CSM）

- 应答信号（ANC），只有被叫用户摘机才发送应答信号，根据被叫号码可以确定计费与否，从而发送应答、计费或应答、不计费信号。
- 后向拆线信号（CBK），CBK 表示被叫用户挂机。
- 前向拆线信号（CLF），交换局判定应该拆除接续时，就前向发送 CLF 信号。通常是在主叫用户挂机时产生 CLF 信号。
- 再应答信号（RAN），被叫用户挂机后又摘机产生的后向信号。
- 主叫用户挂机信号（CCL），CCL 是前向发送的信号，表示主叫已挂机，但仍要保持接续。
- 前向传递信号（FOT），FOT 用于国际半自动接续。

（7）电路监视消息（CCM）

- 释放监护信号（RLG），RLG 是后向发送的信号，是对前向拆线信号 CLF 的响应。
- 电路复原信号（RSC），在存储器发生故障时或信令故障发生时，发送电路复原信号使电路复原。
- 导通检验请求消息（CCR），在 IAM 或 IAI 中含有导通检验指示码，用来说明释放需要导通检验，如果导通失败，就需要发送 CCR 消息来要求再次进行导通检验。
- 闭塞信号（BLO）是发到电路另一端的交换局的信号，使电路闭塞后就阻止该交换局经该电路呼出，但能接收来话呼叫，除非交换局也对该电路发生出闭塞信号。
- 解除闭塞信号（UBL）用来取消由于闭塞信号而引起的电路占用状态，解除闭塞证实信号（UBA）则是解除闭塞信号的响应，表明电路已不再闭塞。

（8）电路群监视消息（GRM），与群闭塞或解除闭塞有关的消息

- 这些消息的基本作用与闭塞或解除闭塞信号相似，但是对象是一个电路群或电路群的一部分电路，而不是一个电路。
- 电路群复原消息（GRS）及其证实消息（GRA），GRS 的作用与 RSC（电路复原信号）相似，但涉及一群电路。

（9）自动拥塞控制信号（ACC）

当交换局处于过负荷状态时，应向邻接局发送 ACC。拥塞分为两级，第 1 级为轻度拥塞，第 2 级为严重拥塞，应在 ACC 中指明拥塞级别。

3. TUP 信令过程

如果是 PSTN 网络，两个交换机之间建立话路接续的过程中传递的信令就是 TUP 信令，下面仅给出典型的成功呼叫过程，来说明在呼叫过程中具体用到的消息。

（1）前向挂机的信令过程（如图 3-62 所示）

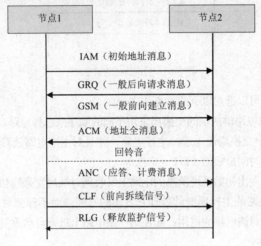

图 3-62　前向挂机的 TUP 信令

① IAM（初始地址消息）：为建立呼叫而发出的第一个消息，含有被叫方为建立呼叫、确定路由的必要的地址消息，其中就包含有被叫号码。

② GRQ（后向请求消息）：向发送方发出请求，请求主叫号码，主叫用户类别等。

③ GSM（前向建立消息）：和 GRQ 成对出现，作为对 GRQ 的响应。

④ ACM（地址全消息）：表示呼叫至被叫用户所需要的有关信息已全部收齐，并且被叫处于空闲状态。在收到地址全消息后，去话局应接通所连接的话路。

⑤ ANC：（应答、计费消息）：表示被叫摘机应答，发起方交换机开始计费程序。

⑥ CLF（前向拆线信号）：CLF 是最优先执行的信号，在呼叫的任一时刻，甚至在电路处于空闲状态时，如收到 CLF，都必须释放电路，并发出 RLG。

⑦ RLG（释放监护信号）：对于前向的 CLF 信号的响应，释放电路。

（2）后向挂机过程

如图 3-63 所示，对比一下前后向的挂机过程，就会发现它们之间的区别。

这一次的呼叫过程与上次不同的是，在向对方交换机送信令的时候，发送的是 IAI（带附加信息的初始地址消息），与 IAM 的具体区别就在于 IAI 不但带有被叫信息，同时还把主叫号码带上，因此当对方交换机收到 IAI 消息后，就不需要再请求主叫号码了。

另外，一旦后向挂机，CBK（后向拆线信号）就会由对方送出。当前向收到此信号

后，再重复前向挂机的过程，而不是直接向后向发应答消息。

（3）双向同抢处理

同抢，也称为双重占用，就是双向中继电路两端的交换局几乎同时试图占用同一电路。由于7号中继具有双向工作能力，因此存在同抢的可能性。

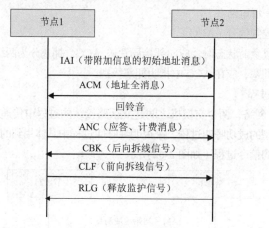

图 3-63　后向挂机的信令过程

为了减少同抢，可以选用以下两种方法之一。

- 方法1：双向电路群两端的交换局采用不同的顺序来选择电路。

- 方法2：两个交换局优先选择主控电路，并且对主控电路选释放时间最长的，而对非主控电路则选释放时间最短的（ITU–T 推荐）。

如果某交换局在发出初始地址消息的电路上又收到对端局发来的初始地址消息，说明同抢发生。这时，该电路的主控局继续处理它发出的呼叫，而不理会对方发来的初始地址消息；非主控局则放弃对该电路的占用，而在另一条电路上进行自动重复试呼。

（4）自动重复试呼

7号信令遇到以下几种情况，将启动自动重复呼叫过程。

- 呼叫处理启动的导通检验失败。

- 某电路的非主控局在该电路发生同抢时。

- 发出初始地址消息后，收到任何后向信号前，收到电路闭塞信号。

- 发出初始地址消息后，收到任何后向信号前，收到电路复原信号。

- 发出初始地址消息后，收到建立呼叫所需的后向信号前，收到不合理的信号。

六、综合业务数字网用户部分

综合业务数字网用户部分（ISUP）是在电话用户部分（TUP）的基础上扩展而成的。ISUP 位于 7 号信令系统的第 4 功能级，是 7 号信令面向 ISDN 应用的高层协议。综合业务数字网（ISDN）能提供许多非话音的业务和补充业务，而电话用户部分 TUP 不能对这些业务给予很好的支持，所以，要使用综合业务数字网用户部分（ISUP）来满足 ISDN 中提供的多种业务需要的信令功能。

与 TUP 不同的是，ISUP 信令协议比 TUP 信令高级，信令内容比 TUP 要丰富，能支持更多的业务。ISUP 是在 TUP 的基础上，增加了非话音业务的控制协议和补充业务的控制协议。ISUP 可以完成 TUP 的全部功能。

ISUP 除能够完成 TUP 的全部功能外，还具有以下功能：

- 对不同承载业务选择电路提供信令支持；
- 与用户-网络结构的 D 信道信令配合工作；
- 支持端到端信令；
- 为补充业务的实现提供信令支持。

1. ISUP 信令消息的格式

ISUP 信令消息在 ISUP 中所处理的信息全部以消息的形式接收和发送。ISUP 的消息按功能划分可以有以下几类，表 3-15 列出了 ISUP 消息及其功能。

表 3-15　ISUP 消息及其功能

类别	消息名称	编码	基本功能
呼叫建立	初始地址消息（IAM）	00000001	呼叫建立的请求
	后续地址消息（SAM）	00000010	通知后续地址信息
	导通消息（COT）	00000101	通知信息通路导通测试已结束
	信息请求消息（INR）	00000011	补充的呼叫建立信息的请求
	信息消息（INF）	00000100	补充的呼叫建立信息
	地址全消息（ACM）	00000110	地址消息接收完毕的通知
	呼叫进展消息（CPG）	00101100	呼叫建立过程中的通知
	应答消息（ANM）	00001001	被叫用户应答的信息
	连接消息（CON）	00000111	具有 ACM+ANM 的功能
通信中	暂停消息（SUS）	00001101	呼叫暂停的请求
	恢复消息（RES）	00001110	恢复已暂停的呼叫的请求
	呼叫修改请求消息（CMR）	00011100	呼叫中修改呼叫特征的请求
	呼叫修改完成消息（CMC）	00011101	呼叫中完成修改呼叫特征的信息
	呼叫修改拒绝消息（CMRJ）	00011110	呼叫中拒绝修改呼叫特征的信息
	前向转移信息（FOT）	00001000	话务员的呼叫请求
呼叫释放	释放消息（REL）	00001100	呼叫释放的请求
	释放完成消息（RLC）	00010000	呼叫释放完成的请求
线路监测	导通检验请求消息（CCR）	00010001	导通测试的请求
	电路复原消息（RSC）	00010010	电路初始化的请求
	闭塞消息（BLO）	00010011	电路闭塞的请求
	解除闭塞消息（UBL）	00010100	解除电路闭塞的请求
	闭塞证实消息（BLA）	00010101	电路闭塞的证实
	解除闭塞证实消息（UBA）	00010110	解除电路闭塞的证实
线路组监测	电路群闭塞消息（CGB）	00011000	电路组闭塞的请求
	电路群解除闭塞消息（CGU）	00011001	解除电路组闭塞的请求
	电路群闭塞证实消息（CGBA）	00011010	电路组闭塞的证实
	电路群解除闭塞证实消息（CGUA）	00110111	解除电路组闭塞的证实
	电路群复原消息（GRS）	00010111	电路组初始化的请求
	电路群复原证实消息（GRA）	00101001	电路组初始化的证实
	电路群询问消息（CQM）	00101010	询问电路群状态的消息
	电路群询问响应消息（CQR）	00101011	电路群状态的通知

167

续表

类别	消息名称	编码	基本功能
补充业务及其他	性能接受消息（FAA）	00100000	允许补充业务的请求
	性能请求消息（FAR）	00011111	补充业务的请求
	性能拒绝消息（FRJ）	00100001	拒绝补充业务的请求
	传递消息（PAM）	00010100	沿信号路由传送信息
	用户-用户信息消息（USR）	00101101	用户-用户信令的传递

还有一些其他 ISUP 消息为未包括在表中，读者可参阅我国相关规范。

ISUP 消息对比 TUP 消息，最大的区别在于 ISUP 消息比 TUP 消息内容丰富，消息类型少，支持更多的业务。表 3-16 列出一些常用的 ISUP 消息，并与 TUP 消息做比较。

表 3-16　常用 ISUP 消息与 TUP 消息的比较

消息名	缩写	TUP 对应消息
初始地址消息	IAM	IAM，IAI
后续地址消息	SAM	SAM，SAO
导通消息	COT	COT，CCF
地址全消息	ACM	ACM
信息请求信息	INR	GRQ
信息消息	INF	GSM
应答消息	ANM	ANU，ANC，ANN，EAM
释放消息	REL	CLF，CBK，UBM 消息组所有 13 个消息
释放完成消息	RLC	RLG
电路闭塞消息	BLO	BLO
闭塞证实消息	BLA	BLA
导通检验请求消息	CCR	CCR

ISUP 的消息是以消息信令单元（MSU）的形式在信令链路上传递，其长度可变，ISUP 消息可以携带多种参数，非常灵活。图 3-64 所示为 ISUP 消息的一般格式。

① 路由标记：包括目的信令点编码 DPC、起源信令点编码 OPC、链路选择字段 SLS（8 位，目前只用 4 位）。

② 电路识别码：ISUP 的 CIC 为两个 8 位位组，但目前只用最低 12 位，编码方法同TUP。应注意，ISUP 的 SLS 不像 TUP 那样是由 CIC 的最低 4 位来兼作的。

③ 消息类型编码：消息类型编码的功能相当于 TUP 中的 H0 和 H1，它统一规定了ISUP 消息的功能与格式。

④ 参数部分：ISUP 的参数部分分为必备固定部分，必备可变部分和任选部分。

• 必备固定部分对某一特定消息是必备的，而且参数的长度固定。该部分可以包括若干项参数，参数的位置、长度和发送次序都由消息类型来确定。由于这种固定和必备性，参数的名称和长度表示语就没有必要包括在消息中。

• 必备可变部分由若干个参数组成，这些参数对特定的消息是必备的，但参数的长度可变。因此，在该部分的开头需用指针指明每个参数值给出了该指针与第 1 个 8 比特组之间的 8 比特组的数目。每个参数的名称与指针的发送顺序隐含在消息类型中，参数的数目和指针的数目统一由消息类型规定。

• 指针也用来表示任选部分的开始。如果消息类型表明不允许有任选部分，则这个指针将不存在。所有参数的指针集中在必备可变部分的开始连续发送。每个参数包括参数长度表示语和参数内容。

• 任选部分也由若干个参数组成。对于某一特定消息，任选部分可能存在也可能不存在。如果存在，每个参数应该包括参数名称、长度表示语和参数内容。最后应在任选参数发送后，发送全 "0" 的 8 比特组，以表示任选参数结束。

在所有的 ISUP 消息中，IAM 是结构最复杂的一个，它包含的参数见表 3-17。由表可知，IAM 不仅包含主被叫用户地址消息，而且可以包含与呼叫有关的其他控制信息。

在 IAM 中最多可以包含 20 个参数。其中有必备固定参数、必备可变参数和任选参数。IAM 不仅传送被叫用户地址信息，也传送与呼叫接续控制有关的辅助信息，如呼叫类别、连接属性和传输承载能力的要求等。

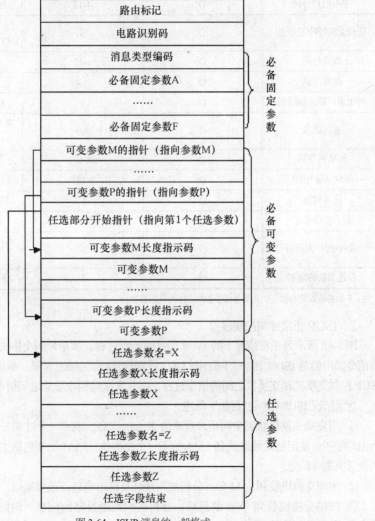

图 3-64　ISUP 消息的一般格式

表 3-17　IAM 的消息格式与参数

参数	类型	长度	信号信息
消息类型	F	1	IAM 的标识码
连接性质表示语	F	1	卫星、导通测试、回波控制的识别
前向呼叫表示语	F	2	国际/国内、端局–端局的识别
主叫用户类别	F	1	呼叫类别（话音、测试、数据等）
传输媒体请求	F	1	64kbit/s 透明链路、语音或 3.1kHz 音频等
被叫用户号码	V	4-11	地址种类、地址信号
转接网选择	O	4	中转网络的标识
呼叫参考	O	7	呼叫号码，信号点信息
主叫用户号码	O	4-12	地址种类，地址信息
任选前向呼叫表示语	O	3	CUG、呼叫转送、CCBS、主叫线显示等
改发号码	O	4-12	更改的地址
改发信息	O	3-4	更改的信息
封闭用户群连锁编码	O	6	CUG 的有效性确认
连接请求	O	7-9	对 SCCP 要求端–端连接的信息
原被叫号码	O	4-12	原被叫地址
用户–用户信息	O	3-131	传送用户–用户信令
接入转送	O	3-	传送 D 通路三层信息
用户业务信息	O	4-13	传送用户协议信息
用户–用户表示语	O	3-	用户–用户信令业务的标识
任选参数的结束	O	1	表示任选参数的终了

注：F 为必备固定参数；V 为必备可变参数；O 为任选参数。

2. ISUP 正常呼叫控制过程

图 3-65 所示为正常情况下的 ISUP 的呼叫控制过程。从用户到交换机和从交换机到用户的信令采用的是 ISDN 用户／网络接口的 D 信道协议第 3 层的规程，不是 ISUP 的一部分。ISUP 控制交换机和交换机之间的信令过程，即从发端局到收端局之间信令是 ISUP 信令。

正常情况 ISUP 呼叫过程如下所述。

① 当发端交换机收到主叫用户送来的 Setup 消息，表示一个呼叫开始后，经分析判定为出局呼叫，发出初始地址消息 IAM 给下一个交换机，IAM 里要包括主叫地址、被叫地址和业务类别等信息。

② 中间交换机收到 IAM 后，分析被叫地址及路由信息，选择通路，发送 IAM。

③ 终端交换机收到 IAM 消息后，分析被叫地址及路由信息，向被叫用户发送 Setup 消息，表示一个呼叫到来，同时，向上一个中间交换机回送地址全消息 ACM 表示地址接收完毕。

④ ACM 被送到发端交换机。

⑤ 当被叫用户向终端交换机回送 Alerting，表示被叫处于振铃状态，终端交换机向上一个中间交换机回送呼叫进展消息 CPG。

⑥ 发端交换机收到 CPG 后，向主叫用户送 Alerting 消息，表示被叫用户处于振铃状态。

⑦ 被叫用户一旦摘机，向终端交换机送 Connect 消息，终端交换机收到 Connect 消息后，向上一个中间交换机回送应答消息 ANM。

⑧ 发端交换机收到 ANM 后向主叫用户发 Connect 消息，至此，主叫至被叫的通路已接通，双方开始通信。

⑨ 在通信结束时，当某一端局收到用户发来的 Disconnect 消息后，向上一个中间交换机发送释放消息 REL，向用户回送 Release 消息，完成用户到交换机之间的通路释放。

⑩ 中间交换机在收到 REL 后，回送释放完成消息 RLC，并向上一个交换机发送释放消息 REL，完成局间通路的释放。

⑪ 终端交换机收到 REL 后，回送 RLC，向用户送 Disconnect，用户收到 Disconnect 消息后，向交换机送 Release 消息。

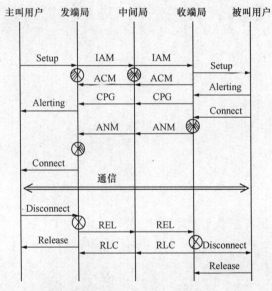

图 3-65 正常情况 ISUP 呼叫过程

习题与思考题

1. 试比较报文交换、电路交换和分组交换三大交换方式。
2. 请描述分层通信的基本过程。
3. 请说明分组通信的面向连接过程和无连接过程。
4. 路由选择策略和算法都有哪些? 它们如何分类?

5. 用自己的语言说明 Dijkstra 算法。

6. 什么是路由计算中的无穷计算问题？有何应对措施？

7. 请描述 X.25 数据链路层工作原理。

8. 请描述 X.25 分组层工作原理。

9. 请描述 7 号信令结构。

10. 介绍一下我国的信令网。

第四章 ISDN 与帧中继

ISDN（Integrated Service Digital Network，综合业务数字网）是在电话网和分组网充分发展的背景下，通信和计算机两大技术高速发展和相互融合的结果。一个能够提供语音、数据，甚至是更广泛服务的网络，这就是 ISDN。由于 ISDN 的发展以成熟的电话数字网络（IDN）为基础，这使得 T1/E1 系统的很多技术，如 32kbit/s/64kbit/s 的信令速率、双极性传输编码，甚至物理接口（电话接口），都被用于 ISDN。

第一节 ISDN 基础

一、ISDN 的产生和发展

传统通信网是按单一业务分别建设的，每种网络只提供一种业务服务。然而，社会需求的增长和技术进步的推动开始改变网络的发展模式。其中计算机技术的快速发展起到了重要作用，一方面它推动了数据通信业务需求的快速发展，另一方面它促进了数字传输技术和数字交换技术的发展。这使得人们希望通过一个单一的网络来实现综合业务服务的想法充满了吸引力。对于用户来说，他们不必为使用不同的业务而申请不同的网络服务，单一网络服务可以带来更经济的解决方案。同时，单一网络的标准接口也可以使用户更加灵活地选择终端设备和各种业务。当然数字化的网络技术也为高质量的通信服务提供了保证。对于业务提供商和设备制造商来说，数字设备的可靠性及运行维护的自动化使网络运行成本更低，卓有成效的标准化工作为网络功能拓展和网络设备制造创造了更多的机会。

表现在网络技术上，就是传统电信网开始向综合数字网（Integrated Digital Network，IDN）演变。1968 年 CCITT 成立了特别研究组 D（后来称为 ITU-T 中负责 ISDN 标准的第18 研究组），该研究组所研究问题的焦点由数字技术变成 IDN，再变成 ISDN，见表 4-1。

表 4-1　分配给特别研究组 D（1969~1976）和第 18 研究组（1977~1992）的问题

研究期	问题的标题
1969~1972	数字系统计划
1973~1976	数字系统和业务综合计划
1977~1980	ISDN 总体概念
1981~1984	ISDN 网络的总体方面

研究期	问题的标题
1985~1988	ISDN 的一般问题
1989~1992	ISDN 的总体方面

在 ISDN 的建设过程中最重要的一点就是实现 ISDN 的标准化，由于 ISDN 要实现在一个通信网内提供多种话音和非话音业务，其标准化的范围非常广泛，涉及网络的接口、功能、业务等多方面的因素。并且由于各国电信网的建设和管理体制有很大的差异，所以 ISDN 的标准化过程是一个非常复杂而且困难的过程。为了给 ISDN 的迅速发展和标准化提供有利的条件，CCITT 制定了 I 系列的标准建议，并且在 I 系列建议中列出了一些可选的内容，供各个国家按各自的情况具体实施。

I 系列建议包含了 ISDN 国际标准的主体部分，主要由 6 个部分组成，如图 4-1 所示。

- I.100 系列建议主要介绍 ISDN 的一般概念，包括 ISDN 建议的结构、术语和方法等；
- I.200 系列建议主要介绍 ISDN 所能提供的业务能力，包括承载业务和用户终端业务；
- I.300 系列建议主要介绍 ISDN 的网络结构和功能，包括参考模型、寻址和路由、连接类型及性能等；
- I.400 系列建议主要介绍 ISDN 的用户-网络接口，包括协议、速率适配等；
- I.500 系列建议主要是关于网间互通接口的描述；
- I.600 系列建议是关于 ISDN 的维护原则。

虽然 I 系列建议没有完全包含 ISDN 标准化的所有方面，但已经比较详尽地描述出了初步的标准化 ISDN 的实现。

图 4-1　I 系列建议的结构[1]

CCITT 建议 ISDN 的发展应以现有的电话综合数字网为基础，使现有网络能够提供端到端的数字连接，再逐渐与其他网络进行互通，逐步向标准的 ISDN 扩展。

为什么需要在电话综合数字网的基础上发展 1SDN？主要有两个方面的原因：首先，电话网是一个比较成熟的网络，在世界各国都比较普及，利用现有的电话网来发展 ISDN，而不是从零开始，既有利于电信运营商降低建网成本，也可以减少用户的入网费用，为 ISDN 的大规模快速发展奠定了一定的基础；其次，电话综合数字网采用了数字交换和数字传输技术，符合 ISDN 的数字技术要求，可以比较方便地将电话网扩充为一个完全的数字网络，进而提供综合业务。

从电话综合数字网向 ISDN 过渡过程中最重要的一点就是实现用户线路的数字化。电话

---

[1] 某些建议有两个名称，例如，I.450 又叫作 Q.930。

综合数字网的一个缺陷就是用户线路采用模拟传输。当数字终端的数据、数字话音等数字信号在模拟的用户线路上传输时，信号首先需要转换成模拟信号，才能经模拟线路传输至交换机，然后在交换机侧再转换成数字信号，才能进行交换和中继传输。同样，由交换机向数字终端传送信息也要经过数/模及模/数转换。显然，这样的过程导致了通信效率的降低。另外，模拟的用户线路限制了通信的带宽。由于电话综合数字网主要是为电话业务设计的，话音在模拟线路上的传输带宽一般是 4kHz，即使采用了先进的调制技术，数字信号的传输速率最高不过是 56 kbit/s，所以电话综合数字网一般只能传输低速的数字信号，不能适应高速数字通信的要求，也无法支持更加丰富的通信业务。因此，ISDN 要从现有电话综合数字网发展起来，首先必须实现用户线路的数字化。

二、ISDN 定义及特征

ISDN 是以综合数字电话网为基础发展演变而成的通信网，能够提供端到端的数字连接，用来支持包括话音和非话音在内的多种业务，用户能够通过有限的一组标准化的多用途用户-网络接口接入网内。

从这个定义可以看出，ISDN 具有三个基本特征。

端到端的数字连接、多种业务支持和标准多用途的用户-网络接口（UNI）。下面对其进行详细说明。

1．ISDN 业务

ISDN 为最终用户提供贯穿 OSI 模型 7 层的全面支持，尽管 ISDN 只定义该模型中第 1、2、3 层的操作。通过 7 层标准的低 3 层，ISDN 提供的是与用户信息无关，也与终端类型无关的信息传递能力。因此各种业务信息（包括语音、数据、图像等）都可以通过这种能力传送，不同类型的终端也可以使用相同的业务形式。这就是 ISDN 的承载业务（bearer service）。ITU-T 建议了 11 种承载业务，其中 8 种属于电路方式，3 种属于分组方式，见表 4-2。

表 4-2　电路方式和分组方式的承载业务种类

	业务	具体内容
电路方式承载业务	I.231.1	64kbit/s、8kHz 结构，用于不受限制的数字信息传递
	I.231.2	64kbit/s、8kHz 结构，用于语音信息传递
	I.231.3	64kbit/s、8kHz 结构，用于 3.1kHz 音频信息传递
	I.231.4	64kbit/s、8kHz 结构，交替用于语音/不受限制的数字信息传递
	I.231.5	2×64kbit/s、8kHz 结构，用于不受限制的数字信息传递
	I.231.6	384kbit/s、8kHz 结构，用于不受限制的数字信息传递
	I.231.7	1536kbit/s、8kHz 结构，用于不受限制的数字信息传递
	I.231.8	1920kbit/s、8kHz 结构，用于不受限制的数字信息传递
分组方式承载业务	I.232.1	虚呼叫和永久虚电路
	I.232.2	D 信道上的无连接型
	I.232.3	用户-用户信令

表 4-2 中 I.231.6、I.231.7、I.231.8 主要是针对基群速率接口的，例如，多个 B 信道复用而成的 H0、H11 和 H12 信道；I.231.4 和 I.231.5 主要是针对基本速率接口的（其中用户-网络接口的概念将在下面介绍）。

在表 4-2 所列的 11 种承载业务中，ITU-T 规定电路方式的前三种和分组方式的第一种为基本业务，需要在国际范围的 ISDN 网络中实现。

电路方式的"64kbit/s、8kHz 结构，不受限制的数字信息业务"，又称为透明的 B 信道电路交换业务。这类业务对应于目前 64kbit/s 速率的电路交换数据网的功能。与非透明的 B 信道电路交换相比，这类业务可以提供很高的数据通信速率，用来进行 ISDN 内部通信或接入专用网。但是这种业务中的 B 信道在一次通信期间是被独占的，并且按照距离和时间计费，这对于间歇性的数据通信是不利的。当多个低速信道复用一个 64kbit/s 的 B 信道时，复用只支持端到端的情况。

电路方式的"64kbit/s、8 kHz 结构，语音和音频信息业务"，被称为非透明的 B 信道电路交换业务。目前电话网提供的功能对应于这类业务。利用这类业务，ISDN 用户可以与世界范围内的其他任何用户进行通信，而且这类业务可以支持附加业务。

分组方式的虚呼叫和永久虚电路对应于目前分组交换数据网的功能。利用 B 信道的虚电路业务在网络入口处具有固定的 64 kbit/s 速率、存在阻塞等特点，与透明 B 信道电路交换业务的特点相同。利用 D 信道的虚电路业务虽然不能像 B 信道一样提供高速率，但是它的使用收费较低，而且在用户-网络接口上不存在阻塞，多个终端可以在同一条总线上共享 D 信道。因此，D 信道的虚电路业务适用于低速或间歇性的数据通信业务（如可视图文、智能用户电报和遥测）。

在 1~3 层提供的信息传送能力的基础上，ISDN 还全面支持 4~7 层的服务，从而可以提供面向用户的应用业务，即用户终端业务（teleservice）。ITU-T 在 I.240 建议中定义了 6 种 ISDN 应该支持的用户终端业务：电话、智能用户电报、4 类传真、混合方式、可视图文和用户电报。承载业务与用户终端业务的关系如图 4-2 所示。

图 4-2　承载业务和用户终端业务

使用承载业务和用户终端这两种基本业务时，还可能要求 ISDN 提供额外的功能。这种由网络提供的额外功能就称为补充业务（supplementary service）。它总是和承载业务或用户终端业务一起被提供，不能单独存在。ITU-T 在 I.250~I.270 建议中定义和描述了补充业务。

2. 用户-网络接口（UNI）

ISDN 用户接口的拓扑结构与 X. 25 的用户接口非常相似，最终用户设备通过 UNI 协议与 ISDN 节点相连。当然，ISDN 和 X.25 的功能不同，X.25 的 UNI 提供与分组交换数据网络的连接；而 ISDN 提供与 ISDN 节点的连接，该节点再与话音、视频或数据网络相连。

分析 ISDN 之前，需说明两个术语：功能群和参考点。

- 功能群是指 ISDN 用户访问接口中所需的功能集合。功能群中的特定功能可以由多件设备或软件来完成。

- 参考点是指划分功能群的界面。

就像 OSI 结构框架便于有效组织标准化工作，使每层机构都能独立进行开发的思路一样，在 ISDN 的情况下，用户接入设备通过参考点被分割成不同的功能群。这样可以在每个参考点上开发接口标准，这有利于组织标准化工作，并对设备供应商进行指导。一旦稳定的接口标准存在，就可以在接口任意一侧进行技术改进而不影响其他功能群。用户也可以自由地基于不同供应商选取各种功能群的设备。图 4-3 说明了 ITU-T 实现这一划分的途径。

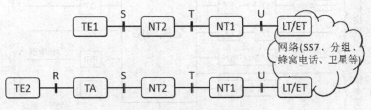

图 4-3　典型的 ISDN 拓扑结构

标号为 R、S、T 和 U 的参考点是功能组之间的逻辑接口，功能组可以是终端类型 1（TE1）、终端类型 2（TE2）或网络终端（NT1、NT2）组。参考点的用途是划分网络运营商的责任范围。如果网络运营商的责任终止于参考点 S，那么它就负责 NT1、NT2 和 LT/ET。

参考点 U 是设备 NT1 的 2 线端的参考点，它将 NT1 与线路终端（LT）设备分开。接口 U 是一个国家级标准，而参考点 S 和 T 实现的接口是国际标准。参考点 R 代表非 ISDN 接口，如 EIA232-D、V. 35。

最终用户 ISDN 的终端用 ISDN 术语 TE1 标识。TE1 通过双绞 4 线数字链路与 ISDN 连接。图 4-3 显示了其他的 ISDN 选项——其中之一是称为 TE2 设备的用户工作站，它代表当前使用的设备，如 IBM 3270 终端、Hewlett-Packard 和 Sun 工作站、用户电报设备。

TE2 与终端适配器（TA）相连，TA 允许非 ISDN 终端在 ISDN 线路上运行。TA 的面向用户端通常使用传统的物理层接口，如 EIA232-D 或 V 系列规范；而且它并不知道自己已与基于 ISDN 的接口相连。TA 负责非 ISDN 操作与 ISDN 操作之间的通信。TA 和 TE2 设备与 ISDN 的 NT1 或 NT2 设备相连。NT1 与 4-线用户相连，而 4-线用户与传统的 2-线本地回路相连。ISDN 允许 NT1 为多达 8 个的终端设备编址。NT1 负责物理层的功能，如信令同步和计时。T1 为用户提供标准化接口。

NT2 是智能化更高的设备。通常数字 PBX 中包含 NT2，NT2 包含第 2 和第 3 层协议的功能。NT2 能执行集中服务，因为它能多路复用 23 条 B 信道和 1 条 D 信道，线路速率为 1.544 Mbit/s；或者多路复用 31 条 B 信道和 1 条 D 信道，线路速率为 2.048Mbit/s。设备 NT1 和 NT2 可以合并为一个称为 NT12 的单独的设备，它处理物理层、数据链路层和网络层的功能。

总之，TE 设备负责用户通信，而 NT 设备负责网络通信。

3．端到端的数字连接

在 ISDN 中，所有语音、数据和图像等信号都以数字形式进行传输和交换。这些信号都要在终端设备中转换成数字信号，然后通过数字信道将信号送到 ISDN 交换机，再由 ISDN 交换机将这些数字信号交换、传输到目的端的终端设备。

ISDN 交换系统是在程控数字电话交换系统的基础上演变而成的，所以在总体上它的结构和程控数字电话交换系统的结构很相似。但是为了适应 ISDN 端到端的数字连接的特点，并提供多种 ISDN 基本业务和补充业务，ISDN 交换系统的结构要比普通的程控数字电话交换系统复杂得多。图 4-4 是一般的 ISDN 交换系统的结构框图。

如图 4-4 所示，ISDN 交换系统是由话路子系统和控制子系统组成的，下面将逐一介绍这两个部分。

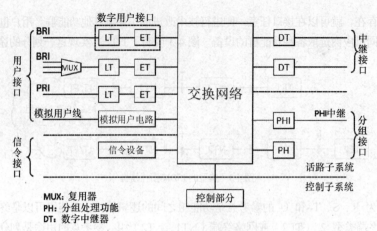

图 4-4　ISDN 交换系统结构框图

（1）话路子系统

话路子系统主要包括接口部分和交换网络。

① 接口部分。接口部分包括用户接口、中继接口和信令设备。

用户接口是用户线与交换机之间的接口，主要包括模拟用户接口和数字用户接口两部分。由于目前多数 ISDN 交换机是由程控数字电话交换机改造而成，并且 ISDN 还不能完全取代电话网，考虑到满足 PSTN 用户的接入要求，所以 ISDN 交换系统的用户接口还保留着模拟用户接口部分。ISDN 交换系统中增加了数字用户接口部分，数字信号可以直接在用户线路上传输，进入交换机进行处理。它可以提供 ISDN 基本速率（BRI）2B+D 的用户接口，也可以提供基群速率（PRI）30B+D（或 23B+D）的用户接口。前者是 2 线接口，与 PSTN 交换系统使用的用户线相同，后者是 4 线接口，采用的是 PCM 传输线。数字用户接口可以分为线路终端（LT）和交换机终端（ET）两个功能模块。其中 LT 负责数字用户线路的传输，包括线路编码、定时、同步、供电和用户线的数字信息传输等功能。ET 负责数字用户线路的接入控制，包括将 B 信道的用户信息复用到 PCM 线路上以接入交换网络，以及对 D 信道的控制信令进行处理等功能。

中继接口包括与其他 ISDN 交换机中继线的接口、与 PSTN 交换机中继线的接口、与分组交换机中继线的接口（PHI）等。PHI 提供交换系统至 PHI 中继的连接。PHI 中继连接到交换系统外部的提供分组处理功能的设备上，由后者提供至公用分组网的分组交换功能。ISDN 交换系统的中继接口与程控数字电话交换机的中继接口完成的功能基本一致。

信令设备包括公共信道信令的收发设备和为支持 PSTN 交换机功能而设置的 DTMF 收号器和 MFC 收发器。如果 ISDN 交换机不支持 DTMF 交换机的功能，则没有 DTMF 收号器和 MFC 收发器。

② 交换网络。交换网络又称交换矩阵，是提供电路连接和传递用户信息的设备。ISDN 的交换网络和一般的 PSTN 交换机的交换网络采用的技术基本一致。普通的 PSTN 交换机只能提供单一速率的电路交换连接，而 ISDN 交换系统可以提供多种不同速率的电路连接。除了基本的 64 kbit/s 的电路交换连接，还能够提供 2×64kbit/s 的连接、H0 信道的 6×64kbit/s 连接、H11 信道的 24×64kbit/s 连接和 H12 信道的 30×64kbit/s 连接，并且在通信过程中能够根据用户的要求随时改变电路连接的类型。

（2）控制子系统

控制子系统是由处理机系统构成的，处理机系统和相应的控制程序共同负责完成 ISDN 交换系统呼叫连接的建立和释放，以及操作维护管理等工作。与 PSTN 交换机一样，ISDN 交换系统的控制部分一般也采用分散控制的结构，具体可以是全分散控制或分级的分散控制方式。

控制子系统中的应用程序主要包括呼叫处理程序和操作维护管理程序。

● 呼叫处理程序负责呼叫过程的控制，包括电路交换呼叫处理、信令处理和分组交换呼叫处理。其中信令处理主要完成对 D 信道的 DSSI 信令和中继线上的 7 号信令的处理。由于 PSTN 交换机一般都具备 7 号信令处理能力，所以 ISDN 交换系统中的信令处理主要在其基础上增加了 ISDN 用户部分功能（ISUP）来传送 ISDN 的局间信令，控制 ISDN 呼叫的建立、保持和释放；还增加了信令连接控制部分（SCCP）来负责建立两个 ISDN 交换机之间的虚电路，以利于传送数据、维护管理等信息。分组处理 PH 并不是每个 ISDN 交换系统都具有的部分。

ISDN 交换系统提供 PH 模块主要是为了处理分组信息，提供分组交换连接，并与公用分组网进行互通。PH 模块能对 X.25 分组数据进行处理，并可与公用分组网互通，这是一般的 PSTN 交换机所不具备的能力。如果 ISDN 交换系统中没有配备 PH 模块，则 ISDN 交换机可以通过电路交换方式与公用分组网进行互通。PH 模块与 PHI 都可提供分组交换功能，它们并不是交换系统必备的功能部件。在交换系统中，以上两种方式并不会同时存在，通常只存在一种提供分组交换功能的方式。

● 操作维护管理程序主要负责完成故障诊断、测试、计费、统计及数据维护等操作。ISDN 交换系统的管理比 PSTN 交换机的维护管理更加复杂，例如，ISDN 交换系统要能够对电路交换业务和分组交换业务进行计费，对多种不同业务的业务量进行统计。而 PSTN 交换机只提供电路交换业务，所以不论是计费还是业务量统计都要简单得多。

第二节　ISDN 协议

一、ISDN 协议栈

1．ISDN 协议的特点

在 ISDN 技术成熟之前，电话和数据通信等通信方式被广泛应用。与这些通信方式的协议相比，ISDN 的协议具有以下这些新的特点。

（1）每次呼叫选择业务和传送媒体

由于电话网、分组网、电报网等网络一般都是提供单一业务的网络，其网络协议不需要考虑本次通信提供的业务和所需传送媒体的类型，完成的主要任务就是控制两个终端之间顺利进行通信。但 ISDN 的协议就不同了，因为 ISDN 能够在用户-网络接口上提供综合的业务，可能每次通信使用的业务都不相同。例如，在一条用户线上可以使用电话和传真等多个不同种类的通信。所以在每次呼叫建立的时候，ISDN 的协议控制部分根据本次呼叫的类型，不仅要选择使用哪种业务，还要选择进行电路交换还是分组交换等交换功能、选择通信信息在哪个信道上传输、选择信息传输的速率等多种传送媒体的特性。例如，在 ISDN 中建立一个普通的电话呼叫时，协议控制部分就要为其选择话音业务、在 B1 或 B2 信道上传输，传输速率为 64kbit/s 等传输媒体特征，而在电话网中是没有这些协议要求的。

（2）提供多终端的配置

在用户-网络接口上会以总线的形式同时接有多个 ISDN 的终端。在每次呼叫到来时，

ISDN 协议要能够保证不同的终端设备之间不发生相互干扰，造成通信的混乱。而使呼叫能够顺利地到达目的设备。目前 ISDN 的协议中规定用户终端总线上最多可以接入 8 个不同的终端设备。

（3）确保终端的可移动性

在电话网和数据网等通信网络中，通信终端的位置在一次通信过程中是不能够随便改变的。但 ISDN 协议中实现了用户终端的可移动性。例如，在通信过程中用户可能需要将终端设备从一个房间转移到另一个房间，这时只需要将终端设备插入到另一个房间内的 ISDN 标准化插座上，在此期间通信可以不被中断而继续保持。

（4）需要确认通信的兼容性

由于 ISDN 协议规定了呼叫建立时对业务和传送媒体的选择，所以在选择业务和传送媒体时，要确认对方用户—网络接口上有能够兼容的设备可以相互通信，这就要求 ISDN 协议包含用户终端之间传送终端兼容性信息的规定。

以上是 ISDN 协议与现有的一些通信协议相比较所具有的新特点。正是由于这些特点，才保证了 ISDN 能够提供更为强大、更为丰富的业务能力。下面将介绍 ISDN 协议中的用户-网络接口协议 DSSI 和网间接口协议 ISUP。

2．ISDN 模型

CCITT（I.320 建议）在 OSI 模型的基础上专门为 ISDN 协议设计了一个立体的结构模型，如图 4-5 所示，ISDN 模型由三个平面构成，分别对应着三种不同类型的消息。

- 控制平面（C）：控制所有的呼叫和网络性能，它是关于控制信令的协议，分为 7 层。
- 用户平面（U）：在用户信息传输的信道上执行数据交换的全部规则，它是关于用户信息的协议，也分为 7 层。
- 管理平面（M）：是关于终端或 ISDN 节点内部操作功能的规则，不分层。

C 平面和 U 平面可以通过原语与 M 平面进行通信，由 M 平面的管理实体来协调 C 平面和 U 平面的操作。C 平面和 U 平面之间不直接通信。

这个 ISDN 立体结构模型很好地描述了 ISDN 中多种功能同时存在的情况，解决了不同协议间进行相互关联的问题。

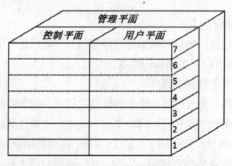

图 4-5　ISDN 协议模型

图 4-6 描述了在用户-网络接口上的 ISDN 具体协议，值得注意的是，控制信令本质上属于 D 信道功能，但用户数据也可以通过 D 信道传输。

ISDN 本质上未涉及用户层 4~7 层，这些是端到端的层，供用户用来交换信息。网络接口只涉及 1~3 层。I.430 和 I.431 中定义的第 1 层，分别定义了基本入口和基群入口的物理接口。因为 B 信道和 D 信道在同一物理接口上复用，这些标准可应用于这两种类型的信道。在第 1 层之上这两种信道的协议结构不同。

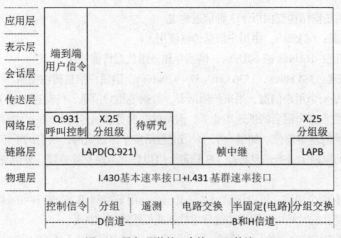

图 4-6 用户-网络接口上的 ISDN 协议

对于 D 信道，一个新的数据链路层标准——LAPD（D 信道的链路接口协议）已被定义，这个标准建立在 HDLC 之上，并进行了修改以适合 ISDN 的要求。D 信道上的所有传送都以 LAPD 帧的形式，在用户设备和一个 ISDN 交换单元之间进行交换。LAPD 支持三种应用：控制信令、分组交换和遥测。对于控制信令，已经定义了一个呼叫控制协议（Q.931），此协议用于 B 信道上连接的建立、保持和终止，因而，它是用户和网络之间的协议，在第 3 层之上，可能存在与用户到用户的控制信令相关的高层功能，但这需要进一步研究。D 信道也能够用来为用户提供分组交换业务。在这种情况下，使用 X.25 的第 3 层协议，并在 LAPD 帧中传输 X.25 的分组，X.25 的第 3 层协议用于在 D 信道上建立到其他用户的虚电路及进行分组数据的交换，最后的应用领域是遥测，这是需要进一步研究的课题。

B 信道可用在电路交换、半固定电路和分组交换中，就电路交换而言，可以按要求在 B 信道上建立电路，D 信道呼叫控制协议即用于此目的，一旦电路建立起来，就可以在用户之间进行数据传输。电路交换网络可在通信站点间提供透明的数据通道。

半固定电路是一个 B 信道电路，在所连接的用户和网络间根据事先的合约而建立，和电路交换连接一样，它在端系统间提供透明的数据信道。

不论是电路交换连接还是半固定电路，对于连接的站点来说，它们彼此之间都有一条直接的全双工链路，它们可以任意使用其各自的格式、协议和帧同步。因此，从 ISDN 的角度来看，第 2~7 层是不可见的或特定的。另外，ITU-T 将 I.465/V.120 标准化，为 ISDN 用户提供了一个通用的链路控制功能。

在分组交换情况下，电路交换连接被建立在用户和一个使用 D 信道控制协议的分组交换节点之间的 B 信道上。一旦 B 信道上的电路建立起来，用户即采用 X.25 的第 2 层和第 3 层，在此信道上与另一个用户间建立一条虚电路，以交换分组数据。

二、物理层

从用户的角度来看，ISDN 的物理层位于用户-网络之间，通常是指 S 或 T 参考点，但也有的是指 U 参考点，如北美，它们将 U 接口作为用户与网络的分界点，而在欧洲国家，U 接口则被认为是网络的一部分。

1. 信道结构（I.412）

不论在哪个参考点，ISDN 的物理层都离不开 I.412 建议的几种不同速率的信道，任何接入 ISDN 的传输结构都由以下 3 种信道构成。

- B 信道：64 kbit/s，供用户信息传输使用。
- D 信道：16kbit/s 或 64kbit/s，供信令和分组数据传输使用。
- H 信道：384 kbit/s，1536 kbit/s 或 1920kbit/s，供用户信息传输使用。

B 信道是一个用户信道，用来传输话音、数据等用户信息，传输速率是 64kbit/s。一个 B 信道可以包含多个混合的低速率业务，但是这些业务必须传送到同一个端点上。即 B 信道是电路交换的基本单位。如果一个 B 信道包括多个子信道时，所有的子信道都必须在相同用户之间的电路上进行信息传输。B 信道上可以建立电路交换连接、分组交换连接和半固定连接。

D 信道有两个用途：可以传输公共信道信令，用来控制 B 信道呼叫的建立和拆除等；当没有信令交互的时候可以用来传输分组数据或低速遥测数据等。

H 信道用来传输高速的用户数据。用户可将 H 信道作为高速干线或自定方案划分使用。

ITU-T 规定的标准通路类型见表 4-3。

表 4-3 信道类型

通路类型		通路速率 kbit/s	用途
B		64	用户信息传送信道 按照 G.711 或 G.722 建议编码为 64kbit/s 的语音 小于或等于 64kbit/s 的数据 电路交换/分组交换/半永久连接
D		16	电路交换信令信道
		64	传送遥测信息或分组数据信息
H	H0	384	用户信息传送信道
	H11	1536	高速传真、会议电视、高速数据、高质量音响、低速数据复用成的信息流
	H12	1920	电路交换/分组交换/半永久连接

I.412 建议为用户-网络接口规定了两种接口结构：基本速率接口结构和基群速率接口结构。这两种结构对应了两种不同的接入能力。

（1）基本速率接口

基本速率接口（Basic Rate Interface，BRI）的结构包括两条 64kbit/s 双工的 B 信道，用于用户信息传输；一条 16kbit/s 双工的 D 信道，用于信令传输。图 4-7（a）形象地表示了接口的逻辑结构。该图的 S/T 参考点给人的感觉有三条物理信道并存，而实际上是这些信道采用了时分复用，如图 4-7（b）所示。基本接口的总速率是 144kbit/s，再加上帧定位、同步及其他控制比特，S 参考点上的速率可以达到 192kbit/s。

基本速率接口的目的是满足大部分单个用户的需要，包括住宅用户和小型办公室用户。基本速率接口使用户可以通过一个单一的物理接口，进行话音和多种形式的数据通信。例如，分组数据通信、告警信号的传送、传真和智能用户电报等。这些业务可以通过一个多功能终端或者多个独立的终端来完成。目前电话网中大部分用户线能够支持基本速率接口。

有时基本速率接口上可以采用 B+D 或 D 的结构，而不只是 2B+D，这样可以满足那些传输量较小的用户的需求，以节省开销。但是为了简化网络的操作，S 参考点上的速率仍然保持在 192kbit/s。

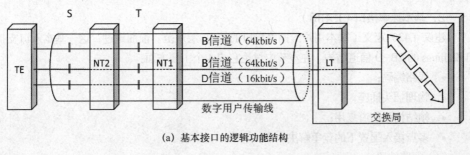

(a) 基本接口的逻辑功能结构

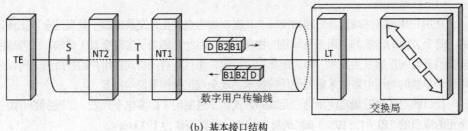

(b) 基本接口结构

图 4-7　基本速率接口的结构（2B+D）

（2）基群速率接口

基群速率接口（Primary Rate Interface，PRI）是为了满足那些有大量通信需求的用户而设计的。例如，一个具有大量通信需求的办公室用户，使用数字 PBX 或 LAN 接入 ISDN。由于各国不同的数据传输系统的存在，无法用一个统一的数据传输速率来定义这个接口。在美国、加拿大和日本以 1544kbit/s 作为基群接口的速率，对应于 T1 传输体制，而在欧洲、中国和其他地方则采用 2048 kbit/s 的速率，对应于 E1 传输体制。当采用 1544kbit/s 的速率时，接口的信道结构是 23B+D；采用 2048 kbit/s 的速率时，基群速率接口的信道结构是 30B+D，D 信道，速率为 64kbit/s，用来传输信令或分组信息；其余的 30 个信道为 B 信道，用来传输话音和数据。

基群速率接口还可以支持 H 信道。这时接口上可以包含 D 信道，也可以不包含。当包含 D 信道时，D 信道用于控制信令，如果不包含 D 信道，则 D 信道由属于同一用户的另一个基群接口来提供。表 4-4 列出了所有的 ISDN 用户-网络接口结构。

表 4-4　ISDN 用户-网络接口结构

接口类型	接口结构		接口速率 kbit/s	D 信道速率 kbit/s
	结构名称	信道结构		
基本接口结构	基本接口	2 B+D	192	16
基群速率接口	B 信道	23B+D	1544	64
		30B+D	2048	
	H0 信道	4H0	1544	
		3H0+D	1544	
		5H0+D	2048	
	H1 信道	H11	1544	
		H12+D	2048	
	B/H0 混合信道	nB+mH0+D	1544	
			2048	

2. 基本速率接口（I.430）

建议 I.430 定义了基本用户—网络接口的第 1 层规范。前面讲过，这一基本入口支持192kbit/ss 的 2B+D 信道结构。在本节中讨论它的 4 个主要方面：

- 线路编码；
- 物理插头插座；
- 帧结构和信道复用；
- 多点接入配置下的竞争解决。

（1）线路编码

在用户和网络终端设备之间的接口（T 或 S 参考点）上，交换的数字数据是全双工传送的。每个方向的传输都利用一条单独的物理线路。因此无需为了实现全双工传输，去考虑回波抵消或时间压缩复用技术。因为距离相对较短，而且所有设备均在用户的住所内，所以采用两个单独的物理电路比采用其他任何技术实现全双工操作要简单得多。

接口的电气规范规定使用伪三元编码方式。二进制的 1 由零电平代表，二进制的 0 由一个正的或负的 750（1±10%）mV 的脉冲代表。数据速率为 192 kbit/s。

（2）物理插头座

基本接入接口在 S 或 T 参考点上的 TE 和 NT 之间的实际物理连接并不是一个 ITU-T 的建议，而是 ISO 的标准（ISO 8887），这个标准规范了一个 8 针的物理插头插座（如图4-8 所示）。

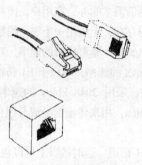

图 4-8　ISDN 物理插头插座

物理连接末端的匹配接头提供 4 个、6 个或 8 个触点，具体数目取决于用途，后面将做解释。

表 4-5 列出了 8 个针的每一个在 NT 端和 TE 端的触点分配。在每一方向上的每两针都要求提供平衡的传输。这些触点用于连接来自 NT 和 TE 设备的双绞线。

表 4-5　ISDN 物理接口插头插座的触点分配（ISO 8887）

触点号	TE	NT
a	电源 3	电宿 3
b	电源 3	电宿 3
c	发送	接收
f	接收	发送
e	接收	发送
d	发送	接收
g	电宿 2	电源 2
h	电宿 2	电源 2

这一规范提供了经过接口传输馈电的能力。馈电传输方向依赖于具体的应用。在典型的应用中，可能希望由网络向终端节点馈电（例如，当本地供电设备失效时，馈电可以保持基本的电话业务）。由 NT 向 TE 传输馈电有以下两种可能（如图 4-9 所示）：

- 利用和数字信号双向传输相同的接入引线（电源 1 和受电器 1）；
- 在附加的电线上使用接入引线 g–h。

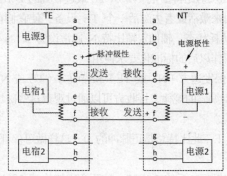

图 4-9   正常操作模式下信号传送和馈电的参考配置

剩下的两条引线在 ISDN 的配置中没有使用，但可能在非 ISDN 配置中使用。因此 ISDN 的物理接口实际只使用 6 条引线。

（3）帧结构和信道复用

基本接口包括两个 64kbit/s 的 B 信道和一个 16kbit/s 的 D 信道。这些信道总共产生 144 kbit/s 的负载容量，复用在一个 192 kbit/s 的 S/T 参考点的接口。剩余的带宽用于组成帧或同步。

① 结构。和任一同步时分复用机制一样，基本接口的传输使用了可重复的固定长度的结构。在这种情况下，每个帧为 48 比特，以 192kbit/s 的速率，每 250μs 就应重复一个帧。图 4-10 说明了帧的结构。上面的帧从用户的终端设备（TE）传向网络（NT1 或 NT2），下面的帧从网络的 NT1 或 NT2 传向 TE。从 TE 方传向 NT 的帧将比反方向的帧晚两个比特的时间，这样做是为了实现帧的同步。

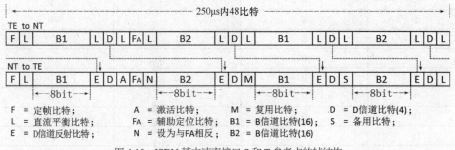

图 4-10   ISDN 基本速率接口 S 和 T 参考点的帧结构

在一帧的 48 比特中，分配给每个 B 信道 16 比特，D 信道 4 比特。其余比特的用途解释如下。首先考虑在 TE 到 NT 方向的帧结构。每个帧开头都是定帧比特（F），F 总是以正脉冲方式传送，然后是直流平衡比特（L），L 是一个负脉冲，用来平衡电压。F–L 的模式使接收方在帧开始时能够保持同步。协议规定，在开始的两个比特后的第一个出现的 D 必须用负脉冲表示。以后出现的 0 则按伪三进制编码，紧接着是来自第一个 B 信道的 8 个比特（B1）。接着是另一个直流平衡比特（L）。后面是来自 D 信道的一个比特和它的平衡比特。

再后面是辅助定帧比特（F），它的值总是 0，除非用于复帧结构，其后将有解释。接着有一个平衡比特（L）、来自第二个 B 信道的 8 个比特（B2）和另一个平衡比特（L）。然后分别是来自 D 信道、第一 B 信道、D 信道、第二 B 信道然后还是 D 信道的比特，每组比特之后是它的直流平衡比特 L。

从 NT 向 TE 方向的帧结构与从 TE 到 NT 的帧结构很相似。以下的新比特取代了一些直流平衡比特。D 信道的反射比特 E 将 NT 从 TE 最近收到的 D 比特值返回给 TE，原因稍后解释，激活比特 A 用来激活或者去激活一个 TE 设备，使它们在需要通信时进入工作状态，没有活动时转入低功耗状态。辅助定帧比特 N 通常设为 1。N 比特和 M 比特可用于多帧，稍后解释。S 比特留作以后的标准化要求使用。

② 帧的定界。为确保发送方（NT 或 TE）和接收方（TE 或 NT）不会出现定界出错，帧结构故意破坏了伪进制编码的规律，接收方可以通过观察这些破坏点以确保帧的定界的正常维护。共有两个破坏点。

- 第一个定帧比特 F：此比特总是正脉冲的 0。这样做可保证一帧的最后一个 0 用正脉冲表示。

- 第一个直流平衡比特 L 后的 0 比特：这两个比特均是负脉冲。这个破坏点最晚出现在辅助定帧比特 F_A 上。

③ 复帧结构。基本接口规范中近期引入的特性是为从 TE 到 NT 的方向上的流量提供额外的信道，称为 Q 信道。目前，Q 信道的使用有待进一步研究。然而目前的 I.430 已经提供了 Q 信道的结构（表 4-6）。为了实现 Q 信道，通过将每第 20 帧的 M 比特（从 NT 到 TE 方向）设为 1，建立一种复帧结构，在 TE 到 NT 方向上，辅助定帧比特 F_A 每 5 帧被改用为 Q 比特。这样，一个 20 个帧的复帧结构中就有了 4 个 Q 比特。

表 4-6　Q 比特位置标识及复帧结构

帧号	M 比特（NT→TE）	FA 比特位置（NT→TE）	FA 比特位置（TE→NT）
1	1	1	Q1
2	0	0	0
3	0	0	0
4	0	0	0
5	0	0	0
6	0	1	Q2
7	0	0	0
8	0	0	0
9	0	0	0
10	0	0	0
11	0	1	Q3
12	0	0	0
13	0	0	0
14	0	0	0
15	0	0	0
16	0	0	Q4
17			

帧号	M 比特（NT→TE）	FA 比特位置（NT→TE）	FA 比特位置（TE→NT）
18	0	0	0
19	0	0	0
20	0	0	0
1	1	1	Q1
2	0	0	0
......			

通常，在 NT 到 TE 方向上辅助定帧比特 F_A 被设为 0，随后的 N 比特为 1。在 TE 到 NT 方向上，为了标志 Q 比特的位置，将 NT 到 TE 方向相应的 F_A/N 比特反向，即 F_A 比特为 1，N 比特为 0。

3. 基群速率接口（I.431）

与基本入口的接口相似，基群速率入口的接口也在单一的传输媒介上复用了多个信道。在基群入口中只允许点到点的配置。这种入口通常出现在 T 参考点的数字 PBX 设备，或控制多个 TE 并为接入 ISDN 提供同步 TDM 功能的其他会聚设备。基群接口定义了两种数据速率：1.544 Mbit/s 和 2.048 Mbit/s。

（1）1.544 Mbit/s 的接口

1.544 Mbit/s 的 ISDN 入口是根据用于 T1 传输业务的北美 DS-1 传输结构。图 4-11 说明了这种数据速率的帧结构。比特流被定义为可重复的 193 比特的帧。每个帧包括 24 个 8 比特的时隙和 1 个定帧比特。多个帧中的同一时隙构成了一个信道。在 1.544 Mbit/s 的速率下，每 125 μs 发送一帧，即每秒发送 8000 个帧。这样，每个时隙支持 64 kbit/s，通常基群速率入口被划分为 23 个 B 信道和 1 个 D 信道。当然，可以存在其他的分配方式，24 个 B 信道和可变组合的 H 信道。

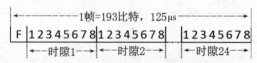

图 4-11　ISDN 1.544Mbit/s 集群接口帧格式

定帧比特用于同步和其他管理功能。采用了由 24 个 193 比特的帧组成的复帧结构，表 4-7 说明了在 24 个帧所组成的复帧中定帧比特的安排。6 个组成了一个帧校准信号（FAS），编码为 001011，每个复帧中重复一次，作用是保持同步。如果因为某种原因，接收方与发送方相差了一个或多个比特，FAS 就无法被监测到，从而发现错位。

表 4-7　1.544Mbit/s 接口的复帧结构

复帧信号	复帧比特号	F 比特		
		用途		
		FAS	O&M	CRC
1	1	—	m	—
2	194	—	—	e1
3	387	—	m	—
4	580	0	—	—

F 比特				
复帧信号	复帧比特号	用途		
		FAS	O&M	CRC
5	773	—	m	—
6	966	—	—	e2
7	1159	—	m	—
8	1352	0	—	—
9	1545	—	m	—
10	1738	—	—	e3
11	1931	—	m	—
12	2124	1	—	—
13	2317	—	m	—
14	2510	—	—	e4
15	2703	—	m	—
16	2896	0	—	—
17	3089	—	m	—
18	3282	—	—	e5
19	3475	—	m	—
20	3668	1	—	—
21	3861	—	m	—
22	4054	—	—	e6
23	4247	—	m	—
24	4440	1	—	—

注：FAS=帧校准信号；

Q&M=操作及维护；

CRC=循环冗余校验；

e_i 比特是全部 24 个定帧比特的循环冗余校样（CRC）；

剩余的 m 比特用于各种操作及维护功能；

线路的编码方式采用了 AMI 码（交替极性翻转码）中的 B8ZS 码。

（2）2.048Mbit/s 的接口

2.048Mbit/s 的 ISDN 接口基于欧洲同样速率的传输结构，G.704 中有详细的描述。

图 4-12 说明了它的帧结构。比特流被定义为可重复的 256 比特的帧。每个帧包括 32 个 8 比特的时隙。第一个时隙用于定帧和同步功能。其余的 31 个时隙用于用户信道。在 2.048Mbit/s 的速率下，每 125μs 发送一帧，即每秒发送 8000 个帧。这样，每个时隙支持 64kbit/s。通常这种传输结构用于支持 30 个 B 信道和 1 个 D 信道。同样，可以存在其他的分配方式，31 个 B 信道及可变组合的 H 信道。

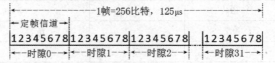

图 4-12 ISDN 2.048Mbit/s 集群接口帧格式

表 4-8 说明了在 0 时隙的 8 个比特的用法。帧校准信号位于每隔一个帧的第 0 时隙的 2 ~ 8 比特，编码为 0011011，作用是保持同步。S_1 比特是 4 位循环冗余校验位，将在下一段解释。A 比特用于远端的警告指示，在告警情况下设为 1。S 比特目前未用，是空闲比特。

表 4-8　2.048 Mbit/s 接口帧的 1 到 8 比特的分配

交替的帧	比特号							
	1	2	3	4	5	6	7	8
包含帧校准信号的帧	S_1	0	0	1	1	0	1	1
不包含帧校准信号的帧	S_1	1*	A	S_a^4	S_a^5	S_a^6	S_a^7	S_a^8

注：S_1：为国际性使用预留的比特，一个特殊的用途是为 CRC；

*：该比特固定为 1，以便避免伪帧校准信号；

A：远端警告指示；

S_a^4 到 S_a^8：附加的空闲比特。

可以使用表 4-9 中表示的一种复帧结构。在这种复帧中需要一种增强的差错监视能力。每隔一个帧的第一个比特的位置上含有一个 4 比特的 CRC。两个 E 比特用于反向指示每个子复帧中是否存在 CRC 校验错误，如果有错，E 比特由 0 变为 1。

线路编码方式采用了 AMI 码中的 HDB3 码。

表 4-9　2.048Mbit/s 接口的复帧结构

复帧	子复帧 SMF	帧号	帧中的 1~8 比特							
			1	2	3	4	5	6	7	
	I	0	C1	0	0	1	1	1	1	1
		1	0	1	A	S_a^4	S_a^5	S_a^6	S_a^7	S_a^8
		2	C2	0	0	1	1	1	1	1
		3	0	1	A	S_a^4	S_a^5	S_a^6	S_a^7	S_a^8
		4	C3	0	0	1	1	1	1	1
		5	0	1	A	S_a^4	S_a^5	S_a^6	S_a^7	S_a^8
		6	C4	0	0	1	1	1	1	1
		7	0	1	A	S_a^4	S_a^5	S_a^6	S_a^7	S_a^8
	II	8	C5	0	0	1	1	1	1	1
		9	0	1	A	S_a^4	S_a^5	S_a^6	S_a^7	S_a^8
		10	C6	0	0	1	1	1	1	1
		11	C7	1	A	S_a^4	S_a^5	S_a^6	S_a^7	S_a^8
		12	0	0	0	1	1	1	1	1
		13	C8	1	A	S_a^4	S_a^5	S_a^6	S_a^7	S_a^8
		14	0	0	0	1	1	1	1	1
		15	C9	1	A	S_a^4	S_a^5	S_a^6	S_a^7	S_a^8

注：E：CRC-4 错误指示比特；

S_a^4 到 S_a^8：空闲比特；

C_1 到 C_4：循环冗余校验-4（CRC-4）比特；

A：远端告警指示。

4. U 接口

U 接口是数字传输系统与 NT1 之间的接口。图 4-13 表明了 U 接口在 ISDN 中的位置。在美国等北美国家，U 接口被认为是网络终点的标志，是用户与网络的分界点；而在一些欧洲国家，U 接口则被认为是网络的一部分。U 接口虽然没有统一的国际标准，但是 ANSI 和 ETSI 两大标准体系关于 U 接口建议的主体部分基本上是一致的。目前采用 2B1Q 编码方式的 U 接口标准已经成为了事实上的标准，其标准主要包括以下几个方面。

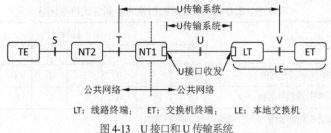

LT：线路终端；　　ET：交换机终端；　　LE：本地交换机

图 4-13　U 接口和 U 传输系统

（1）线路码型

数字信号是利用电平来进行编译码的。2B1Q 码使用四电平码，每个电平代表一个四进制数，即连续的两个二进制比特被编为一个四进制电平符号。

使用 2B1Q 方案进行线路编码的一个优点就是可以降低线路信号的传输速率。对于 ISDN 基本接入，U 接口的传输速率是 160kbit/s，包括 2 个 64kbit/s 的 B 信道、1 个 16kbit/s 的 D 信道及 16kbit/s 的 M 信道用于传送维护和开销位，采用 2B1Q 编码可以使速率降为 80kbit/s。传输速率的降低会降低近端串音干扰，增加传输距离，所以这种编码方式在许多国家包括我国得到了广泛的应用。

（2）帧结构

采用 2B1Q 码的 U 接口标准的帧结构采用如图 4-14 所示的复帧结构。每一个复帧由 8 个基本帧组成，每个基本帧由 120 个 2B1Q 四电平码元组成，即 240 个数据比特。每一基本帧的前 18bit 是帧/复帧定位标志字，根据该帧在复帧中的位置分别标志着基本帧或复帧的开始，接下来的 216bit 是 12 组 2B+D 信道数据，最后 6bit 是操作维护信息字段，组成 M 信道信息。复帧中每个比特的作用见表 4-10。

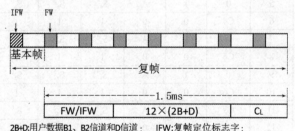

2B+D:用户数据B1、B2信道和D信道；　　IFW:复帧定位标志字；
FW:基本帧定位标志字；　　　　　　　　C_L:M信道比特，M1～M6共6比特

基本帧结构

	基本帧内 2B+D 比特段的 2B1Q 编码								
数据	B1			B2			D		
比特对	$b_{11}b_{12}$	$b_{13}b_{14}$	$b_{15}b_{16}$	$b_{17}b_{18}$	$b_{21}b_{22}$	$b_{23}b_{24}$	$b_{25}b_{26}$	$b_{27}b_{28}$	d_1d_2
相应的四电平码元	q_1	q_2	q_3	q_4	q_5	q_6	q_7	q_8	q_9

b_{11}：在接收侧收到的 B1 信道 8bit 组字节的第 1 比特；　　　　b_{28}：在接收侧收到的 B2 信道 8bit 组字节的第 8 比特；

b_{18}：在接收侧收到的 B1 信道 8bit 组字节的第 8 比特；　　　　d_1d_2：连续 D 信道比特（d_1 是收到的第 1 比特）；

b_{21}：在接收侧收到的 B2 信道 8bit 组字节的第 1 比特；　　　　q_i：相对于给定的 18bit 2B+D 数据字段开始的第 i 个四电平码元

图 4-14　2B1Q 编码 U 接口标准帧结构图

表 4-10　复帧结构

基本帧	成帧	2B+D	C_L（开销）比特 M1～M2					
帧中四电平码元位置	1～9	10～117	118s	118m	119s	119m	120s	120m
帧中比特位置	1～18	19～234	235	236	237	238	239	240
基本帧标号	帧定位标志字	数据	M1	M2	M3	M4	M5	M6
			LT～NT1					
1	IFW	2B+D	EOC_{a1}	EOC_{a2}	EOC_{a3}	ACT	1	1
2	FW	2B+D	EOC_{dm}	EOC_{i1}	EOC_{i2}	DEA	1	FEBE
3	FW	2B+D	EOC_{i3}	EOC_{i4}	EOC_{i5}	1	CRC_1	CRC_2
4	FW	2B+D	EOC_{i6}	EOC_{i7}	EOC_{i8}	1	CRC_3	CRC_4
5	FW	2B+D	EOC_{a1}	EOC_{a2}	EOC_{a3}	1	CRC_5	CRC_6
6	FW	2B+D	EOC_{dm}	EOC_{i1}	EOC_{i2}	1	CRC_7	CRC_8
7	FW	2B+D	EOC_{i3}	EOC_{i4}	EOC_{i5}	UOA	CRC_9	CRC_{10}
8	FW	2B+D	EOC_{i6}	EOC_{i7}	EOC_{i8}	AIB	CRC_{11}	CRC_{12}

注：　ACT：激活指示比特，激活期间置"1"；

AIB：告警指示比特，"0"表示中断；

CRC_n：循环冗余校验比特，校验范围包括 2B+D 和 M1～M4；

n=1（最高有效位比特），……，n=12（最低有效位比特）；

CSO：仅冷启动指示比特，"1"表示仅冷启动；

DEA：去激活指示比特，"0"表示通知解除激活；

EOC：内嵌操作信道；

EOC_n：地址字比特。

EOC_{dm}：数据/消息指示比特；

EOC_i：信息（数据/消息）比特；

FEBE：远端块差错指示比特，"0"表示远端收到的复帧中有差错；

NTM：NT1 测试模式指示比特，"0"表示 NT1 进入测试模式；

PS1、PS2：电源状态指示比特；

SAI：S 接口激活指示比特，"1"表示 S 接口激活；

UOA：仅 U 接口激活指示比特，"0"表示仅激活 U 接口，不激活 S/T 接口；

s：构成四电平码元比特对的第 1 位；

m：构成四电平码元比特对的第 2 位。

这里需要说明的是 EOC 的作用，EOC 由 M 信道的前 3bit 组成，主要用来传输 EOC 消息，供网络侧激活 NT1 的环回测试模式。一条 EOC 消息包含 3 bit 长的地址信息段、1 bit 的消息/数据指示位及 8bit 长的信息域，信息域中承载的是网络向 NT1 发送的命令及 NT1 对网络命令的确认信息。每个复帧中有 24 bit 长的 EOC 字段，可以容纳 2 条 EOC 消息，EOC 消息总是先由网络侧向 NT1 发送的。EOC 按照重复命令/响应模式工作，为了使 NT1 完成相应的动作，网络会连续发送同样的命令直到收到 NT1 响应的三个连续的相同 EOC 消息。NT1 要在连续收到三个相同的包含正确地址信息的 EOC 消息后才能执行 EOC 消息要求的动作。正常情况下，NT1 会利用下一个要发出的帧中的 EOC 消息来响应网络侧，如果 NT1 不能完成消息所要求的动作，则从第 3 个发回网络侧的响应消息开始向网络侧连续发送"不能完成"（unable to comply）消息。

（3）供电

在 PSTN 中，电话机都是统一由网络供电的，这样在市电停电时通信也不会受到影响。而 ISDN 中，用户设备主要是由本地供电的，为了使通信在停电时不会受到破坏，网络侧需要在紧急的情况下向用户设备供电。

在 ANSI 标准中，NT1 是由本地供电的，正常情况下由市电进行本地供电，紧急情况下由用户本地的蓄电池供电。而在 ETSI 标准中，在 NT1 的 S/T 侧，正常情况下由市电或蓄电池进行本地供电，紧急情况下由网络供电，网络侧利用用户线路向 U 接口传送直流供电电流。图 4-15 所示是 U 接口的供电配置图。

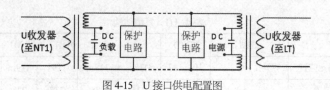

图 4-15 U 接口供电配置图

（4）激活与去激活

为了使 NT1 在不进行通信的时候功耗能够降到最低，U 接口标准规定了激活和去激活过程。

激活过程的最终目的是唤醒处于低功耗状态的 NT1 设备，实现 NT1 与网络侧之间取得通信的同步。在激活过程中，NT1 与网络侧之间要交互一系列的声音和同步信号，均衡器和回波消除器在此过程中也需要得到训练，以适应当前的电缆特性。另外，为了使用户电路上的终端设备也能与网络侧通信同步，在激活过程中，还需要设置 M 信道中 M4 比特的不同状态位使 U 接口的激活与 S/T 接口的激活过程相互配合。U 接口的激活过程可以由网络侧发起，也可以由用户侧发起。

U 接口的激活过程有两种方式：冷启动激活和热启动激活。

冷启动激活是指设备重新加电或者在呼叫过程中电缆特性发生显著变化等情况下的激活过程。冷启动激活的过程包含一段训练过程，此训练过程会持续几秒的时间，主要是使均衡器和回波消除器能够完全适应线路的电缆特性，以便更好地去除回波的干扰。冷启动激活持续的时间较长，激活时间上限为 15s。

热启动激活过程是呼叫触发的激活过程，主要发生在 U 接口去激活后，线路上又发生新的呼叫的情况。在成功的冷启动激活过程之后，由于两次呼叫之间电缆特性的变化一般并不显著，均衡器和回波消除器的系数可以使用上次呼叫结束后的终值，所以训练过程持续的时间较短，激活时间一般不超过 300ms。

在 ANSI 标准中，由于 NT1 是由本地供电，不存在省电的问题，则 U 接口一般均处于激活状态，也就是只支持冷启动激活；而在 ETSI 标准中，则支持两种激活方式。

去激活过程与激活过程是相对的。当用户电路上不存在任何呼叫时，并且 U 接口标准支持热启动激活，则网络可以进行去激活动作，将 NT1 的功率降到最低。去激活过程只能由网络发起，网络通过设置向 NT1 发送的 M 信道中 M4 的相应位来指明数据传输过程的停止，要求 NT1 进入去激活状态。如果双方不再传输信号或者检测到失步，那么网络侧就可以进行去激活的动作。

图 4-16 所示为由用户侧发起激活的整个过程，由以下 7 个阶段组成。

① 初始阶段。此时双方处于去激活状态，U 接口上 LT 和 NT1 互发 SN0 信号，S/T 接口上 NT1 和用户终端 TE 互发 INFO0 信号，表示线路上没有其他信号传送。

② 激活启动阶段。当 TE 产生一个呼叫请求后，例如，用户话机摘机，这时 TE 向 NT1 发送 INFO1，要求 NT1 开始激活。在 NT1 向 TE 响应 INFO2 信号之前，它必须先激活 U 接口获得与网络的同步，以下③~⑤阶段属于同步过程。最初，NT1 向 LT 持续发送 9ms 的 10kHz 的唤醒音 TN，通知 LT 的 U 接口收发器由低功耗状态进入全功率状态。然后，NT1 向 LT 发送 SN1 信号，并启动训练回波消除器和均衡器的定时器。SN1 信号由基本帧组成，不包含复帧同步字，其 B、D 和 M 信道比特的值均为 1。

③ 训练阶段。NT1 停止发送 SN1 信号，然后继续向 LT 发送 SN0 信号，表明 NT1 准备接收来自 LT 的 SL1 信号。LT 收到 SN0 信号后，开始向 NT1 发送 SL1 信号。双方通过相互传送 SL1 和 SN1 信号来调整回波消除器和均衡器的系数，同时进行帧同步。训练时间的

长短与激活的类型有关。有些 ISDN 规定 U 接口不支持热启动激活，NT1 可以通过设置 SN3 帧中的 CSO（Cold-Start-Only）值来向网络声明这一点。

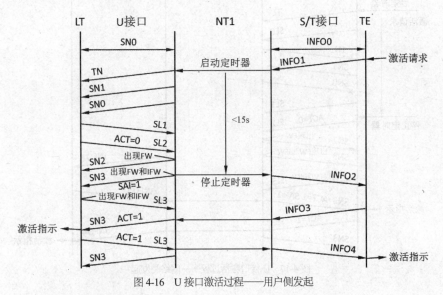

图 4-16　U 接口激活过程——用户侧发起

④ 启动复帧同步阶段。LT 向 NT1 发送 SL2 信号，该帧带复帧同步字，B、D 信道比特的值均为 0。M 信道的 ACT 比特值为 0，表示 U 接口尚未激活。这时 NT1 开始进行与 LT 的基本帧同步过程。

⑤ 训练结束阶段。NT1 完成基本帧的同步后，向 LT 发送 SN2 信号。SN2 的内容与 SN1 一致，用于向 LT 指示 NT1 已经完成基本帧同步过程，但此时还没有完成复帧的同步过程。当 NT1 完成复帧的同步过程后，向 LT 发送 SN3 信号。SN3 信号的内容与 SN2 的基本一致，只是增加了 M 信道相应比特的值，其中 SAI 值为 1，表示 NT1 开始进行 S/T 接口的激活过程。LT 收到 SN3 信号后向 NT1 发送 SL3 信号，表明此时双方已经完成了复帧的同步过程。由于此时 S/T 接口尚未激活，所以 SN3 和 SL3 信号中的 2B+D 信道的数据均为 1，还不包含有效的数据信息。此阶段结束后回波消除器和均衡器的系数调整就完成了。

⑥ S/T 接口激活阶段。NT1 向 TE 发送 INFO2，表明 TE 已经取得与 NT1 的同步。TE 回应 INFO3 信号，表示 TE 已经完成 S/T 接口的激活。

⑦ 激活完成阶段。NT1 收到 INFO3 后，向 LT 发送 SN3 信号，并将 ACT 值置为 1，向网络指示 S/T 接口已经激活，LT 则响应 SL3 信号，其中 M 信道的 ACT 比特值也置为 1。NT1 收到 SL3 信号后向 TE 发送 INFO4，表明 U 接口和 S/T 接口的激活过程已经全部完成。这期间 SN3 和 SL3 信号帧中的 2B+D 信道开始透明传输用户数据或信令信息。激活之后 SN3 和 SL3 信号连续交互，一直持续到用户电路去激活。

图 4-17 所示为由网络侧发起激活的整个过程。

由网络发起的激活过程与上述由用户发起的激活过程很相似，唯一不同的是激活启动过程是由 LT 发起的，即 LT 先向 NT1 发送 3ms 的 10kHz 的唤醒音 TL 信号。另外，M 信道中的 SAI 比特要等到 NT1 收到 TE 的 INFO3 信号后才会被置为 1。由网络侧发起激活的过程在这里不进行详细叙述。

在网络测试和维护 U 接口传输系统的情况下，可能只要求激活 U 接口而不激活 S/T 接口，也就是不进行 U 接口和 S/T 接口同时激活的过程。这种情况称为受限激活，可以通过设置 UOA（仅激活 U 接口）的值来通知 NT1。

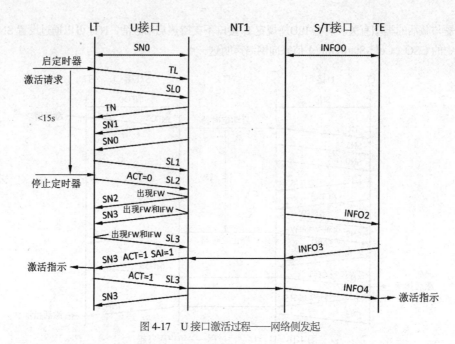

图 4-17　U 接口激活过程——网络侧发起

三、LAPD（Q.921）和 Q.931

DSS1——1 号数字用户信令，是 ISDN 用户-网络接口上 D 信道采用的协议，主要包括数据链路层协议和网络层协议。下面主要介绍数据链路层协议 LAPD（Link Access Procedure on the D-channel）和用于基本呼叫控制的 Q.931 协议。

1. UNI 口的数据链路层协议—LAPD 协议

（1）基本特征

在 ISDN 用户-网络接口处，数据链路层的协议采用 D 信道上的 LAPD 协议，包含在 Q.920/Q.921 标准中。LAPD 的目的是通过 ISDN 用户-网络接口，利用 D 信道为第 3 层实体之间的信息传递提供服务。

LAPD 包括下列功能。

- 提供一个或多个 D 信道上的数据链路连接，利用帧中的数据链路连接标识符（DLCI）来鉴别不同的数据链路之间的连接。

- 帧的分界、同步及透明传输。

- 顺序控制，以保持经过数据链路连接的帧的次序。

- 检测并恢复数据链路连接上的传输、格式及操作差错。

- 将不可恢复的差错通知管理实体。

- 流量控制。

LAPD 协议以 LAPB 为基础，将用户信息、协议控制信息和参数都放在帧中传输。有两种进行信息传输的方式：无确认信息传送方式（unacknowledged information-transfer service）和确认信息传送方式（acknowledged information-transfer service）。这两种方式可以共存于一个 D 信道中。

① 无确认信息传送方式。在这种方式下，信息在无编号信息帧（UI）中传送，传送之后不需要确认。这种方式不提供任何差错和流量控制，它不能保证发送的数据正确地到达接收端。接收端发现传输错误时可以将该帧丢弃，但不会通知发送端。这种方式可应用于点到

点和广播方式的信息传送，即 UI 帧可以发送到一个指定端点或与一个指定服务接入点标志符（SAPI）相关的多个端点处。无确认信息传送方式是一种快速的数据传输方式，对功能管理很有用，例如，用来传输管理实体之间的告警信息和需要向多个终端广播的信息。

② 确认信息传送方式。在这种方式下，信息在需要确认的帧（I 帧、S 帧或 U 帧）中传送，包括三个阶段：连接建立、数据传输和连接拆除。

在连接建立阶段，一个用户向另一个用户发出连接请求，如果另一个用户准备加入这个逻辑连接，则对请求做出响应。当对方收到这个肯定的应答以后，逻辑连接就建立起来了。

在数据传输阶段，所有发送的帧都能按发送顺序得到对方送回的确认，这样 LAPD 就保证了所有帧正确顺序的传输。

在连接拆除阶段，已连接的任何一方都可以提出终止连接请求，当对方确认以后就可以拆除本次连接。

确认信息传送方式通过重发没有确认的帧实现差错恢复。当数据链路层无法恢复差错时，就将此差错报告给管理实体。

（2）帧结构

所有数据链路层端对端（peer to peer）的交换都是以帧的形式进行的。帧的格式如图4-18 所示。

标志F	地址字段A	控制字段C	信息字段I	检验序列FCS	标志F
--8bit--	-----16bit-----	--8/16bit--	--------变长--------	-----16bit-----	--8bit--

图 4-18　帧的格式

① 标志字段。标志字段（flag）是一个特殊的 8bit 序列 01111110，它的作用是标志一个帧的开始和结尾。一个标志字段可同时作为一帧的结尾和下一帧的开始。在用户-网络接口的两侧，接收器连续不断地搜索标志序列，以达到帧同步的目的。当接收器接收到一个帧时，继续搜索标志序列，直到再次收到标志序列时，则确定帧结束。

因此，在此过程中除了 F 字段外，其他的字段内都不允许出现这样的序列。为了避免这样的问题，采用叫作"比特填充"的方法，处理除 F 字段外具有标志序列的数据。做法是：发送端除了 F 字段外，每发送 5 个连续的"1"比特之后就插入一个"0"比特；而接收端对两个 F 字段之间的数据做相反的处理。

② 地址字段。地址字段用来标志 D 信道上的多个数据链路，长度为 16bit，包括了SAPI、TEI、C/R 和 EA 这 4 个组成部分。地址字段格式如图 4-19 所示。

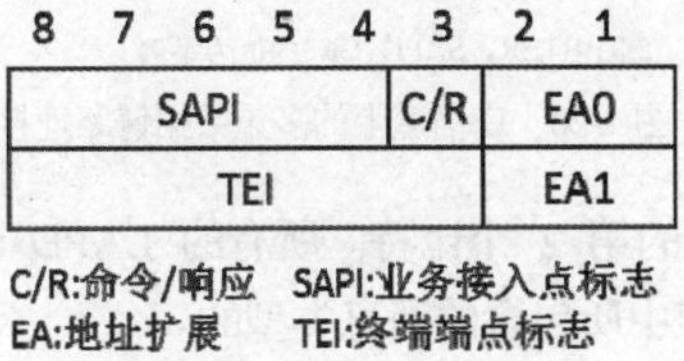

	8	7	6	5	4	3	2	1
	SAPI					C/R	EA0	
	TEI						EA1	

C/R:命令/响应　　SAPI:业务接入点标志
EA:地址扩展　　　TEI:终端端点标志

图 4-19　地址字段格式

● SAPI 是业务接入点标志（Service Access Point Identifier），在此点处数据链路层实体为第 3 层或管理实体提供数据链路服务。SAPI 可以规定 64 个服务接入点，其分配见表 4-11。

● TEI 是终端端点标志（Terminal Endpoint Identifier），用来标志不同的用户终端。点到点数据链路连接的 TEI 仅对应于一个终端设备，但是一个终端可以包含一个或多个用于点到点数据传送的 TEI。用于广播链路连接的 TEI，对应于用户侧包含同一个 SAPI 的所有数据链路层实体。TEI 字段允许规定 128 个 TEI 值，其分配方法见表 4-12。

表 4-11　SAPI 值的分配

SAPI 值	相应的第 3 层或管理实体
0	呼叫控制实体
1~15	保留
16	符合 X.25 第 3 层规程的分组方式的通信实体
17~31	保留
63	第 2 层的管理实体
其他	不可用

表 4-12　TEI 值的分配

TEI 值	设备类型
0~63	非自动分配 TEI 设备
64~126	自动分配 TEI 用户设备
127	广播链路连接中终端设备群的标志

• 非自动分配的 TEI 值由设备负责分配，自动分配的 TEI 值由网络负责分配。

• 在一个终端设备中可能存在多个对应于不同 SAPI 的实体，但是 TEI 和 SAPI 加起来，就可以唯一地标志一个用户侧的实体，而且也唯一地标志了一个逻辑连接。TEI 和 SAPI 的组合又称为数据链路连接标识符 DLCI（Data Link Connection Identifier）。图 4-20 表示一个 D 信道上的 6 条独立的逻辑连接，它们在用户侧的两个终端上终止。

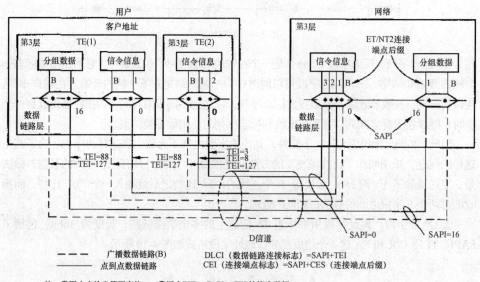

图 4-20　D 信道上的多重数据链路连接

• C/R 比特是地址字段的第 2 个比特。所有的 LAPD 消息类型可分为命令和响应两类，C/R 比特就是用来指示帧中所包含的消息类型的。

• EA 是地址扩展比特，地址字段中每个字节的第一位都是 EA 比特。EA=0，表示下一个字节仍是地址字段；EA=1，表示本字节为地址字段的最后一个字节。

③ 控制字段。控制字段由一个 8bit 组或一个 16bit 组构成，长度取决于帧的类型。LAPD 定义了三种类型的帧，如图 4-21 所示，其中，N（S）为发送序号；N（R）为接收序号，S 为监视功能比特；M 为控制功能比特；P/F 为探询/终止比特。

• 信息帧（I 帧）用来传送用户数据，但在传送用户数据的同时，可以捎带传送流量控制和差错控制信息，以保证用户数据的正确传送。

- 监视帧（S 帧）用来传送控制信息，用于执行数据链路监视控制功能。
- 无编号帧（U 帧）用于提供附加数据链路控制功能，以及用于无确认信息传送方式的无编号信息传输。

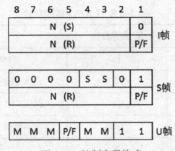

图 4-21　控制字段格式

④ 信息字段。信息字段只出现在 I 帧和 U 帧中，S 帧中不包含信息字段。信息字段可以是任意的比特序列，但是它的长度必须是 8bit 的整数倍。Q.921 标准中规定信息字段的最大长度是 260 个字节。

⑤ 帧检验序列字段。帧检验序列字段是错误检测码，根据帧中除标志字段之外的其他比特计算得到。

- 帧交换过程。LAPD 的帧交换过程就是用户终端和网络之间，在 D 信道上的 I 帧、S 帧和 U 帧传输和交换信息的过程。

采用确认信息传输方式时，LAPD 的帧交换分为三个阶段：连接建立、数据传送和连接拆除。具体操作与 LAPB 相同。

采用无确认信息传输方式时，LAPD 提供不带差错和流量控制的用户数据的传送和交换。无编号帧（UI）用来传输用户数据。

LAPD 除了实现帧交换外，还具有 TEI 管理和参数协商的功能。

- TEI 管理。在基本接口上，为了保证终端设备的可移动性，ISDN 不用预先为用户-网络接口上连接的终端分配 TEI 值，而是在需要的时候分配。当一个终端接入用户-网络接口，并请求建立逻辑链路时，LAPD 先保存这个建链请求，然后要进行 TEI 自动分配的过程。在 TEI 自动分配过程中，用户侧向网络侧管理实体发送 UI 帧请求分配 TEI。网络侧管理实体收到这个请求后，查询 TEI 表并将一个未使用的 TEI 值分配给这个终端，分配的 TEI 值由 UI 帧送回到用户侧。如果网络侧管理实体没有可用的 TEI 值，或者用户的请求无法满足，网络侧也可以通过 UI 帧拒绝这次 TEI 的分配请求，如图 4-22 所示。

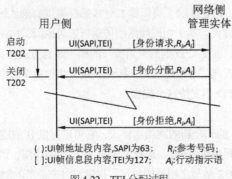

( ):UI帧地址段内容,SAPI为63;　　R_i:参考号码;
[ ]:UI帧信息段内容,TEI为127;　　A_i:行动指示语

图 4-22　TEI 分配过程

图 4-22 中的计时器 T202 用来监视网络的响应。所有 UI 帧中的 SAPI 都为 63，TEI 都为 127。TEI 管理的详细内容请参考 Q.921 协议。

- 参数管理。表 4-13 列出了 LAPD 的系统参数。这些参数的值是可以协商并修改的，双方通过交换帧（XID）来进行协商和修改。

表 4-13　LAPD 系统参数

参数	缺省值	定义
T200	1s	命令帧等待响应的最大时间
T201	=T200	两次 TEI 身份检查消息的最小时间间隔
T202	2s	两次 TEI 身份请求消息的最小时间间隔
T203	10s	链路上没有帧交换的最大时间
N200	3	一帧的最大重发次数
N201	260byte	信息字段的最大长度
N202	3	TEI 身份请求消息的最大重发次数
k	3	未得到确认的最大 1 帧数目

- LAPD 与 LAPB。LAPD 是以 LAPB 为基础进行设计和规范的，但是 LAPD 在功能上比 LAPB 有所扩充，见表 4-14。

表 4-14　LAPD 和 LAPB 的比较

	X.25 链路级（LAPB）	D 信道链路层协议（LAPD）
地址段	固定（通常模式和扩充模式不同）	由 SAPI 和 TEI 构成，可变
数据链路	仅有点对点的链路	有点对点和一点对多点（广播）链路
确认传送方式	有平衡方式（模 8 的普通方式和模 128 的扩充方式）并规定了多链路规程	有平衡方式（仅有模 128 的扩充方式），在一个 D 信道上可以建立多个逻辑链路
无确认传送方式	无	由 UI 帧来实现（主要用在广播方式）
层间业务规定	不明确	依据 OSI 分层模型，规定了各种原语

LAPB 和 LAPD 主要的不同点包括 LAPB 在一个物理电路上只能建立一条数据链路，而 LAPD 却可以在 D 信道上建立多条数据链路；LAPB 每个帧的地址字段是固定的，而 LAPD 却可以根据不同的地址字段识别不同的数据链路；LAPB 只支持点对点的连接，而 LAPD 既支持点对点的连接，又支持向总线上多个终端传送广播信息的一点对多点的连接。

对于信号传送方式，LAPD 除了可以像 LAPB 那样提供有确认的方式，还可以提供不用逐个编号确认的无确认方式。基于物理线路的传送延迟等原因，LAPB 选择了模 8 的普通方式和模 128 的扩充方式，而 LAPD 则只采用统一的模 128 的方式。另外，LAPB 以提高可靠性和分散负荷为目的来提高信号传送能力，因此规定了集中多个物理电路来传送数据的多链路规程（MLP），而 LAPD 不支持这个规程。

2．Q.931

Q.931 是用于 ISDN 的一个新的网络层协议，它可以提供 B 信道和 H 信道业务流量的带外呼叫控制，这个协议利用 D 信道，运行于 OSI 模型的网络层，既可以用于电路方式，也可以用于分组方式。Q.932 是与之相关的协议，提供对补充业务的附加控制功能。

Q.931 规定了与 D 信道共用同一个接口的 B 信道和 H 信道的连接建立过程，还提供了 D 信道上的用户到用户控制信令。图 4-23 所示为该协议在 D 信道上通过 LAPD 传送消息。每一个 Q.931 消息都被封装在一个链路层帧中。链路层帧通过 D 信道传送，在物理层根据 I.430 或者 I.431 协议和其他信道进行复用。

图 4-23　呼叫控制协议结构

图 4-24 是在 ISDN 中建立一个电话呼叫的 Q.931 消息交换过程。这是一个简单的正常呼叫控制协议流程。可以看到，对应每个话机的动作，都有一条或几条消息在 D 信道上传送，这些信令消息控制着通话的建立和释放。

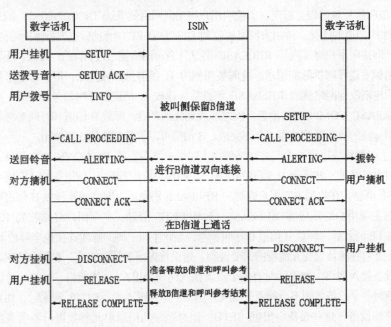

图 4-24　Q.931 协议电路交换呼叫控制过程

整个呼叫建立过程可以分为以下几个阶段。

① 呼叫请求阶段。首先，主叫用户摘机，主叫用户终端向网络发出 SETUP 消息，请求建立 B 信道的连接。SETUP 消息中一般包含承载能力、通路识别等信息单元，主叫方网络侧对收到的 SETUP 消息中的信息单元进行包括承载能力、B 信道选择等参数的兼容性检查后，如果认为能够提供本次呼叫，则为本次呼叫分配信道等资源，然后向主叫用户终端发送 SETUP ACK 消息，同时向用户侧送拨号音。

② 呼叫信息传送阶段。用户收到 SETUP ACK 消息，表示网络侧希望接收主叫用户终端进一步的呼叫控制信息。主叫用户听到拨号音后开始拨号，号码信息被封装在 INFO 消息

中传向网络侧，网络侧对收到的号码信息进行判断，如果合法并且收齐号码之后，则开始向目的网络侧发送呼叫建立请求。

③ 呼叫处理阶段。网络侧收齐呼叫所需的全部消息后，可以选择向主叫用户终端发送 CALL PROCEEDING 消息，表示呼叫处理正在进行。在呼叫的目的端，被叫用户终端收到呼入的 SETUP 消息后，也要进行信道资源、号码信息、承载能力等参数的兼容性检查。如果被叫用户终端能够满足呼叫建立要求的条件，可以选择向被叫方网络侧应答 CALL PROCEEDING 消息。

④ 呼叫提醒阶段。当被叫终端设备开始振铃时，被叫用户终端向网络发送 ALERTING 消息，表示被叫终端正在振铃。被叫方的网络侧要向主叫方网络侧指示被叫方的振铃状态。主叫方网络侧也要向主叫方发送 ALERTING 消息，并送回铃音给主叫用户终端。

⑤ 呼叫连接阶段。当被叫用户摘机后，被叫用户终端向网络发送 CONNECT 消息，表示被叫用户终端开始应答。被叫方的网络侧要向主叫方网络侧指示被叫已经应答此呼叫，主叫方网络侧向主叫方发送 CONNECT 消息，并停止送回铃音。至此 B 信道上的话音呼叫建立，双方可以进行通话。

该例在呼叫的释放过程中，假设被叫用户先挂机。Q.931 协议采用了一种对等的呼叫释放程序，整个呼叫的释放过程采用了下面的分段释放的方法。

① 被叫侧释放过程。首先，由被叫用户终端向网络侧发送 DISCONNECT 消息，并拆除用户侧 B 信道的连接。被叫方网络侧收到 DISCONNECT 消息后也要拆除网络侧 B 信道的连接，向被叫用户终端应答 RELEASE 消息，表示网络侧已经拆除 B 信道，还要向主叫方的网络侧发送呼叫拆除的请求。此时被叫侧的 B 信道虽然被拆除，但资源还未被释放。被叫用户终端收到网络侧的 RELEASE 消息后，释放 B 信道和呼叫参考等资源，向网络侧应答 RELEASE COMPLETE 消息。网络侧收到此消息后，释放 B 信道和呼叫参考等资源，至此被叫一侧的呼叫释放过程才全部完成，B 信道可以重新被新的呼叫使用。

② 主叫侧释放过程。主叫方网络侧向主叫用户终端发送 DISCONNECT 消息，通知主叫用户对方已挂机，并拆除 B 信道的连接。主叫用户终端拆除 B 信道连接，向网络侧应答 RELEASE 消息。在收到主叫用户终端的 RELEASE 消息后，网络侧要释放 B 信道和呼叫参考，并向主叫用户终端应答 RELEASE COMPLETE 消息，主叫用户终端收到 RELEASE COMPLETE 消息后，释放 B 信道和呼叫参考，至此主叫一侧的呼叫连接也全释放了。

以上是对呼叫协议交互流程的简要说明。这里首先需要补充的是，本例中被叫方只有一个终端设备接入网络，如果同时有多个设备接入同一个用户-网络接口，Q.931 协议该如何保证通信时多个设备之间不会相互干扰呢？事实上，当呼入的 SETUP 到来时，如果总线上有多台终端设备，这些设备会根据 SETUP 消息携带的信息单元参数进行各项兼容性的检查。可能同时会有不止一个设备通过兼容性检查，它们都可以向网络侧应答，但网络侧只能选择其中最先一个做出应答的设备作为被叫终端建立连接，同时要释放其他的终端设备。

其次，要补充的就是关于暂停和恢复消息的使用。这两种消息主要用于呼叫建立后需要临时中断、恢复通信的控制过程，Q.931 协议利用这类消息来保证终端具有可移动性。在通信进行过程中，如果用户需要将终端移动到其他 ISDN 插座上，或者想把呼叫转移到其他设备上，用户终端需要先向网络请求暂停呼叫，由网络为此呼叫分配一个暂时的呼叫身份标志，并记录此呼叫上的相关控制信息。等到用户需要恢复通信的时候，终端设备向网络请求恢复呼叫，并传送之前已分配的呼叫身份标志，这样通信就可以恢复。

Q.931 协议除了能够提供基本的呼叫控制功能外，还能提供丰富的附加业务控制功能，包括一些补充业务和用户-用户信令传送等业务，这种公共信道信令的方式丰富了呼叫控制的手段，也利于通信业务的扩展。

前面提到 Q.931 协议是一个基于消息的信令控制协议，呼叫控制层的信令信息利用消息传送。消息是一些长度不定的数据块，下面先介绍 Q. 931 协议的消息结构。

图 4-25 所示为 Q.931 消息的一般结构图。消息分为两个部分:公共部分和信息单元部分。公共部分又由图中所示的三段组成，在所有的消息中它们的格式都是一致的。

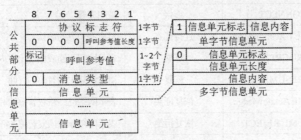

图 4-25 Q.931 消息的一般结构

① 协议标志符（protocol discriminator）。协议标志符可唯一标志一种三层协议，其作用是将呼叫控制协议的消息和用户-网络接口上的其他三层协议消息区分开。目前已经定义的其他第 3 层消息只有 X.25 分组协议消息。

② 呼叫参考（call reference）。呼叫参考的作用是区分不同的呼叫控制消息。在同一个二层链路上可以传送多个控制不同呼叫的三层消息，所以需要区分出每个消息属于哪个呼叫。呼叫参考分为两部分：第一部分是呼叫参考值长度，用来标志呼叫参考值的长度是一个字节还是两个字节；第二部分是呼叫参考值。图 4-25 中所示标记位的作用是区分呼叫是由用户发起的呼叫（呼出）还是网络发起的呼叫（呼入）。这是因为呼叫参考值只在本地的用户-网络接口上有效，在用户-网络接口上可能同时存在着具有相同呼叫参考值的两个不同传递方向的呼叫控制消息。由用户侧发起的呼叫即呼出，其消息的标记位均为"0"，由网络侧发起的呼叫即呼入，其消息的标记位均为"1"。这样，就可以通过标记位区分出呼叫的传递方向。

③ 消息类型。消息类型用来标志此消息的功能。Q.931 协议规定了一系列的消息用于呼叫的建立、拆除及呼叫期间的维护等控制过程。表 4-15 列出了 Q. 931 协议中规定的一部分消息及其功能。

在消息的公共部分后面是信息单元部分。信息单元携带了呼叫必需的参数。根据信息单元的长度划分，信息单元包括单字节信息单元和多字节信息单元，如图 4-25 所示。多字节信息单元的长度是可变的，由其长度字段来记录。信息单元标志标识了信息单元要实现的功能，其内容是具体的参数配置。信息单元有必选信息单元和可选信息单元之分。这与具体的消息类型有关，需要根据消息类型确定某一信息单元在该消息中是必须出现的还是可选的。消息中可能不包含信息单元，也可能包含一个或多个信息单元。接收端只需根据信息单元的标志和长度来解析各个信息单元的内容，直至消息的结束。

表 4-15　呼叫控制层消息及其功能

种类	名称		功能
	英文	中文	
呼叫建立消息	SETUP	建立	呼叫建立的请求
	SETUP Acknowledge	建立确认	对呼叫建立请求的确认

种类	名称		功能
	英文	中文	
呼叫建立消息	CALL PROCEEDING	呼叫进程	表示呼叫建立过程已经开始
	ALERTING	提醒	表示正在向被叫用户振铃
	CONNECT	连接	被叫应答
	CONNECT Acknowledge	连接证实	对应答消息的确认
	PROGRESS	进展	表示网间互通或出现信道内信令
呼叫过程消息	RESUME	恢复	请求恢复先前暂停的呼叫
	RESUME Acknowledge	恢复证实	表示网络已经恢复暂停的呼叫
	RESUME REJECT	恢复拒绝	表示网络无法恢复暂停的呼叫
	SUSPEND	暂停	请求网络暂停呼叫
	SUSPEND Acknowledge	暂停证实	表示网络已经将呼叫暂停
	SUSPEND REJECT	暂停拒绝	表示网络拒绝呼叫暂停的请求
呼叫释放消息	DISCONNECT	拆线	拆除连接请求
	RELEASE	释放	表示已拆除信道，并准备释放信道和呼叫参考
	RELEASE COMPLETE	释放完成	表示已经释放信道和呼叫参考
	RESTART	重新启动	请求重新启动
	RESTART Acknowledge	重新启动证实	表示重新启动已完成
其他消息	INFORMATION	信息	提供附加的呼叫控制及其他信息
	NOTIFY	通知	提供与呼叫相关的信息
	STATUS	状态	报告用户或网络的状态
	STATUS ENQUIRY	状态询问	询问对方的状态

由于信息单元的种类繁多，在此不一一介绍，主要介绍几个与呼叫控制过程密切相关的信息单元，包括承载能力信息单元、通路识别信息单元、被叫用户号码信息单元、进展表示语信息单元等。

承载能力信息单元主要的作用是提供呼叫所要求的承载业务参数。承载能力信息单元在呼叫建立请求消息中是必选。承载能力信息单元内容字段中包含与呼叫的业务和传送媒体选择相关的参数。例如，请求建立的呼叫是话音业务还是数据业务，是利用电路交换方式还是分组方式传递，信息传送的速率是多少等，这些参数的规定都包括在承载能力信息单元中。

通路识别信息单元的作用就是标志呼叫建立的信道。用户和网络侧可以利用通路识别信息单元来协商呼叫建立在哪个信道上。通路识别信息单元主要出现在呼叫建立消息之中，用于在呼叫建立期间选择信道。

被叫用户号码信息单元的作用就是传送呼叫目的端的号码信息。在 PSTN 中，被叫用户号码是简单的双音频组合信号，而 ISDN 中被叫用户号码是靠数字信息传送的。被叫用户号码信息单元和被叫用户与地址信息单元结合起来，可以提供诸如直接拨入、多用户号码、子地址寻址等附加业务。

进展表示语信息单元的作用是说明在呼叫期间发生的事件，主要是向终端指示出现了互通事件或者信道内正在传送信号音等。互通事件是指呼叫已经不完全在 ISDN 网络之中，即与其他的电信网产生了互通。PSTN 能够向终端用户传送拨号音、回铃音、忙音等信号，ISDN 也有这些功能。在通过 B 信道传送信号音的同时，网络侧利用进展表示语单元通知终端用户接收信号音。终端用户设备可以选择连接 B 信道来接收信号音，也可以选择自己来产生信号音。

四、呼叫处理过程

1．电路交换呼叫处理

ISUP 协议的呼叫控制程序是以统一电话业务与非话音业务为原则而设计的，与 DSS1 的呼叫控制层协议类似，也包括呼叫的建立、保持和释放等过程。

在基本呼叫控制过程中使用到的 ISUP 消息的功能见表 4-16。

表 4-16　部分 ISUP 消息及其功能

消息名称	功能	DSS1 中主要对应的消息
IAM（initial address）	呼叫建立请求	SETUP
ACM（address complete）	通知地址信息接收完毕	ALERTING，PROGRESS
ANM（answer）	被叫应答	CONNECT
REL（release）	呼叫释放请求	DISCONNECT（RELEASE COMPLETE）
RLC（release）	通知呼叫释放完成	—

图 4-26 所示为包括 UNI 接口协议 DSS1 的第 3 层信令和 NNI 接口的 ISUP 信令在内的电路交换呼叫的基本呼叫控制过程。

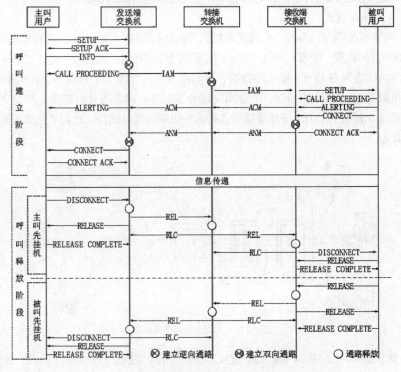

图 4-26　电路交换呼叫处理过程

图中上半部分是呼叫建立的基本控制过程。关于用户—网络接口上呼叫控制层协议的交互过程详见前述介绍的 Q.931 协议，ISUP 协议的控制过程由以下阶段组成。

① 呼叫请求阶段。一个 ISDN 的呼叫可能要经过多个交换机的转接。当发送端交换机接收到呼叫建立所必需的全部信息后，要为此呼叫选择一条空闲的局间电路，并把这些信息填入 IAM 消息中，向转接交换机转发。转接交换机接收到 IAM 消息后，分析被叫号码和其他的选路信息，以确定呼叫的路由。如果转接交换机能够提供呼叫所要求的电路，就为此呼叫分配一条空闲的局间电路，并继续向接收端交换机发送 IAM 消息。接收端交换机收到 IAM 消息后，也要分析承载能力、被叫号码等信息，检查被叫用户的忙闲状况。如果用户能够接受此呼叫，则接收端交换机向被叫用户发送 SETUP 消息。

② 呼叫提醒阶段。在接收端交换机收到被叫用户开始振铃的通知后，向转接交换机发送 ACM 消息。当发送端交换机收到转接交换机转发来的 ACM 消息后，向主叫用户发送等待应答指示。

③ 呼叫连接阶段。在被叫用户摘机应答时，接收端交换机向转接交换机发送 ANM 消息，指示被叫应答，同时连通双向通路。发送端交换机收到 ANM 消息后，停止向主叫用户发送等待应答指示，也连通双向通路。至此，端到端的电路连接已经建立起来，双方可以开始进行通信。

图中下半部分为呼叫释放的基本控制过程。交换机之间通过发送 REL 和 RLC 消息释放局间电路。用户—网络接口处的呼叫释放可参看 Q.931 的呼叫释放过程。

2．分组交换呼叫处理

ISDN 交换系统的一个主要特点就是增加了分组交换的能力。ISDN 提供的分组通信方式主要有两种：一种是以电路交换的方式将分组终端接入公用分组交换网（ PSPDN ），这种方式又被称为 CASE A 模式；另一种是在 ISDN 交换机内部增加分组处理器（PH）模块。分组终端通过分组交换方式接到 PH，这种方式又被称为 CASE B 模式。

（1）CASE A 模式

① 网络互通结构。CASE A 模式的网络互通结构如图 4-27 所示，这种模式在 ISDN 和 PSPDN 之间设置一个接入单元（AU）以实现网络的互通。通信时先建立 ISDN 分组终端用户与 AU 之间 B 信道上的电路连接，然后由 AU 负责建立经 PSPDN 至分组网终端用户的虚电路连接，从而在 ISDN 的分组终端与 PSPDN 网络的分组终端之间建立起虚呼叫。这里 AU 相当于 ISDN 分组终端设备接入分组网的接口设备，起到了速率适配和协议转换的作用。

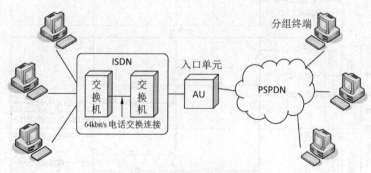

图 4-27　CASE A 模式连接管理

② 协议流程。CASE A 模式建立虚电路连接的信令交换过程分为两个阶段，如图 4-28 所示。

第一阶段是 ISDN 分组终端设备和 AU 之间建立 B 信道电路连接的过程。协议交互在 D 信道上实现。首先是数据链路层的 LAPD 建链过程。二层地址由 (s, x) 这样的形式组成，s 代表 SAPI 值，x 代表 TEI 值。这里的 s 值为 0，表示建立信令连接。在成功建立好数据链路后，开始进行 ISDN 分组终端设备和 AU 之间的 Q.931 协议交互，由终端设备向 AU 发送 SETUP 请求，在 B 信道上建立两者之间的电路连接。

第二阶段是在建好的 B 信道上建立分组连接虚电路的过程。首先是 LAPB 建链过程，建立 ISDN 分组终端设备和 AU 之间的二层链路。这里（B）代表二层地址，表示呼叫由终端发起。当终端作为被叫，呼叫从 AU 发起时，二层地址以（A）来区别。然后是分组层建立 X.25 连接的过程。X.25 呼叫请求分组中包含了被叫用户在 PSPDN 中的地址，虚电路由 PSPDN 提供。

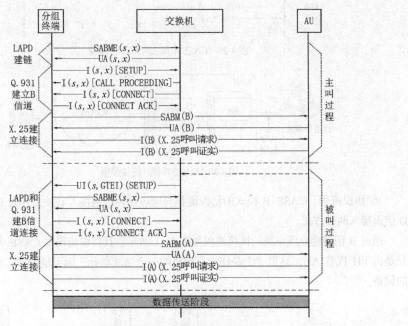

图 4-28 CASE A 模式呼叫建立过程

如果是由 PSPDN 中的终端设备发起呼叫，则先由 AU 向 ISDN 中的分组终端设备发 SETUP 消息，建立与 ISDN 分组终端设备的 B 信道电路连接。与上面的 ISDN 分组终端作为主叫建立呼叫的过程稍有不同的是，SETUP 消息是以广播的形式发送，GTEI 表示用于广播的 TEI 值。

当呼叫结束时，其流程也由两个阶段组成：第一阶段是分组连接虚电路的释放过程；第二阶段是 ISDN 用户终端与 AU 之间拆除电路连接的过程，协议流程如图 4-29 所示。

由于 B 信道上可以建立多个虚电路，所以必须等 B 信道上的所有虚电路都拆除之后，B 信道才能被释放。

需要说明的一点是，在 CASE A 模式中，由于 ISDN 并不具备分组交换的能力，分组交换服务是由 PSPDN 提供的，所以两个同在 ISDN 中的分组终端设备的交互不能完全由 ISDN 提供，还要经过 PSPDN 才能完成。

（2）CASE B 模式

① 网络结构。CASE B 模式的网络互通结构如图 4-30 所示。这种模式在 ISDN 内部设置分组处理器（PH）模块，由 PH 来进行分组交换的处理，这种模式被叫作 ISDN 虚电路业

务。ISDN 虚电路业务可以在 B 信道上实现，也可以在 D 信道上实现。分组终端先要与 PH 进行通信，以分组方式连接到 PH。然后，由 PH 负责建立至被叫侧 B 信道或 D 信道上的分组连接的虚电路。分组终端之间可能要经过多个 PH 的转接才能建立起端到端的虚电路连接。

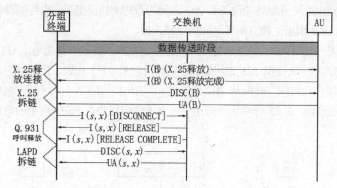

图 4-29　CASE A 模式呼叫拆除过程

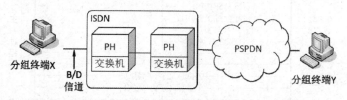

图 4-30　CASE B 模式连接模型

② 协议流程。CASE B 模式的协议流程与通过哪种信道接入有关，分为 B 信道接入和 D 信道接入两种方式。

通过 B 信道建立虚电路的协议流程如图 4-31 所示。其协议流程与 CASE A 模式相同，只是由 PH 代替 AU。这里 PH 是作为交换机的一个功能单元，而不是 ISDN 外的一个独立的设备。

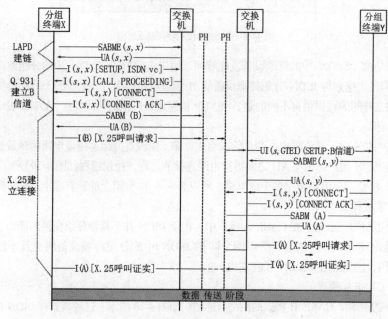

图 4-31　B 信道上建立虚电路过程

通过 D 信道建立虚电路的协议流程如图 4-32 所示。这种方式适合数据量比较小的分组连接。首先要建立主叫终端设备 X 与 PH 之间的数据链路连接，这里二层的地址为 (p, x) 其中 p 的值为 16，代表建立分组连接。数据链路建立好之后，分组建立请求直接通过 I 帧送往 PH。

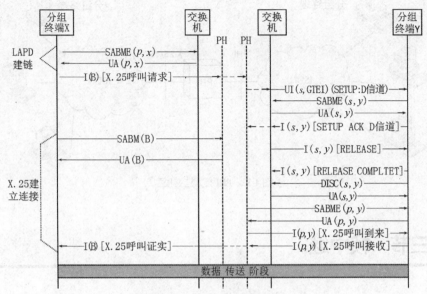

图 4-32   D 信道上建立虚电路过程

被叫侧的信令过程相对来说比较复杂。因为被叫用户总线上可能存在多点配置，被叫侧的 PH 无法直接与被叫终端建立数据链路。这里需要借助交换机的呼叫控制实体来确定哪个终端可以作为被叫。交换机向被叫侧发送广播的 SETUP 消息，并指明选择 D 信道。假设用户终端设备 Y 符合该呼叫请求并响应呼叫，则 Y 与交换机之间要建立数据链路，并应答 SETUP ACK 消息，表示同意建立 D 信道上的虚电路。交换机的呼叫控制实体得到终端设备 Y 的 TEI 值后，将此 TEI 值通知 PH。至此，呼叫控制实体任务完成。然后，呼叫控制实体把为了获取被叫 TEI 值而建立的呼叫控制连接和数据链路都释放掉。在释放连接的同时，PH 利用呼叫控制实体获得的 TEI 值向 Y 请求建立数据链路。数据链路建好之后，PH 与被叫终端 Y 用 X.25 分组在第 3 层上进行交互，建立 X.25 的虚电路，此过程与 B 信道的虚电路建立过程相同。

CASE A 和 CASE B 两种模式各有优缺点：CASE A 模式中交换机实现十分简单，但是连接过程比较烦琐，每次呼叫的建立要经过两种连接的建立过程，并且只能在 B 信道上传输分组数据；而 CASE B 模式对于用户使用比较简单，并且在 B、D 信道上都可以传输数据，充分利用了带宽资源。缺点是交换机要实现 PH 功能，使交换机的处理变得复杂。

为此，ETSI 提出了一种折中的方法：就是将 PH 放在交换机之外，交换机与 PH 之间通过 64 kbit/s 的接口通路连接，因此通过 B 信道接入的虚电路直接映射到接口通路上，而通过 D 信道接入的虚电路需要将多个虚电路复用后映射到接口通路上。PH 与交换机之间的接口通路被称作 PHI，所以这种连接方式被称为 PHI 模式。目前大部分交换机上都配置了 PHI，少数配置 PH。

PHI 模式的网络连接结构如图 4-33 所示。ISDN 与 PH 之间的接口为 PHI，PH 与分组交换网之间的接口为 X.25 或 X.75 接口，这里的 PH 一般都位于分组交换网内。对于 B 信道上的虚电路连接，PHI 可以提供半永久连接虚电路和交换虚电路两种虚电路连接方式。而对于 D 信道上的虚电路连接，PHI 可以提供半永久连接虚电路、交换虚电路和永久虚电路连接三种虚电路连接方式。

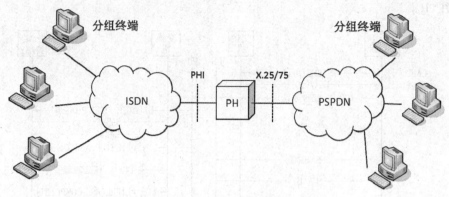

图 4-33　PHI 模式连接模型

第三节　帧中继

　　1988 年，标题为"提供附加分组方式承载业务框架"的 I.122 建议引入了一种新的分组传输模式。这是一种运行于数据链路层的分组交换技术，它的开销比具有 X.25 接口的传统分组交换技术低得多。该项新技术在 I.122 的 1993 年版本中被称为"帧方式承载业务"，或通常称为帧中继。尽管帧中继是作为窄带 ISDN 的一种业务和交换机制提出的，但它已被广泛应用于 ISDN 之外的网络技术中。所以，帧中继成为了窄带 ISDN 最重要的贡献之一。

　　自 1988 年以来，帧中继方面的研究取得了较大进展。ITU-T、ANSI 和帧中继论坛（FR FORUM）在这一领域的研究都很活跃，它们制定了一系列帧中继标准。下面列举了三个组织的相关文档。

　　（1）ITU-T 标准

- I.122 帧中继承载业务框架。
- I.233 帧模式承载业务。
- I.370 帧中继承载业务的拥塞管理。
- I.372 帧中继承载业务的网络—网络间接口要求。
- I.555 帧中继承载业务的互通。
- I.655 帧中继网络管理。
- Q.922 用于帧模式承载业务的 ISDN 数据链路层技术规范。
- Q.933 1 号数字用户信令（DSS1）帧模式基本呼叫控制的信令规范。
- X.36 通过专线提供 FRDTS 的数据终端设备 DTE 和数据电路终接设备 DCE 的接口。
- X.76 提供 FRDTS 的公用数据网网间接口。
- X.144 国际帧中继 PVC 业务数据网络用户信息传送性能参数。

　　（2）ANSI 标准

- T1S1 结构框与业务描述。
- T1.620 ISDN 数据链路层信令规范。

- T1.606 帧中继承载业务描述。
- T1.617 帧中继承载业务的信令规范。
- T1.618 用于帧中继承载业务的帧协议核心部分。

（3）帧中继论坛标准

- FRF.1 用户-网络接口实施协定。
- FRF.2 网络-网络接口实施协定。
- FRF.3 多协议包封实施协定。
- FRF.4 SVC 用户-网络接口实施协定。
- FRF.5 帧中继与 ATM PVC 网络互通实施协定。
- FRF.6 帧中继业务用户网络管理实施协定。
- FRF.7 帧中继 PVC 广播业务和协议描述实施协定。
- FRF.8 帧中继与 ATM 业务互通实施协定。

一、帧中继技术

在 X.25 分组交换方式中，数据被分割成一系列的块。对于每个块加上一个 X.25 头形成分组。在进行路由计算之后，分组被加上一个 LAPB 头和尾装入 LAPB 帧。然后这个帧通过一条数据链路传输到下一个分组交换节点。这个节点在数据链路层执行流量控制和差错控制功能，包括返回一个确认信息并且可能要求重传。接着节点剥去数据链路层字段以检测分组头进行路由选择，网络中的每个节点都要重复这个过程。

应该说 X.25 的差错控制和流量控制机制是相当可靠的，尽管这付出了速率的代价。但是就 ISDN 在高质量数据链路（多为光纤）基础上的高速率分组应用来讲，X.25 的可靠机制就有些多余了。于是对 X.25 的一些改造和调整开始了。首先是呼叫控制信令从传送数据及其控制分组的虚电路中分离出来，用一个专门的逻辑进行传递，这样中间节点就不需要维持状态表和处理呼叫控制分组了；然后是将 X.25 分组层的虚电路复用和路由交换全部压缩到数据链路层执行，这样就整整省掉了一个层；最后，取消 X.25 标准下逐跳进行控制的机制，数据帧只管传送，流量控制和差错控制由两端的用户设备来完成。这种以帧的方式承载业务的技术，便是帧中继。

可以说，帧中继的设计是为了尽可能多地消除 X.25 的开销，这一点可以从两者的操作过程比较明显看出，如图 4-34 所示。

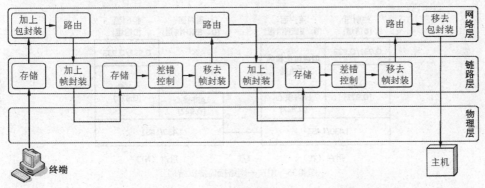

（a）分组交换

图 4-34 分组交换和帧中继操作

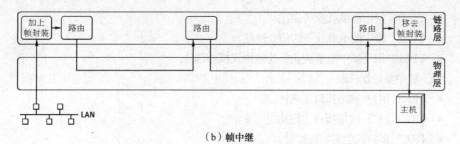

（b）帧中继

图 4-34 分组交换和帧中继操作（续）

可以看到，帧中继的优点是改进了通信过程。以简化协议功能换取了更低的延迟和更高的吞吐量。当然，同时带来的潜在缺点就是不能像 X.25 那样进行逐条链路的流量控制和差错控制。不过传输和交换设备可靠性的提高使得这已经不再是主要的缺陷，而且帧中继也并没有完全抛弃控制机制，它们被交给了更高层来完成。

需要说明的是，ITU-T I.233 区分了两种不同的帧方式承载业务：帧中继（FR）和帧交换（FS）。

● 帧中继承载业务是在 D、B 或 H 信道上传输数据链路帧的一种基本网络业务，正像前所述及的那样，它本质上是一种没有确认功能的不可靠的业务。

● 帧交换则是帧中继的增强版本，它提供流量控制和差错控制，因此在功能上和 X.25 更为相似。

不过由于网络内在的交换和传输的可靠性及高层端到端控制软件的存在，帧交换的使用似乎没有必要。本节主要介绍帧中继。

二、帧中继协议

与分组交换协议类似，ITU-T 只对帧中继的 UNI 协议进行了标准化，而网内交换结点之间的 NNI 协议一般是采用标准 UNI 协议的某种变型。

在 ISDN 中，由于将控制信令和帧中继数据分开在不同的信道中以不同的方式传输，所以需要考虑控制和用户两个平面。

● 控制平面负责逻辑连接的建立和终止，它在用户和网络（节点处理机）之间起作用；

● 用户平面负责用户之间的数据传输，它提供端到端的功能。

支持帧中继的协议结构如图 4-35 所示。

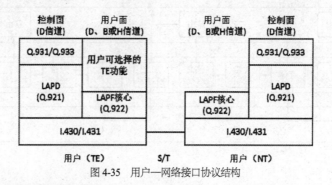

图 4-35 用户—网络接口协议结构

1. 呼叫控制协议（控制平面）

在 ISDN 的帧中继操作方式中，一个 ISDN 用户需要和网络中的一个具有帧处理能力的帧处理器连接才能实现帧接入和控制，即先进行到帧处理器的接入，然后在该接入的连接上复用多个逻辑连接，即帧中继连接。但是用户直接相连的本地交换机不一定具有帧处理能力。如果本地交换机没有帧处理能力，则必须提供一个从用户 TE 到网络中别处帧处理器的交换接入。如果本地交换机提供帧处理能力，则直接进行到该本地交换机的综合接入。交换接入和综合接入的比较如图 4-36 所示。

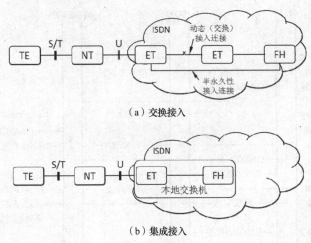

（a）交换接入

（b）集成接入

图 4-36　帧中继接入方式

不管是哪种接入，如果接入连接是半固定的，则不需要任何的呼叫控制协议。如果接入连接是按请求建立的则有些不同。当以 B 或 H 信道实现对远程帧处理器的交换接入时，则通常以 Q.931 在 D 信道上建立这种连接（如同在 B 信道上支持 X.25 的策略一样）。同样当以 B 或 H 信道实现对本地帧处理器综合接入，也可以 Q.931 在 D 信道上建立该连接。但是如果使用 D 信道进行这种接入，并且接入连接是按请求建立而不是半固定的（X.25 则永远是半固定的），那么将再次使用 Q.931 在 D 信道上建立这种连接。

一旦接入连接建立起来，则可以在该连接上按请求建立起帧中继连接。对于远程交换接入的情况，可使用 Q.933 呼叫控制消息，用信令帧（DLCI=0）进行建立；对于本地综合接入的情况，则使用相同的呼叫控制消息，用 D 信道 LAPD 帧（SAPI=0）进行建立。当然如果事先有一个半固定的接入连接，并且在其上也事先定义了半固定的帧中继连接，则不需要上述任何的呼叫控制协议和过程。

帧中继业务连接的建立可以综合见表 4-17。

表 4-17　帧中继业务连接的建立

情况	过程	接入连接/帧中继连接		
		请求/请求	半固定/请求	半固定/半固定
情况 A：到帧处理器的交换接入	接入连接的建立	I.451/Q.931 在 D 信道上建立在 B 或 H 信道上的连接	半固定	
	帧中继连接的建立	在 B 或 H 信道上的信道内帧中继消息，DLCI=0		半固定
情况 B：到帧处理器的综合接入	接入连接的建立	I.451/Q.931 在 D 信道上建立在 D，B 或 H 信道上的连接	半固定	
	帧中继连接的建立	在 D 信道上的帧中继消息，SAPI=0		半固定

图 4-37 提供了一个到帧处理器的交换接入包括消息交换类型例子。首先，呼叫方必须建立一个到帧处理器（帧中继网络中的节点之一）的电路交换连接。这通常由 SETUP、CONNCET、CONNECT ACK 消息完成，在本地用户-网络接口及网络和帧处理器之间的接口处交换。这种交换的过程和参数在 D 信道上实现并在 Q.931 中定义。图中假设了该接入连接是为 B 信道建立的。

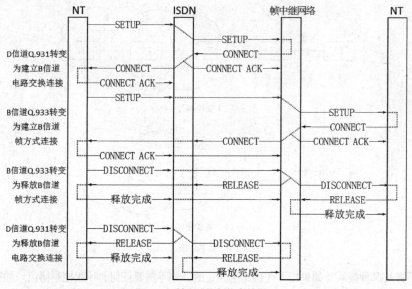

图 4-37　帧方式控制信令的例子

一旦接入连接建立起来，对于每个建立的帧方式连接，一次交换将直接发生在终端用户和帧处理节点之间。同样将使用 SETUP、CONNECT、CONNECT ACK 消息。在这个情况下，这次交换的过程和参数在 Q.933 中定义，交换在用于帧方式连接的同一个 B 信道上进行。

事实上，帧中继呼叫控制使用的消息集和分组方式接入连接控制使用的一样。

2. 数据链路控制协议（用户平面）

对于在终端用户之间信息传输，用户平面协议是在 Q.922 中定义的 LAPF（帧方式承载业务的链路接入过程）。Q.922 是增强的 LAPD（Q.921）。只有 LAPF 的核心功能被用于帧中继。在用户平面的 LAPF 的核心功能组成了数据链路层的子层。它提供了没有流量控制或差错控制的最少业务来将数据链路帧由一个用户传送到另一个用户。除此之外，用户还可以选择附加数据链路层或网络层端到端功能。这些不属于 ISDN 的帧中继业务。基于核心功能，ISDN 提供帧中继作为一种面向连接的链路层业务的如下特性：

- 当帧从网络的一个边传送到另一个边时仍保持帧的顺序；
- 帧遗失的可能性小。

帧方式的承载业务由新的数据链路控制协议 LAPF（帧方式承载业务的链路接入过程）来支持。该协议由 Q.922 定义，是在 LAPD 基础上的扩展，其帧格式用于在所有用户信道（B、D 和 H）上的帧传输。帧中继承载业务是 LAPF 协议的核心部分，提供增强的数据链路服务。整个 LAPF 协议，也叫作控制协议，在帧交换承载服务中是必需的。

（1）格式

为了更好地解释用户数据传输的帧中继操作，首先从帧格式入手，如图 4-38 所示。这种格式和 LAPD 及 LAPB 是相似的，明显的不同之处在于：这里没有控制字段，这意味着：

- 这里只有一种帧类型，用于携带用户数据，没有控制帧；

- 不可能使用带内信令，逻辑连接只能携带用户数据；
- 不可能执行流量控制和差错控制，因为这里没有顺序号。

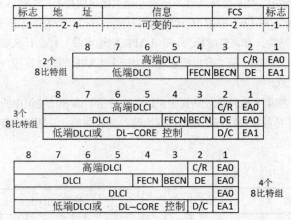

图 4-38 LAPF 核心格式

标志和帧检验序列（FCS）字段的功能与在 LAPD 和 LAPB 中的一样，信息字段携带更高层的数据。如果用户选择实现附加的端到端数据链路控制功能，那么这个部分还可以携带一个数据链路帧。例如，在一个局域网的背景下，逻辑链路控制（LLC）协议可以应用在 LAPF 核心协议的顶层。这与 I.465/V.120 中采取的方案是相似的，其中一个 I.465/V.120 帧的信息字段中携带了一个 HDLC 帧。需要指出的是，在这种方式中执行的协议只限于终端用户之间，并且对帧中继是透明的。另一种可行的办法是把 LAPF 帧扩展到使用 LAPF 控制协议。

地址字段的长度及由此产生的 DLCI 的长度，由地址字段扩展（EA）比特决定。地址字段的缺省长度是 2 个 8 比特组，并可以扩展到 3 或 4 个 8 比特组。它携带了一个长为 10、16、17 或 23 比特的数据链路连接标识符 DLCI。DLCI 的功能同 X.25 中虚电路号一样，允许多个帧中继连接在一个信道上复用。如同在 X.25 中，连接标识符只在本地有意义一样，逻辑连接的每端都从本地未使用数字池中选出一个分配给自己的 DLCI，网络必须把一个映射为另一个。另一种选择，在两端都使用相同的 DLCI，需要对 DLCI 的值进行全局管理。表 4-18 和表 4-19 归纳了对 DLCI 值的分配法。

表 4-18 LAPF DLCI 分配（B 和 H 信道）

DLCI 范围				功能
10bit 格式 （2 组或 3 组 D/C=1）	16bit 格式 （3 组 D/C=0）	17bit 格式 （4 组 D/C=1）	23bit 格式 （4 组 D/C=0）	
0	0	0	0	信道内信令
1～15	1～1023	1～2047	1～131071	保留
16～991	1024～63487	2048～126975	131072～4194303	用帧中继连接程序分配
992～1007	63488～64511	126976～129023		帧方式承载业务的第 2 层管理
1008～1022	64512～65534	129024～131070		保留
1023	65535	131071		信道内第 2 层管理

表 4-19 LAPF DLCI 分配（D 信道）

DLCI 范围	功能
512～991	用帧中继连接程序分配

对于 D 信道的帧中继，采用 2 个 8 比特组的地址字段，其 DLCI 值限定在 512~991 之间，这相当于 32 ~ 61 的 SAPI。因此，帧中继帧可以用 LAPD 帧复用到 D 信道，并在地址字段第一个 8 比特组的第 8 比特到第 3 比特基础上把这两种类型的帧区分开来。图 4-39 解释了这种区分。图 4-39（b）中的 16 比特结构对应于 SAPI 为 16，TEI 为 66。对于图 4-39（d）中的 16 比特结构，如果这解释为一个 LAPD 地址字段，那么其 SAPI 为 32。由于这是为帧中继保留的一个 SAPI 值，我们把它解释为一个 LAPF 的地址字段。这样，其地址值产生一个 DLCI 为 520。

8 比特组第 3 和第 4 比特地址格式中，D/C 比特指明该 8 比特组中的其余 6 比特是解释为低 DLCI 比特还是数据链路核心控制协议比特。到目前为止，还没有额外的核心控制功能需要这些比特。

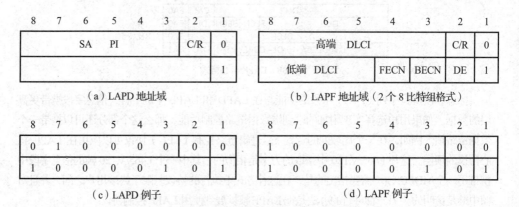

（a）LAPD 地址域　　　　　　　　　　（b）LAPF 地址域（2 个 8 比特组格式）

（c）LAPD 例子　　　　　　　　　　（d）LAPF 例子

图 4-39　LAPD 和 LAPF 地址字段结构

C/R 比特有特定用途，不用于数据链路核心控制协议。地址字段的其余比特与拥塞控制有关。

（2）网络功能

由 ISDN 或任何支持帧中继的网络所执行的帧中继功能，是由基于其 DLCI 值的、具有图 4-39（a）所示的帧格式的路由组成的。

典型情况下，路由是由基于 DLCI 的连接表中的表项控制的，而 DLCI 将输入帧从一个信道映射到另一个信道。基于连接表中适当的表项和在传送之前翻译帧中的 DLCI 值，帧处理器把一个帧从输入信道交换到一个输出信道。DLCI 只有本地的意义，它与任何的全网地址无关。在同一条虚电路上，不管是向用户发送的数据还是用户发出的数据，其 DLCI 值都相同。图 4-40 表示了 DLCI 的操作。

以连接设备 B 和 C 的 VC1 为例说明虚电路的连接过程。

① 设备 B 把需要发送到 C 的帧 DLCI 设置为 78，发送到节点 1；

② 节点 1 在接口 a 上收到 DLCI 为 78 的帧后，查找路由表，根据路由表的指示，将 DLCI 改为 36 后通过接口 c 发送到节点 3；

③ 节点 3 在接口 d 上收到该帧，根据路由表的指示，将 DLCI 改为 24 后，通过接口 e 发送到设备 C。

④ 在 VC1 的 C 到 B 方向上，帧的转发过程与此类似。

在这个例子中，设备 B 通过本地的 DLCI78、节点 1 与节点 3 之间的 DLCI36、节点 3 与设备 C 之间的 DLCI24 与设备 C 通信。

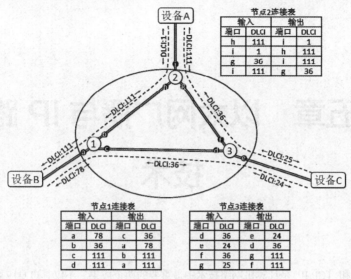

节点2连接表

输入		输出	
端口	DLCI	端口	DLCI
h	111	i	1
i	1	h	111
g	36	i	111
i	111	g	36

节点1连接表

输入		输出	
端口	DLCI	端口	DLCI
a	78	c	36
b	36	a	78
c	111	b	111
d	111	a	111

节点3连接表

输入		输出	
端口	DLCI	端口	DLCI
d	36	e	24
e	24	d	36
f	36	g	111
g	25	f	111

图 4-40　DLCI 连接操作

由图可以看到，连接到同一设备的多个逻辑连接复用相同的物理信道。需要指出的是，所有终端设备都有一个 DLCI=0 的到帧中继节点的逻辑连接。这些连接预留给信道内呼叫控制，当 D 信道中 Q.931 不能用于帧中继呼叫控制时，使用这些连接。

作为帧中继功能的一部分，每个输入帧的 FCS 都要被检测。当检测到一个差错，就把帧简单地丢弃。在高于帧中继协议之上执行差错恢复，是终端用户的义务。

习题与思考题

1. 试说明 ISDN 系统的交换结构。

2. 请描述下 ISDN 网络 UNI 接口的协议结构。

3. 试比较 LAPB、LAPD 与 LAPF 协议。

4. 请描述下帧中继在 UNI 接口的协议结构。

5. 说明帧中继网络中 DLCI 连接操作过程。

6. 在基本入口的帧中，除第一个出现的 L 比特外，为什么后续的所有 L 比特或者是 0 电压，或者是正的电压，而不可能是负的电压？

7. 证明在基本速率的帧中最后一个非 0 的脉冲总是正电电压，注意下一帧的开始脉冲也是正电电压。这样做有什么好处？

8. Q 信道的速率是多少？

9. 在 D 信道的竞争消除中，一个终端设备需保持低优先级，直到所有的其他终端都有机会发送数据。而在 I.430 中规定：只有在 TE 发现回声流中连续的 I 的个数等于低优先级的门限时，它的优先级才能恢复到正常的优先级，这样是否就能确保所有的其他终端设备都有机会发送数据？

10. 在两种基群速率接口中，附加开销占多大的比例？

第五章　以太网广播与 IP 路由技术

以太网和 TCP/IP 是计算机网络技术中最重要的两个成果。不仅其自身应用迅速普及，而且这两种技术还在向其他领域延伸。本章主要介绍其工作原理，并讨论 IP 路由器的实现技术。

第一节　以太网广播

20 世纪 70 年代末，为解决一个单位内部日益增多的微型计算机的互联问题，多家公司都提出了自己的局域网技术，仅被国际电子电气工程师协会（IEEE）定为 802.x 系列标准的就有以太网、令牌环网和令牌总线网等。其中的以太网以其技术上的优势脱颖而出，成为局域网技术的主流。

一、传统以太网

早期的以太网采用总线型拓扑结构，即多台计算机使用共享的总线信道互相传送数据，如图 5-1 所示。每台计算机发出的以太帧（以太网中的数据分组）都会被其他计算机收到。在帧的头部有目的地址字段，用于指明帧的接收者。所有与这个地址不符的计算机都不理会该帧，只有相符的那台计算机才会将帧接收下来。有一种特殊的目的地址叫作广播地址，凡目的地址为广播地址的帧（称为广播帧），所有计算机都要接收处理。此外还有一种组播地址，可以使特定的一组计算机进行接收。以太帧一般采用 DIX V2 格式，如图 5-1 所示。

早期以太网使用的共享介质是同轴电缆，常见的连接形式是使用 T 型头将计算机插入到作为总线的同轴电缆中，实际上电缆被分割成很多段。这种方式很容易因为机械和电气原因而发生故障。于是出现了一种使用双绞线的星状拓扑结构。图 5-2 所示结构中每台计算机的网卡都通过两对双绞线与一个叫作集线器（Hub）的设备相连。两对双绞线分别用于数据收发，集线器则相当于折叠起来的总线，可以完全模拟总线型网路的行为。当然，重要的是，集线器通过不同接口连接不同计算机，而任一接口的连接故障都不会影响其他计算机的连接。由于电气故障被隔离，网络可靠性大大提高。

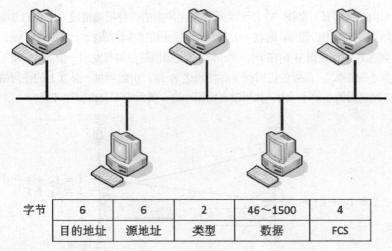

字节	6	6	2	46～1500	4
	目的地址	源地址	类型	数据	FCS

图 5-1　总线型以太网

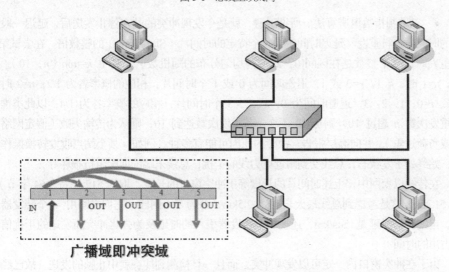

图 5-2　星状以太网

传统以太网工作的核心是介质访问控制（Media Access Control，MAC），即如何协调多台计算机对信道的使用。在共享信道的范围内，在一个时刻只能有一台计算机发送数据，否则就会发生冲突（或称碰撞），导致谁也不能接收正确的数据。这个冲突的范围就是网段，也叫做冲突域。以太网采用了一种叫作载波监听多点接入/碰撞检测（CSMA/CD）的协议来解决这个问题。

CSMA/CD 主要内容是每台计算机在发送数据之前先监听信道，如果信道忙则等待。如果信道空闲，则开始发送数据。但是，有可能多台计算机都检测到信道空闲而同时开始发送数据。因此计算机开始发送数据后同时还要监听信道，看是否发生了冲突，如果有冲突，则停止发送，并等待一个随机时间再开始发送。如果在等待期间信道变忙，则放弃等待重新进入初始的信道监听状态。如果获得了再次发送的机会，但在发送过程中又发生冲突，则再次进行随机等待。如此重复直至发送成功，或者超过尝试次数上限（16 次）而宣告失败。

对于 CSMA/CD 协议，还需要说明两个重要的概念，这就是冲突窗口和二进制指数退避算法。

- 冲突窗口。它定义为可能发生冲突的最大时间区间，其值略大于 2τ，τ 是总线端到端的单向传播时延。如图 5-3 所示为可能发生冲突的一种极端情况。让我们考虑位于总线两端的站点 A 和 B。设 A 站在 $t=t_1$ 时刻检测到信道空闲并发出一个 MAC 帧，该帧将在 $t=t_1+\tau$ 到达 B 站；又设 B 站在 $t=t_1+\tau-\delta$ 时刻发现信道空闲并发出一个 MAC 帧（这里 δ 是一个任意小的正数）。该帧经过时间 τ 后将到达 A 站。由此可见，总线上的任何站点在发出其 MAC 帧之后的 2τ 时间内，如果没有发现冲突，就肯定不会再发生冲突。

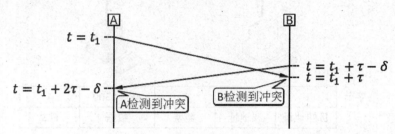

图 5-3　总线传播时延与冲突窗口

● 二进制指数退避算法。所谓退避，就是令发现冲突的站在停止发送后，延迟一段随机的时间再进行重发。延迟时间定为一个特定的时间片（Slot Time）的整数倍。在尝试第 n 次重发时，这个整数是在区间 $[0，2^k-1]$ 内均匀分布的随机数 γ，其中 $k=\min（n，10）$。例如，$n=1$ 时，$k=1$，$r=0$ 或 1，退避时间为 0 或 1 个时间片，相应的概率各为 1/2；$n=2$ 时，$k=2$，$r=0，1，2，3$，退避时间为 0，1，2，3 个时间片，相应的概率各为 1/4；以此类推，若重发次数 n 超过 10，则 $k=10$ 不变。若重发次数达到 16，则认为传输失败（假定网络故障或负荷过重），并向高层报告。故障的原因可能有多种，例如，某个站点收发转换操作失灵，始终处于发状态；总线受到附近电力线的干扰；总线末端的匹配阻抗损坏等。

在传统以太网中，上述时间片的长度等于冲突窗口的长度，取为 512 比特（64 字节），即 51.2μs。这是考虑到总线最大长度为 2.5km，分为若干网段，它们之间用 4 个转发器互联，电波传播时延是 5μs/km，还要加上转发器引入的时延及为强化冲突而发送的干扰信号所占用的时间。

由于在冲突窗口内一定可以发现冲突，而且一旦检测到冲突就中止帧的发送，故已经发送出去的部分肯定小于 64 字节。这些因冲突而中止发送的不完整的帧，称为冲突碎片，它们的长度小于 64 字节。所以，以太网的协议规定最短的有效帧长度为 64 字节，凡是长度小于 64 字节的帧，都作为冲突碎片处理。

以上讨论了帧的发送协议。总线上的每个站点还要随时进行帧的接收操作。具体的帧接收操作如下。

① 地址识别：识别所有到达帧的目的地址，只接收目的地址（单地址或组地址）与本站地址相符的帧。

② 差错控制：对接收的帧进行 CRC 校验和帧格式的检查。

③ 冲突碎片处理：删除任何小于 64 字节的帧。

④ 上传信息：MAC 层将接收数据帧的内容及状态信息传送给上一层。

另外，还需要指出，上述协议中的载波监听、冲突检测都是在物理层实现的。冲突检测之所以能实现，是因为站点通过分接头能够实现双工工作，即每个站点在将信号发送到总线的同时，又可以从总线上接收信号。对于无线单载波的广播式网络（如无线局域网），每个站点在发射信号的同时是不可能接收的，因此 CSMA/CD 协议是不适用的。

二、交换式以太网

传统以太网中所有计算机的吞吐量之和不会超过共享信道的吞吐量，而且计算机数目越多则冲突的机会也越大，从而使吞吐量进一步下降。为解决这个问题，提出了交换式以太网。

交换式以太网仍然保持同样的拓扑结构，但用以太网交换机代替了集线器，如图 5-4 所示。

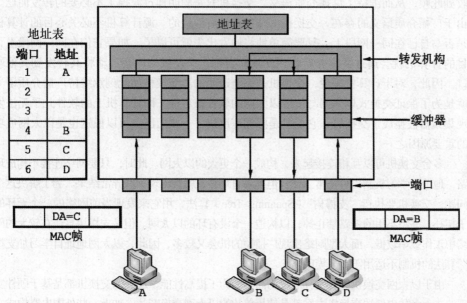

图 5-4 以太网交换机原理

交换机的本质是一个多端口的透明网桥，它能够理解以太网帧并对它们进行存储转发，不像集线器那样只在电气信号级别（即物理层）上进行工作。交换机收到计算机发出的以太帧后，先把它缓存起来，通过查找地址表确定应当从哪个端口送出，然后试图将帧从目的端口发出（仍需执行 CSMA/CD 协议）。

相比之下，集线器只是盲目地将收到的信号转发到每一个其他端口。因此，集线器互联的计算机属于同一个冲突域，而交换机却分割了冲突域，使交换机各端口连接的计算机属于不同网段。这样，建立通信的端口之间可以同时转发以太帧，从而大大提高了整个网络的吞吐量。

交换机的地址表是如何得到的呢？为了使交换机像集线器那样可以即插即用，它采取了一种自学习的方法。具体来说，当从端口 P 收到一个无差错的帧时，如果是广播帧或组播帧则转发到除端口 P 外的每个端口，否则交换机使用以下算法进行帧的转发并逐步建立地址表。

① 帧的转发：取出帧的目的地址，在地址表中进行查找。若查到该目的地址，则将帧送往相应端口（若对应端口为 P 则丢弃帧）；若查不到该目的地址，则转发到除 P 外每一个端口。

② 地址学习：取出帧的源地址，将其与收取该帧的端口 P 作为表项加入到地址表中。

这种地址学习背后的逻辑是：既然从端口 P 收到某个源地址的帧，说明以后可以通过端口 P 将以该地址为目的地址的帧转发出去。在开始时，地址表是空的，帧会被转发到其他端口，就像集线器那样。随着计算机不断发出帧，交换机掌握的信息越来越多，盲目转发也就越来越少。

为了对付计算机连接端口变动的情况，规定地址表项都有时间限制（寿命），超过寿命的表项会被删除，地址与端口的对应关系需要重新学习建立。尽管这种定期删除的方法会稍微降低转发效率，但能够保证网络的正确运转。

仔细观察会发现，交换机精确地模拟了传统以太网广播介质通信的语义。交换机转发帧时，如果在地址表中查不到就转发到所有其他端口，这样就可以保证目的计算机接收到此帧，从而维持了广播介质语义。交换机只是聪明地过滤掉了不必要的转发而已。由于广播介质语义的存在，交换机的端口是没有地址的。源计算机不必关心目的计算机是否与自己在同一网段上，只要简单地将帧发出去就可以了。如果它们在同一网段上，目的计算机就会通过共享介质收到此帧；否则，交换机端口会自动将其转发到其他端口。因此，对于计算机来说，交换机是完全透明的。交换机如此刻意维持广播介质语义就是为了保证交换式以太网与传统以太网的软件兼容性。即计算机上的软件几乎无法发现集线器被换成了交换机，它们只是感觉速度快了一些而已。可以说这也是以太网成功的重要原因之一。

多台交换机可以互相连接起来，构成一个更大的以太网。此时，只要网络连接不构成环路，地址自学习机制仍可正常工作。但如果有环路，就会出现一些异常结果。为了解决这个问题，交换机要执行"支撑树"（Spanning Tree）算法，用它来发现当前网络的一个无环的子拓扑，并将不用的链路禁止掉，以构造一个没有环的以太网。但是支撑树算法在较大的网络中工作效率较低，而大型网络出现广播帧的机会又较多，因此，以太网地址自学习加支撑树算法的机制不适用于大规模网络。

由于以太网交换机的转发算法较为简单，为了提高性能，现在的交换机都是基于硬件实现的。大多数中低端交换机方案都是使用单片的以太网交换芯片，加上一些外围电路构成。这种芯片大量生产后成本可以很低，因此现在以太网交换机已经很普及了。一个典型的以太网交换机结构如图 5-5 所示。

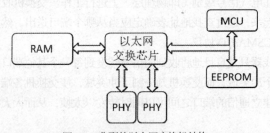

图 5-5　典型的以太网交换机结构

其中的以太网交换芯片包含 MAC 层功能，完成透明网桥的帧转发和地址学习，以及缓存管理等其他数据面功能。帧的缓存靠外接的 RAM 实现。有些交换芯片还支持生成树协议，另一些则靠外加的微控制器 MCU 实现。MCU 主要用于实现管理面功能，如对 SNMP 等网管协议的支持，以及提供命令行或基于 Web 的管理界面。交换芯片外接的 PHY 芯片实现以太网物理层功能，EEPROM 则用于存储一些配置数据。

以太网最早的传输介质同轴电缆现在已经很少使用了。1990 年，IEEE 制定了 10Mbit/s 的双绞线传输标准 802.3i，也称为 10BASE-T。1995 年，制定了 100Mbit/s 的 802.3u，使用无屏蔽双绞线 5 类线，称为 100BASE-T，这是目前最常见的传输介质。1998 年，1Gbit/s 的 802.3z 标准正式通过，它主要使用光纤作为传输介质，也可以使用双绞线。这就是平常所说的千兆以太网，主要用于骨干链路及服务器的连接。2002 年，802.3ae 标准又将以太网的速度提高到 10Gbit/s，即万兆以太网，这时就只能以光纤为介质了。

以太网的应用领域正在不断扩展。由于 10Gbit/s 以太网的出现，在城域网及广域网中都能够看到以太网的身影。这归功于以太网技术的简单、灵活、成熟，以及因兼容性好，技术人员对它有较高的熟悉程度。

第二节　IP 路由技术

一、IP 层

1．异构网络互联

计算机实现大型网络通信的基本思想是将遍布各地的局域网互相联结起来。但是，众多类型的局域网使用的协议，支持的功能和应用各不相同，属于异构网络。那么如何实现异构网络的互通呢？前述内容中曾经提到网络分层是实现异构网络互通的基础，现在就通过一个例子进行说明。

考虑一个中国人 A 和一个法国人 B 讨论一个问题。假设 A 不懂法语而 B 也不懂汉语。A 和 B 是无法直接交流的，于是他们请来一个中法翻译 C，这样就可以进行讨论了。这个讨论的过程实际上分层次实现的，如图 5-6 所示。

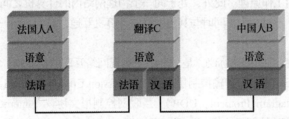

图 5-6　不同语言者的交流

A 和 B 能够交流是因为人类的语言是分层的，虽然不同语言的词汇、发音、语法不同，但能够表达的语意是相同的。如果直接将语言交流看作是一种通信网络，则 A、B 因为处于不同的网络中而不能通信。解决之道是引入中介 C，C 从任一方讲的语言中提取出语意，翻译成另一种语言讲给另一方。

由此可知，两台处于不同网络中的计算机使用分层协议进行通信，实现互通的要素有三个。一是双方从第 N 层开始的所有上层协议完全相同（即语意层相同）；二是 N 层以下的下层协议可以不同，但必须存在能同时执行两套下层协议的中介设备（即翻译人员）；三是中介设备要能与一台计算机通信，提取出语意，然后封装成另一种协议，与另一台完成通信（即翻译过程）。

总之，两台计算机要互通就必须有某种"共通语意"。而现实中的各种网络几乎是完全异构的，为了实现互通，就要为它们创造一种"共通语意"，这就是 IP 协议。凡是需要互通的计算机都必须要支持 IP 协议，并且将其所连接的网络使用的协议当作是运载 IP 分组的下层协议；同时引入中介设备——路由器，它能支持所连接的各种网络的协议结构，这样两台计算机就可以跨越不同网络，实现互通了。继续上面的思路，会发现两台计算机之间也可以经过多台路由器，从而穿越多个异构网络进行通信。这些路由器也可以通过某种网络连接其他计算机。所有这些计算机都可以使用上述过程进行通信，如图 5-7 所示。

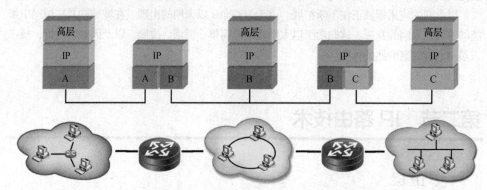

图 5-7　异构网络互通

虽然计算机与路由器之间及路由器相互之间的通信都必须借助某种具体的网络，但从 IP 层看来，这些网络只是传递 IP 分组的管道。此时，可以将路由器看作是交换节点，将具体网络看作是链路，从而构成一个 IP 网络。此时，从 IP 层（相当于 OSI 结构的网络层）来看，整个网络的功能就是在任意两台计算机之间传送 IP 分组，至于具体的物理网络是什么反而不关心了。这就是 IP 层提供的抽象通信服务。

有了 IP 网络之后，就可以继续添加共同的高层协议了，如传送层的 TCP、UDP 及各种应用层协议 HTTP、SMTP 等。这样接入这个网络的计算机都可以利用这些协议互相通信。这也就是因特网的工作原理。此外，处于同一个物理网络内的计算机之间当然可以直接使用其网络协议互通。不过，为了同时与其他网络的计算机互通，它们之间一般也就使用 IP 协议进行通信。

TCP/IP 是因特网的标准协议，是一个用于实现网络互联的协议族。它包括互联网络协议（Internet Protocol，IP）、传输控制协议（Transmission Control Protocol，TCP）、用户数据报协议（User Datagram Protocol，UDP）、互联网控制报文协议（Internet Control Message Protocol，ICMP）、地址解析协议（Address Resolution Protocol，ARP）等。TCP/IP 的参考模型如图 5-8 所示。

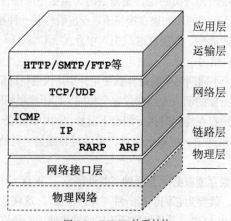

图 5-8　TCP/IP 体系结构

TCP/IP 没有规定特定的传输技术，而是可以承载在任何其他网络上运行。因此，其参考模型的最下层是网络接口层，用于规定在各种网络上如何承载 IP。通过这种方式可以构建一个 IP 网络，IP 协议就是这个 IP 网络的网络层协议。这一层也称为网际互联层，ICMP和 ARP 协议在这一层辅助 IP 协议的工作。IP 层之上是送输层 TCP 和 UDP。其中 TCP 可以实现端到端的可靠传输和流量控制功能，UDP 则提供高效率的不可靠报文传输。最上面是应用层，包括 HTTP、SMTP 等大量协议。

2. IP 数据报

互联网网际层的协议数据单元称为数据报。图 5-9 所示为 IP 数据报的完整格式，由图可见，一个 IP 数据报由首部和数据两部组成。首部的前一部分是固定长度，共 20 字节，是所有 IP 数据报必须具备的。在首部的固定部分的后面是一些可选字段，其长度是可变的。下面介绍首部各字段的意义。

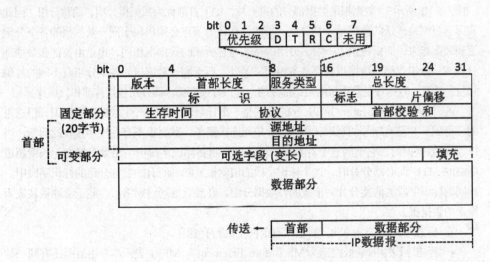

图 5-9　IP 数据报的格式

（1）IP 数据报首部必备部分中的各字段

① 版本（Version）：占 4bit，指 IP 的版本号。通信双方使用的 IP 版本必须一致。目前广泛使用的 IP 版本号为 4（即 IPv4）。以前的 3 个版本目前已不使用。将来可能使用 IPv6。

② 首部长度（Header Length）：占 4bit，可表示的最大数值是 15 个单位（一个单位为 4字节），因此 IP 的首部长度最大值是 60 字节。当 IP 分组的首部长度不是 4 字节的整数倍时，必须利用最后一个填充字段加以填充。因此数据部分总是在 4 字节的整数倍处开始，这样在实现时较为方便。首部长度限制为 60 字节的缺点是有时（如采用源路由时）不够用，但这样做的目的是希望用户尽量减少开销。最常用的首部长度是 20 字节，即不使用任何选项。

③ 服务类型（Type of Service）：占 8bit，用来获得更好的服务，其意义如图 5-9 所示的上面部分。

- 前 3 个比特表示优先级，它可使数据报具有 8 个优先级中的一个。
- 第 4 个比特是 D 比特，表示要求有更低的时延。
- 第 5 个比特是 T 比特，表示要求有更高的吞吐量。
- 第 6 个比特是 R 比特，表示要求有更高的可靠性（即在数据报传送的过程中，被路由器丢弃的概率要更小些）。
- 第 7 个比特是 C 比特，表示要求选择代价更小的路由。
- 最后一个比特目前尚未使用。

在相当长一段时期内并没有什么人使用服务类型字段。直到近年来，当需要将实时多媒体信息在互联网上传送时，服务类型字段才引起大家的重视。

④ 总长度（Total Length）：总长度是指首部和数据部分之和的长度，单位为字节。总长度字段为 16bit，因此数据报的最大长度可达 65535 字节（即 64KB）。

在 IP 层下面的每一种数据链路层都有其自己的帧格式，其中帧的数据域的最大长度，称为最大传送单元（Maximum Transfer Unit，MTU）的长度。例如，以太网 MAC 帧的 MTU 值等于 1500 字节。为了将一个 IP 数据报装入链路层帧的数据域，数据报的总长度（即首部加上数据部分）决不能超过数据链路层的 MTU 值。

当数据报长度超过网络所容许的 MTU 值时，就必须将过长的数据报中数据部分进行分片（如图 5-10 所示）。数据报的数据部分的每一片，加上首部称为数据报分组，简称分组。因此实际通过网络传送的数据单元是分组。当然，在目的节点必须将属于同一数据报的各个分组重新装配起来，而后送给上一层。分组的格式与它所属的数据报相同，也是由首部和数据部分构成。分组首部与数据报首部基本相同。另外，属于同一数据报的各个分组有不同的片偏移量。注意：数据片是数据报的数据部分的一片，片没有头，而分组包括首部和数据片。

⑤ 标识（Identification）：占 16bit，它是一个计数器，用来产生数据报的标识。但这里的"标识"并没有序号的意思，因为 IP 是无连接服务，数据报不存在按序接收的问题。当 IP 发送数据报时，它就将这个计数器的当前值复制到标识字段中。当数据报由于长度超过网络的 MTU 而必须分片时，这个标识字段的值就被复制到所有的数据分组的标识字段中。相同的标识字段的值使分片后形成的各数据分组，在独立地通过网络后，能正确地重装成为原来的数据报。

⑥ 标志（Flag）：占 3bit。目前只有前两个比特有意义。

· 标志字段中的最低位记为 MF（More Fragment）。MF=1 表示本分组后面还有同一数据报的后续分组。MF=0 表示这是数据报的最后一个分组。

· 标志字段中间的一位记为 DF（Don't Fragment），意思是"不分片"，即只有当 DF=0 时，才允许将数据报分片。

⑦ 片偏移（Fragment Offset）：片偏移指示数据报在分片后，某一片在原数据报中的相对位置，即，相对于原数据报的数据部分的起点，该片从何处开始。片偏移以 8 个字节为度量单位。即，每个分片的长度一定是 8 字节（64bit）的整数倍。

这里举一个例子，设某一数据报的数据部分的长度为 3800 字节（首部长度固定），网络的 MTU 值为 1420 字节，所以必须分片。因首部长度为 20 字节，因此每片的长度不能超过 1400 字节。于是分为 3 个分组，各个分组的数据部分的长度分别为 1400、1400 和 1000 字节。原始数据报首部被复制到各分组的首部，但必须修改有关字段的值，图 5-10 所示为分片的结果，表 5-1 所示为各分组的首部中与分片有关的字段中的数值，其中标识字段的值是任意给定的。具有相同标识的数据分组在目的站就可无误地重装成原来的数据报。

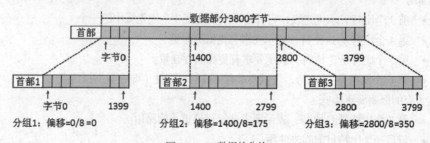

图 5-10 IP 数据的分片

表 5-1 IP 数据报首部与分组首部中有关的字段中的数据

	总长度	标识	MF	DF	片偏移
原始数据报	4000	12345	0	0	0
分组 1	1420	12345	1	0	0
分组 2	1420	12345	1	0	175
分组 3	1020	12345	0	0	350

⑧ 生存时间（Time To Live，TTL）：占 8bit，TTL 用来限制数据报在网络中的逗留时间，其单位为秒。生存时间的建议值是 32s，但也可设定为 3 ~ 4s，甚至 255s。它必须在每个节点中递减。实际上，TTL 只以分组可以经过的最多网络节点数来计数，每经过一个节点计数值减 1，当它减为 0 时，网络节点就要丢弃该数据报，并向源节点发送一个告警分组。该特性可以防止数据报无限制地在网络内徘徊而始终不能到达目的节点，浪费网络资源。

⑨ 协议（Protocol）：占 8bit，协议字段指出此数据报携带的数据是使用何种协议，以便使目的主机的 IP 层知道应将数据部分上交给哪个协议处理过程。图 5-11 所示为 IP 层需要根据这个协议字段的值将所收到的数据交付到正确的地方。

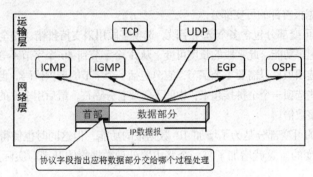

图 5-11 协议字段告诉 IP 层应当如何交付数据

常用的一些协议和相应的数据字段值见表 5-2。

表 5-2 协议及其字段值

协议名	ICMP	IGMP	TCP	EGP	IGP	UDP	IPv6	OSPF
协议字段值	1	2	6	8	9	17	41	89

⑩ 首部校验和（Header Checksum）：此字段只校验数据的首部，不包括数据部分。这是因为数据报每经过一个节点，节点处理机都要重新计算一下首部校验和（一些字段，如生存时间、标志、片偏移等都可能发生变化）。如将数据部分一起校验，计算的工作量就太大了。

为了减小计算校验和的工作量，IP 首部的校验和不采用 CRC 校验码，而采用下面的简单计算方法。

在发送端，先将 IP 数据报首部划分为许多 16bit 字的序列，并将校验和字段置零。用反码算术运算将所有 16bit 字相加后，将和的反码写入校验和字段。接收端收到数据报后，将首部的所有 16bit 字再使用反码算术运算累加一次，将得到的和取反码，即得出接收端校验和的计算结果。若首部未发生任何变化，则此结果必为 0，于是就保留这个数据报；否则即认为有错，并将此数据报丢弃。图 5-12 说明了 IP 数据报首部校验和的计算过程。

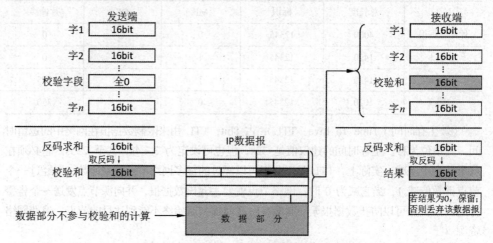

图 5-12　IP 数据报或分组首部校验和的计算过程

最后是源地址（Source Address，SA）和目的地址（Destination Address，DA），各占 4 字节，地址字段标识网络和主机，具体将在后面专门讨论。

（2）IP 数据报首部的可变部分

IP 首部的可变部分包含多个选项字段。选项字段用来支持排错、安全、源路由、路由记录、时间标记等功能。此字段的长度可变，从 1 个字节到 40 个字节不等，取决于所选择的项目。某些选项项目只需要 1 个字节，它只包括 1 个字节的选项代码。但还有些选项需要多个字节，这些选项一个个拼接起来，中间不需要有分隔符，最后用全 0 的填充字段补齐成为 4 个字节的整数倍。

增加首部的可变部分是为了增加 IP 数据报的功能，但这同时也使得 IP 数据报的首部长度成为可变的。这就增加了每一个路由器处理数据报的开销。实际上这些选项很少被使用。

3．IP 地址

IP 地址，或称 IP 网络编址，就是给每个连接在互联网上的主机（或路由器端口）分配一个在全世界范围内唯一的 32bit 的标识符。

（1）分类地址

最早的 IP 地址采用分类编址的方法，由 1981 年 IP 版本 4（IPv4）标准定义。考虑到互联的各类网络差异较大，有的网络（较少）拥有大量主机（较大），而有的网络（较多）则主机很少（较小），在网络编址时首先按规模大小对网络进行了分类，然后再对网络内部主机进行编号。这样就形成了网络编号（net-id）+主机编号（host-id）的 IP 地址结构，如图 5-13 所示。

可以看出，图中列出了 A、B、C、D、E 共 5 类网络的 IP 地址，分别用 IP 地址 32bit 开始的 1、2、3、4、5 个 bit 位（按全 1 加 0 取值）进行区分。除了用于组播和实验保留的 D 类和 E 类地址外，常用的是 A、B 和 C 类地址。这三类网络的网络号和主机号位数分别如图 5-13 所示，不难计算出各类网络的数量、网络编号范围和网内主机数量，具体见表 5-3。需要说明的是 A、B、C 三类网络中，主机号全 0 时代表网络地址，全 1 时代表广播地址，都是不能分配给主机的。

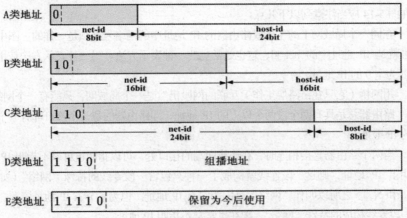

图 5-13　IP 地址中的网络号字段和主机号字段

表 5-3　IP 地址的使用范围

网络类型	最大网络数	第一个可用的网络号	最后一个可用的网络号	每个网络中最大主机数
A	126（2^7-2）	1	126	16777214
B	16382（$2^{14}-2$）	128.0	191.255	65534
C	2097150（$2^{21}-2$）	192.0.0	223.255.255	254

　　在主机或路由器中存放的 IP 地址都是 32bit 的二进制代码。为了提高可读性，在写给人看 IP 地址时，往往每隔 8bit 插入一个点，并将 8bit 二进制数用十进制表示，这就叫作点分十进制法。显然 128.11.3.31 比 10000000 00001011 00000011 00011111 读起来要方便得多。

　　当 IP 数据报在不同物理网络之间传递时，必须经过路由器转发。路由器转发的目的就是依据目的地址中的网络号找到目的网络并交付 IP 数据报到该网络，到达的数据报由目的网络依据地址中的主机号交付给具体的主机。所以，路由器表中具有相同网络编号的所有 IP 地址可以聚合为一个表项，这对于路由器快速查表具有重要意义。分类编址的另一个好处是便于 IP 地址管理。IP 地址管理机构分发 IP 地址时，只需为某个申请单位分配规模适当的网络编号即可，具体主机的地址则可由单位自行规划分配。

　　图 5-14 所示为三个局域网（LAN₁、LAN₂ 和 LAN₃）通过三个路由器（R₁、R₂ 和 R₃）互联起来所构成的一个互联网（此互联网用虚线方框表示）。其中局域网 LAN₂ 是由两个网段通过网桥 B 互联的。图中的小圆圈表示需要有一个 IP 地址。

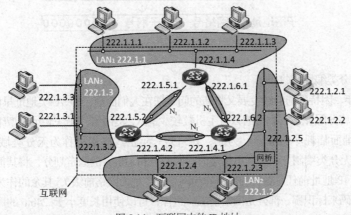

图 5-14　互联网中的 IP 地址

227

在图 5-14 应当注意到以下几点。

- 在同一个局域网上的主机或路由器的 IP 地址中的网络号必须是一样的。图中所示的网络号就是 IP 地址中的 net-id，这也是常见的一种表示方法。另一种表示方法是用主机号 host-id 为全 0 的 IP 地址。
- 用网桥（它只在链路层工作）互联的网段仍然是一个局域网，只能有一个网络号。
- 路由器总是具有两个或两个以上的 IP 地址，即路由器的每一个接口都有一个不同网络号的 IP 地址。
- 当两个路由器直接相连时，在连线两端的接口处，可以指明也可以不指明 IP 地址。如指明了 IP 地址，则这一段连线就构成了一种只包含一段专线的特殊"网络"（如图中的 N_1、N_2 和 N_3）。之所以叫作"网络"是因为它有 IP 地址。但为了节省 IP 地址资源，对于这种由一段专线构成的特殊"网络"，现在也常常不指明 IP 地址。

（2）子网与子网掩码

随着因特网的发展，人们逐渐发现按类划分 IP 地址的方式不太合理，因为 A 类和 B 类网络都太大了，一般的网络都不会有这么多主机，这就造成地址资源的浪费。为了解决这个问题，在 1985 年提出了一种划分子网的方法，即，允许将 IP 地址的主机号部分进一步划分出若干比特作为子网号，剩余的部分作为主机号。这样就可以将一个大网络划分为若干更小的网络。这时可以将网络号和子网号合在一起看作是子网的网络号，即相当于将网络号延长了。

但是，这样做以后从 IP 地址本身就无法看出到底哪些比特属于网络号。为此，对于每个 IP 地址，可以附加一个子网掩码（Subnet Mask）。子网掩码也是一个 32bit 的数，其中凡是对应于 IP 地址网络号的比特都为 1，对应于主机号的比特都为 0。这样，IP 地址与子网掩码进行"逻辑与"操作之后，就得到了子网的网络地址（主机号部分都置 0 了），如图 5-15 所示。

为了使没有进行子网划分的 IP 地址与此保持兼容，为 A、B、C 三类网络各规定了一个缺省的子网掩码，分别是 255.0.0.0、255.255.0.0、255.255.255.0。这样所有地址都有了相应的子网掩码。在配置一个主机的 IP 地址时，必须说明其子网掩码，而且一般也采用点分十进制法。

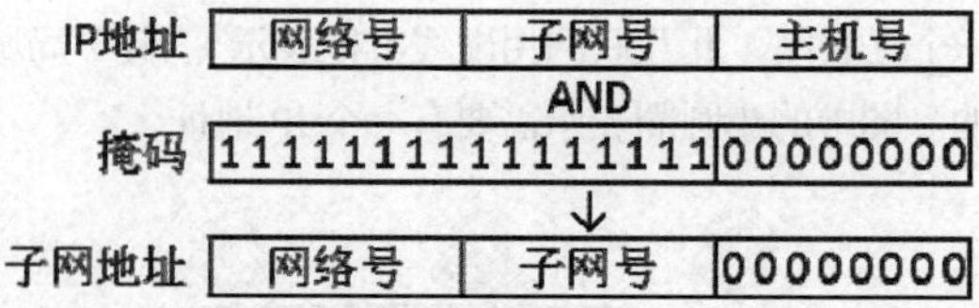

IP地址	网络号	子网号	主机号
		AND	
掩码	11111111	1111111111111111	00000000
		↓	
子网地址	网络号	子网号	00000000

图 5-15　地址掩码操作

（3）无分类编址（CIDR）

1992 年，因特网的继续发展又将新的问题摆在人们面前，即 A 类地址早已分配完，B 类地址也行将分配完毕，剩下的只有主机数较少的 C 类网络，无法满足大型组织机构的需求，IP 地址面临耗尽的危险。为此，在 1993 年正式提出了称为无分类域间路由选择（CIDR）的无分类编制方法。其思想是消除网络号和主机号的固定划分，将其彻底灵活化，规定可以将 IP 地址前任意数目的比特作为网络号（称为网络前缀），其余的作为主机号，并仍然使用掩码来标识哪一部分是网络前缀。这样，可以使用长度小于 24bit 的网络前缀将多个 C 类网络合并为一个更大的网络。因此，这种地址划分方法也称为"超网"划分。

CIDR 使用"斜线记法",又称 CIDR 记法,即在 IP 地址后面加上一个斜线"/",然后写上网络前缀所占的比特数。例如,128.14.46.34/20,表示在这个 32bit 的 IP 地址中,前 20bit(10000000 00001110 0010)表示网络前缀,而余下 12bit(1110 00100010)为主机号。CIDR 记法也可以用来表示一个"地址段",其中最小的地址是地址段的起始地址。例如,128.14.32.0/20 表示的就是起始地址为 128.14.32.0(10000000 00001110 00100000 00000000),主机数为 $2^{(32-20)}$ 的一段地址,可以计算得出其最大地址为(10000000 00001110 00101111 11111111)。当然这里全 0 和全 1 的两个主机号地址一般不用,通常只用它们之间的地址。所以,当我们见到用斜线记法表示的地址时,一定要根据上下文弄清它是指一个单个地址还是指一段地址。

还有一种简化表示方法是在网路前缀的后面加一个"*"号,如 00001010 00*,意思是在*之前是网络前缀,而*表示 IP 地址中的主机号,可以是任意值。

当前缀不是 8 的倍数时,需要比较小心地对待。

由于可以灵活地将很多地址表示为一种形式,所以在路由表中就利用 CIDR 地址段来查找目的网络,它使得路由表中的一个项目可以表示很多个原来传统分类地址的路由,这就是路由聚合的概念。例如,在 1994 年和 1995 年,没有采用 CIDR 时,互联网的一个路由表会有多达 7 万个项目,而在 1996 年使用了 CIDR 后,一个路由表的项目数才只有 3 万多个。通过路由聚合,减少路由表项数目,减少了路由检索时间和路由器之间路由信息的交换,从而提高了整个互联网的性能。

表 5-4 列出了最常用的 CIDR 地址块。表中的 k 表示 2^{10} 即 1024。网络前缀小于 13 或大于 27 都较少使用。在"包含的地址数"中,没有将全 1 和全 0 的主机号除外。

表 5-4　常用的 CIDR 地址块

CIDR 前缀长度	点分十进制	包含的地址表	包含的分类的网络数
/13	255.248.0.0	512k	8 个 B 类或 2048 个 C 类
/14	255.252.0.0	256k	4 个 B 类或 1024 个 C 类
/15	255.254.0.0	128k	2 个 B 类或 512 个 C 类
/16	255.255.0.0	64k	1 个 B 类或 256 个 C 类
/17	255.255.128.0	32k	128 个 C 类
/18	255.255.192.0	16k	64 个 C 类
/19	255.255.224.0	8k	32 个 C 类
/20	255.255.240.0	4k	16 个 C 类
/21	255.255.248.0	2k	8 个 C 类
/22	255.255.252.0	1k	4 个 C 类
/23	255.255.254.0	512	2 个 C 类
/24	255.255.255.0	256	1 个 C 类
/25	255.255.255.128	128	1/2 个 C 类
/26	255.255.255.192	64	1/4 个 C 类
/27	255.255.255.224	32	1/8 个 C 类

由表可见,除最后几行外,CIDR 地址块都包含了多个 C 类地址。

使用 CIDR 的一个好处就是可以更加有效地分配 IPv4 的地址空间,因此现在的互联网服务提供者 ISP 都愿意使用 CIDR。在分类地址的环境中，互联网服务提供者 ISP 向其客户分配 IP 地址时（这里指的是固定 IP 地址用户而不是拨号上网的用户），只能以/8、/16 或/24 为单位来分配。但在 CIDR 环境，ISP 可根据每个客户的具体情况进行分配。例如，某 ISP 已拥有地址块 206.0.64.0/18（相当于有 64 个 C 类网络）。现在某大学需要 800 个 IP 地址。在不使用 CIDR 时，ISP 或者可以给大学分配一个 B 类地址（但这将浪费 64734 个 IP 地址），或者分配 4 个 C 类地址（但这会在各个路由表中出现对应于该大学的 4 个相应的项目）。然而在 CIDR 环境下，ISP 可以给该大学分配一个地址块 206.0.68.0/22，它包括 1024（即 2^{10}）个 IP 地址，相当于 4 个连续的 C 类/24 地址块，占该 ISP 拥有的地址空间的 1/16。这样，地址空间的利用率显然提高了。像这样的地址块有时也称为一个"编址域"或"域（domain）"。显然，用 CIDR 分配的地址块中的地址数一定是 2 的整数次幂。

这个大学可自由地给本校的各系分配地址块，而各系还可再划分本系的地址块，如图 5-16 所示。CIDR 的地址块分配有时不易看清，这是因为网络前缀和主机号的界限不是恰好出现在整数字节处。只要写出地址的二进制表示，弄清网络前缀的比特数，就不会把地址块的范围弄错。

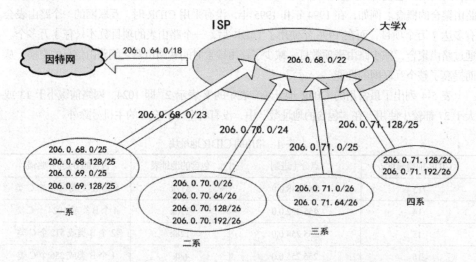

单位	地址块	二进制表示	地址数
ISP	206.0.64.0/18	11001110.00000000.01*	16384
大学	206.0.68.0/22	11001110.00000000.010001*	1024
一系	206.0.68.0/23	11001110.00000000.0100010*	512
二系	206.0.70.0/24	11001110.00000000.01000110.*	256
三系	206.0.71.0/25	11001110.00000000.01000111.0*	128
四系	206.0.71.128/25	11001110.00000000.01000111.1*	128

图 5-16　CIDR 地址块划分举例

从图 5-16 可以清楚地看出地址聚合的概念。这个 ISP 共拥有 64 个 C 类网络。如果不采用 CIDR 技术，则在与该 ISP 的路由交换路由信息的每一个路由器的路由表中，就需要有 64 个项目。但采用地址聚合后，就只需用路由聚合后的一个项目 206.0.64.0/18 就能找到该 ISP。同理，大学共有 4 个系。在 ISP 内的路由器的路由表中，也是需使用 206.0.68.0/22 这一个项目。

从图 5-16 表格中的二进制地址可看出，将 4 个系的路由聚合为大学的一个路由，是将网络前缀缩短。网络前缀越短，其地址块所包含的地址数就越多。

在路由表中使用 CIDR 时，会造成不同路由表项之间的重叠，即，会出现某个 IP 地址与不止一个路由表项匹配的现象。例如，某路由表中包括这样两个表项：206.0.68.0/22 和 206.0.71.128/25。现在收到某个分组中的目的 IP 地址为 206.0.71.130。根据路由器进行路由查找的方式，会将该目的地址与所有表项中的"子网掩码"进行逻辑相与运算，运算结果如果与相应表项的网络前缀相同，则视为与该表项匹配。不难看出，本例中出现了收到的 IP 地址与两个路由表项都匹配的现象。那么，我们应当从这些匹配结果中选择哪一条路由呢？

正确的答案是：应当从匹配结果中选择具有最长网络前缀的路由。这是因为网络前缀越长，表示的路由就越具体。这就是最长前缀匹配，又称最长匹配或最佳匹配。

从以上的讨论可以看出，如果 IP 地址的分配一开始就采用 CIDR，那么我们可以按网络所在的地理位置来分配地址块，这样就可以大大减少路由表中的路由项目。例如，可以将世界划分为四大地区，每一地区分配一个 CIDR 地址块：

- 地址块 194/7（194.0.0.0 至 195.255.255.255）分配给欧洲；
- 地址块 198/7（198.0.0.0 至 199.255.255.255）分配给北美洲；
- 地址块 200/7（200.0.0.0 至 201.255.255.255）分配给中美洲和南美洲；
- 地址块 202/7（202.0.0.0 至 203.255.255.255）分配给亚洲和太平洋地区。

上面的每一块地址块包含有约 3200 万个地址。这种分配地址的方法就使得 IP 地址与地理位置相关联。它的好处是可以大大压缩路由表中的项目数。例如，凡是从中国发往北美的数据报（不管它是地址块 198/7 中的哪一个地址）都先送交位于美国的一个路由器，因此在路由表中使用一个项目即可。

但是，在使用 CIDR 之前互联网的地址管理机构没有按地理位置来分配 IP 地址。现在要把分配出的 IP 地址收回再重新分配是十分困难的事，因为这牵涉很多正在工作的主机必须改变其 IP 地址。尽管如此，CIDR 的使用已经推迟了 IP 地址将要耗尽的日期。

二、IP 数据报的传送

IP 层的数据传送采用的是无连接方式，故而也将 IP 包称为 IP 数据报。IP 数据报在 IP 网络层内的传送也是一个存储转发的过程：

① 当主机要发送 IP 数据报时，先要检查目的主机与自己是否属于同一个子网。由于在数据报头部中并不包含目的地址的掩码，主机只能将目的地址与本机的子网掩码进行逻辑与运算，看是否等于本机所属子网的网络地址（通过将本机地址与本机子网掩码逻辑与得到）。如果是，则通过本子网对应的物理网络将 IP 分组送交给目的主机，这称作直接交付。否则，主机就通过其所在网络将这个数据交给本子网上的路由器，这称为间接交付。

② 路由器应该被配置有其所连接网络的 IP 地址和子网掩码，在收到间接交付的 IP 数据报后，随机进行路由查找。如果找到下一站路由器的 IP 地址，就通过路由器之间的网络将数据报传送给下一站路由器。

③ 经过逐站转发至最后一个路由器时，它发现目的主机就在其所连接的某个子网内，于是直接传送给目的主机。如果路由器找不到下一站路由器，则将数据报丢弃，并回送一个 ICMP 报文，以报告该无法送达的网络问题。

需要注意的是，ICMP 的用途并非是增加 IP 数据的可靠性，而仅仅是关于网络问题的报告。而且 ICMP 报文本身的问题不再引发 ICMP 报告。

有两个细节问题仍需要解释：一是子网对应的物理网络如何完成 IP 数据报的传递；二是路由器如何进行具体的路由查找。

1. 地址解析

图 5-17 所示，在发送数据时，数据从高层下到底层，然后才到通信链路上传输。使用 IP 地址的 IP 数据报一旦交给了数据链路层，就被封装成该层的协议数据单元（PDU），对于以太网的链路而言，这就是 MAC 帧。MAC 帧使用的源地址和目的地址都是硬件地址（48bit），这两个硬件地址都写在 MAC 帧的首部中。以太网交换机根据 MAC 地址完成地址学习并实现对 MAC 帧的转发。当然，由于 IP 数据报是被装载在 MAC 帧内作为 MAC 帧的数据而存在的，所以在数据链路层上看不到 IP 地址。只有在接收设备剥去 MAC 帧的首部和尾部并将"数据"上交给 IP 层后，IP 层才能在 IP 分组的首部找到源和目的 IP 地址。

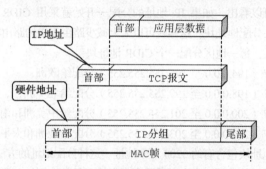

图 5-17　IP 地址与硬件地址的区别

图 5-18 所示为三个局域网用两个路由器 R_1 和 R_2 互联起来。现在主机 H_1 要和主机 H_2 通信。这两个主机的 IP 地址分别是 IP_1 和 IP_2，而它们硬件地址分别为 HA_1 和 HA_2（HA 表示 Handware Address）。通信的路径是：H_1→经过 R_1 转发→再经过 R_2 转发→H_2。路由器 R_1 因同时连接到两个局域网上，因此它有两个硬件地址，即 HA_3 和 HA_4。同理，路由器 R_2 也有两个硬件地址 HA_5 和 HA_6。

图中特别强调了 IP 地址与硬件地址的区别。

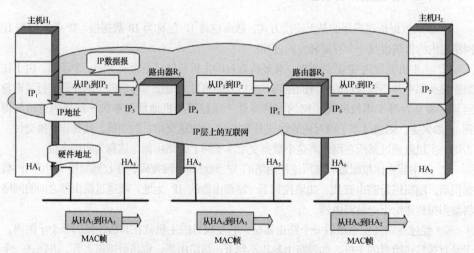

图 5-18　从不同层次上看 IP 地址和硬件地址

现在的问题是，主机或路由器在将 IP 分组交给数据链路层，形成 MAC 帧时，如何知道要在 MAC 帧的头部填入什么样的硬件地址？答案就是地址解析协议（ARP）。每一个主机都设有一个 ARP 高速缓存器，里面有它所在的局域网上的各主机和路由器的 IP 地址到硬件地址的映射表。当主机 A 欲向本局域网上的某个主机 B 发送 IP 数据报时，就先在其 ARP 高速缓存中查看有无主机 B 的 IP 地址。如果有，就可查出其对应的硬件地址，再将此硬件地址写入 MAC 帧，然后通过局域网将该 MAC 帧发往主机 B。也有可能查不到主机 B 的 IP 地址，这可能是主机 B 才入网，或者主机 A 刚刚上电，其高速缓存还是空的。在这种情况下，主机 A 就自动运行 ARP 协议，找出主机 B 的硬件地址。

下面的例子用来说明主机 A 获取主机 B 的硬件地址的过程。

如图 5-19（a）所示，主机 A 的 ARP 进程在本局域网上广播一个 ARP 请求分组，其内容大致是：我的 IP 地址是 209.0.0.5，硬件地址是 00-00-C0-15-AD-18，我想知道 IP 地址为 209.0.0.6 的主机的硬件地址。本局域网上所有主机运行的 ARP 进程都会收到此 ARP 请求分组。主机 B 在收到的 ARP 请求分组中见到自己的 IP 地址，就向主机 A 回送响应分组，其内容是：我的 IP 地址是 209.0.0.6，我的硬件地址是 08-00-2B-00-EE-0A，如图 5-19（b）所示。与请求分组的广播发送不同，响应分组是普通单播分组，因为它只需要送给主机 A。

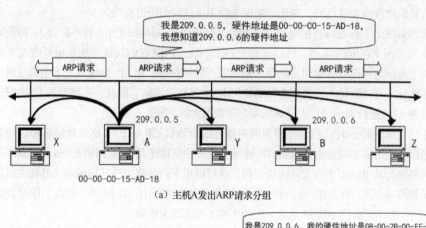

（a）主机A发出ARP请求分组

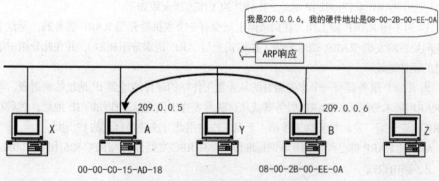

（b）主机B向A发送ARP响应分组

图 5-19　地址解析协议（ARP）的工作原理

主机 A 收到主机 B 的 ARP 响应分组后，就在其 ARP 高速缓存器中写入主机 B 的 IP 地址和对应的硬件地址。为避免主机 B 可能向主机 A 请求硬件地址而产生新的网络开销，主机 B 会根据收到的请求分组的内容，将主机 A 的 IP 地址及对应的硬件地址写入其高速缓存器中。

网络在运行一段时间后，每个主机的 ARP 高速缓存器中，都会建立起连接到网络上的所有主机和路由器的地址映射表项。为了应对网络中主机或路由器的增减变换情况，每个地址映射表项都被设置了生存时间，超过生存时间的表项就会被从高速缓存器中删除。ARP协议找不到该表项就会启动重新请求过程，从而在一定程度上保证了地址映射关系的更新。

ARP 协议是用来解决同一个局域网上的主机或路由器的 IP 地址和硬件地址的映射问题的，跨网时就无法实现这种解析。只要局域网内存在主机或路由器间的 IP 通信，ARP 协议就会自动启动将 IP 地址解析为硬件地址，主机用户是不知道这一过程的。最后还需指出的一点是，在广域网中路由器与路由器之间通常采用点对点协议（PPP），PPP 帧不需要标明硬件地址，因而也不需要运行 ARP 协议。

有的读者可能会产生这样的问题：既然在网络的链路上传送的帧最终是按照硬件地址找到目的主机的，那么为什么不直接使用硬件地址进行通信，而是要使用抽象的 IP 地址并调用 ARP 来寻找相应的硬件地址呢？这个问题必须弄清楚。

由于全世界存在着各式各样的网络，它们使用不同的硬件地址。要使这些异构网络能够互相通信就必须进行非常复杂的硬件地址转换工作，这几乎是不可能的事。但统一的 IP 地址把这个复杂问题解决了。连接到互联网的主机都拥有统一的 IP 地址，它们之间的通信像连接在同一个网络上那样简单方便，因为调用 ARP 来寻找某个路由器或主机的硬件地址都是由计算机软件自动进行的，对用户来说是看不见这种调用过程的。

设想有两个主机可以直接使用硬件地址进行通信（具体实现方法暂不必管），再假定其两个主机的网卡都同时坏了，然后又都更换了一块，因此它们的硬件地址也都改变了。这时，两个主机怎样能够知道对方的硬件地址呢？显然很难。但 IP 地址独立于主机或路由器的硬件地址，硬件地址的改变不会影响使用 IP 主机间的通信。因此，在虚拟的 IP 网络上用统一的 IP 地址进行通信给广大计算机用户带来很大的方便。

在进行地址转换时，有时还要用到逆地址解析协议（RARP）。逆地址解析协议使只知道自己硬件地址的主机能够知道其 IP 地址。这种主机往往是无盘工作站。这种无盘工作站一般只要运行其 ROM 中的文件传送代码，就可以用下行装载方法从局域网上其他主机得到所需的操作系统和 TCP/IP 通信软件，但这些软件中并没有 IP 地址。无盘工作站要运行 ROM 中的 RARP 来获得其 IP 地址。RARP 的工作过程大致如下。

① 为了使 RARP 能工作，在局域网上至少有一个主机要充当 RARP 服务器，无盘工作站先向局域网发出 RARP 请求分组（在格式上与 ARP 请求分组相似），并在此分组中给出自己的硬件地址。

② RARP 服务器有一个事先做好的从无盘工作站的硬件地址到 IP 地址的映射表，当收到 RARP 请求分组后，RARP 服务器就从这映射表查出该无盘工作站的 IP 地址，然后写入 RARP 响应分组，发回给无盘工作站。无盘工作站用此方法获得自己的 IP 地址。

ARP 和 RARP 都已经成为互联网标准协议，其 RFC 文档分别为[RFC-826]和[RFC-03]。

2．路由查找

互联网中路由器的作用与分组交换网中的节点交换机非常相似，它们都要实现分组的存储转发。当然它们也是有区别的：

① 路由器用来连接不同的网络，而节点交换机只工作于一个特定网络中；

② 路由器专门用来转发分组，而节点交换机还可以连接多个主机；路由器使用统一的 IP，而节点交换机使用所在网络的特定协议；

③ 路由器根据目的地址找出下一跳，而节点交换机根据目的节点找出下一跳。

从前面的描述可以看到，路由器并不将 IP 数据报转发到目的主机，而只将其转发到目的网络即可。因此，路由器的路由表项不是以主机 IP 地址区分，而是以子网地址区分。此外，路由表项还包括子网掩码、对应的输出接口编号和下一跳的路由器地址（或在连接目的子网时标记为直接连接）。在进行路由查找时，先将 IP 数据报的目的 IP 地址与路由表项的子网掩码进行逻辑与操作，然后与路由表项的子网地址相比较，若相等则找到匹配项，路由查找成功。

为进一步提高路由器的查找速度，路由器采取了两种优化措施。一是进行路由聚合，二是使用默认路由。

路由聚合能够大大减少路由表项数，为了更多地进行路由聚合往往会扩大路由表项数涵盖的地址范围，有时会造成多项匹配的问题。于是，路由表查找算法被修改为选取掩码最长的那一项，即最长前缀匹配。默认路由就是将多个输出接口编号和下一站路由器地址相同的路由表项合并为一项，并设置其网络地址为 0，掩码也为 0。这样进行逻辑与操作后这一项总是匹配的，但由于采用最长前缀匹配，仅当其他项都不匹配时，才会选取这一项。这就能得到和原来相同的查找结果，并且压缩了很多路由表项，也不会发生找不到匹配项的情况了。

图 5-20 所示为一个路由表的简单例子。有 4 个 A 类网络通过三个路由器连接在一起。每一个网络上都可能有成千上万个主机。可以想象，若按查找目的主机号来制作路由表，则所得出的路由表就会过于庞大。但若按主机所在的网络地址来制作路由表，那么每一个路由器中的路由表就只包含 4 个项目。以路由器 R_2 的路由表为例，由于 R_2 同时连接在网络 2 和网络 3 上，因此只要目的站在这两个网络上，都可以通过接口 0 或 1 由路由表 R_2 直接交付（当然还要利用 ARP 协议才能找到 MAC 地址）。若目的站在网络 1 中，则下一跳路由器应为 R_1，其 IP 地址为 20.0.0.7。路由器 R_2 和 R_1 由于同时连接在网络 2 上，因此从路由器 R_2 将分组转发到路由器 R_1 是很容易的。同理，若目的站在网络 4 上，则路由器 R_2 应将分组转发给 IP 地址为 30.0.0.1 的路由器 R_3。

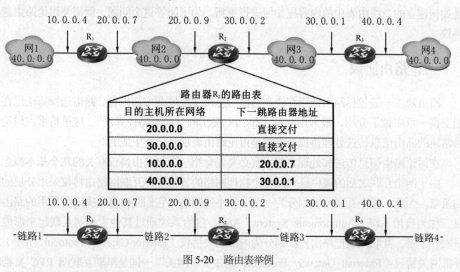

图 5-20　路由表举例

可以将整个网络的拓扑简化为图中下方所示的样子。在简化图中，网络变成了一条链路，但每一个路由器旁边都注明其 IP 地址。这样可以使我们不用关心某个网络内部的拓扑及连接在该网络上有多少台主机，因为这些对于研究分组转发问题并没有什么关系。

总之，在路由表中，对每一条路由最主要的是两项：目的网络地址、下一跳地址。

综上所述，在互联网中某一个路由器的 IP 层所执行的数据报转发算法如下：

① 从数据报的首部提取目的 IP 地址 D，得出目的网络地址为 N；

② 若 N 与此路由器属于同一个物理子网，则进行直接交付，否则就是间接交付；

③ 若路由表中有目的地址为 D 的特定主机路由，则将数据报传送给路由表中所指明的

下一跳路由器，否则，执行④；

④ 若路由表中有到达网络 N 的路由，则将数据报传送给路由表中所指明的下一跳路由器，否则，执行⑤；

⑤ 若路由表中有一个默认路由，则将数据报传送给路由表中所指明的默认路由，否则执行⑥；

⑥ 报告转发数据报出错。

这里再强调指出，在传送过程中 IP 数据报的源和目的 IP 地址始终是不变的，而链路层封装帧的 MAC 地址则一直在变化。具体地讲，当路由器收到 IP 数据报并从路由表中查得下一跳路由器 IP 地址时，将下一跳路由器的 IP 地址转换成 MAC 地址（使用 ARP），并将此 MAC 地址放入链路层 MAC 帧的首部，据此找到下一跳路由器。由此可见，IP 数据报连续传送的过程就是查找路由、解析 MAC 地址、装入 MAC 帧传输等不断重复的过程。

这里对比一下 IP 分组与以太网帧的传送过程是很有意义的。它们有以下几个不同。

- 路由器的接口有 IP 地址，进行间接交付时必须明确将数据交给路由器；以太网交换机的端口没有 MAC 地址，发送端不需要关心目的端是否在同一网段上。

- 如果路由器从某接口 i 收到一个 IP 数据报，经路由查找发现目的接口仍为 i，则从接口 i 送出该数据报。交换机绝不会将收到的以太网帧转发到其进入的端口。

- 在路由器中，如果一个 IP 数据报在路由表中无法查到下一站地址，则将该数据报丢弃。以太网交换机会将目的 MAC 地址在转发表中无法找到的帧转发到除入口外的每一个端口。

造成这些区别的原因是以太网使用广播介质语义，而 IP 子网不是。

上面所讨论的是 IP 层怎样根据路由表的内容进行分组转发，而没有涉及路由表一开始是如何建立的及路由表中的内容应如何进行更新。为了回答这个问题，就需要讨论路由选择协议。

三、路由协议

路由协议一般包括路由选择算法和路由信息传送处理两方面内容。路由选择算法已在分组交换一章中做了介绍，最常用的是 Dijkstra 提出的"最短路径算法"。这里将重点讨论几种常用的路由信息传送处理协议，也就是讨论路由表项是怎样生成的。

在讨论路由信息传送和处理之前，有必要先介绍一下与路由协议有关的几个基本概念。

由于网络互联之后的规模巨大及各个物理网络的异构性，互联网路由协议采用分层的路由策略。为此，整个互联网被划分为一个个较小的网络，它们能够自主决定所采用的路由协议，称为自治系统（Autonomous System，AS）。自治系统通过其他主干网互联起来形成互联网。于是，互联网就把路由协议划分为内部网关协议（Interior Gateway Protocol，IGP）和外部网关协议（External Gateway Protocol，EGP）。"网关"一词是早期互联网 RFC 文档的叫法，后来被"路由器"代替，于是有内部路由器协议 IRP 和外部路由器协议 ERP 之说。不管怎样，实际上就是自治系统内部的路由协议和自治系统之间的路由协议。

具体的 IGP 协议有多种，如 RIP 和 OSPF 等，常用的 EGP 协议就是 BGP。

图 5-21 所示为三个自治系统互联在一起的示意图，在自治系统内个路由器之间的网络就省略了，而用一条链路表示路由器之间的网络。每个自治系统运行本自治系统的内部路由选择协议（IGP），但每个自治系统都有一个或多个路由器除运行本系统的内部路由协议外，还运行自治系统间的路由选择协议（EGP）。在图中，能运行自治系统间路由选择协议的路由器有 R_1、R_2 和 R_3。假定自治系统 A 的主机 H_1 要向自治系统 B 的主机 H_2 发送 IP 分

组，那么在各自治系统内使用的是各自的 IGP（如分别使用 RIP 和 OSPF），而在路由器 R_1 和 R_2 之间则必须使用 EGP（如 BGP-4）。

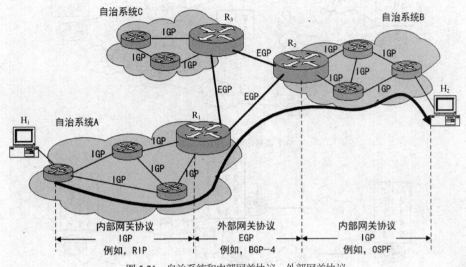

图 5-21　自治系统和内部网关协议、外部网关协议

1. 自治系统内部路由协议 RIP

路由信息协议（Routing Information Protocol，RIP）是内部网关协议（IGP）中最先得到广泛使用的协议。RIP 是互联网的标准协议之一，其最大的优点就是简单。

（1）RIP 基本原理

作为基于距离向量算法的路由协议，RIP 将"距离"解读为"跳数"（hop count）。路由器到直接连接网络的距离定义为 1，每经过一个路由器，距离就加 1。好的路由的概念就是经过的路由器数目最少，即距离最短。哪怕还存在另一条更高速（低时延）但经过路由器较多的路由，也不会被优先考虑。RIP 允许一条路径最多只能包含 15 个路由器，即距离值为 15。一旦距离值达到 16 时则被认为不可达。

正如在分组交换一章中对基于距离向量算法的路由协议所说明的一样，RIP 协议中每个路由器定期与相邻路由器交换各自所掌握的路由信息，即路由表，然后根据得到的路由表对原有路由表进行调整，包括添加新表中才出现的表项（即目的网络，说明发现新的网络），对相同表项中相同下一跳时的距离值以新换旧（最新信息变数最少），对相同表项中不同下一跳的距离值选小弃大（最短距离优先）。

图 5-22 所示说明了使用 RIP 的各路由器中路由表数据的变换过程。图中为一个简单的网络拓扑，共 6 个网络（网 1～网 6），通过 6 个路由器（A～F）互联起来。

当 RIP 刚刚开始工作时，各路由器的路由表中的内容如图 5-22（a）所示。路由表中的每一行都包括三个字符，它们从左到右分别代表：目的网络、最短距离（指跳数）、下一跳路由器（直接交付用"–"表示）。在初始状态下，路由表的行数取决于该路由器与多少个网络直接相连，路由器到直接连接网络的距离定为 1。图 5-22（b）所示为各路由器收到了相邻路由器的路由表，进行路由表更新后的情况（假定所有路由器都同时向其相邻路由器发送自己的路由表）。图 5-22（c）为各路由器再更新一次路由表后得出最终的路由表的内容。这些路由表中的每一行都指出了到某个网络的距离是多少，以及下一跳是哪个路由器。对于更复杂的网络，路由表要经过更多次的更新才能达到最终的数值。有时，到达同一个目的网络可以经过不同的下一跳路由器（跳数相同），这时可任选一个下一跳路由器。

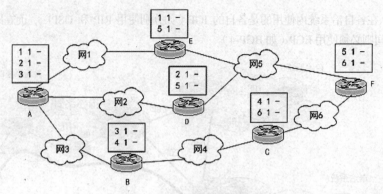

（a）各路由器的初始路由表

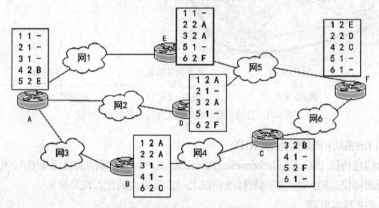

（b）各路由器收到相邻路由器的路由表，进行路由表的更新

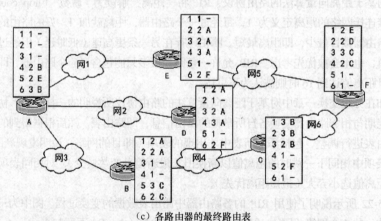

（c）各路由器的最终路由表

图 5-22　RIP 各路由器的最终路由表

RIP 让互联网中的所有路由器都和自己的相邻路由器不断交换路由信息，并不断更新其路由表，使得从每一个路由器到每一个目的网络的路由都是最短的（跳数最少）。RIP 的这种"我的路由表中的信息要依赖于你的，而你的信息又依赖于我的"的做法虽然有些奇怪，但是自治系统中的所有节点都能较快地得到正确的路由选择信息，即收敛过程较快。

RIP 的 PDU 使用运输层的 UDP 协议传送，所以 RIP 应该工作在应用层。当然 UDP 需要 IP 数据报来转发承载，IP 协议是网络层协议。

（2）RIP 的报文格式

现在较新的 RIP 版本是 1998 年 11 月公布的 RIP2[RFC-2453]（已成为互联网标准协

议），新版本协议本身并无多大变化，但性能上有些改进。RIP2 可以支持变长子网掩码和CIDR。此外，RIP2 还提供简单的鉴别过程支持多播。

图 5-23 所示为 RIP2 的报文格式，它和 RIP1 的首部相同，但后面的路由部分不一样。

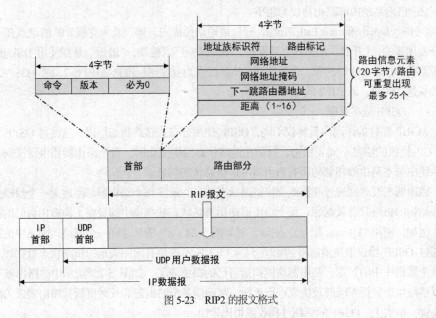

图 5-23 RIP2 的报文格式

RIP 报文由首部和路由部分组成。

● RIP 的首部占 4 个字节，其中的命令字段指出报文的意义。例如，1 表示"请求路由信息"，2 表示对"请求路由信息"的响应或未被请求而发出的"路由更新"报文。首部后面的"必为 0"是为了填满 4 个字节。

● RIP2 报文中的路由部分由若干个路由信息元素组成。每个路由信息元素需要 20 个字节。地址族标识符（又称地址类别）字段用来标识所使用的地址协议。如采用 IP 地址就令这个字段的值为 2（原来考虑 RIP 也可用于其他非 TCP/IP 的情况）。路由标记填入自治系统的号码，这是考虑使 RIP 有可能收到本自治系统以外的路由信息。再后面指出某个网络地址、该网络地址的掩码、下一跳路由器地址及到此网络的距离。一个 RIP 报文最多可包括 25 个路由信息元素，因而 RIP 报文的最大长度是 4+20×25=504。如路由信息元素的数目超过 25，则必须再用一个 RIP 报文来传送。

RIP2 还具有简单的认证功能。若使用认证功能，则将原来写入第一个路由信息元素（20 字节）的位置用作认证。这时应将地址族标识置为全 1（即 0xFFFF），而路由标记写入认证类型，剩下的 16 字节为认证数据。在认证数据之后才写入路由信息，但这时最多只能再放入 24 个路由信息元素。

RIP 存在的一个问题是当网络出现故障时，要经过比较长的时间才能将此信息传送到所有的路由器。RIP 的这一特点叫作："好消息传播得快，而坏消息传播得慢"。网络出故障的传播时间往往需要较长的时间（如数分钟），这是 RIP 的一个主要缺点。

但如果一个路由器发现了更短的路由，那么这种更新信息就传播得很快。

为了使坏消息传播得更快些，可以采取多种措施。例如，让路由器记录收到某特定路由信息的接口，而不让同一路由信息再通过此接口向反方向传送。

总之，RIP 最大的优点就是实现简单，开销较小，但 RIP 的缺点也较多。首先，RIP 限制了网络的规模，它能使用的最大距离为 15（16 表示不可达）。其次，路由器之间交换的路由信息是路由器中的完整路由表，因而随着网络规模的扩大，开销也就增加。最后，"坏消息传播得慢"，使更新过程的收敛时间过长。因此，对于规模较大的自治系统就应当使用 OSPF 协议。然而目前在规模较小的自治系统中，使用 RIP 的仍占多数。

2．自治系统内部路由协议 OSPF

OSPF（Open Shortest Path First），开放最短路径优先，协议是为克服 RIP 的缺点在 1989 年开发出来的。"开放"是指其公开发表，不受某一厂家控制，"最短"是指使用 Dijkstra 的最短路径算法。OSPF 的第二个版本 OSPF2 已成为互联网标准协议[RFC-2328]（OSPF2 的文档长达 224 页，而 RIP2 的文档才 38 页）。

（1）OSPF 基本原理

与 RIP 那样的距离向量协议不同，OSPF 使用分布式链路状态协议。这使得 OSPF 协议与 RIP 协议的明显不同表现为，只是在链路状态发生变化时，每个路由器用洪泛法向本自治系统中与本路由器相邻的所有路由器发送链路状态信息。

路由器相互之间通过频繁地交换链路状态信息，最终每个路由器都能建立一个反映全网拓扑结构的链路状态数据库。每个路由器使用链路状态数据库中的数据，构造出自己的路由表（例如，使用 Dijkstra 算法）。例如，对如图 5-24（a）所示这样一个网络，网络中的路由器通过 OSPF 协议很快就能得到如图 5-24（b）所示的用有向图表示的链路状态数据库，根据这个数据库中的数据，路由器就能构造自己的路由表了，如图 5-25 所示中的路由器 F。所以链路状态数据库能够较快地进行更新，从而使各个路由器能及时更新其路由表成为问题的关键。事实上，OSPF 的更新过程收敛得比较快。

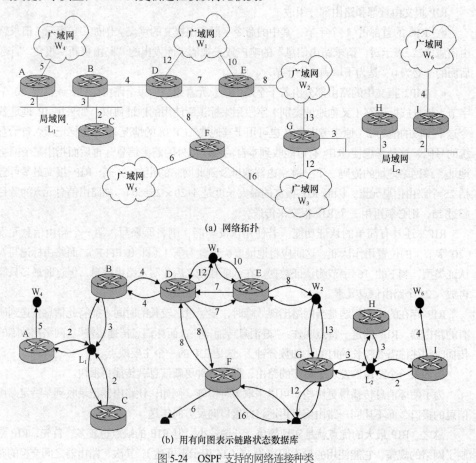

(a) 网络拓扑

(b) 用有向图表示链路状态数据库

图 5-24　OSPF 支持的网络连接种类

OSPF 协议将路由器链路状态信息迅速传遍全网的关键是采用了洪泛的方法。但是洪泛法的问题是非常的大的信息流量。为了缓解这个问题，OSPF 协议中采取了一些措施。

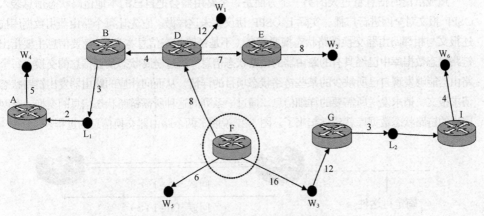

图 5-25　以路由器 F 为根的最短路径树

在规模很大的网络中使用 OSPF 协议时，洪泛带来的巨大通信流量自然不能小觑，所以在网络设计中再次用到了划分层次的方法。图 5-26 所示，OSPF 将一个自治系统再划分为若干个更小的区域（一般不超过 200 个路由器），这样洪泛法交换链路状态信息的范围就被限制在每个区域而不是整个自治系统，从而减少了整个网络的通信流量。

为了使每个区域能够和其他区域进行通信，OSPF 设立多个下层区域和用来连通它们的主干区域。每个区域以点分十进制表示的 32bit 区域标识符区分，主干区域的标识符规定为0.0.0.0。

显然每一个区域至少应当有一个区域边界路由器，如图 5-26 所示中的路由器 R_3、R_4 和 R_7。在主干区域内的路由器叫作主干路由器（backbone router），如 R_3、R_4、R_5、R_6 和 R_7。一个主干路由器可以同时是区域边界路由器，如 R_3、R_4 和 R_7。在主干区域内还要有一个路由器专门和本自治系统外的其他自治系统交换路由信息。这样的路由器叫作自治系统边界路由器，如 R_6。

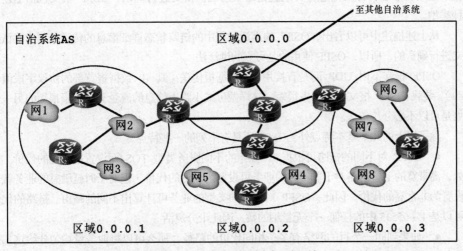

图 5-26　一个自治系统划分为 4 个区域

采用分层次划分区域的方法虽然使交换信息的种类增多了，同时也使 OSPF 协议更加复

241

杂了。但这样做却能使每一个区域内部交换路由信息的流量大大减小，因而使 OSPF 协议能够用于规模很大的自治系统中。这里我们再一次看到划分层次在网络设计中的重要性。

造成洪泛时信息量过大的另一个方面是每个路由器会把自己的本地链路状态信息装入 OSPF 报文对全网进行广播。实际上 OSPF 协议并未这样做。它先让每个路由器用数据库描述报文与相邻路由器交换链路状态摘要信息（不是链路状态信息本身）。摘要信息主要指出链路状态数据库中已经具有的路由器的链路状态信息。通过链路状态摘要信息的交换，每个路由器能够发现自己所缺少的某些链路状态项目的详情，从而向相应的路由器发出链路状态请求报文，请求发送所需要的详细信息。通过一系列的这种所需链路状态信息的交换，全网同步的链路状态数据库就建立起来了。图 5-27 说明了两个路由器交换信息的过程。

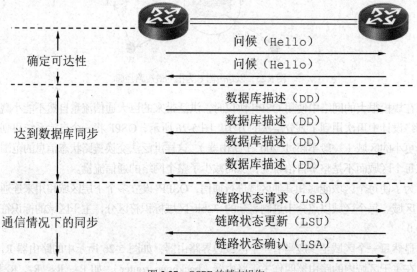

图 5-27　OSPF 的基本操作

当然双方要事先通过问候（hello）报文找到对方，然后通过数据库描述（database description）报文互传链路状态摘要信息，根据获得信息的情况发出链路状态请求报文，获取链路状态更新详细信息，并通过链路状态确认报文进行确认，OSPF 报文包括上述 5 种类型。

从上述描述中可以看出，OSPF 的洪泛过程中的链路状态详细信息的传送是要由确认报文进行确认的，所以，OSPF 使用的是可靠的洪泛法。

OSPF 报文不用 UDP 而是直接用 IP 数据报传送（其 IP 数据报首部的协议字段值为 89）。装载 OSPF 报文的数据报很短。这样做可减小路由信息的流量。数据报很短的另一好处是可以不必分片传送。

除了以上的几个基本特点外，OSPF 还具有下列的一些特点。

● OSFP 对不同的链路可根据 IP 分组的不同服务类型 TOS 而设置成不同的代价。例如，高带宽的卫星链路对于非实时的业务可设置为较低的代价，但对于时延敏感的业务就可设置为非常高的代价。因此，OSFP 对于不同类型的业务可计算出不同的路由。链路的代价可以是 1～65535 中的任何一个无量纲的数，因此十分灵活。

● 如果到同一个目的网络有多条相同代价的路径，那么可以将业务量均匀分给这几条路径，这叫作多路径间的负载均衡（load balancing）。在代价相同的多条路径上分配业务量是流量工程中的简单形式。但 RIP 只能找出到某个网络的一条路径。

- 所有在路由器之间交换的 OSPF 报文（例如，链路状态更新报文）都具有认证的功能，因而保证了仅在可信赖的路由器之间交换路由链路状态信息。

- OSPF 支持无分类编址 CIDR。

- 由于网络中的链路状态可能经常发生变化，因此 OSPF 让每一个链路状态都带上一个 32bit 的序号，序号越大状态就越新。OSPF 规定，链路状态序号增长的速率不得超过每 5 秒 1 次。这样，全部序号空间在 600 年内不会产生重复号。

（2）OSPF 报文格式

OSPF 报文使用 24 字节的固定长度首部，如图 5-28 所示，报文的数据部分可以是 5 种类型报文中的一种。下面简单介绍 OSPF 报文首部各字段的意义。

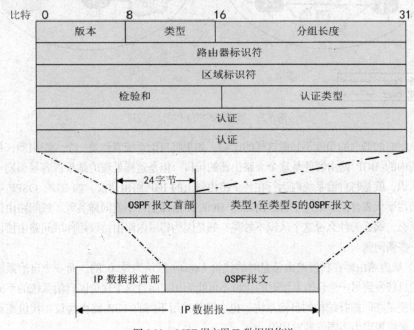

图 5-28　OSPF 报文用 IP 数据报传送

- 版本：当前的版本号是 2。
- 类型：可以是 5 种类型报文中的一种。
- 报文长度：包括 OSPF 报文首部在内的报文长度，以字节为单位。
- 路由器标识符：标识发送该分组的路由器的接口的 IP 地址。
- 区域标识符：报文所属区域的标识符。
- 检验和：用来检测报文中的差错。
- 认证类型：目前只有两种：0（不用）和 1（口令）。
- 认证：认证类型为 0 时就填入 0；认证类型为 1 则填入 8 个字符的口令。

3．自治系统间的路由协议 BGP

（1）基本概念

边界网关协议（Border Gateway Protocol，BGP），又称域间路由协议，是自治系统的路由器路由器之间交换路由信息的协议。1989 年 BGP 协议公布，1995 年第四版的 BGP-4 发表，并迅速成为互联网优先选用的域间路由协议。

自治系统内部的所有路由器都要运行内部路由协议 IGP（如 OSPF），从这些路由器中至少要选择一个路由器作为该自治系统的代表与外部交换路由信息。这样的路由器成为

BGP 路由器，它对内运行像 OSPF 这样的 IGP 协议，对外运行 BGP 协议。BGP 路由器一般都是边界路由器。域间路由协议与域内路由协议的关系如图 5-29 所示。

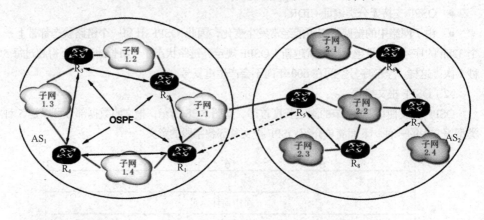

图 5-29　域间和域内路由协议的应用

从粗略的概念的角度不妨做这样的比喻：如果将自治系统看作是一个大路由器，那么自治系统内的 BGP 路由器便是这个大路由器的接口。但是这样处理的结果很容易引发一个不妙的认识，就是将自治系统内运行在各个路由器上的 IGP 路由协议，如 RIP、OSPF 等，直接移植于代表自治系统这个大路由器的 BGP 路由器上，不就同样实现了域间路由信息的交换了么。那么为什么说这个认识不妙呢？那是因为将域内路由协议用作域间路由协议，会面临一些新问题。

① 域内路由器在转发路由信息时的代价（cost）默认为是 0 的，而一个自治系统在将路由信息转发到另一个自治系统时的代价不可能为 0。而且这个代价因自治系统的不同而不同，即便是相同拓扑结构的自治系统，也会因其采用不同的 IGP 路由协议（代价衡量标准不同）最终表现为不同的转发代价。

② BGP 路由器要向其他自治系统发送本自治系统内的所有路由，并引入其他自治系统的所有路由（使用路由策略进行控制的情况除外），这一自治系统间路由信息交换的过程不可能像 IGP 协议那样采用洪泛一类的方式来完成。

基于以上情况，BGP 协议采用了一种叫作路径向量路由选择的技术。

（2）BGP 工作原理

BGP 路径向量算法摈弃了"距离""链路状态"等路由度量信息，只是简单地提供一条路径信息，该信息指明了一个路由器要跨越哪些自治系统能到达哪些网络。为实现这一思想，BGP 协议需要完成三个功能性的过程，即邻站捕获、邻站可达性和网络可达性。

① 邻站捕获指 BGP 路由器与处于另一个自治系统内的邻站（如果两个路由器连接于同一个子网或专线，称邻站）达成路由信息交换共识的过程。

为实现邻站捕获，一个路由器向另一个路由器发送 Open 报文。后者可能会因为负荷过重等原因不想参加路由信息交换而拒绝，但如果接受，就会回送一个 Keepalive 报文以示响应。

邻站捕获的前提是要先在邻站之间建立一个 TCP 连接，而 BGP 协议并不考虑一个路由器如何知道另一个路由器的地址甚至是对方是否存在等问题，也不考虑它如何决定发出邻站捕获请求的问题。这些问题需要在网络配置时处理或由网络管理员主动介入。

Open 报文中包括了发送方路由器所在的自治系统和路由器 IP 地址，以及一个用作保持定时器（Hold Timer）的时间参数（定时秒数）。接收方会根据收到的保持定时器时间和自己的保持时间之间的最小值作为其保持定时器时间。

② 邻站可达性是在邻站关系建立起来后，双方都需要确信对方仍然存在并且致力于保持邻站关系。为此，两个路由器都要周期性地向对方发送 Keepalive 报文。发送周期应保证保持定时器时间不会超时。

③ 网络可达性是指在连接建立后，每个 BGP 路由器都要发送 Update 报文向对方通告路由信息，之后每个 BGP 路由器都保持一个数据库，其中记录可达的子网及达到该子网的优选路由。

如果这个数据库的内容发生变化，路由器就要向实现 BGP 的其他路由器发送 Update 报文以通告变化信息。通过 Update 报文的广播，所有 BGP 路由器都能建立并保持路由信息。Update 报文传递的内容可能是单条可用路由信息，也可能是需要撤销的路由清单。对于单条可用路由信息主要包括网络层可达信息（Network Layer Reachability Information，NLRI）和路径属性信息。

NLRI 描述的是经由该路由器可达子网的标识符清单，每个子网以网络号或网络前缀表示；路径属性则包括 Origin（指明该信息来自 IGP 协议还是 EGP 协议）、AS_Path（经过各自治系统的路径）、Next_Hop（到达 NLRI 清单项使用的下一个 BGP 路由器 IP 地址）、Muti_Exit_Disc（多出口辨别）、Local_Pref（本地优选）、Atomic_Aggregate，Aggregator（原子汇聚、汇聚器）等。对于撤销的路由信息，路由都是以目的子网的 IP 地址标识的。

最后 BGP 路由器会在需要时发出 Notification 报文，以报告来自报文、定时器、状态机等方面的错误，或者用来关闭与另一个路由器的连接。

实现上述功能的报文（BGP-4 版本）列于表 5-5，报文格式示如图 5-30 所示。每个报文都有一个 19 字节的首部，包含三个字段：标记、长度和类型。标记是为身份认证保留的字段，发送方在该字段填入一个值，接收方用该值验证发送方身份；长度指报文的长度，以字节为单位；类型就是报文类型。

表 5-5　BGP-4 报文

报文	说明
Open（打开）	用于和另一个路由器建立相邻关系
Update（更新）	用于传送单条路由信息和/或列出要撤除的多条路由
Keepalive（保活）	用于对 Open 报文的确认和周期性地证实相邻关系
Notification（通知）	当检测到差错情况时发送

BGP 的具体工作过程比较复杂，这里仅以图 5-30 为例，对 BGP 路由器在多个自治系统间交换路由信息的过程做一简单介绍。

① BGP 路由器要实现域内路由协议，如 OSPF。图 5-29 中自治系统 1（AS_1）中的 R_1 可以用 OSPF 与 AS_1 中其他路由器交换路由信息，建立起 AS_1 中的子网和路由器拓扑图，并构建路由表。然后，R_1 可以发送一个 Update 报文给 AS_2 中的 R_5，报文可能包括：

- AS_Path：AS_1 的标识；
- Next_Hop：R_1 的 IP 地址；
- NLRI：AS_1 中所有子网的清单。

这个报文通知 R_5，在 NLRI 中列出的所有子网都是经过 R_1 可达的，并且只经 AS_1。

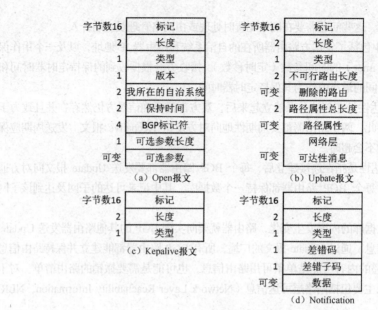

图 5-30　BGP 报文格式

② 现在假设 R_5 与另一个自治系统的某路由器（例如，AS_3 中的 R_9）也有邻站关系，这样 R_5 就会将来自 R_1 的信息在一个新的 Update 报文中转发给 R_9。这个新的报文包括以下内容：

- AS_Path：标识清单 $\{AS_2，AS_1\}$；
- Next_Hop：R_5 的 IP 地址；
- NLRI：AS_1 中所有子网的清单。

这个报文通知 R_9，在 NLRI 中列出的所有子网都是经由 R_5 可达的，并且经过的自治系统是 AS_2 和 AS_1。现在 R_9 必须判断对于所列出的子网来说是否是优选路由。它可能知道到达所有这些子网或其中的一部分还有另外的路由，而且从性能或其他度量策略来看是更优的路由。如果 R_9 判断的结果是来自 R_5 的 Update 报文中给出的路由更优，那么 R_9 会将这个信息加入到路由中，并将这个信息转发给其他邻站。这个新报文中的 AS_Path 字段将是 $\{AS_3，AS_2，AS_1\}$。

路由更新信息就以这种方式在由多个自治系统组成的大型互联网上传播。AS_Path 字段可以保证这些信息不会无休止地兜圈子。如果 Update 报文到达了一个路由器，而该路由器所在的自治系统已经在 AS_Path 字段中了，这时就不会再将更新信息转发给其他路由器。

当其他自治系统的边界路由器能够从多个入口进入某个自治系统时，Multi_Exit_Disc 属性就可用来选择这些入口。例如，图 5-29 中 AS_1 的 R_1 和 R_2 都实现 BGP，并且它们都与 R_5 有邻站关系，即 AS_2 的边界路由器 R_5 可以从 R_1 或 R_2 进入 AS_1。R_1 和 R_2 都给 R_5 一个 Update 报文，其中都包含了它们到达子网 1.3 的路由度量值（由内部路由协议如 OSPF 进行度量），R_5 就可以用这两个度量值作为选择到达子网 1.3 的依据。

4．下一代互联网网际协议 IPv6

互联网的巨大成功使得互联网的覆盖范围和用户数迅猛增长，同时也暴露了现行的网际协议 IPv4 存在的问题：主要是 IP 地址不够用（地址空间将要耗尽）的问题。为解决这一问题，IETF 早在 1992 年就提出要制订下一代 IP，现正式称为 IPv6。下面就来介绍 IPv6。

（1）IPv6 分组的格式

IPv6 分组由基本首部（Base Header）和载荷（Payload）部分组成。载荷部分包括可选的扩展首部（Extension Header）和数据（Data）部分，如图 5-31 所示。

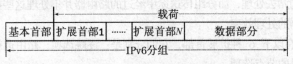

图 5-31　IPv6 分组的一般格式

① IPv6 分组的基本首部。IPv6 分组基本首部的长度固定为 40 字节，其长度是 IPv4 分组首部的两倍，但字段数减到 8 个。图 5-32 所示为 IPv6 分组基本首部的结构，下面介绍各个字段的功能。

```
bit 0     4      12 16      24      31
    ┌────┬─────┬────────────────────┐
    │版本│业务类别│       流标记         │
    ├────┴─────┼────────┬───────────┤
    │  载荷长度   │ 下一个首部 │  跳数限制   │
48B ├──────────┴────────┴───────────┤
    │           源地址                │
    │         (128bit)               │
    ├────────────────────────────────┤
    │          目的地址                │
    │         (128bit)               │
    └────────────────────────────────┘
```

图 5-32　IPv6 分组的基本首部

- 版本（Version）：占 4bit。它指明协议的版本号，对应 IPv6 该字段总是 6。
- 业务类别（Traffic Class）：占 8bit。用于标识和区分不同的业务类型或 IPv6 分组的优先级。这个字段的使用还需进一步研究。
- 流标记（Flow Label）：占 20bit。所谓"流"，就是互联网上从特定源点发送到特定目的点（单播或多播）的一系列数据分组（如实时音频或视频流），源点希望在这个"流"所经过的路径上的所有路由器都将给予特殊处理（例如，为它预留资源或给予优先服务）。一个流由非零的 20bit 流标记及其源地址与目的地址唯一的标识。
- 载荷长度（Payload Length）：占 16bit。它指明 IPv6 分组跟在基本首部后面的扩展首部和数据部分的长度（字节数）。这个字段的最大长度为 65535 字节。
- 下一个首部（Next Header）：占 8bit。它标识紧接在基本首部后面的下一个首部的类型。在没有扩展首部的情况下，这个字段标识高一层协议（如 TCP 或 UDP）类型；而在使用扩展首部的情况下，这个字段标识后面的第一个扩展首部的类型。
- 跳数限制（Hop Limit）：占 8bit。用来防止 IP 分组在网络中无限期地存在下去。源点在发送每个分组时即设定某个跳数限制值，每个路由器在转发分组时要将此值减 1。当跳数限制的值为零时，就要将此分组丢弃。
- 源地址（Source Address）：占 128bit。这是发送分组的站点的 IP 地址。
- 目的地址（Destination Address）：占 128bit。这是最终接收分组的站点的 IP 地址。

② IPv6 分组的扩展首部。大家知道，IPv4 分组的首部除了必备的 20 字节以外，还有若干选项。如果使用了选项，那么 IP 分组传送路径上的每个路由都必须对这些选项进行处理，这就增加了路由器的处理负担和处理时间。实际上，很多选项是与路由器无关的。因

此，IPv6 将原来 IPv4 分组首部中选项的功能放在扩展首部中，并将有些扩展首部留给路径两端的源站和目的站去处理，而分组传送途中经过的路由器并不处理这些扩展首部，这样就能显著提高路由器的处理效率。

目前，IPv6 有以下 6 种扩展首部，它们分别是：逐跳选项、路由选择、分片、认证、封装安全载荷、目的节点选项。

下面举例说明几个扩展首部的结构和功能。

● **逐跳选项首部**（Hop-by-Hop Option Header）承载必须由沿途路由器处理的选项信息。包括以下字段（如图 5-33（a）所示）。

- 下一个首部（Next Header）：占 8bit，标识紧接着本首部后面的下一个首部的类型。与基本首部的这一字段的作用相同。
- 扩展首部的长度（Header Extension Length）：占 8bit，指明本扩展首部的长度，以 64bit 为单位，不包括第一个 64bit。
- 选项（Option）：可变长度，包含一个或多个选项。每个选项又包括三个字段：选项类型字段（8bit），用来区分不同的选项；长度字段（8bit），规定选项数据域的长度，以字节为单位；选项数据字段，可变长度的选项信息。

至今已规定了两个逐跳选项，它们是：特大载荷选项（Jumbo Payload Option）和路由器提醒选项（Router Alert Option）。特大载荷选项用于传送载荷长度超过 65535 字节的 IPv6 分组。该选项数据域的长度为 32bit，不包括 IPv6 分组基本首部的长度。包含该选项的 IPv6 分组的基本首部的载荷长度字段必须置为 0，并且不用分片首部。使用特大载荷选项的 IPv6 分组，其长度可达 40 亿字节以上。这就能够传输很大的视频分组，并使 IPv6 能够最佳地利用任何传输媒体所提供的容量。路由器提醒选项告知路由器：包含该选项的 IPv6 分组是路由器要关注的，并要相应地处理任何控制信息。该选项的用途是对某些协议（如资源预留协议 RSVP）提供有效支持。

● **分片首部**（**Fragment Header**）用于数据报的分片传送。与 IPv4 不同，IPv6 将分片功能限制在源节点实现，即传送路径途中的路由器不实现分片功能。在多个子网互联的环境中，源节点要执行一种路径探索算法，以便了解数据报所经过的各个子网的 MTU 值，从中确定最小的 MTU 值。源点就根据这个值来分片。否则，源点必须将所有的分组长度限制为576 字节，因为这是每个子网必须支持的最小 MTU 值。

分片首部包含以下字段（如图 5-33（b）所示）。

- 下一个首部（Next Header）：占 8bit，标识紧接着本首部后面的下一个首部的类型。
- 保留（Reserved）：占 8bit，保留给将来使用。
- 分片偏移量（Fragment Offset）：占 13bit，指示本片在原 IP 数据报的数据部分的相对位置（以 64bit 为单位）。
- 预留（Res）：占 2bit，留作将来使用。
- M 标志（M Flag）：占 1bit，"1" 表示后面还有数据片，"0" 表示这是最后一片。
- 标识符（Identification）：占 32bit，用来唯一地标识分片前的原始数据报。属于同一数据报的各片所形成的分组必须具有相同的标识、源地址和目的地址，以便在目的节点将这些数据片重装成原始的数据报。

● **路由选择首部**（**Routing Header**）包含 IPv6 分组去往目的节点的途中将要访问的中间节点的清单。如图 5-33（c）所示。所有的路由选择首部的第一行由 4 个 8bit 的字段构成，接着是对应于给定路由类型的路由信息。这 4 个 8bit 的字段功能如下。

- 下一个首部（Next Header）：标识紧接着本首部后面的下一个首部的类型。
- 扩展首部的长度（Header Extension Length）：指明本扩展首部的长度，以 64bit 为单位，不包括第一个 64bit。
- 路由选择类型（Routing Type）：指明路由选择首部所用的路由选择方案。假如某一路由器不识别路由选择类型，它必须删除此分组。
- 剩余跳数（Segment Left）：表示在到达最终的目的节点之前仍然需要访问的中间节点数目，这些节点的地址用表格明显列出。

至今唯一确定的路由选择首部的格式是类型 0 的路由选择首部（如图 5-33（d）所示）。在使用类型 0 的路由选择首部的情况下，IPv6 分组基本首部的目的地址字段不是放置它最终的目的节点的地址，而是放置路由选择首部中列出的第一个中间节点的地址，最终的目的节点的地址放在路由选择首部中列出的最后一个地址（在图 5-33（d）中的地址[n]）。

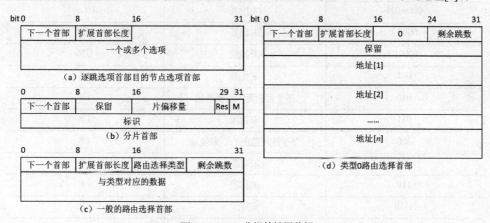

图 5-33　IPv6 分组的扩展首部

● **目的节点选项首部（Destination Option Header）** 承载由分组的目的节点处理的选项，其格式与逐跳选项首部的格式相同，如图 5-33（a）所示。

（2）IPv6 地址

IPv6 的地址字段的长度是 128bit，地址空间大于 3.4×10^{38}。如果整个地球表面都覆盖着计算机，那么，IPv6 允许每平方米拥有 7×10^{23} 个 IP 地址。可见，IPv6 的地址空间几乎是无限的，在可见的将来是不可能用尽的。

与 IPv4 一样，IPv6 的地址也是分配给节点的每个接口，而不是分配给节点本身。这里的节点，指的是运行 IPv6 协议的端节点（主机）和中继节点（路由器）。不同的是，IPv6 允许单个接口可以有多个不同的单播地址，对应于一个节点接口的任何单播地址都可以用来标识那个节点。

采用长地址，加上每个接口有多个地址可以改善路由选择的效率。较长的 IP 地址允许地址的汇聚按照网络的层次、业务运营商、地理范围、不同的企业等进行汇聚。这样的汇聚将缩小路由表的规模，从而加快路由表项的查找。每个接口有多个地址，这些地址分别汇聚在不同的运营商的地址空间，将使用户能够通过统一接口使用多个运营商的业务。

① 地址类型。IPv6 分组的目的地址有如下三种基本类型。

- 单播（Unicast）地址：标识单个节点的接口。发送给单播地址的分组将被传送到该地址所标识的接口。
- 多播（Multicast）地址：标识一组接口（一般属于不同的节点）。发送给多播地址的分组将被传送到该地址所标识的所有接口。

- 任播（Anycast）地址：标识一组接口（一般属于不同的节点）。发送给任播地址的分组将被传送到该地址所标识的一个接口（通常是距离最近的一个接口）。

② 地址空间的分配。表 5-6 列出了 IPv6 地址空间的划分。

表 5-6　IPv6 地址空间的划分

类型前缀	地址的用途	占地址空间的份额
0000 0000	保留（与 IPv4 兼容）	1/256
0000 0001	未指派	1/256
0000 001	保留给 OSI NSAP 地址	1/128
0000 010	保留给 Novell Netware IPX 地址	1/128
0000 011	未指派	1/128
0000 1	未指派	1/32
0001	未指派	1/16
001	未指派	1/8
010	基于运营商的汇聚地址	1/8
011	未指派	1/8
100	基于地理范围的汇聚地址	1/8
101	未指派	1/8
110	未指派	1/8
1110	未指派	1/16
1111 0	未指派	1/32
1111 10	未指派	1/64
1111 110	未指派	1/128
1111 1110 0	未指派	1/512
1111 1110 10	本地链路使用的单播地址	1/1024
1111 1110 11	本地链路使用的单播地址	1/1024
1111 1111	多播地址	1/256

类型前缀为 0000 0000 的地址空间是保留给与 IPv4 地址兼容使用的，这是因为必须考虑到在相当长的时间内 IPv4 与 IPv6 将会同时存在，而有的节点不支持 IPv6。因此 IP 分组在这两类节点之间转发时，就必须进行地址的转换。

图 5-34 所示为将 IPv4 地址嵌入到 IPv6 地址的两种形式。若地址的前 96bit 都是 0，而最低的 32bit 是 IPv4 地址，则这种地址叫作 "IPv4 兼容的 IPv6 地址"。使用这种地址的节点既支持 IPv4，也支持 IPv6。若地址的前 80bit 都是 0，接着的 16bit 全是 1，然后是 IPv4 地址，则这种地址叫作 "IPv4 映射的 IPv6 地址"。使用这种地址的节点不支持 IPv6。

比特数	◄—— 80 ——►	◄— 16 —►	◄—— 32 ——►
IPv4兼容的IPv6地址	0000 ······ 0000	0000	IPv4 地址
IPv4兼容的IPv6地址	0000 ······ 0000	FFFF	IPv4 地址

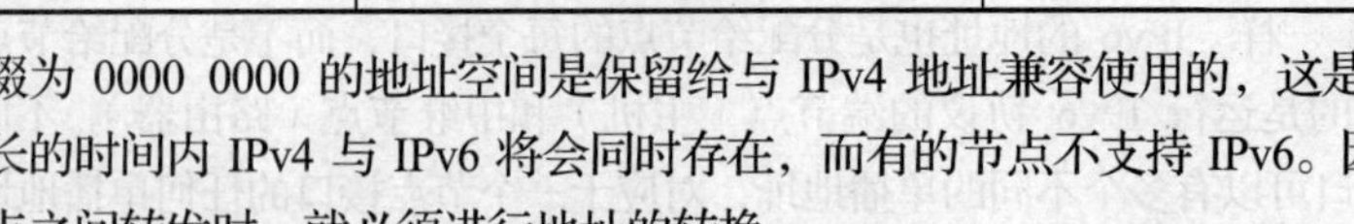

图 5-34　IPv4 地址嵌入 IPv6 地址的两种形式

基于运营商的汇聚地址（采用类型前缀 010）是考虑到将来会有某些公司向用户提供互联网业务，因此需要给这些公司分配一定的地址空间。基于地理范围的汇聚地址（采用类型前缀 100）是为了适应互联网按地理区域分层次的需要。这样，IPv6 就能处理两类地址。

本地链路地址和本地站点地址只具有本地意义。对于不同的组织机构，它们可以利用而不会发生冲突。它们不能被传播到特定组织的边界之外，这使得它们非常适用于目前使用防火墙的那些组织。

多播地址的类型前缀是 11111111。在前缀之后有 4bit 的标志域和 4bit 的范围域，然后是 112bit 的多播组标识符。有一个标志比特用来区分永久的或暂时的多播组。范围域用来限制多播的范围，可以取 16 个值，目前是 4 个。这 4 个范围是链路、站点、组织或全球，将来可以扩展到其他行星、太阳系，甚至银河系。

③ IPv6 地址的表示。IPv6 地址采用了一种新的符号来表示。128bit 的地址码分成 8 组，每组含 4 个十六进制数，它们之间用冒号隔开。例如，用 8000:0000:0000:0000: 0123:4567: 89AB: CDEF 表示一个 IPv6 地址。由于许多地址的内部有许多 0，所以可以采用零压缩表示。首先，位于每组前面的 0 可以不写，于是 0123 可写作 123；其次，全为 0 的组可以省略，而用一对冒号代替。这样上述地址可以写成:8000::123:4567:89AB: CDEF。

（3）从 IPv4 到 IPv6

① IPv6 与 IPv4 的比较。IPv6 保持了 IPv4 的优越性，克服了 IPv4 存在的不足，增加了一些新的功能。总的说来，IPv6 与 IPv4 是不兼容的，但它与互联网的其他协议（如 TCP、UDP、OSPF、BGP 等）是兼容的。IPv6 的主要特征可以归纳如下。

• IPv6 分组首部的地址字段为 16 字节，比 IPv4 的 4 字节长得多。这彻底解决了地址空间不足的问题。IPv6 可以提供几乎无限的互联网地址，而且可以按照不同的需要进行地址汇聚，增加了地址分配的灵活性和路由表的查找速度。

• 与 IPv4 相比，IPv6 简化了分组的基本首部（由 IPv4 的 14 个字段减为 IPv6 的 8 个字段）。这一改变有利于路由器更快地处理分组。

• IPv6 通过分组的扩展首部更好地支持选项功能。加之大部分选项都不需要路由器过问，从而加快了路由器对分组的处理。

• IPv6 在安全性方面有较大改进。认证和保密是 IPv6 的关键特征。

• 考虑到互联网业务的扩展，多媒体业务比例的增长，IPv6 在改善 QoS 方面有较多的准备。通过分组首部的业务类别和流标记字段可以支持资源预留、区分服务等改善 QoS 的措施。采用流标记还可以为某些分组流（如话音或视频分组流）提供类似于虚连接的服务。当然关于互联网保证 QoS 的问题尚需进一步研究。

② 从 IPv4 向 IPv6 过渡。如前所述，下一代互联网的网际协议 IPv6 在可扩展性、安全性等方面都明显优于目前正在使用的 IPv4 协议。但 IPv6 与 IPv4 是不兼容的，而在目前的互联网中使用 IPv4 的节点数量非常巨大。这是一笔巨大的社会资产，不可能也不应该在一个早上淘汰。因此，从 IPv4 发展到 IPv6，只能采取逐步演进，即共存过渡的策略。下面介绍两种向 IPv6 过渡的策略。

• 双协议栈。在完全过渡到 IPv6 之前，使一部分路由器装有两个协议栈，一个 1Pv4 和一个 IPv6，如图 5-35 所示。这些双协议栈路由器既能与 IPv6 系统通信，又能与 IPv4 系统通信。它们拥有两种地址：一个 IPv6 地址和一个 IPv4 地址。双协议栈路由器与 IPv6 节点（主机或路由器）通信时采用 IPv6 地址，与 IPv4 节点通信时采用 IPv4 地址。当然，有的主机也可以装双协议栈，它们既可接入 IPv4 网络，也可接入 IPv6 网络。

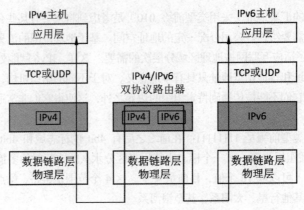

图 5-35　IPv4/IPv6 双协议栈

● 隧道技术。这种方法的基本思想是：将 IPv6 分组装入 IPv4 分组的数据部分，由 IPv4 分组运载 IPv6 分组通过 IPv4 的网络（IPv6 over IPv4）。在这种情况下，IPv4 分组所经过的路径就是运载 IPv6 分组的"隧道"。当然，这样做会增加两种网络的边界路由器的处理负担和网络资源的开销，但这是过渡期内不得不采取的办法。

习题与思考题

1. 解释网段、冲突域和广播域的概念。

2. 在总线型以太网中是否需要网络层，为什么？

3. 比较第 2 层交换和路由转发方式的区别。

4. 描述以太网交换机的工作原理及转发表的构造过程。

5. 试说明 IP 地址与硬件地址的区别。为什么要使用这两种不同的地址？

6. IP 数据报中的首部校验和并不检验数据报中的数据。这样做的最大好处是什么？有什么坏处？

7. 无分类的 IP 地址（CIDR）与分类的 IP 地址有哪些区别？为什么要采用 CIDR？

8. 下列地址中的哪一个和 86.32/12 匹配？请说明理由。① 86.33.224.123；② 86.79.65.216；③ 86.58.119.74；④ 86.68.206.154。

9. 下列前缀中的哪一个和地址 152.7.77.159 及 152.31.47.252 都匹配？请说明理由。① 152.40/13；② 153.40/9；③ 152.64/12；④ 152.0/11。

10. 试简述 RIP、OSPF 和 BGP 路由协议的主要特点。

11. 假定网络中的路由器 A 的路由表项为[N1，4，B；N2，2，C；N3，1，F；N4，5，G]（对应格式[目的网络，距离，下一跳；……]），现在路由器 A 收到从路由器 C 发来的路由信息[N1，2；N2，1；N3，3]（对应格式为[目的网络，距离；……]），试求出路由器 A 更新后的路由表，并说明步骤。

252

第六章　B-ISDN 与 ATM

当对窄带 ISDN（N-ISDN），特别是帧中继的研究还在继续的时候，人们开始意识到某些体制性的问题已经形成。从 1988 年起，ITU-T 开始把注意力集中到另一项更有前途的研究上，那就是宽带 ISDN（B-ISDN）。

向 B-ISDN 演进的主要动力是对高比特速率业务（特别是图像和视频业务）需求的急剧增加和支持这些业务的技术演进。

B-ISDN 的想法是超越 N-ISDN 基于 64kbit/s 基本业务通道所提供的 1.5Mbit/s 或 2Mbit/s 的速率限制，能提供基于高速数据传送的宽带业务的能力。从接续形式上看，除了 N-ISDN 已经提供的电路交换、分组交换及固定接续方式外，对更高速的计算机通信协议的适应也非常重要。

这一时期，在交换和传输领域两项重要技术的成熟也促成了 B-ISDN 的到来。其中一项技术是异步转移模式（Asynchronous Transfer Mode，ATM），另一项技术则是同步数字序列（SynchronousDigitalHierarchy，SDH）。

ATM 的传送方式也是某种形式的分组通信方式，与一般分组可取各种不同长度的做法相反，ATM 的"分组"（常称为"信元"）的长度是一定的，这一点与电路交换方式中固定长度的时隙相似。固定长度分组的好处是估算和处理容易，便于用硬件进行高速接续和传送。另外，当没有信息传送时，可以用空信元填充传送通路，这种空信元在网络中可根据其头部进行识别并丢弃，这与在没有信息传送情况下还必须保持电路的电路交换方式有很大不同。ATM 也因此被称作"异步"转移模式。

如前所述，虽然按 64kbit/s 速率传送话音在全世界都是相同的，但由于把多个 64kbit/s 电路捆绑传输的方法多样，从而出现了 PDH 的标准不统一的问题。1988 年，ITU-T 以 155.52Mbit/s 作为基础统一了数字传输序列 SDH，这使得在全世界范围内以共同的速率传送高速数据得以实现。

第一节　B-ISDN 体系结构

在 1988 年，作为 ISDN 的 I 系列建议的一部分，CCITT 推出了与 B-ISDN 有关的最初两个建议：I.113（宽带 ISDN 术语词汇）和 I.121（宽带 ISDN 的描述）。自 1988 年以后，CCITT 的工作就以这两个建议指出的概念为指导展开，迄今为止，CCITT 及其继承者 ITU-T 已出版了与 B-ISDN 有关的大量 I 系列建议，见表 6-1。

表 6-1 ITU–T 有关宽带 ISDN 的建议

版本号	标题	日期
I.113	宽带 ISDN 术语词汇	1997
I.121	宽带 ISDN 的描述	1991
I.150	B-ISDN 的 ATM 的功能特性	1995
I.211	B-ISDN 的业务特征	1993
I.311	B-ISDN 的通用网络特征	1996
I.321	B-ISDN 协议参考模型和应用	1991
I.327	B-ISDN 的功能体系结构	1993
I.356	B-ISDN 的 ATM 层信元传输特性	1993
I.357	B-ISDN 半永久连接的可行性	1996
I.361	B-ISDN 的 ATM 层规范	1995
I.363	B-ISDN 的 ATM 适配层（AAL）规范	1993
I.363.1	B-ISDN 的 ATM 适配层（AAL）规范：AAL 类型 1	1993
I.363.3	B-ISDN 的 ATM 适配层（AAL）规范：AAL 类型 3/4	1993
I.363.5	B-ISDN 的 ATM 适配层（AAL）规范：AAL 类型 5	1993
I.364	B-ISDN 对宽带无连接数据业务的支持	1995
I.371	B-ISDN 的流量控制和拥塞控制	1996
I.413	B-ISDN 的用户网络接口	1993
I.414	ISDN 和 B-ISDN 用户接入第一层的建议概述	1993
I.432.1	B-ISDN 的 UNI 的物理层规范：一般特性	1996
I.432.2	B-ISDN 的 UNI 的物理层规范：155.520Mbit/s 和 622.080Mbit/s 操作	1996
I.432.3	B-ISDN 的 UNI 的物理层规范：1.544Mbit/s 和 2.048Mbit/s 操作	1996
I.432.4	B-ISDN 的 UNI 的物理层规范：51.840Mbit/s 操作	1996
I.432.5	B-ISDN 的 UNI 的物理层规范：25.600Mbit/s 操作	1996
I.580	B-ISDN 和基于 64kbit/s 的 ISDN 互联的一般安排	1995
I.610	B-ISDN 的操作维护原则和功能	1995
I.731	ATM 设备的类型和一般特征	1996
I.732	ATM 设备的功能特征	1996
I.751	网元角度 ATM 的管理	

在此应该提到 ATM 论坛，它为 ISDN 标准的发展起到了至关重要的作用。在 ITU 和来自参与国的成员组织内，标准的发展过程是靠政府、用户和业界代表的广泛参与，一致通过来达成决定。这个过程很花时间，尽管 ITU-T 已经提高效率，但是发展标准的缓慢在 B-ISDN 领域还是非常明显，因为 B-ISDN 是由飞速演变的 ATM 技术控制的。由于对 ATM 技术的极度关注，为了加速其标准的发展，创建了 ATM 论坛。ATM 论坛得到了更多计算机供应商的积极参与。因为 ATM 论坛以多数通过而不是一致通过的原则，所以能够更快地定义 ATM 实施的所需细节，而这些又被用于 ITU-T 标准的定义。

一、B-ISDN 业务

大量高比特速率业务的涌现，以及对传统业务的兼容，使得 B-ISDN 业务具有多面性。在此仅从其媒体特性、功能特性和网络特性的角度进行分别说明。

1. B-ISDN 媒体业务

ITU-T 推荐标准 I.211 描述了 B-ISDN 提供的宽带业务。这些业务被分为交互型业务和分配型业务，如图 6-1 和图 6-2 所示。

① 交互型业务（Interactive Service），是互相收发信息进行通信的业务，其中有会话型业务、消息型业务和检索型业务三种。

• 会话型业务是指用户和用户之间或者是用户和主机之间的双向实时通信，例如，电视电话、电视会议、数据通信等。

• 消息型业务是通过用户的存储设备之间的通信，设有邮政信箱、电子邮件和进行票据交换的 MHS（Message Handling System，消息处理系统）等。

• 检索型业务是检索存于信息中心的信息（照片、高清晰图像、音频信息、书文信息等）的业务。

② 分配型业务（Distribution Service），是从中心分配信息的业务，可由有无用户控制来区分。没有用户控制型为 CATV 和广播音乐等广播型业务，用户不能控制信息的开始和顺序。与此相反，有用户控制型，是随用户的兴趣可以在自己喜欢的时间选择自己喜欢的节目。除了图像和音乐以外，也可以考虑数据、文件资料、文本、图表、静止图像等各种各样的业务。

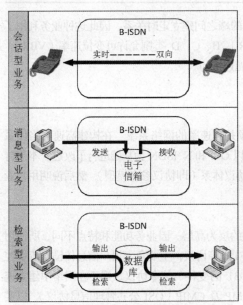

图 6-1　交互型业务

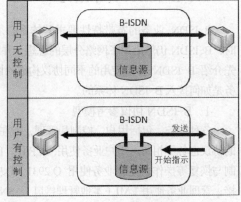

图 6-2　分配型业务

2. B-ISDN 功能业务

ITU-T 把业务分类成用户终端业务和承载业务。

① 用户终端业务是根据终端种类（功能）的特征来区分的业务。在终端把图像信号变换成由"0"和"1"组成的数字信号，为了传送数据文件进行格式变换等信息内容的专门处理。当然，大部分通信业务是要经过电话机等终端设备，因此，用户直接看到的业务并不是

数字状态的信号，而是经过终端变换的声音和图像等。从这一点出发，可以说大部分是终端用户业务。

② 承载业务是通信网提供的信息传递业务。在 ISDN 以数字信号的状态传送信息。图像或者传真等媒体也以数字信号状态接入到网内的话，什么样的媒体都能在网内传送。这样，提供数字信号的发送和接收等通用接口的信息传递业务就是承载业务。

3．B-ISDN 承载业务的网络传输

B-ISDN 业务的网络特性是对承载业务而言的，即各种承载业务在网络传递过程中，是面向连接型还是无连接型的，是固定速率的还是可变速率的。根据前述内容可知，面向连接业务与无连接业务比较，可靠性要高但效率低。而固定速率业务与可变速率业务比较，则实时性要强但灵活性差。根据速率和连接模式的不同，ITU-T 将其组合，从而将承载业务进一步细分为几个子类型，见表 6-2。这样就可以充分利用各种业务的特点，满足不同业务传送的需要。

表 6-2　承载业务的分类

参数 \ 子类型	A	B	C	D
收发终端间的定时关系	必要		不要	
比特率	固定速率	可变速率		
连接模式	连接型			无连接型
业务举例	固定速率图像 固定速率声音	可变速率图像 可变速率声音	连接型数据信号	无连接型数据信号

由表可见，A 类和 B 类要求在源端和目的端之间建立定时关系，因此这种业务利用了时钟机制。同时，A 类要求恒定位速率（CBR），B、C、D 类则允许可变位速率（VBR）。另外，A、B、C 类是面向连接的，而 D 类是无连接的。

二、B-ISDN 体系结构

B-ISDN 业务的宽带特性要求其体系必须是高速率的网络系统。在构建高速网络体系时，B-ISDN 仍然沿用了网络分层的思想，并以 OSI 和 N-ISDN 为基础进行了改进。本节首先介绍 B-ISDN 各层使用的不同协议构成的协议体系（即协议参考模型），然后说明用户业务是如何接入 B-ISDN 体系的。

1．B-ISDN 协议参考模型

各种业务，包括用户、控制和管理，所在的层为高层。因业务功能和特点不同，所使用的协议也各不相同。用户业务使用 TCP/IP、FTP 等协议，主要负责用户信息传输、流量控制与恢复等操作；控制业务使用 Q.2931（Q.931 的变种）信令协议，用于在网络中建立连接；管理业务使用 LMI（本地管理接口）、SNMP 及 CMIP（OSI 公共管理信息协议），以实现网络管理服务。

为保证 B-ISDN 对网络数据的高速传送，ITU-T 提倡使用基于 SDN/SONET 技术加光纤的物理层。当然其他双绞线传输技术，如 DSL、E1 等体制，仍然被支持。

高速数据网络通信除了网络链路上的高速传送机制外，还需要网络节点上快速转发（交换或接入）的支持。B-ISDN 交换设备应该能处理大范围的数据速率和业务量参数（如突发）。尽管数字电路交换硬件的性能不断提高，但是机制上的效率不高，使得电路交换技术

在满足 B-ISDN 速率高且多样的要求时难达到完美的表现。分组交换技术是高效的楷模，但又有可靠性上的不足。于是按电路交换方式改造过的分组交换机制——ATM 成为了最佳选择。把 ATM 用于 B-ISDN 是一个非凡的决定。这意味着 B-ISDN 开始成为基于分组的网络。尽管建议也陈述了 B-ISDN 能支持电路方式的应用，但它是通过基于分组的传输机制完成的。因此，最初是从电路交换电话网络演变过来的 ISDN，在完成宽带业务时，已经转换成了分组交换网络。

按照 OSI 网络分层的思想，如果把 ATM 机制看成是物理层之上的数据链路层的话，那么高层业务数据都应该能转换为 ATM 信元的方式，在 ATM 中完成通过网络的"穿越"。但是，正如前面所介绍的，B-ISDN 的业务具有多样性，特别是一些传统机制所承载的业务，如 PCM 语音流和 LAPD 帧，是完全不基于 ATM 信息协议来实现传送的。为此，在多样的高层应用和统一的 ATM 机制间添加了一个缓冲机制——ATM 适配层（ATM Adaptation Layer，AAL）。AAL 依赖于业务（不同的 AAL 协议对应不同种类的业务），把高层信息映射到 ATM 信元中，放在 B-ISDN 中传输，同时从到来的 ATM 信元中收集信息，传送到高层。对高层而言，AAL 使多样的业务统一为 ATM 信元成为可能。对 ATM 层而言，AAL 将与各类业务相关的专有功能独立出去，有利于 ATM 专心于信元的高速传送。

B-ISDN 将用户业务、业务控制和网络管理集于一网的做法决定了其协议参考模型具有用户、控制和管理三个相对独立的平面，如图 6-3 所示。

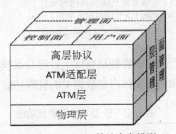

图 6-3　B-ISDN 协议参考模型

各个平面的功能与其高层协议所要达到的目的一致。当然，高层协议需要依靠其下层协议的支持来实现。用户面协议结构如图 6-4 所示，可以看出 AAL 及其之上的业务专用协议只在用户侧运行，网络内部数据转发只需用到 ATM 层就够了。因此，ULP 头部、用户净荷、AAL 头部都透明地穿过网络。

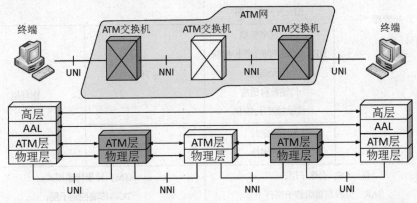

ATM: Asynchronous Transfer Mode (异步转移模式)；　UNI: User Network Interface (用户网络接口)；
AAL: ATM Adaptation Layer (ATM适配层)；　　　　　NNI: Network Node Interface (网络节点接口)

图 6-4　用户面协议

257

相比之下，控制面和管理面必须调用 AAL，因为 AAL 要把信元中的净荷重装为可理解的 ULP-PDU。控制面协议结构如图 6-5 所示，可以看出不论在用户侧还是在网络内部，信令协议均需工作在 S-AAL 层之上。

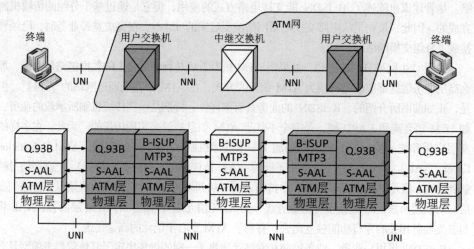

Q.93B: B-ISDN第3层UNI协议；
B-ISUP: B-ISDN User Part(B-ISDN第3层NNI协议)；
MTP3: Message Transfer Part3 (7号信号方式消息传递部分)；
S-AAL: Signaling-ATM Adaptation Layer (信号用ATM适配层)

图 6-5　控制面协议

管理面包括面管理和层管理。面管理从整体上管理与系统有关的功能，并提供所有层间的协调。层管理执行与资源和协议实体内参数相关的管理功能，见表6-3。

表 6-3　B-ISDN 层管理功能

	高层功能	高层	
	会聚 分段与重组装	CS SAR	AAL
层管理	一般流量控制 信元头产生/提取 信元 VPI/VCI 翻译 信元复用和分路	ATM	物理层
	信元速率解耦 HEC 信头序列的产生/检验 信元描述 传输帧自适应 传输帧产生/恢复	TC	
	比特定时 物理媒体	PM	
注：CS：会聚子层； SAR：分段与重组装子层； AAL：ATM 适配层；		ATM：异步传输模式； TC：传输控制子层； PM：物理媒体子层	

2. B-ISDN 网络拓扑

图 6-6 描述的 ISDN 网络拓扑结构是标准化组织和 ATM 论坛认为的概念性模型。可以看出,其接口和拓扑结构都是按照 N-ISDN 模型组织的。用户网络接口(UNI)可以跨越公用或专用 SB、TB 和 UB 接口(这里 B 表示宽带),可以包含,也可以不包含内部适配器。如果包含内部适配器,用户设备(B-TE1 或 B-TE2)通过 R 参考点与 B-TA 连接。B-NT2 和 B-NT1 同样允许出现在接口中。其中 B-NT2 可以认为是 CPE 的一部分。为了简化,图中只画出了 ATM 网络的一端。网络的另一端可以是该图的镜像,也可以包含与该图不同的接口或部件。另外,作为对公用或专用 B-ISDN 网络的一部分,UNI 也可分为公用 UNI 和专用 UNI。这种区别也许看起来是表面的,但它却很重要,因为每个接口往往使用不同的物理媒体,跨越不同的物理距离。

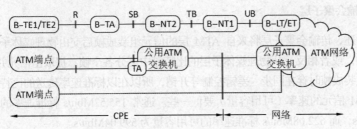

图 6-6 一种基于 ISDN 的 ATM 拓扑结构

三、B-ISDN 物理层

物理层包含两个子层:物理媒体子层(Physical Media Sublayer,PM)和传输会聚子层(Transmission Convergence Sublayer,TC)。物理媒体子层包括线缆、接插件的规格,提供线路编码及光电转换功能,实现比特传输所需功能。传输会聚子层则用来生成传输帧,提供信元插入及提取功能。

1. 物理媒体子层

I.432 定义了 B-ISDN 的物理层,该标准中提供的速率选项包括 622.08Mbit/s、155.52Mbit/s、51.84Mbit/s 和 25.6Mbit/s 的全双工传输;用户到网络是 155.52Mbit/s,网络到用户是 622.08Mbit/s 的非对称传输;另外,该标准还支持 1.544Mbit/s 和 2.048Mbit/s 的基群速率传输。622.08Mbit/s 的数据速率用于处理多个视频分配,例如,当同时管理多个视频会议时。一般用户不会发起分配型业务,因此使用低速的 155.52Mbit/s 业务。51.84Mbit/s 和 25.6Mbit/s 两个较低速率是后来加入的,用于向还未准备移向 SDH 数据速率的用户或不需要更高速率的用户提供业务。

表 6-4 总结了这些不同选项的一些特征,考虑了电传输和光纤传输媒体。对于 155.52Mbit/s 全双工业务,可以使用同轴电缆或光纤。同轴电缆能支持最大距离为 100 ~ 200 m 的连接,每个方向使用一根电缆;光纤支持最大距离为 800~2000 m 的连接,按照 G.652 建议,共使用两根单模光纤,每个方向一根,具体如表 6-4 所示。对于 622.08Mbit/s 的业务,只规定了光纤媒体,而 51.84Mbit/s 和 25.6Mbit/s 速率的接口都使用双绞线,这可以充分利用已经安装在大楼内的布线。

表 6-4 B-ISDN 用户-网络接口的物理层特征

UNI 数据速率	155.52Mbit/s		622.08Mbit/s*		51.84Mbit/s	25.6Mbit/s
接口	电的	光纤接口	电的	光纤接口	电的	电的

UNI 数据速率	155.52Mbit/s			622.08Mbit/s*	51.84Mbit/s	25.6Mbit/s
传输媒体	两个同轴电缆	两个单模光纤	待研究	两个单模光纤	2 个第 3 类 UTP	2 个第 3 类 UTP/STP
线路编码	传号交替反转码	不归零码	待研究	不归零码	16-QAM	4B5B/NRZI
最大距离	200m	2km	待研究	2km	100m	100m
ATM 信元传输	基于信元或 SDH(STM-1)	基于信元或 SDH(STM-1)	待研究	基于信元或 SDH(STM-4)	基于信元或 SDH(STM-1)	基于信元

注：*包括一方向为 622.08Mbit/s 另一方向为 155.52Mbit/s 的非对称接口和两个方向都为 622.08Mbit/s 的对称接口。

2．传输会聚子层

如前所述，传输会聚子层将来自 ATM 层的信元组装成帧后交由物理媒体子层以标准速率进行传输，或者相反，从物理媒体子层的比特流中区分各个帧，提取出信元并交给 ATM 层。由于组装成帧时存在同步、差错控制等开销，所以在以标准速率传送的比特流中，实际传送的 ATM 信元的速率（可用容量）要低一些。通常 155.52Mbit/s 标准速率的可用容量为 149.76Mbit/s，而 622.08Mbit/s 标准速率的可用容量为 599.04Mbit/s。

对于传输帧的结构，I.432 指定了两个选项。一个是基于 SDH 传输帧的构成方法，这种方式已在第一章中详细讨论过。另一个选项是使用连续的信元流，在接口上不采用复用帧结构，而是基于一个个信元进行同步。即，接收器负责以 53 字节信元长度为界进行信元定界，这是通过信头差错控制（HEC）字段来实现的。只要 HEC 计算没有错误，就假定信元边界是保持正确的。偶然出现一个差错不改变这个假定。当然，如果检测到一连串的差错就表明接收器失去了信元边界，这时就要采取搜索过程来恢复边界。

为保证与标准速率接口的匹配，在连续的 ATM 信元流中需插入一定数量的物理层信元作为开销。插入的信元通常作为空信元或维护管理（OAM）信元来传递。图 6-7 所示为匹配于 155.52Mbit/s 速率的 ATM 流结构，在连续 26 个 ATM 信元后，插入一个物理层信元。从而，传送用户信息的能力为 155.52Mbit/s（物理接口速率）×26/27=149.76Mbit/s。

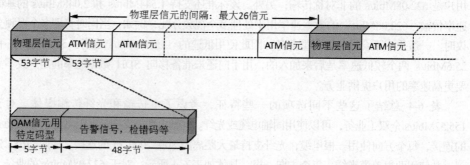

图 6-7　150Mbit/s 信元基本接口结构

与同步转移模式（Synchrounous Transfer Mode，STM）中寻找以比特表示的同步码实现同步的方式不同，ATM 方式通过信元头部中的信息即可识别信元所处的位置而实现同步。为避免因信元头部信息出错而造成同步困难，在信元头部中加入头部差错控制字段（Header Error Control，HEC），HEC 字段采用循环冗余检验（Cycle Redundancy Check，CRC）编码，其原理示于图 6-8。

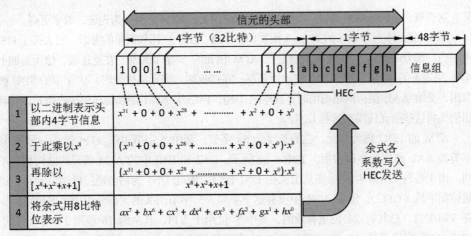

图 6-8　头部误码控制部分的算法（CRC 码）

在接收端，将包含 HEC 字段在内的整个信元头部再加上（在二进制运算规则下也可以看作减法）余式，应该能够用生成多项式$[x^8+x^2+x+1]$来除尽，若不能除尽，便说明头部信息出错，并可纠正 1 比特的出错信息。

ATM 同步的过程同样是在 HEC 字段的基础上完成，具体算法如图 6-9 所示。

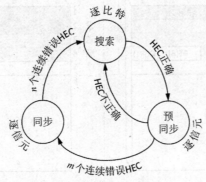

图 6-9　信元定界状态图

① 在确立同步的状态后，由于传送通路瞬间断开等原因，HEC 字段连续 n 次发现 HEC 规律不正确时被认为是失步，而转入捕捉状态。

② 在捕捉状态，信元定界算法逐比特执行以判定是否满足 HEC 编码规律（即收到的 HEC 与计算出的 HEC 是否匹配），一旦发现匹配，就假定已经发现了一个信元头，并转入准同步状态。

③ 在准同步状态，如果连续 m 次满足 HEC 编码规律，则转入同步状态。如果有差错的话，则反复进行捕捉。

n 和 m 的值是设计参数，m 值增大会导致同步建立时延加大，但更能抵抗错误的定界。n 值增大会导致发现失去定界的时延增大，但更能抵抗错误的定界。

四、ATM 层

ATM 层有些类似于窄带 ISDN 的数据链路层协议。例如，它允许来自不同信源的用户数据通过多个虚拟信道在同一条物理链路上进行多路复用，并规定简单的流量控制和帧起始位置的定界。ATM 又与 D 通道链路访问规程不同，它不提供数据传输的确认和差错控制恢复，这在概念上同帧中继类似。当然，同帧中继相比，ATM 机制更为先进，效率更高。

ATM 层大体上与 OSI 的第 2、3 层类似。不过，出于快速和简单的考虑，它去掉了 OSI 中相当一部分的操作。ATM 层负责处理 ATM 信元的 5 字节头部。在发送端，信元头加上 AAL 层送来的 48 字节的 SDU，交给物理层；在接收端，信元头被处理，48 字节的 SDU 被取出，交给 AAL 层。网络通信时，在本地 UNI，网络从 ATM 层和物理层接收信元，并利用信头将这些信元传输到远程 UNI。

ATM 的 PDU 称为信元，它的长度为 53 字节，其中 5 字节用作 ATM 信头，另外 48 字节被 AAL 和用户净荷占用，如图 6-10 所示。UNI 和 NNI 中的 ATM 信元的结构稍有不同。由于各种 OAM 功能操作只出现在 UNI 接口，因此 UNI 为话务通过此接口定义了流量控制字段（GFC），但在 NNI 中没有这个字段。5 字节信头的大部分组成了虚电路标识符 VPI/VCI。总共有 24 位是有效的，其中 8 位用于 VPI，其余的 16 位用于 VCI，对于 NNI，VPI 字段包括 12 位。VPI 和 VCI 字段的组合称为 VPCI 字段。负载类型指示符（PT）有三位长，描述信元的信息字段所承载的数据类型。信元丢失优先权（CLP）指示接收器在网络拥塞情况下是否丢弃该信元。信头差错控制（HEC）字段用于信头前 4 个字节的 CRC 码校验。

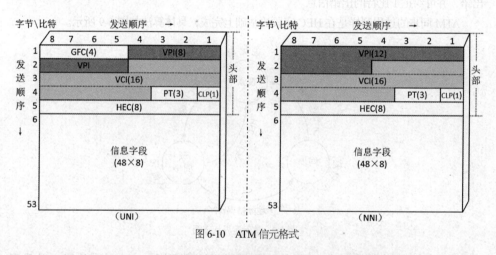

图 6-10　ATM 信元格式

在 B-ISDN 中，一些预分配的信头值保留给物理层的运行、管理和维护（OAM）。接收端不传递带有这些信头值的信元给 ATM 层。表 6-5 列出了这些信头的一部分。

表 6-5　物理层所用的预分配信头

信头				信元类型（用于物理层）
第 1 字节	第 2 字节	第 3 字节	第 4 字节	
00 00 00 00	00 00 00 00	00 00 00 00	00 00 00 01	空闲信元
00 00 00 00	00 00 00 00	00 00 00 00	00 00 10 01	物理层用于 OAM 的信元
pp pp 00 00	00 00 00 00	00 00 00 00	00 00 pp p1	保留给物理层使用

一般而言，信头的 5 ~ 28 比特置 0，信头的所有其他比特可供分配的信元使用。应当注意的是，对物理层信元，第 4 字节的最低比特总是置 1，因此该比特在信元丢失优先级（CLP）机制中是不可用的。当然，由于 CLP 功能是 ATM 层而不是物理层的功能，物理层的信元也就不需要 CLP 比特。

当没有 ATM 或 OAM 信元要传输时，通过插入空闲信元来将有效的 ATM 信元的速率适配到传统系统净荷容量。这类信元在接收端或者是实施某种流控机制的中间节点都可以被丢弃。空闲信元信息字段的每个字节都置为 01101010。

1. 普通流量控制（GFC）

当多个终端接入 B-ISDN 网络（多点连接）时，为了防止从各个终端送出的信元在接口上产生冲突，需要一定的流量控制（协议）。I.150 中详细说明了如何在 UNI 处使用 GFC 字段（4bit）来控制流量，以减少短期过载的情形。由于只是简单控制（I.361 中定义了实际复杂的流量控制机制），故称为普通流量控制（Generic Flow Control）。

在如图 6-11 所示的 B-ISDN 终端配置中，用户侧的终端设备 B-TE1 和 B-TE2 在 SB 处被连接到 B-NT2，为了控制两个终端产生的流量，B-NT2 可以应用 GFC 机制。当网络或 B-NT2 应用 GFC 机制时，则被称为控制设备。不过应该注意的是，对终端 GFC 的支持不是强制性的。例如，TE 可以选择完全不理会 GFC 机制，这时的 TE 就被称为非受控设备，对应的终端-网络连接则称为非受控连接。反之，则称为受控连接。一般而言，连接至参考点 SB 或 TB 的设备可以是受控或非受控的，而连接至总线的 SSB 处的设备应该是受控的。

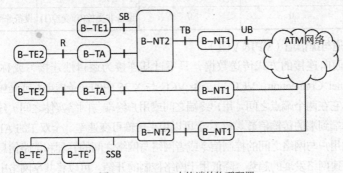

图 6-11 B-ISDN 中终端的物理配置

当第一次打开电源时，所有终端开始时都处于非受控模式。终端必须监视到达信元的 GFC 字段，如果该字段被置位，则终端转为受控模式。

在受控连接中，受控的流量缺省情况下为一组（A 组），但有时也会被分为两组（A 组和 B 组）的形式，这两种情况分别被称为 1-队列和 2-队列。

首先，我们考虑只有一组受控连接时 GFC 机制的操作。受控设备 TE 初始化两个变量：TRANSMIT 是一个标志，初始化为 SET（1）；GO_CNTR 是信用计数器，初始化为 0。第三个变量是 GO_VALUE，或者初始化为 1，或者在配置时设为某个更大的值。受控设备的传输规则如下。

① 如果 TRANSMIT=1，非受控连接中断信元在任何时间都可以发送，如果 TRANSMIT=0，受控和非受控连接中的信元都不可以发送。

② 如果从控制设备收到 HALT 信号，则 TRANSMIT 置为 0，并在收到 NO_HALT 信号前保持 0，直到收到 NO_HALT 信号时 TRANSMIT 才被置为 1。

③ 如果 TRANSMIT=1 并且非受控连接没有信元要发送，那么：

若 GO_CNTR > 0，那么 TE 可以发送一个受控连接的信元。TE 将该信元标识为属于受控连接，并对 GO_GNTR 减 1；

若 GO_CNTR=0，那么 TE 不可以发送受控连接的信元。

④ TE 在收到 SET 信号时将 GO_CNTR 置为 GO_VALUE，空操作信号对 GO_CNTR

不起作用。

HALT 信号用于在逻辑上限制有效的 ATM 数据速率，它应该是循环的。例如，为了将某条链路上的数据速率减半，控制设备给出的 HALT 命令就在 50%的时间有效，在物理连接的生存周期内，这可以用一种可预见的、有规律的方式来完成。

对于 2-队列模型，有两个计数器，每个都有当前值和初始值：GO_CNTR_A、GO_VALUE_A、GO_CNTR_B、GO_VALUE_B。这使得 NT2 能够控制两组独立的连接。

表 6-6 总结了 GFC 比特设置规则。

表6-6　一般流量控制（GFC）字段编码

比特位	非受控	主控→受控		主控←受控	
		1-队列模型	2-队列模型	1-队列模型	2-队列模型
1	0	HALT(0)/NO_HALT(1)	HALT(0)/NO_HALT(1)	0	0
2	0	SET(1)/NULL(0)	组 A 中 SET(1)/NULL(0)	信元属受控(1)/非受控(0)	信元属 A 组(1)/非 A 组(0)
3	0	0	组 B 中 SET(1)/NULL(0)	0	信元属 B 组(1)/非 B 组(0)
4	0	0	0	设备非受控(0)/受控(1)	设备非受控(0)/受控(1)

2．虚通道与虚信道（VPI&VCI）

ATM 以面向连接的方式传送数据，只不过其连接为逻辑性连接，或称虚信道连接（Virtual Channel Connection，VCC）。一条 VCC 与 X.25 中的一条虚电路或是帧中继中的逻辑连接类似，它在两个端点之间（用户终端之间或用户终端与网络实体之间）建立，提供一条贯穿全网、端到端的传输信道。VCC 上可以用来传输可变速率、全双工的 ATM 信元，也可以用来传输用户与网络之间的控制信令或者网络与网络之间的管理和选路信息。

为适应高速网络发展的趋势，降低用于网络控制的开销，可以将共享网络中相同方向的多个 VCC 绑定为一个单元来降低连接数量，连接数量降低则用于连接控制的开销也相应降低。这种捆绑的 VCC 称为虚通道连接（Virtual Path Connection，VPC）。VCC 和 VPC 共同构成了 ATM 的连接关系，如图 6-12 所示。

图 6-12　ATM 连接关系

当建立 ATM 连接时，VPC 的建立从建立 VCC 的过程中解耦。即，一条 VCC 建立时，控制功能首先要检查是否已经存在一条到目标节点的 VPC，该 VPC 是否有足够可用的容量来支持该 VCC，并且能满足服务质量（QoS）要求，然后视情况建立 VCC 与 VPC 的映射关系。具体过程如图 6-13 所示，而 ATM 连接建立时的层间关系则可以通过图 6-14 进行说明。

从用户的角度来看，每次呼叫都是建立 VPC 中 VCC 的过程。当端到端之间不存在中间节点时，VPC 或 VCC 是"一站到达"式的。而存在多个中间节点时，VPC 或 VCC 实际上是由多个"一站到达"式的 VPC 或 VCC 串联而成，是"多站到达"式的。不论是一站到达还是多站到达，相邻节点间的 VPC 可以有多个，各个 VPC 中的 VCC 也经常是多个，为了区分节点之间不同的 VPC 及同一 VPC 中的多个 VCC，采用了与帧中继中 DLCI 类似的标识符的办法，这就是虚信道标识符（Virtual Channel Identifier，VCI）和虚通道标识符（Virtual Path Identifier，VPI）。

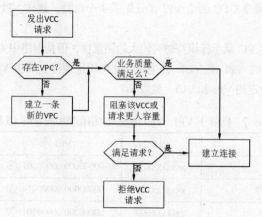

图 6-13　使用虚通道建立呼叫

通常一条完整的 VPC 和 VCC 的建立需要将其经过的各段链路在各个中间节点上进行链接，这个过程就是 VP 或 VC 交换。图 6-15 所示为 VP 与 VC 交换示意图，VP 交换终止 VP 链接。根据 VPC 的目的地，一个 VP 交换将输入的 VPI 转换为输出的 VPI，VCI 保持不变。VC 交换终止 VC 链接与必要的 VP 链接。一次 VC 交换可能对虚信道和虚通道都要交换，因此 VPI 和 VCI 的转换都要进行。

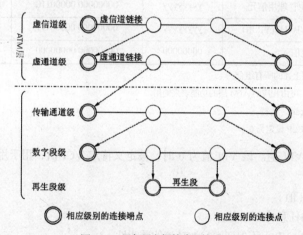

图 6-14　层与层之间的分层关系

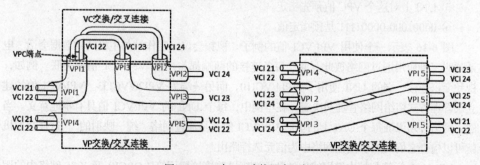

图 6-15　VP 与 VC 交换层次示意图

由上述交换过程可以看出，信元经过网络节点的过程就是更改信头中 VPI 和 VCI 的过程。从信头结构可以看到，在 UNI 处为 VPI 分配了 8 个比特，VCI 有 16 个比特。这意味着理论上用户在 UNI 处可以有 256 个虚通道选择，而每个虚通道有 65000 个虚信道可供选择。在 NNI 由于不需要 GFC 而给 VPI 多分配了 4 个比特，这样 VPI 的可选范围增加到了12 位。

尽管在对 VP 或 VC 赋予标识符时有较大的随意性，但是网络中完成相同功能的 VP 或 VC 应该被赋予相同的 VPI 或 VCI，还有标准化组织也预留了某些 VP 和 VC 用于特殊目的，它们也被赋予特定的 VPI 和 VCI，见表 6-7。

表 6-7　UNI 上 VPI、VCI 的预指定值和使用的 PT、CLP 值

用途	VPI	VCI ⑥	PT	CLP
元信令	xxxxxxxx①	00000000 00000001 ⑤	0A0	C
一般广播信号	xxxxxxxx①	00000000 00000010 ⑤	0AA	C
点到点信号	xxxxxxxx①	00000000 00000101 ⑤	0AA	C
段 OAM F4 流信元	yyyyyyyy②	00000000 00000011 ④	0A0	A
终端到终端 OAM F4 流信元	yyyyyyyy②	00000000 00000100 ④	0A0	A
段 OAM F5 流信元	yyyyyyyy②	zzzzzzzzzzzzzzzz③	100	A
终端到终端 OAM F5 流信元	yyyyyyyy②	zzzzzzzzzzzzzzzz③	101	A
资源管理信元	yyyyyyyy②	zzzzzzzzzzzzzzzz③	110	A
VP 对应的资源管理用信元	yyyyyyyy	00000000 00000110	研究中	研究中
相当于 VC 的 VP=111(VP 用)	yyyyyyyy	00000000 00000111	研究中	研究中
非指定信元	00000000	00000000 00000000	BBB	0

注：GFC 字段可使用上述的所有组合。

A：该比特为 0 或 1，可由相应的 ATM 层的功能表来使用。

B：该比特为 "don't care" 比特。

C：发送信号实体把 CLP 设定为 0。

① 任意的 VPI 值。该 VPI 值为 0 时，被定义特定 VCI 值，用于用户交换机的用户信令。

② 任意 VPI 值。

③ 0 以外的任意的 VCI 值。

④ 用户-用户 VP 上不保证 OAM F4 流的透明性。

⑤ UNI 上对这个 VPC 值预先指定。

⑥ 00001000-00001111 是预指定值。

图 6-16 表示一个使用 VPI/VCI 值的例子。视频会议、工作站与主机间的数据会话、电话呼叫三种应用通过网络彼此互联。每条连接的两端都与一组 VPI/VCI 值相关联。例如，视频会议连接一端的 UNI 使用了 VPI4/VCI10，而另一端为 VPI20/VCI33。VPI/VCI 值的建立及管理方式留给网络管理员决定。在本例中，每个 UNI 的 VPI/VCI 值具有本地意义。当然，网络必须保证每个 UNI 上的本地 VPI/VCI 值都是通过网络"统一映射的"。这样交换机就可以检查它们的值以便在网络中为信元选择路由。

VPI/VCI 标签与帧中继网络中的数据逻辑链路连接标识符（DLCI）及 X.25 网络中的逻

辑信道号（LCN）是类似的。

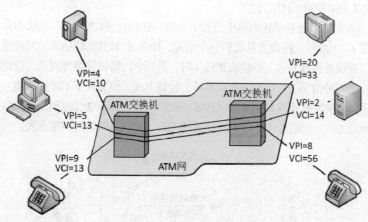

图 6-16 VPI/VCI 操作的例子

3．负载类型（PT）

这个字段指出信元承载的是用户数据、OAM 信息或是与资源管理有关的信息。表 6-8 给出了 PT 字段所允许的值。该字段另一个重要作用是 AAL 类型 5，将在后面描述。

表 6-8　ATM 信头中的 PT 字段

PTI		含义
000	0	用户数据，无拥塞，AUU=0
001	1	用户数据，无拥塞，AUU=1
010	2	用户数据，拥塞，AUU=0
011	3	用户数据，拥塞，AUU=1
100	4，5	OAM 信元
110	6	资源管理
111	7	保留

当分组太长不能纳入一个 ATM 信元中时，分组被拆成较小的分段。每个分段附加上一个信头和信尾，指出一个特殊的分段是第一个、最后一个，还是连续分段中间的一个分段。某些应用不可能附加这种信头或信尾，在这种情况下，PT 字段用于指示分段。对于第一个或任一个中间分段，PT 字段的 ATM 层用户到用户（AUU）位均为 0，对于最后一个分段，AUU 置为 1。另一方面，如果会聚子层协议数据单元（CS-PDU）只包含一个分段，则该位置 1。PT 字段的拥塞位在消息模式中继续被使用，并具有其通常的含义——无拥塞时置为 0，否则值为 1。

4．信元丢失优先级（CLP）

该比特用于在拥塞状态下给网络提供策略。该比特置 0 表示一个信元有相对较高的优先级，在别无选择的情况下才能被丢弃；该比特置 1 表示该信元应在网络内部被丢弃。用户使用该字段使得额外（超过额定速率）的信元能注入到网络中，并将 CLP 置为 1，在网络不发生拥塞的情况下传送到目的端。网络可以将违反用户和网络间业务量参数约定的任何数据信元的该字段置 1。在这种情况下，交换机这样置位就表明信元已经超出商定的业务量参数，但该交换机仍有能力处理此信元。在以后的某个时刻如果网络中发生拥塞，这种信元的丢弃将先于符合流量限制的信元。

5.信头差错控制（HEC）

HEC 字段的内容已在前述内容中进行了介绍，在此对接收端 HEC 算法的操作过程进行描述。如图 6-17 所示，接收方每收到一个信元，HEC 计算并比较结果。只要没有检测到错误，接收方将保持纠错方式。当检测到错误时，若为单比特错误则要纠正，否则检测到多比特错误。在这两种情况下，接收方都应跳转到检错方式，该方式下不进行纠错。这种跳转的原因是为了识别突发噪声或其他能造成连续错误的事件，如果继续收到出错的信元，接收方将停留在检错方式。当收到一个没有出错的信元后，接收方跳转回纠错方式。

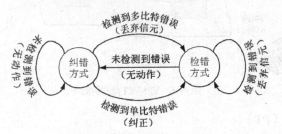

图 6-17 接收方的 HEC 操作过程

五、AAL 层

AAL 适配层的目的是为满足所给业务的需要，按照最佳匹配方式格式化来自应用层的数据，然后将其送给下层。更特别的是，AAL 接收来自高层的可变长度的分组（有时长度可达数千字节），根据应用附加上标头、标尾，必要时填充一些字节，然后将分组分割为固定长度的 48 字节，以传递给 ATM 层。根据这些功能，适配层被分成两个子层：会聚子层（Convergence Sublayer，CS）和拆装子层（Segmention And Reassembly，SAR）。

图 6-18 所示为 AAL 层中 PDU 的生成与处理过程。AAL 负责接收用户业务，这些业务可能从一个字节到几千字节，且带有头部和尾部。头部和尾部的长度随技术的不同而不同，可以少到只有 6 个字节，也可以多达 40 个字节。请注意，不是所有的 AAL 实现都会添加初始的头部和尾部，这取决于话务类型。

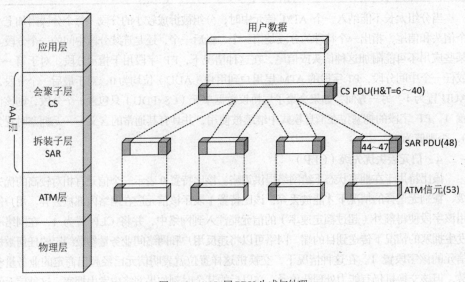

图 6-18 AAL 层 PDU 生成与处理

将头部和尾部加到用户净荷上后，业务数据应被分割成大小从 44 字节到 47 字节不等的数据单元，单元的大小随业务的类型（视频或数据）的不同而变化。随后的功能负责给每个数据单元添加另一个头部，还可能添加一个尾部。同样，头部的性质及用途也取决于支持的净荷的类型。无论如何，最后的数据单元总是 48 个字节的 PDU。

图中最后的操作由 ATM 层执行，它把 5 字节的头加到 48 字节净荷上，形成一个 53 字节的 ATM 信元。

根据分层协议，接收端将执行相反操作。

由于 B-ISDN 承载业务被分为 A、B、C、D 4 类（见表 6-2），为了支持不同类型的承载业务，AAL 使用多种协议类型。最初，ITU-T 发布了 4 种 AAL 类型，每种类型支持一种业务类型，即 AAL1 ~ AAL4 分别支持 A ~ D4 类应用，每种类型都包括 CS 和 SAR 子层。然而正当标准化组进一步协调面临的任务时，他们认识到需要改进这种方法。而且为对 B 类应用定义类型 2 未显示出多么大的兴趣。还有应该包括用户定义的应用和在 ATM 中提供交互帧中继等。因此，需要修改规范以反映这些变化。于是 AAL3 和 AAL4 被合并为 AAL3/4，并且新定义了 AAL5。

随着对 AAL 进一步的定义和修订，为了支持 AAL3/4 和 AAL5 的通信，将 CS 进一步划分为两个子层。图 6-19 描述了这一变化，两个子层分别是服务特定 CS（SSCS）和通用部分 CS（CPCS）。顾名思义，SSCS 支持数据应用的特殊方面，CPCS 则支持多种数据应用的通用功能。同时，图中还指出了 AAL 类型对业务的支持关系。

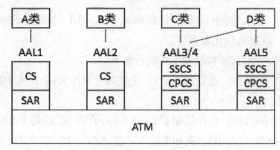

图 6-19 将 CS 分成子层

1．AAL1

AAL1 对应于 AAL 业务类型 A，提供用户信息的拆装，对丢失信元和误插入信元的处理，确保信元延迟容限的处理，在接收端恢复发送端时钟频率等。

（1）SAR（拆装子层）

SAR-PDU 如图 6-20 所示，主要由 SAR 头部（1 字节）和 SAR-PDU 有效负载（47 字节）组成。各字段含义如下。

● SN（Sequence Number，顺序码）：用以检验信元的丢失和误插入。但是，为了有效地利用有限的头部领域，把它分成 2 个字段实现多个功能。即顺序号字段（3 比特），用以表示信元的顺序号码，顺序码的初始值为 0，0 ~ 7 循环使用，用以指示 SAR-PDU 编号；CSI（CS Indication，会聚层指示）比特，用以校正时钟和指示结构化数据边界等。

● SNP（Sequence Number Protection，顺序号保护）：对 SN 字段进行差错检验及校正。考虑二级保护，首先 SN 字段由 3 比特的 CRC 控制比特来保护；其次，把该控制比特和 SN 合在一起的 7 个比特由偶校验来进行保护。通过这种方式，实现高精度的 1 比特差错校正及可校验出多个比特误码。

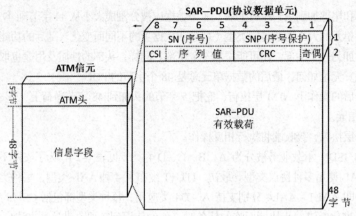

图 6-20　AAL1 SAR-PDU 格式

（2）CS 子层

CS 子层的功能可描述为以下三方面的工作。

① AAL 用户信息的处理：AAL-SDU 的长度是 1 个字节，把 47 个 AAL-SDU 集中起来交给 AAL。

② 信元延迟变动的吸收：信元在所允许的延迟变动以内没有到达时，为了保持信息的连续性，一般需要插入适当数目的空 SAR-PDU。相反，当接受缓冲器超载时，废弃 SAR-PDU。

③ 信元丢失及误插入信元的处理：依靠确认 SAR-PDU 头部的 SN 值，检验出丢失信元及误插入的信元。误插入信元要丢弃。

为实现上述主要功能，CS 协议的工作过程如下。

① 在发送端 SN 的操作：在发送端 CS，生成对应于各 SAR-PDU 的顺序号值和 CSI 比特，交给 SAR 子层。

② 在接收端 SN 的操作：在接收端 CS，从 SAR 子层接收的每个 SAR-PDU，接收顺序号值和 CSI 比特，校验 PDU 的丢失和误插入。在 AAL，把 47 字节的信息（47 个 AAL-SDU）集中起来交给用户。

③ 发送端时钟频率的恢复：在发送端，用异步电路来传送和网络时钟频率不一致的信号时，在接收端，为了取得同步，需要恢复发送端的时钟频率。作为时钟恢复法，采用同步型剩余时间特性（Synchronous ResidualTime Stamp，SRTS）法作为标准。这是把业务实际操作的时钟频率和网络时钟频率之差（RTS 值），从发送端传送给接收端来实现的。RTS 值（4 比特）使用顺序号为奇数时的 CSI 来传送，如图 6-21 所示。

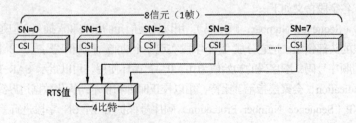

图 6-21　为发送端时钟再生传送 RTS

④ 结构化数据传送方法：为了传送像 N-ISDN 中的 $n \times 64kbit/s$（$n \geq 2$）承载业务一样的结构化数据，CS 协议指针表示结构的边界。SAR-PDU 靠 CSI 来表示具有两种格式（无

指针、有指针）。CSI 比特为"1"时，SAR-PDU 的第 1 字节为指针，剩下的 46 字节为用户信息。在 SN 为偶数（0，2，4，6）时才含有指针，如图 6-22 所示。

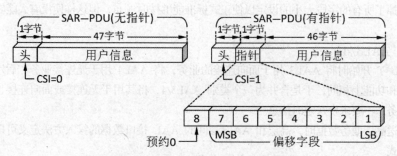

图 6-22　AAL1 SAR-PDU 格式（结构化数据传送用）

指针，是把从指针字段的结束到结构化块的先头位置的偏移，设定为字节为单位用 2 进制表示的内容。偏移的范围，是这个信元的 SAR-PDU 的剩余 46 字节直到下一个信元（顺序号为奇数的信元）的 SAR-PDU 有效负载的 47 字节为止，可以设定 0～92 的任意值，如图 6-23 所示。靠这个指针，接收端 CS 可以恢复利用 ATM 信元传送的信息的结构。

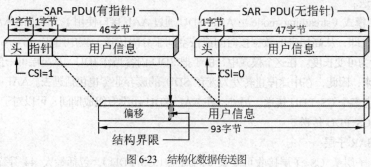

图 6-23　结构化数据传送图

2. AAL2

对于压缩的音频或视频数据，数据传输速率随时间会有很大的变化。例如，很多压缩方案在传送视频数据时，先周期性地发送完整的视频数据，然后只发送相邻顺序帧之间的差别，最后再发送完整的一帧。当镜头静止不动并且没有东西发生移动时，则差别帧很小。其次，必须要保留报文分界，以便能区分出下一个满帧的开始位置，甚至在出现丢失信元或坏数据时也是如此。由于这些原因，需要一种更完善的协议。AAL2 就是针对这一目的而设计的。

像在 AAL1 中一样，AAL2 的会聚子层没有本身协议，而 SAR 子层有本身协议。

AAL2 的信元格式如图 6-24 所示。序号 SN（Sequence Number）字段用于记录信元的编号以便检测信元丢失或误入。信息类型 IT（Information Type）字段用于指明该信元是报文的开始、中间或末尾。长度指示 LI（Length Indicator）字段指明有效载荷是多大，单位为字节（有效载荷可能小于 45 字节）。最后，CRC 字段是整个信元的校验和，可以检测出错误。

图 6-24　AAL2 的信元格式

标准中并没有注明各字段的大小。据说在标准化进程的最后关头，委员会成员觉得 AAL2 有许多问题，以致不能投入使用，但为时已晚，没有办法组织标准化的进程。最后委员们去掉了所有的字段大小的设定以使正式标准能够按时颁布，但这样便没有人能够实际使用它。

3. AAL3/4

ITU-T 开始时将 AAL3 用于面向连接的业务，将 AAL4 用于无连接业务，后发现二者在结构和功能上相同，于是合并为一个类别 AAL3/4，将其用于无连接或面向连接、可变比特率业务，不要求发送定时信息。

发送高层业务数据时，高层和 AAL 层间的 AAL 接口数据的接入方法定义可以为以下两种模式。

● 消息模式（message mode）：AAL 业务数据单元（AAL-SDU），在 AAL 接口上，可使用 1 个接口数据单元（AAL-IDU）传送。这说明 SDU 和 IDU 一一对应，通常数据以帧为单位的接入，称之为消息模式业务。SDU 不管是固定长度还是可变长度都可以，一般 1 个 SDU 是由 1 个 CS-PDU 传送。对于更短的固定长度的 AAL-SDU，则把多个组装成块，利用 1 个 CS-PDU 来传送。另外，对可变长度的 AAL-SDU，也可以把它分解成多个 CS-PDU 来传送。

● 流模式（streaming mode）：AAL-SDU 通过 AAL 接口使用 1 个以上的 AAL-IDU 传送的模式。即，从高层来的数据按时间或按空间来分隔传送，集中组成一个 AAL-SDU。SDU 一般为可变长度。在这个模式中，由于把 SDU 内容当作 IDU，从高层可一部分一部分地转发过来，因此，在中途停止转发为废弃 SDU 的废弃业务也包括进去。AAL-SDU 可以由一个或者多个 CS-PDU 传送。另外，在 AAL-SDU 还没有组成期间，可以对于 AAL 实体开始进行 CS-PDU 传送。

（1）SAR 子层

SAR 子层从 CS 子层接收可变长度的消息（CS-PDU），包括最大 44 字节的 SAR-SDU，生成 SAR-PDU。下面介绍 SAR 子层提供的功能。

① SAR-SDU 的保护：依靠段类型（Segment Type，ST）和 SAR-PDU 的长度指示（Length Indication，LI）保护 SAR-SDU。作为段类型，在消息开始（Beginning Of Message，BOM）、消息继续（Continuation Of Message，COM）、消息结束（End Of Message，EOM）和单个段消息（Single Segment Message，SSM）4 种类型中设定任何一种。SAR-SDU 分割图如图 6-25 所示。

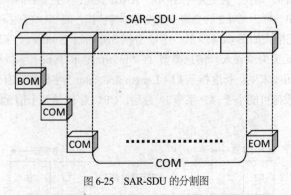

图 6-25　SAR-SDU 的分割图

② 差错检验：检验出 SAR-PDU 内的比特误码和 SAR-PDU 的丢失/误插入。

③ SAR-SDU 的传送顺序保护：在一个 CS 连接内保持 SAR-SDU 的传送顺序。

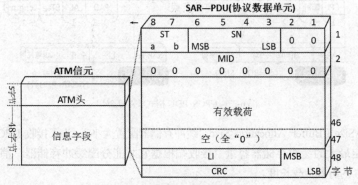

④ 多路/分离：在一个 ATM 连接中，进行多个帧的多路复用处理及分离处理。

⑤ 废弃：把一部分传送完的 SAR-SDU 中途废弃掉。

SAR-PDU 格式如图 6-26 所示，下面做一概要说明。

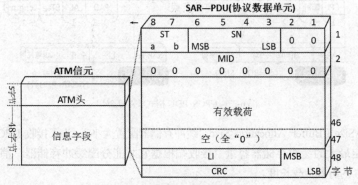

图 6-26 SAR-PDU 格式（AAL3/4）

① ST（Segment Type，段类型）：表示 SAR-SDU 的消息开始（BOM）、消息继续（COM）、消息结束（EOM）和单个段消息（SSM）。

② SN（Sequence Number，顺序号）：每一个 SAR-PDU 赋予顺序号码（模 16）。另外，在 SAR-SDU 先头，重置 SN 值或者赋予连续号。

③ MID（Multiplexing Identification，多路标识符）：在 1 个 ATM 连接中，把多个帧进行多路复用时，为了区分它们而使用的。即，给同一个帧的信元赋予相同的 MID 值。

④ SAR-PDU 有效负载：ST 为 BOM、COM 时，SAR-SDU 信息放在整个有效负载（44 字节）中；ST 为 EOM、SSM 时，SAR-SDU 信息装在紧接着 SAR-PDU 头部之后，剩下的空余字段设定为全 "0"。

⑤ LI（Length Indication，长度指示）：表示 SAR-PDU 内的有效信息长度。在上述有效负载 SDU 的装载方法中，ST 为 BOM 及 COM 时，LI 设定为 44 字节，ST 为 EOM 及 SSM 时，LI 设定为小于 44 字节（0 字节也允许）的值。

⑥ CRC（Cyclic Redundancy Check，循环冗余校验）：为了校验 SAR-PDU 整个的差错而使用的编码。生成多项式为：$G(x) = 1 + x + x^4 + x^5 + x^9 + x^{10}$。

⑦ 废弃 SAR-PDU：通过传送 ST= "EOM"、有效负载内=全 "0"、LI=全 "1" 的帧，进行帧的废弃。

（2）CS 子层

CS 子层又可分为公共部分（Common Part CS，CPCS）和业务专有部分（Service Specific CS，SSCS）。CPCS 和 SAR 一起承担信元的拆装，SSCS 提供帧差错和流量控制等相当于现今第 2 层的功能。

CPCS 提供 CPCS-SDU（最大 65535 字节）的保护、差错校验和通知（校验出差错的 CPCS-PDU 废弃掉）、缓冲存储器分配（接收端通知 CPCS-PDU 的最大值）等功能。

图 6-27 表示了 CPCS-PDU 的格式，以下概要说明各字段内容。

① CPI（Common Part Indicator，公共部分指针）：规定 CPCS 头部及尾部的格式。使用时，所有信息设定为全 "0"。对其他值的使用方法，正在研究中。

② BTag（Beginning Tag，开始标记），ETag（End Tag，结束标记）：在发送端设定 BTag 和 ETag 为相同的号码，在接收端检验它们的一致性来确认接收帧（CPCS-SDU）的正常性。另外，在接收端不检验标记的连续性。

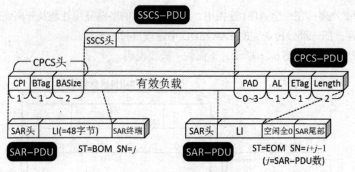

图 6-27 CPCS-PDU 格式（AAL3/4）

③ BASize（Buffer Allocation Size，缓冲存储器配置大小）：为了接收 CPCS-PDU，对接收端指定最大的缓冲存储器容量。接收端根据它才能分配缓冲存储器。消息模式设定 CPCS-PDU 的有效负载长度。

④ PAD（Padding，填充）：是为了使 CPCS-PDU 的有效负载长度为 32 比特的整数倍（考虑到用 32 位长处理机进行处理），PAD 的长度为 0~3 字节，并设定为全"0"。

⑤ AL（Alignment，对准）：是为了使 CPCS-PDU 尾部为 32 比特的整数倍的字段，设定全"0"。

⑥ Length（长度）：表示 CPCS-PDU 的有效负载长度（不包括 PAD）。在区分 PAD 的同时，也用来检验帧的正确性（是否有信元丢失和无插入）。

⑦ SSCS（Service Specific CS，业务专有部分）：相当于现今第 2 层的帧差错控制、流量控制等。

4. AAL5

从 AAL1 到 AAL3/4 协议主要是由电信界设计并被 ITU 标准化的，它没有太多地考虑计算机界的要求。由于两个协议层所导致的复杂性及低效性，再加上校验和字段十分短（仅 10 位），使一些研究人员萌生了一个制定新的适配层协议的念头。该协议被称为简单有效的适配层（Simple Efficient Adaptation layer，SEAL）。经过论证，ATM 论坛接受了 SEAL，并为它起名叫 AAL5。

图 6-28 所示，AAL5 的结构与 AAL3/4 的结构相似，都含有 CPCS 和 SSCS，而且如果不需要，SSCS 也可以是空的。另外，AAL5 比 AAL3/4 更简单些，相当于 AAL3/4 的 ST 功能，在 AAL5 结构中改由 ATM 头部的 PT（有效负载标识符）来表示。而且，AAL5 没有 SAR 头部及尾部的结构。

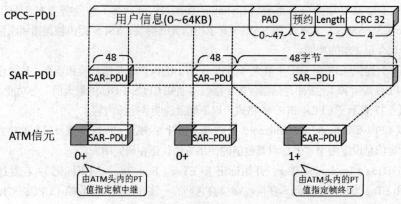

图 6-28 CPCS-PDU 格式（AAL5）

第二节 ATM 信号协议

一、ATM 信号协议

ITU-T 是从简单而且用户迫切需要的功能开始逐步进行研究的。例如，对于连接类型，最初发表的版本 1（Release 1）和 N-ISDN 相同，连接数单一、点到点、只提供呼叫和连接的同时设定和解除。版本 2（Release 2）公布以后，具有了多连接、多点、建立呼叫以后追加设定物理连接等。另外，发布 1 用的信号协议规范，是在 1993 年末完成为目标进行研究的。下面以发布 1 信号协议的概要为中心加以说明。

图 6-29 表示发布 1 的信号协议层结构。其中，物理层还包括为了设定和解除信号用的 VC，以及提供元信令规程。在所有信息进行信元化传送的 B-ISDN，不仅和 N-ISDN 中的 D 信道一样，固定地分配信号通路，而且，信号通路本身也需要用信号设定。这只在用户网络接口（UNI）提供。在交换机接口（NNI）中，利用预先规定的信号 VC 来传送信号。

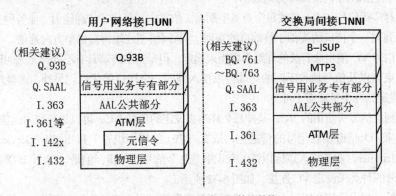

图 6-29 B-ISDN 发布 1 用协议结构

另外，信号 AAL，是把 N-ISDN 的 LAPD（Link Access Procedure on the D-channal，D 信道链路接入规程）和 7 号信号方式的 MTP（Message Transfer Part，消息传输部分）的第 2 级相同的业务原语提供给 AAL 用户（呼叫控制协议）。其目的是对 AAL 高层的呼叫控制协议，以现存的协议为基础进行早期开发。另外，发布 1 的呼叫控制协议是以 N-ISDN 的呼叫控制协议的 Q.931 和 MTP3、ISUP（ISDN User Part，ISDN 用户部分）为基础进行设计的。而且，作为信号 AAL，使用类型 5。

1. 元信令规程

在用户网络接口（UNI）中，设定和解除信号 VC 的步骤为元信令。从协议来说，它位于 ATM 层管理中。

（1）信号 VC 的种类

作为 UNI 的信号类型，和 N-ISDN 一样，有点到点型（信号终点为 1 个）和多点型（信号终点为 1 个以上）两种，如图 6-30 所示。点到点型由于使用特定的（VPI=0，VCI=5）信号 VC，因此，不需要元信令的支持。

多点型规定了以下三种信号用的 VC：

- 一般广播信号 VC（VPI=0，VCI=2）；
- 选择广播信号 VC（VPI=0，VCI=x）；
- 点到点信号 VC（VPI=0，VCI=y）。

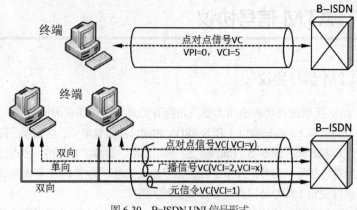

图 6-30　B-ISDN UNI 信号形式

利用元信令规程来设定和解除的是选择广播信号 VC 和点到点信号 VC。

一般广播信号 VC，是为了向所有终端以广播方式进行传送的信号 VC（所有 UNI 共用的 VC），它从网络向终端单方向通信。

选择广播信号 VC，是按每个业务型剖面（依靠内线号码、传递能力、业务种类等，辨别接入到同一个接口的类似于终端群的东西），从网络至终端群提供单方向通信。与这个选择广播信号 VC 使用法有关的详细内容尚未确定，但是，在终端具有不处理无关的输入信号就可结束，以及信号协议不同的终端可以接入到同一个接口等优点。另外，选择广播信号 VC 的设定，并不是非需不可的。

点到点信号所使用的 VC，是按每个终端来设定的信号 VC，可以进行双向通信。在 N-ISDN，把 D 信道用在信号的传送上，依靠 TEI（终端标识符）和 SAPI（Service Access Point Identifier，业务接入点标识符）来识别是几个信号的连接，但是，在 B-ISDN 则是按每个信号的种类来设定 VC 连接，如图 6-31 所示。

另外，利用元信令规程，终端来选择信号类型的过程（选择项）也有规定。依靠它，终端与网络协商时，不需要申告信号类型，而且，与信号类型不同的 UNI 的连接也可以自动地进行。

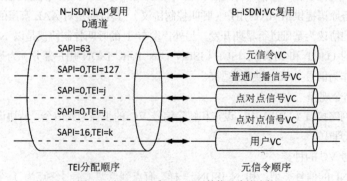

图 6-31　N-ISDN 和 B-ISDN 的信号连接比较

（2）输入时的信号顺序

在点到点型，所有的信号均使用点到点信号 VC（VPI=0，VCI=5）在终端和网络之间进行收发。

在多点型，因为从网络向终端输入时应答终端尚未确定，所以，使用一般广播信号 VC 或者是选择广播信号 VC 之一来传送输入信息。在确定是选择广播信号 VC 的情况下，选择一个最合适的选择广播信号 VC，利用它来传送输入信息。在没有选择广播信号 VC 的情况下，则使用一般广播信号 VC。可应答的终端，利用点到点信号 VC（没有设定的情况下，在利用元信令规程设定好信号 VC 以后）把回答信息转发给网络侧。此后，终端与网络间的信号收发就利用这个点到点信号 VC 来进行。

（3）信号 VC 设定和释放规约

与（1）中所讲的一样，利用元信令进行设定和释放点到点信号所使用的 VC 和选择广播 VC。

元信令信号是利用在所有的 UNI 上公用的元信令 VC(VPI=0,VCI=1) 来传送的。元信令的功能包括信号所使用的 VC 的设定和释放、VCI 值和速率的分配等。图 6-32 所示为元信令规程中所使用的信息格式，表 6-9 是信号和参数一览表。元信令规程是以 N-ISDN 的第 2 级协议中所规定的分配 TEI 规约为基础来规定的。

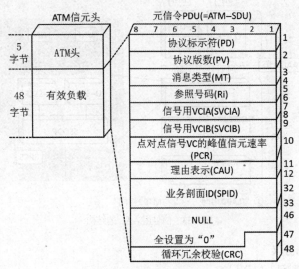

图 6-32　元信令信号的格式

表 6-9　利用元信令规程使用的消息类型和设定的参数

消息类型	分配要求	分配	是否分配	确认要求	确认应答	解除
方向	U→N	N→U	N→U	N→U	U→N	N→U
协议标识符	M	M	M	M	M	M
协议版本号	M	M	M	M	M	M
消息类型	M	M	M	M	M	M
参照号码	M	M	M	—	—	—
信号用 VCIA	—	M	M	—	M	M
信号用 VCIB	—	M	M	—	M	M
点到点信号 VC 的峰值信元速率	M	M	—	—	—	—
理由表示	—	M	M	—	—	M
业务剖面	M	M	—	—	M	—
循环冗余校验	M	M	M	M	M	M

注：M：必须；—：不使用。

2. 信号用 AAL

信号用 AAL 是使用在信号传送中的 AAL 类型，对应于业务 C 类。如图 6-33 所示，信号用 AAL，提供与 N-ISDN 的第 2 层相同的业务原语（即，用户网络接口相当于 LAPD，交换机间接口相当于 MTP2）。对于 SAR 和 CPCS，对应于适用类型 3 或者是类型 5。另外，信号用 SSCS 部分，是由用户网络接口和交换机间接口相互共用的 SSCOP 部分（Service Specific Connection Protocol，业务专有连接型协议）及与交换机间接口相互不同的 SSCF 部分（Service Specific Coordination Function，业务专有协调功能）组成的。而且，对于 SSCOP，可以设想用于高速数据传送，使用一种与现在的 HDLC 不同的新型协议。

另外，信号用 AAL 是把现在的 B-ISDN 作为对象进行研究的，但是，在今后信号传送网被 ATM 化的情况下，模拟和 N-ISDN 的信号传送也会得到利用。

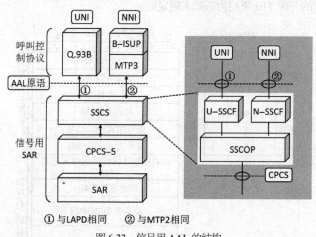

① 与LAPD相同　② 与MTP2相同

图 6-33　信号用 AAL 的结构

3. 呼叫控制协议

（1）用户网络接口（UNI）

UNI 中的呼叫控制协议 Q.93B 是基于 N-ISDN 的第 3 层协议 Q.931 及 Q.933。详细的内容还在研究之中，但是，主要区别为增加了新的标识符及追加了 ATM 特有的信息要素和参数，如图 6-34 所示。

① 标识符将"00001001"定义为 Q.93B 用。

② 呼叫识别符（CR）的设定位置和处理与 Q.931 相同。

③ 2 字节固定长度，考虑向未来的 ASN.1 描述发展，将予以追加。

④ 追加下列 ATM 特有信息要素：

- 宽带用传递能力（B-BC）；
- ATM 信元速率（仅仅最大速率）；
- AAL 参数；
- 连接标识符（VPI/VCI）；
- 宽带用 LLI（B-LLI）；
- QoS 级别；
- 宽带用 HLC（B-HII）等；
- 信息要素的设定顺序为任意。

⑤ 将信息要素描述仅仅统一（废止单一固定长度格式）为可变长度信息要素描述。对整个信息要素设定匹配性指令。

⑥ 2 字节固定长度（也含匹配性指令）。

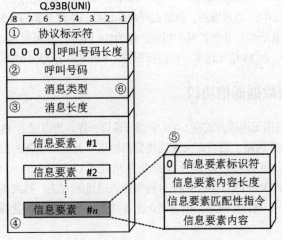

图 6-34　Q.93B 和 Q.931 的不同点

（2）交换机间接口（NNI）

在 N-ISDN 中，作为交换机之间建立呼叫和释放的协议，采用 7 号信号方式。在 B-ISDN，依据用于 7 号信号方式的 ISUP（ISDN User Part）正在研究 B-ISUP。从 ISUP 的主要变化来赋予新的 SIO（Service Information Octet，业务信息 8 位位组），呼叫控制标识符与电路号码的分离、ATM 特有的信息要素和参数的追加、变更，以及网络连接法等（如图 6-35 所示）。另外，对于信号传送，和 ISDN 一样，有使用 7 号信号网的方法和利用 ATM 信号网的方法。在 ATM 信号网，是利用信号用 AAL 传送 B-ISUP 信号的。

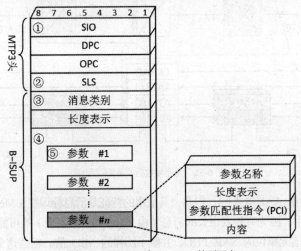

图 6-35　B-ISDN 与 N-ISDN 的不同点

① 将与 ISUP 不同的 SIO 值分配到新规定。

② B-ISUP 信号的划分方法有待研究。

③ 不含电路识别码 CIC 字段。B-ISUP 的开头是消息类型。

④ N-ISDN 特有的参数，是将被设定在 UNI（Q.93B）消息内的参数原封不动地装入 B-ISDN 消息里，参数设定的顺序可不同，但必须对整个消息设定匹配性指令（MCI）参数。

⑤ 呼叫标识符（SID）也作为一个参数进行处理（不必对整个消息），SID 作为交换节

点的区号，对消息设定（握手方式）相互的 SID 值。

⑥ 整个参数服从相同格式原则，不使用 ISUP 中用的指针指定。

B-ISUP 是以 ISUP 为基础的，但诸如呼叫标识符与电路号码的分离，整个参数相同格式化等方面采取了易于今后业务扩展的措施。作为 B-ISUP，其新追加或变化较大的参数有呼叫标识符（SID）、ATM 信元速率、连接标识符（VPI/VCI）、QoS 级别、AAL 属性等。

二、无连接数据通信协议

与 LAN 用户利用无连接方式在 LAN 中进行通信一样，为通过 B-ISDN 实现 LAN 间的通信，在 ATM 的虚通路上需要定义无连接数据协议。无连接业务的提供方法有两种。其中之一是间接的提供方法，即把无连接业务功能（Connectionless Service Function，CLSF）设置在 B-ISDN 外面，B-ISDN 只提供业务通过的方法。其次是直接的提供方法，即把 CLSF 设置在 B-ISDN 内部，由它终止无连接数据协议并进行选择路由处理等无连接交换处理的方法。

在间接提供方法中，网络内不需要特别的功能，但是，一般来讲需要在所有用户之间预先设定 ATM 连接，所以对电路使用效率和用户数有制约。另外，在直接提供方法中，在网内需要用于处理无连接业务的 CLSF，但是，只是在各用户和 CLSF 之间设定连接，就能够实现任何用户之间的交换处理，所以利用率高。

1. 无连接数据业务协议构成

在 B-ISDN 内提供无连接数据业务时的协议构成如图 6-36 所示。

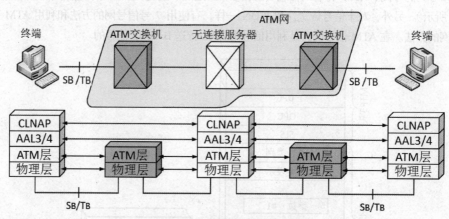

图 6-36　无连接数据业务协议构成

AAL 非常适用 AAL 类型 4，但是，其适用的特征是消息标识符（Message Identifier，MID）的有效运用。因为有转发很长的消息（由 CS-PDU 来表现）的可能性，所以将这个 CS-PDU 分解成信元单位的 SAR-PDU，并赋予同样的 MID 值。根据这个 MID 对不同的 CS-PDU 可以区别其 SAR-PDU，因此，在一个 ATM 连接上可以对多个 CS-PDU 进行信元交叉（Cell Interleave），从而实现多路复用。把 AAL 层之上的无连接协议叫作无连接网络接入协议（Connectionless Network Access Protocol，CLNAP）。这个协议在 CLSF 终止，参考按每一个 PDU 设定的对方地址和发送方的地址进行路由选择处理。

2. CLNAP

CLNAP 的 PDU 格式如图 6-37 所示。接收地址和发送地址是由地址类型（4 比特）+地址（60 比特）组成的。作为地址，是将 ISDN 号码方式的 ITU-T E.164（15 位）的各位（十进制）变换成二进制以 60 比特表示的形式作为公共业务用的基本号码来定义的。

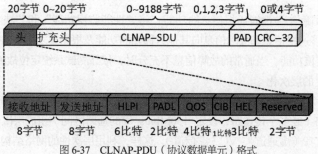

图 6-37　CLNAP-PDU（协议数据单元）格式

- HLPI（Higher Layer Protocol Identifier，高层协议标识符)，表示在接收端的节点将 CLNAP-SDU 传送给由该高层协议种类所表明的对象，是按点到点透明传送的信息。
- PAD 长度，表示为了把 CLNAP-SDU 作成 4 字节的倍数而附加的填充（Padding）字段的长度。
- QoS（Quality of Service，所要求的通信质量），用以表示按每个 CLNAP-PDU 所要求的通信质量，但是还未定其级别和编码。
- CIB（CRC Indication Bit，CRC 指示比特），表示有/没有 32 比特的 CRC 字段。CIB =0 时，不附带 CRC。
- HEL（Header Extension Length，头扩展长度），表示头扩展部分的长度。头扩展部分可达 20 字节，其用法还未定。

3. CLNAP 规程

因为是无连接，所以在 CLNAP 不存在建立链路的概念，发送端向接收端直接传送 PDU。作为规程，需要在接收端确认 PDU 的正常性或异常性，以及在检测出异常时应采取的动作。具体的规程是今后的研究课题。

4. CLNAP 层管理

无连接通信基本上是单方向的通信，因此，当网内发生故障和拥塞时，终端难以根据用户平面状态及时采取措施（Action）。为了由网络向终端通知 CLNAP 层的异常，层管理起着很重要的作用，虽然其内容是今后的研究课题，但是，如下的通知和警告必不可少。

- 网内 CLSF 设备的故障通知/拥塞通知；
- 对于超过申请值带宽的通信的警告；
- 接收地址异常通知；
- 警告规定外设定发送地址等。

三、OAM 协议

1. OAM 功能

网内的设备出了故障时，向用户通知故障的同时，需要有倒换备用设备等措施。首先说明这样的操作管理维护（Operation Administration and Maintenance，OAM）的原则，然后讲述有关实现的协议。作为 OAM 的功能，分如下 5 个方面。

① 性能监视功能：对网的构成要素的质量状况进行连续地或者是周期性地监视，把其结果作为性能通报信息。

② 缺陷及故障检测功能：检测异常动作，生成各种告警。

③ 系统保护功能：传送链路和设备出了故障时，隔离故障设备，倒换备用设备的功能。

④ 传送故障信息/性能通报信息的功能：将"性能监视功能"和"缺陷及故障检测功能"得到的性能通报信息和故障信息向其他方通知的功能及根据要求应答的功能。

⑤ 故障定位功能：当通常的故障信息不充分时，依靠测试系统定位故障点的功能。

2. OAM 的层次化

图 6-14 所示，B-ISDN 的物理构成是由中继（再生）段、数字段（2.4Gbit/s 等传送路区间）、传输通路（经多个传送路，设定 150Mbit/s 等的通路区间）组成层次化结构，在传输通路上设定了 VP（虚通道）、VC（虚信道）。这样，利用层次性的网络结构，各层不仅可以得到独立的发展，而且使故障时的定位和恢复变得容易。

依 B-ISDN 的层次结构，OAM 功能定义成 5 个 OAM 信息流，其中，有关物理层的三个流由现有的传送方式等实现，下面只对有关 ATM 层的 OAM 流加以说明。

3. ATM 层的 OAM 流

图 6-38 表示了 OAM 流的概念。在某 VP/VC 连接内发生故障时，检测出来的设备向接收主信号的方向送警告指示信号（Alarm Indication Signal，AIS），通知故障。收到通知的连接终点，向开始送来主信号的方向送远端接收故障（Far End Receive Failure，FERF）通知。另外，为了检测某连接的质量，插入性能监视信号，可以得到有关其结果方面的通知。

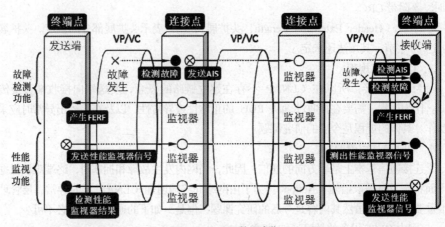

图 6-38 OAM 的层次化

这样，OAM 流是在点到点双向上接收和发送信息的，具体地讲，在相应的 VP/ VC 连接上，进行 OAM 信元的接收和发送。OAM 信元在 VC 连接时由信元头部的有效负载类型标识符（Payload Type Identifier，PTI）而在 VP 连接时由特定的 VCI 值来区别于别的信元。

图 6-39 表示了 OAM 信元的插入方法。从连接的终点，利用向用户空信元中插入/分离 OAM 信元的方法，沿着与用户信息信元相同的路由，可设定 OAM 流。而且，OAM 信元的插入/分离不只是限于终端点，而是在特定的连接点也可以。不管是在哪个连接点，都能监视 OAM 信元。

对于 VP/ VC 连接，利用 OAM 流可以实现如下的故障信息/性能通报信息传送功能。

① 告警监视功能：VP/VC-AIS，VP/VC-FERF。

② 导通性检测功能：这是测试连接是否处于导通状态的功能，通过从发送侧插入 OAM 信元，在接收侧对其确认来实现测试功能。

③ 性能管理功能：利用 OAM 信元，测试误码率、信元丢失率、延迟特性等功能。

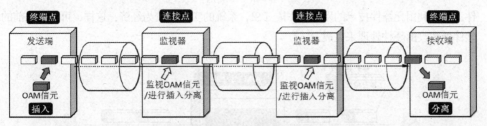

图 6-39　OAM 信元的插入和分离

在以 64kbit/s 为基础的 STM 网中实现性能管理功能，需要按每个 64kbit/s 信道附加奇偶校验比特，从而难于以经济的方法来实现。而且，在用户正在使用的电路上无瞬断地接入导通性确认是不可能的。而 ATM 网在从终端到终端进行点到点的监视和检测等方面，可以说具有很优越的功能。

第三节　ATM 交换

B-ISDN 可处理数 kbit/s 至数百 Mbit/s 速率的信息。这若是用电路交换实现，需要根据不同的速率灵活地分配时隙，不把多个网络组合起来进行复杂的控制，要实现是非常困难的。另外，在分组交换中，因为把信息进行细分化传送，所以具有灵活性，但是因为软件关系，其处理速度受到限制。

弥补两者的缺点所诞生的就是 ATM 交换。ATM 是把信息分割成 48 字节的固定长度，附加称作头部的 5 个字节控制信息（接收点等）的传送方式。共计 53 字节的信息块叫作"信元"。虽然信元与分组相似，但是对应于分组长度可变这一点，固定长度是信元的特点。用固定长度的信元，想送高速信息时，连续送信元，想送低速信息时，把称为空信元的空信息和有效信息的信元组合起来连续发送，这样，根据信息量容易调节速率。这叫作"速度的可变性""带宽的粒子性（granularity）"。另外，利用信元长度固定的特点，一旦找到一个信元的头位置，按顺序就可知道后续信元的位置。这使得 ATM 具有适合用硬件进行处理的特征。

在 ATM 交换中，根据图 6-40 所示的头部中的接收点信息 VCI，把信元分配给各自的去处。即，进入 ATM 交换网的信元是根据 VCI 值传送到输出侧的各出口。这时，VCI 就变换成下一次交换的新值。ATM 交换网的构成方法有多种，例如，可以把输入侧和输出侧的变换表存放在 RAM（Random Access Memory）中，根据这个表利用硬件来处理。这个接收点信息的变换表可采用预先设定的固定电路，或者是与电路交换一样，根据信令（拨叫号码等控制信号）在需要时设定等几种方法。因为采用硬件处理，所以延迟变化小，理所当然适合于数据，也因此适合于话音、图像等多媒体通信。

这样，ATM 交换可称作兼备电路交换和分组交换二者长处的交换方式。ATM 概念是由法国首先提出的，而这一概念的提出也是基于那个时代的技术背景的，概括地讲主要有两个方面：

第一，依靠光纤传输方式等数字传输技术的发展，高速信息以高质量传送已成为现实，使得不需要再像重发分组那样进行复杂的控制，减轻了交换机和终端的软件负担；

第二，大规模而且是高速的 LSI 技术得到进一步发展，实现 ATM 功能需要庞大的硬件，但是利用元器件技术的发展可作成 LSI，系统的实现已较为经济，这样，可以把以前的软件处理改由硬件处理来完成。

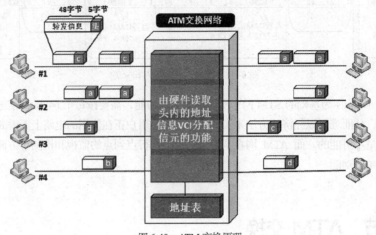

图 6-40　ATM 交换原理

一、ATM 交换方式的控制

1. 路由控制

ATM 交换中所需的控制有多种，对于其基本内容，利用图 6-41 进行说明。通信最初，是由终端提出要求开始的（叫作呼叫）。在电路交换方式中，是靠拨叫号码等用户信号（在 N-ISDN 中是 D 信道信号）来进行，在 ATM 交换中，是靠信元把呼叫信号传送给 VCH（Virtual Channel Handler，虚通路处理器或者是 ATM 交换机）。传送信号的信元是附加预先设定的 VCI 值来区别传送信息的信元。在 VCH，从传送来的信号信元接收到接收点的地址、业务种类、信元速率等信息，由此决定在网内经过哪个 VCH。这样的处理叫作路由控制，和电路交换方式一样，由软件来实现。

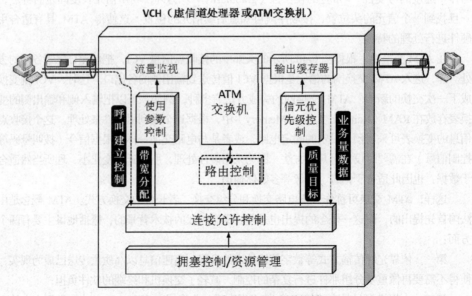

图 6-41　ATM 交换方式所必需的控制

2．连接允许控制

把控制信元依次向路由控制所指定的 VCH（若干个连续接续的 VCH）传送，所有的 VCH 根据所要求的业务条件确认是否可以让信元通过。图 6-42 所示，按照所要求的业务量是否超过传送容量来进行判断。此后，把能够与终端进行通信标记出来后送入通信模式。这样把允许通信的程序叫作连接允许控制（Connection Admission Control，CAC）。

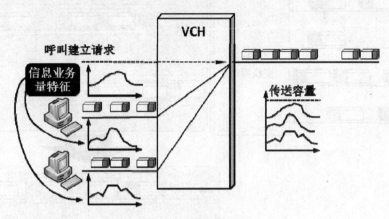

图 6-42　连接允许控制

3．使用参数控制

ATM 交换的连续允许控制和电路交换及分组交换的不同点是需要申告 ATM 特有的参数，即申告通信所需的传送量和质量方面的参数。ATM 允许流入突发性的业务，传送量需要由信元之间间隔最小的速率（峰值速率）和长时间速率（平均速率）来定义。也许有人认为很麻烦，实际选择业务的话，自动地决定这种参数的业务可以准备几个。在 ATM，对于突发性的业务，为了有效地利用网络设备，管理总体容量。如果特定的呼叫把超过约定量的信元大量发出的话，可能有影响全网业务质量的危险。从而，与图 6-43 一样，接收呼叫的通信网是在其入口处监视传送量的申告值是否与实际信元的流入量一致。

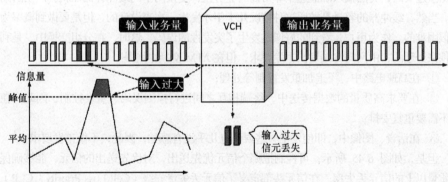

图 6-43　使用参数控制功能

这个方法是根据和用户的约定，如果实际业务量超过规定值时，把违约的信元予以废弃等处理。这样的控制叫作使用参数控制（Usage Parameter Control，UPC）。通过使用参数控制功能的信元，经过 ATM 交换网，传到对应于下一个节点的路由中。作为交换所需要的信息，在信元头部中附加与路由对应的 VCI 值后再传送。

4．整形

在 VCH 同时进行很多连接，进入 VCH 的信元，是满足连接允许控制（CAC）所允许的条件的，是通过使用参数控制（UPC）来检验的。但是，VCH 通过交换网络向各路由汇集信元，因此，在某特定的路由集中信元时，其结果可能与图 6-44 一样，超过 VP 容量，产生瞬间高速必须放出信元的情况。为此，把各信元存入缓冲存储器中，按照使信元的瞬间速率不超过一定值（VP 容量）来读出信元。这个功能叫作整形。

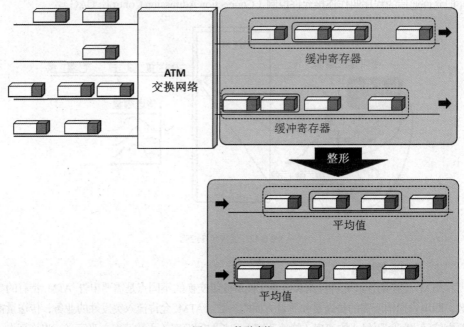

图 6-44　整形功能

5. 信元丢失和优先级控制

某一特定的用户产生的信元量过大时，可通过使用参数控制（UPC）预先防止，但是当向整个 VCH 输入的业务量过大时，在 ATM 交换中就会产生信元丢失。例如，平均输入的数据量过大时，突然输入峰值速率非常高的业务量，交换网中的缓冲存储器就会产生瞬间超载。当然，缓冲器的容量是按照这种情况几十年才发生一次来设计的，但是要做到概率为零是很困难的。作为用户，看到的好像是发生了突发性的误码。这时，在分组交换中，是利用软件来处理的，由网向终端发出重发要求，但在 ATM 交换中则是：

① 在高速电路中，不追加重发控制等处理；

② 在要求高质量的数据传送中，终端相互之间进行检测误码、重发控制，因此，在网侧不需要重复安排；

③ 在话音、图像中，即使发生一些误码也几乎没有感觉，因此，不做重发要求。

但是，如图 6-45 所示，可控制把哪个信元优先送出，对优先送出的信元，能够确保规定质量以上的信元丢失率。在信元头部定义了信元丢失优先级（Cell Loss Priority，CLP）比特，可以表示出用户想把哪个信元优先送出去。换句话说，在最坏的情况下，即使有丢失，因为表示了可允许丢失的信元，对于想把所有的信息按高质量传送的用户来说，可认为那是没有用的信元。但是，在图像信息、LAN 信息等的多路复用场合，信息量并不总是一定的。要想把所有的信息无丢失地送出去，需要最大峰值容量的电路。但是，在不怎么影响质量的范围之内，把图像信息和话音信息中的一部分即使割爱，也可以来表示信元丢失优先级，这样就可以以小的容量，即更经济地送出去。

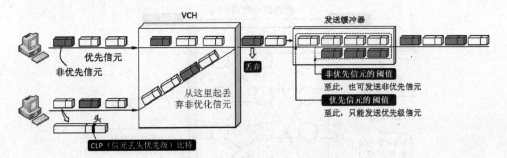

图 6-45　有关信元丢失率的优先控制例子

6．拥塞控制

在公用网，业务量产生拥塞时，为了使网不陷入混乱，拥塞控制技术也是很重要的。

可以考虑各种拥塞控制方法，例如，利用连接允许控制（CAC）的方法，在发生拥塞时，限制新的连接，就像在电话网中插入"现在电话连接有困难…"的音一样。别的方法可以考虑改变使用参数控制的参数值，例如，采用限制用户可送的峰值速率的方法。

以上的各种控制，是为了使网络在发生拥塞时也不至于瘫痪而进行的重要的控制，如图 6-46 所示，有必要互相联系。

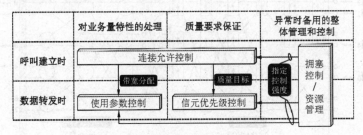

图 6-46　业务量控制项目的关系

二、ATM 交换网络

ATM 交换网络又可以叫作自选路由交换网络（Self - Routing Switch）。它是由硬件从输入端口到输出端口自动地选择路径（routing）的方式。最初为了实现这个概念，如图 6-47 所示，提出了叫作 Banyan 网的方式。这是把信元头部中的路由选择信息（或者是地址）的每个比特按顺序读出来，是"0"还是"1"，反复进行操作来自动地选择路径。但是，如果在特定的路径集中信元，由于信元之间在途中产生冲突，不可能很好地连接。为了回避这些问题，可以考虑先把信元的目的地址按顺序重新排列的方法，这就是由如图 6-48 所示的 Batcher-Banyan 型的例子。

在 Banyan 网前设置的 Batcher 电路是由多个比较器组成的，比较输入信元的目的地址的大小，按箭头的顺序向 Banyan 网决定输出位置。首先，按地址（0 和 1 组合表示）数字顺序相对地并排。例如，作为去地址#3(011), # 1(001),# 4(100), # 0(000)共 4 个信元输入。把这些地址利用 Batcher 电路的比较器，地址号码小的往上，大的往下，按顺序分配，其输出口从小到大按顺序排列（因为没有#2 地址的信元，所以#1 地址信元之后排#3 地址的信元）。然后在 Banyan 网中，分配到各个地址所指示的输出口。但是如果向同一地址集中信元，这个方法也不可避免地会有冲突，因此提出了各种改善的方法。

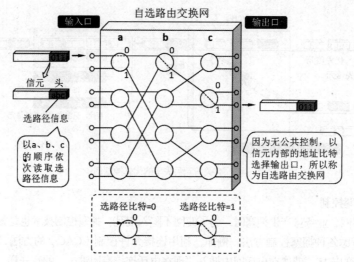

图 6-47 自选路由交换网（Banyan 型）原理

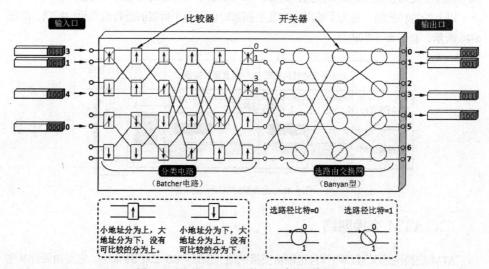

图 6-48 Batcher-Banyan 型 ATM 交换网络的原理

除此之外，交换网的组成方法还有多种。不管什么方法，读取信元头部的地址、分配输出端口的原理是不会改变的。但是，当同时输入持相同地址的信元时，为了避免信元之间的冲突，有必要通过把信元储存于缓冲存储器中来把时间错开再发送。这种避免信元冲突的控制叫作同抢控制。

如果根据缓冲存储器的位置来对 ATM 交换网络进行分类，其种类如图 6-49 所示。交叉点型，是在各交换开关器件的交叉点间设置缓冲存储器，这种方法简单，但是存在所需的总的存储器数量与交叉点个数成正比（有 N 个输出端口时，与 $N×N$ 成正比）地增长的缺点。相反地，公共缓冲器型，是由所有端口共享缓冲器，因此所需存储器数量很小，但是需要对全部业务量进行控制。此外，还有在输出侧、输入侧设置缓冲器的方法。输出缓冲型，使从输入端口到输出缓冲器为止的总线上的冲突控制变得复杂，而输入缓冲器型，是为了避免这样的问题而在输入端口设置缓冲器，这样却使读出控制变得复杂。不管什么方法都各有优缺点。

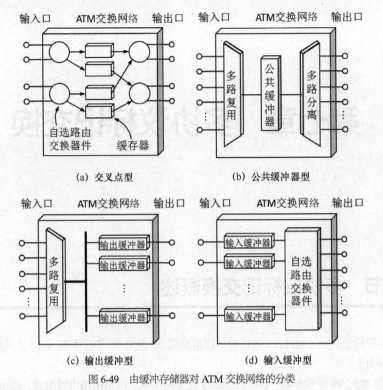

图 6-49　由缓冲存储器对 ATM 交换网络的分类

习题与思考题

1. 为什么说 ATM 网络既能支持恒定比特率业务，又能支持可变比特率业务？

2. 描述下 B-ISDN 协议参考模型。

3. 简述 ATM 技术如何利用 HEC 字段实现差错控制和同步过程。

4. 试比较 AAL 层各个类型的特点。

5. 举例说明 Batcher-Banyan 型 ATM 交换网络的工作原理。

6. 判断对错：

- ATM 的差错校验是在整个信元范围内进行的。
- ATM 不使用统计复用。
- ATM 提供固定的服务质量。
- ATM 的信元采用自适应路由选择策略。
- TCP 报文不能通过 ATM 网络传送。
- ATM 在数据传送前必须先建立呼叫连接。
- ATM 的信元长度必须是 53 字节。
- ATM 采用面向连接寻址方式。

第七章　多协议标记交换

第一节　多协议标记交换概述

　　多协议标记交换（MPLS）的根源可以追溯到 20 世纪 90 年代中期 ATM 上承载 IP 的众多技术努力上。

　　在 20 世纪 90 年代早期，ISP（Internet 服务提供商）网络由路由器组成，路由器之间通过 T1/T3 专线连接。在 Internet 开始迅猛增长的时候，ISP 需要通过增加更多的链路，扩大带宽来满足业务量的需要。当时，流量工程开始变得重要起来，因为当存在多条可选、并行的路径存在时，通过流量工程可以汇聚网络带宽。然而传统路由器在支持流量工程方面存在着扩展性问题，这影响了流量工程作用的进一步发挥。同时传统路由器工作时经常需要软件介入，所以无法提供高速的汇聚接口和很高的包处理能力，从而成为网络的瓶颈。

　　大约在 1994 到 1995 年期间，Internet 的流量已经接近一个分界点，ISP 需要将他们的网络平滑升级到大于 T3（45Mbit/s）的中继容量上。鉴于当时 OC3（155Mbit/s）的 ATM 接口已经大量使用，ISP 被迫重新设计网络，以可以使用 ATM 或帧中继交换机的高速接口。于是在技术上，我们便看到了一个 ATM 的基础设施和其上叠加的一个逻辑的 IP 网络，也就是在 ATM 交换机之上是传统路由器，我们称为 IP over ATM（IPOA）的重叠模式。

　　在 IPOA 技术的发展过程中，属于重叠模型的技术有 CIPOA（经典 IPOA，即 ATM 上的传统 IP）、LANE（局域网仿真）和 MPOA（ATM 上的多协议传输）等。这些技术都是将 IP（第 3 层技术）建立在 ATM（第 2 层技术）之上，两层协议完全独立，它们之间通过一系列协议（如 NHRP，ARP 等）实现互通。这样无需对 IP 和 ATM 双方的技术和设备进行任何改动，只需在网络边缘进行协议和地址转换即可，所以，这种模式在初期得到了广泛采用。重叠模型的协议栈如图 7-1 所示。

　　图 7-2 所示为经典 IPOA 的网络拓扑，在网络的核心使用 ATM 交换机，而在网络的边缘使用路由器。网络中第 3 层适用的是 IP 协议，而第 2 层使用的是 ATM 协议。如果要在所有处于边缘的路由器之间都建立邻居关系，则需要在 ATM 网络中为相应的每一对边缘路由器配置一条 PVC，这就形成了路由器之间实际上的全网状连接关系。其他重叠模型技术基本上都是采用这种方式，只是在不同程度上为提高网络的效率采取了一些改进方案。

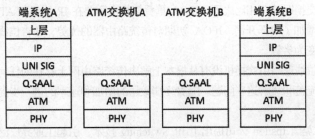

（a）控制平面

（b）用户平面

图 7-1　重叠模型的协议栈

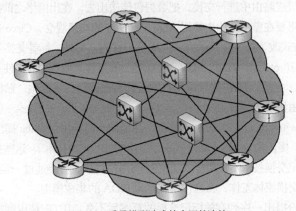

图 7-2　重叠模型造成的全网状连接

重叠模型技术虽然为在 ATM 高速交换媒体上传输 IP 提供了一种自然的解决方案，但是它仍然面临很多问题。例如，从转发方式上来说，IP 用的是无连接的数据报方式，而 ATM 使用的则是面向连接的虚电路方式，要让一个无连接的业务通过连接型网络传输，何时建立连接，如何建立连接，建立多少连接，以及何时拆除连接都会是一个十分复杂的问题，处理不好就会大大降低网络运行效率。另外，由于分组长度机制不同，IP 类型的变长分组进出 ATM 网络时，为适应其 53 子节点定长信元必须进行分组的分段与重组；在使用 ATM 的 PVC 连接为路由器建立全网状连接（如图 7-2 所示）时，会造成严重的 N 平方问题，影响网络的可扩展性等。

1997 年，吉位线速路由交换机开始商用化，这给重叠型 IPOA 带来冲击性的影响。首先，依靠微电子技术和光技术的进步，吉位线速路由交换机极大地提高了线速，从而成百倍地提高了处理数据分组的能力，缓解了传统路由存在的瓶颈问题。其次，吉位线速路由交换机改变了传统路由器的控制结构，将路由选择功能和数据分组的转发功能分开，前者由 CPU 完成，后者由专用集成电路 ASIC 实现，简化和提高了转发能力。另外，吉位线速路由交换机引入空分交换机制，将输入数据分组经过交换机构，直通到输出队列，消除了因存

291

储转发引起的交换时延。相比之下，IPOA 重叠架构中需要在 IP 分组和 ATM 信元之间进行分段和重装，增加了内部开销。IPOA 初期对传统路由器的优势，在吉位线速路由交换机的冲击下，开始变为劣势。

但是，吉位线速路由交换机没有从根本上解决传统路由网上存在的任何一个问题，只是用速率提高来掩盖和缓解这些问题。随着终端数量的增加和速率的进一步提高，之前的问题仍将呈现出来。

1996 年，美国 Ipsilon 公司提出了 IP Switching 技术，引起工业界广泛的兴趣和讨论。其 IP Switching 的主要观念是在 ATM 方面只使用 ATM 的 AAL5 层以下的功能，AAL5 以上的 ATM 软件全部拿掉由 IP 的软件取代。这样，一方面通过使用 IP 软件控制 ATM 交换引擎，完善的 IP 路由功能可以直接叠加到 ATM 交换硬件上；另一方面根据一定的属性，IP 包可以按相似性分类划分成一个 IP 流。尽管由于在带宽预留及 QoS 保证方面不尽如人意和商业运作等方面的原因，Ipsilon 最终被 Nokia 收购，但是，Ipsilon 对业界所做的贡献是值得人们怀念的。IP Switching 概念的提出使业界摆脱了在 ATM 和 IP 层面衔接的尴尬局面，脱离了 LANE、古典 IPOA 和 MPOA 的道路，而开始考虑第 3 层交换。

就在 Ipsilon 宣布他们的 IP Switching 不久，Cisco 公司就宣布了其 Tag Switching 技术。Tag Switching 的观念在于使用标签（Tag）来进行交换，数据包进入网络后先打上标签，再根据标签在交换机或路由中进行交换，把数据包传送出去，在出网络之前再把标签去掉。标签交换实际上是想要在整个架构中使用 ATM VPI/VCI 的交换观念，Cisco 通过把传统路由器使用第 3 层的方式改为标签交换的方式完成这一目的。另外，标签交换使用标签分配协议（Tag Distribution Protocol，TDP）来做"贴标签"的工作，取代 ATM 使用复杂软件来建立 VPI/VCI 转换表。当然，TDP 必须取得数据包的传送路径，才能做"贴标签"的动作，因此可配合一般路由协议来完成。

不论是 IP Switching 还是 Tag Switching，还是同一时期由 Toshiba 提出的 CSR（信元交换路由器）、IBM 提出的 ARIS（集中式基于路由的 IP 交换技术），这些技术统称为标记交换技术。由于标记交换技术不使用第 2 层信令与路由协议，直接通过一定的机制使用 IP 协议来控制第 2 层交换媒体工作，将这种模式称为 IPOA 的集成模型。

在各厂家纷纷提出一序列有关标记交换的草案后不久，IETF 认识到将这一技术标准化成为了当时一个紧迫的问题。多协议标记交换（Multiprotocol Label Switching，MPLS）工作组是 IETF 组织下的工作组之一，这个工作组的主要任务是进行标记交换的基本技术标准化和在不同的链路层上完成标记交换方面的工作，包括标记的封装、两台路由器之间的标记分配及组播等内容。迄今为止，工作组做了大量卓有成效的工作，产生了 300 多个 Internet 草案和数十个与 MPLS 有关的 RFC，最初的目标已经基本完成，这便是多协议标记交换（Multiprotocol Label Switching，MPLS）技术。

如前所述，多协议标记交换的基本思想就是取消 ATM 等第 2 层信令，将 IP 协议和 ATM 等下层协议紧密地结合起来，使用 IP 和 MPLS 协议来控制 ATM 等交换机构，在 MPLS 网络的边缘对收到的分组进行分类，按照分类的结果给分组加上一个定长的标记，该标记将对应于与对该分组的处理方式（使用的路由、资源预留、业务量参数、业务等级等）有关的一切信息。在 MPLS 网中，将完全依赖这一标记对分组进行转发及有关的处理。可见，MPLS 的基本思想是对网络设备的简化和对分组的分类转发。协议栈的简化如图 7-3 所示。

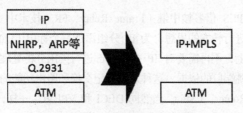

图 7-3　使用标记交换对协议栈的简化

第二节　MPLS 体系结构

MPLS 实际上提供的是一种"面向连接的交换"。通过分配标记，事先建立好一条符合"需要"的标记交换路径（Label Switch Path，LSP），再发送业务数据。在网络的层次结构中，MPLS 就如同一个"夹层"，起到了一个承上启下的作用。对于网络层，它向 IP 提供更为高效的连接服务；而对于链路层（甚至是光物理层），它又从多种链路层媒体上获取服务，如 ATM 或 FR 或以太网等。

为便于理解，将 MPLS 的功能抽象为一个平面模型，模型中包括一个数据平面和一个控制平面。控制平面包括 MPLS 的信令（即标记分配协议）和路由，负责标记交换路径的建立、拆除、保护、重建和重路由等，是整个 MPLS 理论的核心；另一部分则是数据平面，更多地侧重与各链路层媒质配合的问题，包括标记和标记封装等相关规定。

关于 MPLS 的更多具体内容在 IETF 的相关草案和 RFC 提案中有非常详细的描述，但是相对来讲较为冗长烦琐，不便于理解。本节采用举例说明的方式进行阐述，希望读者能快速深入 MPLS 技术的思想核心，理解标记（Label）、转发等价类（FEC）和标记交换路径（LSP）等概念之间的关系。既然是举例说明，对于 MPLS 更为全面具体的技术细节当然不能兼顾，相关的详细内容请参考有关文档。

一、MPLS 数据平面

1. MPLS 标记分组转发过程

在常规路由器网中，IP 分组在沿路由器逐跳转发时，每个路由器都要读出 IP 分组头部，分析其中的目的地址，查找路由表，选择下一跳路由器，如图 7-4 所示。其实，IP 分组头部所包含的信息远远多于选择下一跳所需的信息，因此打开 IP 分组头部选择所需信息的过程本身就耗费了很多不必要的路由器资源。

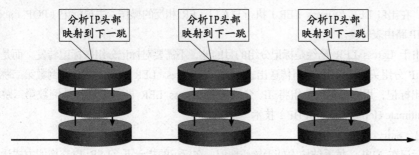

图 7-4　分组头部的读取

293

图 7-5 所示，MPLS 借鉴帧中继（Frame Relay，FR）技术中 DLCI 和 ATM 技术中 VPI/VCI 的按标识符进行转发的思想，为 IP 分组添加一个标记（Label）成为标记分组，在后续的每一跳路由器上，不再需要对 IP 分组头部进行读出分析处理，只使用标记分组的标记作为选择到达下一跳端口的依据，这种兼有标记交换和路由功能的路由器就是标记交换路由器（Label Switch Router，LSR）。当然同 DLCI 和 VPI/VCI 一样，Label 也只具有本地意义，即每次转发都会进行 Label 的调换（即标记交换）。

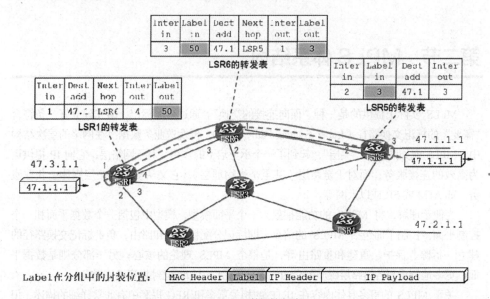

图 7-5　MPLS 数据转发过程

当然，MPLS 并不是仅仅给每个 IP 分组打上标记那么简单。它会为具有相同转发需要的 IP 分组打上相同的标记，即具有相同标记的分组被当成"一类"分组做相同的处理，这个标记分组类被称为转发等价类（ForwardingEquivalence Classes，FEC）。尽管这个 FEC 的划分是考虑了数据流、链路和端口等多种对象的集中体现，但在实际应用中，往往是根据目的地址来进行划分的。不同的入口（初始）Label 用来标识不同的 FEC，它们是一一对应的关系。

采用同样的路由策略、标号分发策略和管理策略的 LSR 组成的集合成为一个 MPLS 域。如图 7-6 所示，位于 MPLS 域的边缘用于实现 IP 分组进入和送出处理的 LSR 称为标记边缘路由器 LER。IP 分组进入 MPLS 域时，入口 LER（Ingress LER）会分析报文，根据目的地址前缀（通常的处理）决定封装哪个标记（称为 PUSH Label，即划分为哪个 FEC）及从哪个端口转发给下一跳的 LSR。各跳节点 LSR（ILSR）根据标记进行转发，并调换新的标记。在出口 LER（Egress LER）执行与入口 LER 相反的操作，去掉标记（POP Label），查找 IP 路由表转发。

由于 Egress LER 已经是标记分组的目的地，不需要对标记分组按标记转发，而是直接读出 IP 分组头部，将 IP 分组传送出去，所以在 Egress LER 的前一跳（即倒数第二跳）即可弹出标记，用空标记的分组将 IP 分组传送 Egress LER 即可。这就是倒数第二跳弹出（Penultimate Hop Popping，PHP）技术。

2. 标记

标记在 MPLS 体系结构中处于核心地位。在标记的指示下，LSR 以交换的方式让数据转发工作尽量只发生在网络层以下，从而提高了数据转发效率。所以 MPLS 能够在多大程度上简洁地提供通常在网络层完成的工作事实上决定了 MPLS 的生命力。原因很明显：如果在数据交换过程中，为了实现一些基本的功能，数据包还必须被传递到网络层去处理，那么 MPLS 的转发效率优势将不复存在。这一点事实上决定了除了标记以外，其他应该被编码进数据包中的数据。

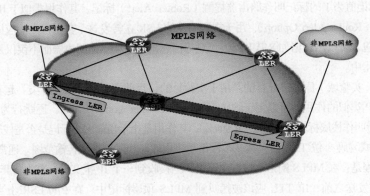

图 7-6　MPLS 域

一个数据包中包含的 MPLS 标记的主要作用在于指示接收到这个数据包的 LSR 如何转发这个数据包。但是必须注意的是，MPLS 并没有被设计成网络层的替代协议，MPLS 要做的只是利用网络层提供的和其他控制部件所提供的控制信息，实现高效并且灵活转发。同样，MPLS 也不会代替链路层的工作。所以标记栈在数据报的封装位置应该是链路层之后，网络层之前。

MPLS 标记在数据转发中所起的作用和 ATM 的 VPI/VCI 或是帧中继的 DLCI 是类似的，所以，就可以使用这些链路层数据封装中的这些域来封装 MPLS 标记。但是，不是所有的链路层都提供这种交换的机制，比如说 PPP 或是以太网，所以必须定义一个独立于网络层和链路层封装的 MPLS 头部。

我们现在描述一种被称为通用标记封装的方法，这种方法可以用于任何链路层。它定义了一个独立于链路层的被称为 MPLS 薄层的 MPLS 封装，可以封装多个标记，每个标记包括 20 位的 MPLS 标记、3 位的实验域（EXP）、1 位栈顶标记和 8 位 TTL 域，具体结构如图 7-7 所示。

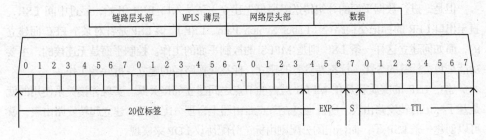

图 7-7　MPLS 标记

这里标记域中所承载的就是用于指示转发行为的标记。标记的数值范围为：$0 \sim 2^{20}$，其中 0、1、2、3 这 4 个标记有特殊含义，4 ~ 15 保留。

- 标记值为 0 的标记叫作 IPv4 显式空标记，这个标记只能出现在栈底，这个标记对应的转发动作只能是删除标记栈并且这个数据包将会被送给 IPv4 模块处理并转发。
- 标记值为 2 的标记叫作 IPv6 显式空标记，其语法和语义与 IP V4 显式空标记是类似的。

295

- 标记值为 3 的标记叫作隐式空标记。当一个 LSR 要给一个数据包换上一个新的标记时,如果被换上的标记是这个标记,那么 LSR 就不会执行标记交换操作,相反地,LSR 会在数据包中的标记栈上执行一个 POP 操作。因此这个标记值不会出现在报文封装中,只会用在标记分发协议中。

- 标记值为 1 的标记叫作路由器提醒(Router Alert)标记,其作用类似于 IP 的路由器提醒选项(Router Alert Option),用于提醒沿途的 LSR 在转发这个数据包之前应该仔细检查这个数据包,可以用在诸如 RSVP Path 消息等消息报文需要沿途路由器而不仅仅是目的主机处理的应用中。

EXP(实验域)原先设计目的是用于实验目的,目前主要用于报文分类。起着和 IP 报文中 DSCP 类似的作用,可以用于编码不同的 PHB(Per-hop Behavior,逐跳行为)。

S 比特叫作栈底标识(Bottom Of Stack),其作用是指示当前这个标记是否是栈底标记。

TTL 域编码 8 位 TTL 值,其基本作用是防止环路和限制报文传输范围。通常对于 TTL 的处理过程是:在 MPLS 网络入口路由器上,当接收到一个 IP 报文后,首先将其 IP TTL 减1,当它被发送之前,IP TTL 应该被拷贝到 MPLS 顶层标记中;在中间 LSR 上当它收到一个带标记的报文时,首先将报文顶层标记中的 TTL 减 1,然后做标记交换操作并发送出去,这里的交换只交换标记栈结构顶层标记封装中的 20 比特标记值;在出口 LSR 上,当它收到一个带标记报文以后,首先会对 MPLS TTL 做减 1 操作,然后做标记弹出操作,然后将 MPLS TTL 复制到报文的 IP TTL 域,并将其送给网络层发出。

对于在 ATM、帧中继网络上标记的封装一般原则是:顶层(或最上两层)标记封装在链路层的 VPI /VCI 或 DLCI 域中,而标记栈的其余标记则用我们上面描述的通用标记封装方法封装。

这里讨论的是标记随数据报文一起发送时的封装形式,在随后要讨论的标记分发协议的报文中,标记封装自然只包含 20 位标记值。

二、MPLS 控制平面

上述的标记分组转发过程工作在 MPLS 的数据平面(Data Plane),它是在已建立二层连接的基础上,对 IP 包进行标签的添加和删除,同时依据标签转发表对收到的分组进行转发。

但是,进行数据平面的分组传送需要事先建立一条从入口 LER 开始,经过中间 LSR,直至出口 LER 的标记交换路径(Label Switch Path,LSP),该 LSP 是针对某个 FEC 而建立的,而如何建立这样一条 LSP 则是 MPLS 的控制平面的工作。控制平面是无连接的,主要功能是负责标签的分配,标签转发表的建立,标签交换路径的建立、拆除等工作。

建立 LSP 的实质就是在 MPLS 域内的节点之间建立邻接关系。实现邻接关系使用的就是基于标记的转发路由表。所以通过在节点路由器上合理分配标记,建立起转发路由表,就可以创建一条 LSP 了。而标记的分配则由标记分配协议 LDP 来实现。

1. 标记分配原理

LDP 分配标记的前提是需要知道 MPLS 域内各节点之间的拓扑路由。这由常规路由协议实现,例如,在域内运行 OSPF 协议(或其他 IGP 协议),在域间运行 BGP 协议。下面我们仍然以图 7-5 为例描述一种可能的各 LSR 上标记分配过程。

① 当 LSR6 上路由协议收敛以后,即它发现 FEC47.1/16 以后,它就向上游 LSR(LSR1)发布一个 FEC-Label 映射(简称标记映射):<47.1/16, 50>,其语义是:"当你发

给我的报文顶层标记是 50 时，我将对其采取 FEC 47.1/16 的转发行为"。

② 当 LSR1 从端口 4 收到<47.1/16，50>这个映射以后，它就可以建立自己的 MPLS 转发表了：即令 Label Out=50，Inter Out=4。

③ 同样的 LSR5 也会给 LSR6 发送这样的标记映射：<47.1/16，3>。由于标记 3 具备倒数第二跳弹出的特殊含义，所以对 LSR6 而言，这个映射的语义是：对于属于 47.1/16 这个 FEC 要经过 LSR5 转发的数据包，应该对原有标记栈执行 POP 操作（而不是将原有标记栈顶层标记交换为 3）。由于 LSR6 曾经发布过关于 47.1/16 标记映射信息，因而现在 LSR6 就可以把这些信息组合起来形成一张转发表了。

④ 当然，对于 LSR5 而言，由于使用了倒数第二跳弹出技术，所以也就无需为 47.1/16 这个 FEC 形成标记转发表了。注意，由于考虑了倒数第二跳弹出，所以这里的几个表格和前述略有不同。

从以上过程可以看出，标记转发控制信息形成的关键就是在标记转发的上下游 LSR 之间标记映射信息的传递：本质上就是下游 LSR 将特定标记和特定 FEC 的映射通知给上游 LSR，这个标记映射传递过程被称为标记分发。

当然，上面描述的这种方式被称为下游自主（Downstream Unsolicited，DU）方式，其含义是指下游自主决定是否给上游分发标记映射，而无需上游显式请求。另外一种方式叫作下游按需分配（Downstream on Demand，DOD）方式，这种方式下游只有在上游显式提出对于某个 FEC 的标记请求才会向上游分发和这个 FEC 相关的标记映射。

从全局观点来看，对于特定的 FEC，各独立<上游 LSR，下游 LSR>对于这个 FEC 的在它们之间链路上和某个标记的映射最终形成了<LSR1，LSR6，LSR5>这样一条 LSP。上述过程所描述的 LSP 控制方法是在一个 LSR 在向上游分发和特定 FEC 相关的标记映射之前，无需确保自己已经获得下游关于这个 FEC 的标记映射，这称为独立的 LSP 控制方式。还有另外一种 LSP 控制方式被称为有序方式，它是指一个 LSR 在向上游分发和特定 FEC 相关的标记映射之前，必须确保自己已经获得下游关于这个 FEC 的标记映射（除非这个 LSR 本身就是对于这个 FEC 的出口路由器）。

独立的 LSP 控制方式和有序的 LSP 控制方法各有不同的应用场合，前者多用于控制逐跳路由（由路由协议生成）的 LSP，后者多用于控制显式路由（预先定义）的 LSP。尽管这两种 LSP 控制方式可以和任意的标记分发方式配合工作，但是下游自主的标记分发方式常和前者配合工作，以达到和路由协议同时快速收敛的目的；相应地，下游按需的标记分发方式常和有序的 LSP 控制方式配合使用，可以方便地实施显式路由。

具体在相邻 LSR 之间进行标记分发工作的是标记分配协议，目前可以用于标记分发协议的有 LDP（Label Distribution Protocol）、CR-LDP（Constraint-Routing LDP）、RSVP-TE（Extensions to Resource Reservation Protocol）、BGP 等。这里将以 LDP 协议为例进行介绍，其他的标记分配协议请参考有关文档。

2．标记分配协议 LDP

LDP 以消息的形式在对等体之间分发、维护标记映射信息，为了保证标记分发的可靠性，LDP 使用 TCP 的传输服务。总体上，所有 LDP 消息可以分为 4 类：

- 发现消息：用于发现网络中的 LDP 相邻体；
- 会话消息：用于建立、维护和中止 LDP 对等体之间的会话；
- 分发消息：用于创建、改变及删除和 FEC 相关的标记映射；
- 通知消息：用于提供建议或错误通知信息。

利用这些消息，LDP 大致工作过程如图 7-8 所示。

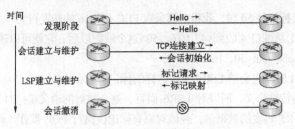

图 7-8　LDP 大致工作过程

由图可见，两个 LDP 对等体首先发现对方，然后和对方建立 TCP 连接，在连接上建立会话，最终在会话上传输标记请求和标记映射消息，下面将仔细讨论这些过程。

（1）发现阶段

希望与相邻 LSR 建立会话的 LSR 将向相邻 LSR 周期性地发送"Hello"消息，通知相邻节点本地对等关系。通过这一过程，LSR 将可以自动发现它的 LDP 对等实体，而无需进行人工配置。LDP 的发现机制有两种：一种是基本的发现机制，用于发现本地的 LDP 对等实体；另一种是扩展的发现机制，用来发现远地的 LDP 对等实体。

"Hello"消息使用 UDP 协议来传输，在基本的发现机制中，UDP 目的地址是广播地址，端口号为通用的 LDP 发现端口（646）；在扩展的发现机制中，UDP 目的地址是一个特定的地址，端口号仍为通用的 LDP 发现端口号。

（2）会话建立与维护

对等关系建立之后，LSR 将开始会话的建立过程。这一过程又分为两部分，首先是建立传送层连接，也就是在 LSR 之间建立 TCP 连接，随后是对 LSR 之间的会话进行初始化，也就是对会话中涉及的各种参数（如 LDP 协议版本、标记分发方式、定时器值、标记空间等）进行协商。

（3）标记交换路径建立与维护

上述过程完成之后，LSR 之间就可以为各种有待传输的 FEC 进行标记的分配及建立 LSP 了。这一过程的基本程序如图 7-9 所示。

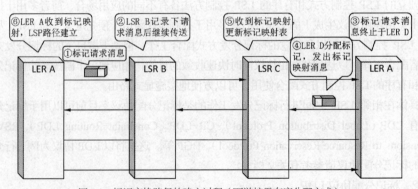

图 7-9　标记交换路径的建立过程（下游按需有序分配方式）

① 当网络的路由发生改变时，如果有一个边缘节点发现自己的路由表中出现了新的目的地址，而这一地址不属于任何现有的 FEC，则该边缘节点需要为这一目的地址建立一个新的 FEC。而对这个 FEC，边缘 LSR 将决定该 FEC 将要使用的路由，向其下游 LSR 发起标记请求消息，标记请求消息中将指明要为哪一个 FEC 分配标记。

② 收到标记请求消息的下游 LSR 记录下这一请求消息，依据本地路由表找出对应于该 FEC 的下一跳，继续向下游 LSR 发出标记请求消息。

③ 当标记请求消息到达目的节点或者是 MPLS 网络的出口节点时，如果这些节点尚有可供分配的标记而且判定上述标记请求消息合法，该节点将为相应的 FEC 分配标记，并向上游发出标记映射消息。标记映射消息中将包含分配的标记等信息。

④ 收到标记映射消息的 LSR 检查本地存储的标记请求消息状态。对于某一 FEC 的标记映射消息，当数据库中记录了相应的标记请求消息时，该 LSR 也将为该 FEC 进行标记分配，并且在其标记转发表中增加相应的条目，并向上游 LSR 发送标记映射消息。

⑤ 当入口 LSR 收到标记映射消息时，该 LSR 也将在标记转发表增加相应的条目，LSP 即告建立。此后，就可以对该 FEC 对应的数据分组进行标记转发了。

（4）会话的撤消

LDP 通过对会话连接上传输的 LDP-PDU 进行检测来判断会话的完整性。LSR 将为每个会话建立一个"生存状态"定时器，LSR 每次收到一个 LDP-PDU 将对该定时器加以刷新。若在收到新的 LDP-PDU 之前定时器超时，则 LSR 将判定会话中断，对等失效。该 LSR 将关闭相应的传送层连接，终止会话进程。

第三节 MPLS VPN

VPN 技术致力于为地理上分布于各地的分支机构提供安全、可靠、易于管理的互联服务。BGP/MPLS VPN 可以说是众多 VPN 实现技术中令人称道的一种实现，事实上，它是目前基于 MPLS 的应用技术中最为成熟、实际部署最为广泛的技术。

一、第 3 层 VPN

传统条件下，一个公司要把分布在异地的众多分支机构连接起来，组成自己的专用网络，一般采用租用专线的方式。当然，这要支付高昂的线路租用费用。虚拟专用网（Virtual Private Network，VPN）则提供了一种低成本的解决方法。

VPN 是利用开放的公众 IP/MPLS 网络建立专用数据传输通道（专用隧道）将远程站点（Site）连接起来，形成专用网络。它实际上是在公众 IP/MPLS 网络上仿真连接远程机构的专线，是利用一种协议传输另一种协议的隧道技术。专线方式和 VPN 方式分别如图 7-10 所示。

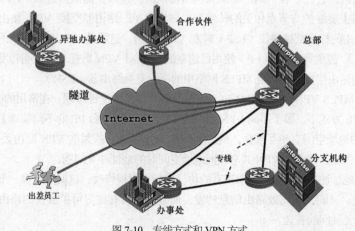

图 7-10 专线方式和 VPN 方式

按照路由信息的交换方式不同，VPN 可分为 Overlay VPN 和 Peer-to-Peer VPN 两大类如图 7-11 所示。

● Overlay VPN 只在用户端接入设备上交换用户路由信息，服务商提供的是连接用户终端接入设备的逻辑专用信道，不进行路由信息的交换。因此，Overlay VPN 更像是为用户提供的一条静态路由。Overlay VPN 方式按其承载技术的层次，又可进一步分为通过 FR 和 ATM 等二层广域网技术实现的 L2 VPN 及通过三层隧道技术 GRE、IPSec 实现的 L3 VPN。由于建立了直连的数据链路层通道或采用了三层的 GRE、IPSec 等"静态"隧道技术，具有安全性保证。但是，在增加新的 VPN 节点时会带来大量的手工配置工作，而且不能适应网络的实时变化。

● Peer-to-Peer VPN 则将用户终端接入设备上的"私网"路由信息与服务提供商的网络边缘路由设备进行交换，从而使得私网路由信息可以在公网中依托公网路由协议自动传送，最终到达对端 VPN 节点。这种方式将 VPN 部署和路由发布变为动态执行，具有较大的灵活性和适应能力。但是由于没有使用隧道技术，Peer-to-Peer VPN 的安全性无法保障。因此，寻找一种能动态建立的隧道技术成为 Peer-to-Peer VPN 的关键。

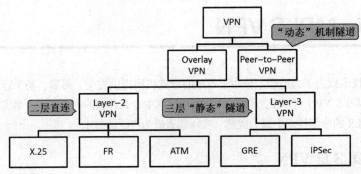

图 7-11　VPN 的分类

1. MPLS/VPN

MPLS 的 LSP 恰好就是一种能动态建立的隧道技术，而且这种隧道的建立基于的 LDP 也恰恰是一种动态的标记生成协议。以 MPLS 作为动态隧道技术的 Peer-to-Peer VPN 便是 MPLS VPN。

MPLS VPN 的网络模型如图 7-12 所示，客户边缘（Customer Edge，CE）设备可以是路由器或交换机，它位于客户端，提供到网络提供商的接入；提供商边缘（Provider Edge，PE）路由器主要维护与节点相关的转发表，与其他 PE 路由器交换 VPN 路由信息，使用 MPLS 网络中的标记交换路径（LSP）转发 VPN 业务，这就是 MPLS 网络中的标记边缘路由器（LER）。提供商路由器（P）使用已建立的 LSP 对 VPN 数据进行透明转发，不维护与 VPN 有关的路由信息，这就是 MPLS 网络中的标记交换路由器（LSR）。

但是，MPLS VPN 仍然无法解决 Peer-to-Peer VPN 的全部难题。在常用的 Peer-to-Peer VPN 共享 PE 方式下，属于不同 VPN 用户的 CE 都连到同一台 PE 的不同端口上，如果不同 VPN 使用的地址空间有相互重叠，则会使不同 VPN 互通，或某些 VPN 路由丢失，VPN 的私密性无法保证，这就是 VPN 共享相同地址空间时的地址冲突问题。

要解决地址冲突问题，必须对现有的协议进行大规模修改，这就要寻找一个既能支持大量路由协议，又能实现高效路由信息转发，而且还要具有良好可扩展性的路由协议。BGP 协议成为毫无疑问的首选。

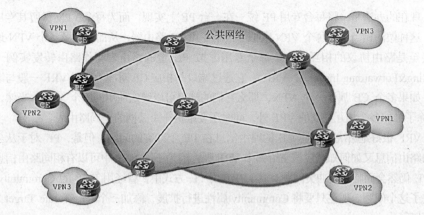

图 7-12　MPLS/VPN 网络模型

2. BGP/MPLS VPN

由于不同 VPN 采用相同地址空间，地址冲突会表现为事实上的三个难题。

第一个难题，在接入 PE 时，来自不同 CE（分属不同 VPN）的路由信息可能完全相同，这在 PE 的路由表里无法区分它们属于哪个 VPN，这是一个本地路由冲突问题。

第二个难题，经过中间各级 P 路由器转发时，由于 P 路由器无法将来自不同 VPN 的相同路由信息区分开来，就会只选择其中一条路由，而导致另外一条路由丢失，这是一个路由传播冲突问题。

第三个难题，PE 根据路由信息中目的 IP 地址将收到的数据报文转发给不同 VPN 时，就会发现不同 VPN 中都存在这个 IP 地址，那么送给哪个 VPN 呢？这是一个数据包转发冲突问题。

下面是 BGP 解决这些难题的办法。

其实，本来已存在一些解决本地路由冲突的办法，例如，采用访问控制列表（Access Control List，ACL）、网络地址转换（Network Address Translation，NAT）及端口复用（IP unnumber）技术等。但是，这些办法都是打补丁的思想，没能从本质上解决问题。

根本的解决办法是受到了 VPN 专用 PE 方式的启示。如图 7-13 所示，在专用 PE 方式中，为每一个 VPN 单独准备一个 PE 路由器，PE 和 CE 之间可运行任意协议，与其他 VPN 无关。这样就不用在 PE 路由表中区分不同 VPN 的路由信息了，但是每个 VPN 用户都要配置一台专用 PE，代价过于昂贵。

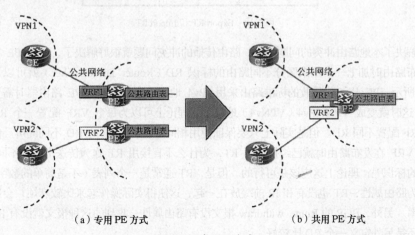

（a）专用 PE 方式　　　　　　　　　　（b）共用 PE 方式

图 7-13　多 VRF 方式

现在的办法是，将每台专用 PE 统一在一台 PE 上实现，而为每个 VPN 保留其专用路由表。这种做法相当于为每个 VPN 虚拟了一个专用 PE 路由器，从而保证了各个 VPN 地址空间甚至是路由协议的相互独立。每个专用虚拟 PE 上的路由表叫作路由转发实例（VPN Routing&Forwarding Instance，VRF），它通过端口与相应 CE 对应，所以 VRF 一般与端口绑定，如果多个 CE 属于一个 VPN，那么它们的端口可以绑定使用同一个 VRF。当然，每个 PE 除了维护多个相互独立的 VRF 外，同时还要维护一个公网的全局路由表。

VRF 很好地解决了本地 CE 的路由信息在 PE 上冲突的问题。但是，PE 对于从公网收到的路由信息又如何知道应该交给哪个 VRF 呢？因为不同 VRF 中可以有相同路由信息，所以 PE 仍然会面临路由冲突问题。其实在专用 PE 方式中，曾经用 BGP 的 Community 属性解决了这个问题。现在只要将 Community 属性进行扩展，添加一个 RT（Route Target）属性就可以了。

图 7-14 所示，RT 包括两部分：Export RT 和 Import RT。VRF 发布路由时，会给每条路由信息加上一个或多个 Export RT 属性。这个 Export RT 应该与接收该路由信息的 VRF 所配置的某个 Import RT 相一致。所以，当收到的路由信息中携带的 Export RT 与 VRF 配置的 Import RT 匹配时，该路由信息就会被加入到 VRF 中。

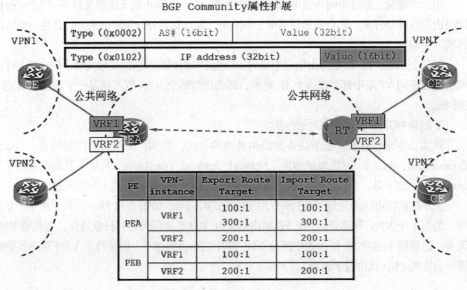

图 7-14 Export RT 和 Import RT

解决了本地路由冲突的问题之后，路由传播的冲突问题就很好解决了，只要 PE 在向公网发布路由时加上一个用来区分不同路由的标识 RD（Router Distinguisher）就可以了。图 7-15 所示，PE 从 CE 接收的标准路由采用 IPv4 地址，发布给其他 PE 路由器时需要添加 RD，这时就变成 VPN–IPv4（VPNv4）地址了。理论上可以为每个 VRF 配置一个 RD，不同 VRF 配置不同 RD。但是实际上只要保证使用相同地址的 VRF 的 RD 不同即可。但是，既然 VRF 在发布路由时就已经携带了 RT，为什么不直接用 RT 作为传送中区分不同 VPN 路由的标识呢？理论上这应该是可行的。但是，RT 通常是一个列表（不是简单的数字），而且作为路由属性，RT 也没有和 IP 前缀放在一起，这使得实际操作起来比较麻烦，会影响转发效率。另外，BGP 的 Route withdraw 报文没有路由属性，收到的这种报文就没有 RT。因此，还是另外定义一个 RD 比较好。

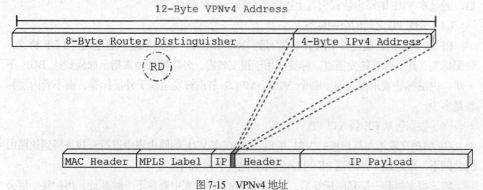

图 7-15　VPNv4 地址

数据包转发冲突问题是由 IP 数据包的传送处理方式造成的。由 CE 送到 PE 的 IP 数据包在端口对应的 VRF 的指挥下，被打上 MPLS 标记，送入 MPLS 隧道——LSP。所以 MPLS 标记是唯一被添加在 IP 数据包上的信息。而这个标记信息又会在倒数第二跳时被去掉。所以到达对端 PE 的 IP 数据包就只能依据其 IP 地址来查找 PE 上的各个 VRF，寻找自己的去向了。但是，不同 VRF 上却可能有符合 IP 地址的相同信息，那么应该听从于哪个 VRF 的指挥呢？于是，老办法又被使用了一次，为 IP 数据报再添加一个标识。同样理论上也可以用路由信息中的 RD 来作为这个标识，但是 RD 有 64bit，这会导致数据包转发效率降低。事实上，只要一个短小、定长的标记即可。考虑到 MPLS 的标记是可以嵌套的，所以一个采用 MPLS 标记格式的私网标识就被用来作为数据包转发时查找 VRF 进行转发的依据，这个标记由 BGP 来分配。私网 Label 在数据帧中的位置如图 7-16 所示。

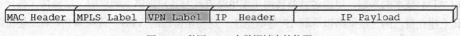

图 7-16　私网 Label 在数据帧中的位置

综上所述，BGP 在发布路由时需要携带上述信息，这主要通过一个扩展后的网络可达信息（Network Layer Reachability Information，NLRI）来描述，其中包括了 VPN-IPv4 地址簇、私网 Label 和 RD 信息。当然同时发布的还有一个 BGP Community 属性中扩展的 RT 列表。

对于使用了扩展属性 MP_REACH_NLRI 的 BGP，我们称为 MP-BGP，在上面讨论的情况中，MPLS VPN 是在一个自治系统 AS 内运行的，所以公网运行的是 MP-iBGP 协议。

3．BGP/MPLS VPN 关键流程

（1）CE 与 PE 之间交换路由

PE 维护独立的路由表，包括公网和各个 VRF 路由表：公网路由表包含全部 PE 和 P 路由器之间的路由，由骨干网 IGP 产生；VRF 路由表包含本 VPN 内的路由信息。PE 和 CE 可以通过标准的 eBGP、OSPF、RIP 或者静态路由交换 VRF 路由信息。

（2）VRF 路由注入 MP-iBGP

CE 向 PE 发送的是标准 IPv4 路由，PE 接收到路由后会进行以下操作：加上 RD（RD 为手工配置），变为一条 VPN-IPv4 路由；更改下一跳属性为本 PE 的 Loopback 地址；加上私网标签（随机自动生成，无需配置）；加上 RT 属性（RT 需手工配置）；发给所有的 PE 邻居。

（3）MP-iBGP 路由注入 VRF

PE 接收到 MP-iBGP 路由后，首先剥离 RD 成为 IPv4 路由，然后根据本地 VRF 的 import RT 属性把路由加入到相应的 VRF 中，私网标签保留，留作数据包转发时使用。然

后，通过本 VRF 的路由协议引入上述路由并转发给相应的 CE。

（4）分配 PE 之间的公网标签

PE 和 P 路由器通过骨干网 IGP 学习到 BGP 邻居下一跳的地址。通过运行 LDP 协议，分配标签，建立标签转发通道。标签栈用于报文转发，外层标签用来指示如何到达 BGP 下一跳，内层标签表示报文属于哪个 VRF。MPLS 节点转发是基于外层标签，而不管内层标签是多少。

（5）数据包从 CE 到入口 PE

CE 将报文发给与其相连的 VRF 端口。PE 在本 VRF 的路由表中进行查找，得到该路由的公网下一跳地址（即对端 PE 的 Loopback 地址）和私网标签。

将该报文封装一层私网标签后，在公网的标签转发表中查找下一跳地址，再封装一层公网标签，然后交给 MPLS 转发。

（6）数据包转发：入口 PE→出口 PE→CE

该报文在公网上沿着 LSP 转发，并根据途径的每一台设备的标签转发表进行标签交换。在倒数第二跳处，将外层的公网标签弹出，交给目的 PE。PE 根据内层的私网标签判断该报文的出端口和下一跳。去掉私网标签后，将报文转发给相应的 VRF 中的 CE。

二、第 2 层 VPN

1. MPLS L2 VPN 基本概念

传统企业网就是在电信运营商提供二层链路的基础上，将各分支机构连接构成的。最初的二层链路是以租赁专线（Leased Line）的方式提供的。此后随着帧中继（Frame Relay）和 ATM 技术的兴起，电信运营商转而用虚电路方式为客户提供点到点的二层链接，客户在其上建立自己的三层网络以承载 IP 等数据流，这便是传统的 VPN。传统 VPN 对二层链路的依赖及复杂的部署过程使得新的 VPN 替代方案应运而生，MPLS L2 VPN 就是其中一种。

简单地说，MPLS L2 VPN 就是用于 MPLS 网络上透明传输用户二层数据。从用户角度看来，MPLS 网络是一个二层交换网络，可以在不同节点间建立二层链接。由于不引入和管理用户路由信息，MPLS L2 VPN 的网络负担轻，能支持更多的 VPN，而且也保证了 VPN 路由的安全。

在 MPLS L2 VPN 中，CE、PE、P 的概念与 MPLS L3 VPN 一样，原理也类似。另外连接 CE 和 PE 的物理或逻辑链路称为接入电路（Attachment Circuit，AC），PE 之间的逻辑连接则称为虚电路（Virtual Circuit，VC），如图 7-17 所示。

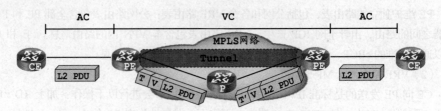

T: Tunnel Label；V:VC Label；T':Switched Label

图 7-17　MPLS L2 VPN 网络结构

为达到用标记实现二层数据传送的目的，MPLS L2 VPN 采取了 MPLS L3 VPN 中私网标记的做法，即在外层标记内嵌套了一个标记。原外层标记称为 Tunnel 标记，用作 PE 之间透明传送数据的隧道；内层标记称为 VC 标记，用来区分隧道内属于不同 VPN 的虚电路

（VC）链接。MPLS L2 VPN 报文转发过程中标记栈变化如图 7-17 所示。

MPLS L2 VPN 包括 VPWS（Virtual Private Wire Service）和 VPLS（Virtual Private LAN Service）两种方式。

● VPWS 是在分组交换网（Packet Switched Network，PSN）中仿真 ATM、帧中继、低速 TDM 电路和 SONET/SDH 等业务的二层承载技术，属于点到点方式的二层 VPN 技术；

● VPLS 是通过 PSN 连接多个以太网 LAN 网段，使它们像一个 LAN 那样工作，因而是属于点到多点方式的二层 VPN。VPWS 的实现方式有 CCC 方式、SVC 方式、Martini 方式和 Kompella 方式。还有一种 PWE3 方式是对 Martini 方式的扩展。

VPLS 技术不在此处讨论，而且出于理解和应用的需要，仅对 CCC 方式、Martini 方式和 PWE3 技术进行说明。

2. CCC 方式

CCC 方式是一种静态配置 VC 连接的方式，根据配置把 VC 一端收到的二层协议报文映射到一个静态的 LSP 隧道上去，这样二层报文在途经每一跳设备时就根据该静态 LSP 进行 MPLS 转发，最后将报文转发到 VC 的另一端。

由于采取静态 VC 连接，所以 CCC 对 LSP 的使用是独占性的，而且在两个方向都需要配置静态的 LSP。而 CCC 传送用户数据也只需采用外层标记即可，这一层标记在每个 LSR 上进行标记交换。

图 7-18 所示，CCC 的连接方式可以分为本地连接和远程连接两种方式。

● 本地连接是在两个本地 CE 之间建立的连接，即两个 CE 连在同一个 PE 上。PE 的作用类似二层交换机，可以直接完成交换，不需要配置静态 LSP。

● 远程连接是在本地 CE 和远程 CE 之间建立的连接，即两个 CE 连在不同的 PE 上，需要配置静态 LSP 来把报文从一个 PE 传递到另一个 PE。PE 侧通过配置命令将静态 LSP 与 CCC 连接进行对应。

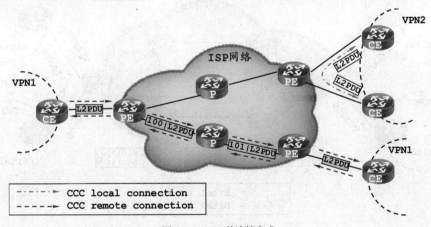

图 7-18 CCC 的连接方式

在报文转发时，本地连接的 PE 收到 CE 端口送来的 L2 PDU 后，根据 CCC 关联配置得到输出端口，然后直接通过出端口将 L2 PDU 发送给另一个 CE，而不做任何处理。远程连接方式的报文转发则要复杂一些。本地 PE 得到 CE 端口的 L2 PDU 后，根据 CCC 关联配置查找静态 LSP，得到下一跳 PE 和出标记，在加装 MPLS 标记后送到连接 P 的端口。P 路由器查找 LSP 表，调换标记，最终交给远端 PE。远端 PE 去掉 MPLS 标记，根据 CCC 关联配置找到 CE 端口，并将 L2 PDU 发送给 CE。

在 CCC 远程连接方式下，除了加装（压入）和去除（弹出）标记外，PE 没有对 L2 PDU 做其他任何处理。不过在实现上也可以在报文进入 PE 时进行二层报文头的解封装，并且在出口 PE 上对报文进行重新二层封装，这样就可以实现二层协议的相互转换，也就是异种介质互通。

CCC 适用于小型、拓扑简单的 MPLS 网络，由于不进行信令协商，不需要交互控制报文，因此消耗资源比较小，易于理解。但静态连接需要管理员手工配置，维护不方便，扩展性差。

3．Martini 方式

Martini 方式使用两层标签，内层标签是采用扩展的 LDP 作为信令进行交互，即增加了 FEC 类型（VC FEC）用于 VC 标签的交换。如果交换 VC 标签的两个 PE 不是直接相连的，则需建立远端标记分配协议（Remote LDP）会话，在这个会话上传递 VC FEC 和 VC 标记。PE 为 CE 之间的每条连接分配一个 VC 标记。二层 VPN 信息将携带着 VC 标签，通过 LDP 建立的 LSP 转发到对端 PE。这样实际上在普通的 LSP 上建立了一条 VC LSP。

VC 通过 VC Type 和 VC ID 两个属性进行区分。VC Type 表明 VC 的封装类型，例如，ATM、VLAN 或 PPP。VC ID 标识 VC。相同 VC Type 的所有 VC，其 VC ID 必须在整个 PE 唯一。连接两个 CE 的 PE 通过 LDP 交换 VC 标签，并通过 VC ID 将对应的 CE 绑定起来，然后，两个 CE 通过这个 VC 来传递二层数据。

Martini 方式的 MPLS L2 VPN 只支持远程连接，而不支持本地连接。Martini 方式支持的拓扑结构如图 7-19 所示。VPN1 的 Site1 和 Site2 通过 Martini 远程连接互联。VPN2 的 Site1 和 Site2 也通过 Martini 远程连接互联。VPN1 和 VPN2 在 ISP 的网络里分别通过两条不同的 LSP 互联，也可以复用一条 LSP，通过一条 LSP 进行互联。

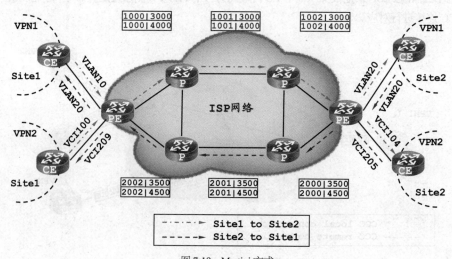

图 7-19　Martini 方式

Martini 方式的报文交互过程如下。

（1）从 Site1 到 Site2

VPN1 的 Site1 中发送到 PE1 的 VLAN10 的报文，在到达 PE1 后，PE1 先打上 VC Label＝3000，然后再打上 LSP1 的出标签 1000，即进入 LSP1 隧道（点划线）；对于 VPN2 的 Site1 发送到 PE1 的 VCI＝100 的 ATM 报文，PE1 在其上打上 VC Label＝4000，然后再打上 LSP1 的出标签 1000，同样进入 LSP1 隧道（点划线）。

报文到达 PE2 后, PE2 去掉 LSP1 的入标签 1002, 根据内层 VC Label = 3000, 选择到 VPN1 的 Site2 的出接口; 根据 VC Label = 4000, 选择到 VPN2 的 Site2 的出接口。VC Label (3000、4000) 是 Egress PE2 在建立各自 VC 时, 通过 LDP 信令传给 Ingress PE1 的。

(2) 从 Site2 到 Site1

VPN1 的 Site2 中发送到 PE2 的 VLAN20 的报文, 在到达 PE2 后, PE2 先打上 VC Label = 3500, 然后再打上 LSP2 的出标签 2000, 即进入 LSP2 隧道 (虚线); 对于 VPN2 的 Site2 发送到 PE2 的 VCI = 205 的 ATM 报文, PE2 在其上打上 VC Label = 4500, 然后再打上 LSP2 的出标签 2000, 同样进入 LSP2 隧道 (虚线)。

报文到达 PE1 后, PE1 去掉 LSP2 的入标签 2002, 根据内层 VC Label = 3500, 选择到 VPN1 的 Site1 的出接口; 根据 VC Label = 4500, 选择到 VPN2 的 Site1 的出接口。VC Label (3500、4500) 是 Egress PE1 在建立各自 VC 时, 通过 LDP 信令传给 Ingress PE2 的。

从上面的交互过程中可以看到, 外层的 LSP 隧道是被共享的。PE2 收到报文后会根据内层标签的不同映射到不同的 VC 上。

因为只有 PE 设备需要保存 VC Label 和 LSP 的映射等少量信息, P 设备不包含任何二层 VPN 信息, 所以扩展性好。当需要新增加一条 VC 时, 只在相关的两端 PE 设备上各配置一个单方向 VC 连接即可, 不影响网络的运行。

4. PWE3

边缘到边缘的伪线仿真 PWE3 (Pseudo Wire Emulation Edge to Edge) 是将传统通信网络与现有分组网络 (VPN) 结合而提出的解决方案之一。它实际上仍然是一种虚拟租用线 (Virtual Leased Line, VLL) 技术, 属于点到点方式的二层 VPN 技术。事实上, PWE3 对 VPWS 进行了扩展, 主要表现在对 Martini 方式的扩展。

PWE3 的基本框架与 MPLS L2 VPN 基本相同, 如图 7-20 所示。只不过 VC 被改称为 PW (Pseudo Wire) 而已。

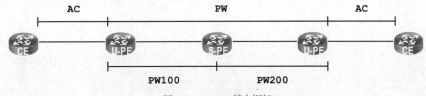

图 7-20 PWE3 基本框架

PWE3 中的 PE 有两种: U-PE (Ultimate PE) 和 S-PE (Switching Point PE)。U-PE 是指 AC 直接接入的 PE 设备, 是多条串接 PW 中的第一个或者最后一个 PE 设备。S-PE 则是指在骨干网内部负责交换 PW, 进行 PW 标签转发的设备。

按不同角度, PW 可分为多种类型。

(1) 按实现方案, 可分为静态 PW 和动态 PW。

● 静态 PW 不使用信令协议进行参数协商, 而是通过命令手工指定相关信息, 数据通过隧道在 PE 之间传递。静态方式支持的隧道类型包括 LDP LSP、CR-LSP、GRE, 默认情况下使用 LDP LSP 隧道。

● 动态 PW 是指通过信令协议建立起来的 PW。U-PE 通过 LDP 交换 VC 标签, 并通过 VC ID 绑定对应的 CE。当连接两个 PE 的隧道建立成功, 双方的标签交换和绑定完成后, 只要这两个 PE 的 AC 链路为 Up, 一个 VC 就建立起来了。动态 PW 标签分配在发送和接收两个方向分别进行。在 Martini 的基础上, 动态 PW 在 Mapping 报文中可选增加了状态参数，并可选支持 Notification 报文。动态 PW 通过 LDP 信令协议，可建立单跳或者多跳 PW。

（2）按组网类型，可分为单跳 PW 和多跳 PW。

● 单跳 PW（Single-Hop Pseudo Wire）是指 U-PE 与 U-PE 之间只有一条 PW，不需要 PW Label 层面的标签交换。

● 多跳 PW（Multi-Hop Pseudo Wire）是指 U-PE 与 U-PE 之间存在多个 PW。多跳中的 U-PE 和单跳中的 U-PE 转发机制相同，只是多跳转发时需要在 S-PE 上做 PW Label 层面的标签交换。

PWE3 对 Martini 方式的扩展主要体现在动态 PW 中的信令和多跳 PW 方式上，当使用静态单挑 PW 方式时，PWE3 与 Martini 基本一致。当然 PWE3 还扩展了对 TDM 接口的支持及 RTP（Real-time Transport Protocol）的引入。

习题与思考题

1. 简述标记交换的工作过程。

2. 请说明 MPLS 中标记的含义和作用。与 MPLS 相比，在电路交换、ATM 交换中，哪些设施起了与标记相似或相同的作用？

3. MPLS 中的 FEC 含义是什么？FEC 的引入为 MPLS 带来了哪些好处？

4. 在 MPLS 中，传统 IP 路由协议和 LDP 协议各起什么作用？

第八章 下一代网络与软交换

第一节 下一代网络概述

一、下一代网络发展

1. NGN 发展历程

下一代网络（Next Generation Network，NGN）的概念自 1997 年问世以来，以快速发展的态势在世界范围内不断推广、应用，以软交换为核心技术的 NGN 在全球的发展呈现 4个阶段。

（1）尝试阶段（1996~1998 年）。首先国际电联提出了通信协议——H.323VoIP，其本身并不是为电信级运营而设计的，但这一时期的一个机会是全球的电信管制放开，部分 CLEC（竞争性本地交换运营商）抓住分组长途这一市场，应用 H.323 体系构建分组长途电话网络，获得了可观的收益，为今后 NGN 相关协议和应用的发展打下了一定的技术基础，并且从另一个侧面说明了语音的 IP 化承载的必然性。在这个阶段，国内部分运营商也建设了长途 IP 电话网络。

（2）软交换试验阶段（1999~2004 年）。自从提出软交换概念以来，在众多制造商和运营商的共同推动下，软交换产品逐步趋于成熟，功能日益丰富，标准化过程正稳步推进，软交换技术开始逐步走向市场。在这期间，国内外软交换的实验不断进行，初期软交换的实验内容绝大部分限于软交换的汇接功能、简单的多媒体业务，后期随着软交换技术的日益成熟，试验逐步转为较大规模的商用试验，部分新运营商开始尝试建设正式运营的 NGN 商用网络。

（3）规模部署阶段（2005~2009 年）。在这几年的发展中，随着软交换体系的完善及相关企业的成熟、商品实现商用化，越来越多的运营商为了应对外界的挑战，开始大规模部署 NGN 的商用网络，主要集中于 NGN 基础结构的建设和现有 PSTN 网络怎么向 NGN 过渡，以及采用 NGN 技术进行交换机的网改和替换工作。在这一阶段，分组网络的建设具有"低成本、高带宽、多业务综合承载"的特性，人们对低成本的长途通信和大带宽的多业务承载有很大的需求。这个过程中能够带来利润的仍然是语音业务，同时在多媒体方面也可以提供一些服务。

（4）稳定发展阶段（2010 年以后）。在这一发展过程中，NGN 的重点转移到开发更先进的业务上，运营商可以寻找更多的业务收入增长点进行业务开发，在这个过程中也可以逐步实现固网和移动网的融合。在 2010 年以后，随着网络自身业务的完善，包括承载网 QoS 的完善，网络业务逐步转向以提供多媒体业务为特征的业务。在电子商务的发展过程中，NGN 可以为电子商务提供更多的保障，给运营商带来更多的利润。

下一代网络（NGN）不是某个具体网络或某种类型网络的名称，它是在网络业务量和电信外部环境几乎同时发生巨大变化的前提下，电信业试图利用最新技术成果适应发展、变革和竞争需要而提出的下一步网络发展的总体设想和思路。

当然，下一代网络提出的初衷也并不是对现有网络的某个"部分"实施改造更新了事，而且网络业务变化、市场竞争加剧和技术进步加速等因素也不支持这么做。这些影响网络发展的主要因素表现在，无处不在的 IP 和迅速增长的用户需求推动网络数据业务暴涨；全球通信管制放松和各种网络增值服务（网络安全、负载均衡等）涌现使运营商从传统的信息传输者演变为信息拥有者；大容量的 DWDM（密集波分复用器）问世、IP over Everything 和 Everything over IP 机制的成熟及 MPLS 等现代交换技术的发展推动网络产生里程碑式变革成为可能。

但是，下一代网络提出的也不是一种"断崖式"发展的模式。它是在继承现有网络和业务的基础上实现的平滑过渡。同时，它不是现有电信网和 IP 网的简单延伸和叠加，而是整个网络框架的变革，是一种整体解决方案。

最后，ITU-T 是这样说明下一代网络这个概念的：下一代网络（NGN）是基于分组的网络，能够提供电信业务；利用多种宽带能力和 QoS 保证的传送技术；其业务相关功能与其传送技术相独立。此外，NGN 可以使用户自由接入到不同的业务提供商，并支持通用移动性。

2. NGN 发展趋势

下一代网络涉及的内容十分广泛，从网络角度看，下一代网络实际涉及了从干线网、城域网、接入网、用户驻地网到各种业务网的所有网络层面。如果涉及业务网层面，则下一代网络指下一代业务网（例如，对于交换网络，则下一代网络指软交换系统；对于数据网，则下一代网络指下一代互联网（NGI）；而对于移动网，则下一代网络指第三代（简称 3G）或第四代（4G）网。如果涉及接入网层面，则下一代网络指各种宽带接入网。如果涉及传送网层面，则下一代网络往往指下一代智能光传送网。一句话，泛指的下一代网络实际包容了几乎所有的新一代网络技术，而下述五大战略方向又是开发下一代网络的关键。

（1）向以软交换为核心的下一代交换网演进

传统电路交换机将传送交换硬件、呼叫控制和交换及业务和应用功能结合进单个昂贵的交换机设备内，是一种垂直集成的、封闭和单厂家专用的系统结构，新业务的开发也是以专用设备和专用软件为载体，导致开发成本高、时间长、无法适应当前快速变化的市场环境和多样化的用户需求。而软交换打破了传统的封闭交换结构，采用完全不同的横向组合的模式，将上述三大功能间的接口打开，采用开放的接口和通用的协议，构成一个开放的、分布的和多厂家应用的系统结构，硬件分散，业务控制和业务逻辑则相对集中。这样可以使业务提供者灵活选择最佳和最经济的设备组合来构建网络，不仅建网成本低，网络易升级，而且便于加快新业务和新应用的开发、生成和部署，快速实现低成本广域业务覆盖，推进话音和数据的融合。

软交换的关键特点是采用开放式体系结构实现分布式通信和管理，具有良好的结构扩展性。首先，其应用层和媒体控制层已经与媒体层硬件分离并纳入开放、标准的计算环境，允许充分利用商用的标准计算平台、操作系统和开发环境。其次，采用软交换后，实现了多个业务网的融合，简化了网络层次和结构及跨越不同网络的业务配置，避免了建设、维护多个分离业务网所带来的高成本和运维配置升级的复杂性。还有，采用分组交换技术后，提高了网络资源利用率，减少了交换机间大量网状互联中继带来的复杂性和业务网的承载成本。再有，由于软交换的价格可以遵循软件许可证方式，投资额随用户数增加而增长，有利于新的电信运营商或传统运营商开发新市场。

软交换的引入也使运营商可以利用其他运营商的 IP 网络，迅速进入对方运营区开展业务而避免结算费用的限制。最后，软交换设备占地很小，不仅明显提高了机房空间利用率，而且也便于节点的灵活部署。

采用软交换的主要缺点是技术尚不成熟，缺乏大规模现场应用的经验，特别是在多厂家互操作、实时业务的 QoS 保障、网络的统一有效管理及业务生成和业务应用收入能力等方面。

（2）向以 IPv6 为基础的下一代互联网演进

目前在全球广泛应用的互联网是以 IPv4 协议为基础的，这种协议理论上有 40 亿个地址，实际上考虑各种因素后只有一半地址可用，如果考虑未来几年由于 3G 终端、IP 电话、家庭网络等的发展所产生的对地址的加速消耗。此外，IPv4 在应用限制、服务质量、管理灵活性、安全性方面的内在缺陷也越来越不能满足未来发展的需要，互联网逐渐转向以 IPv6 为基础的下一代互联网几乎是不可避免的大趋势。

首先，采用 IPv6 最基本的原因是其从根本上解决了 IPv4 存在的地址限制和庞大路由表的问题，以及对移动 IP 更加有效的支持。IPv6 使地址空间从 IPv4 的 32bit 扩展到 128bit，提供了几乎无限制的公用地址，完全消除了互联网发展的地址壁垒。

其次，IPv6 协议已经内置移动 IPv6 协议，可以使移动终端在不改变自身 IP 地址的前提下实现在不同接入媒质之间的自由移动，还可以在全球任意两个终端（包括固定和移动）之间实施路由优化。

第三，IPv6 通过实现一系列的自动发现和自动配置功能，简化了网络节点的管理和维护，可以实现即插即用，有利于支持移动节点及大量小型家电和通信设备的应用。

第四，采用 IPv6 后可以开发很多新应用，诸如 P2P 业务（在线游戏）、3G 和家庭网络等。

第五，IPv6 采用流类别和流标记实现优先级，可实现非默认的服务质量或实时的服务等特殊处理。

第六，IPv6 内置 IPSec，可以提供 IP 层的安全性。

第七，IPv6 协议内置组播功能，简化了流媒体业务的提供。简言之，IPv6 将成为向 NGN 演进的业务层融合协议。

有关 IPv6 的技术标准已经基本成型，但实际网络推进速度很慢。主要原因是 IPv4 通过采用网络地址转换（NAT）等措施尚能应付 5 年内的地址需求。另外，IP 地址方式与上层协议和网络的运作方式关系紧密，实施 IPv6 不仅需要升级网络层协议，还需要升级应用软件或更换用户的通信程序，改变路由器的包转发模块，几乎涉及网上所有设备，不仅耗时费力，而且目前 IPv6 应用工具和应用软件很少，用户缺乏应用 IPv6 的原动力。

总的来看，向以 IPv6 为基础的下一代互联网的演进已经开始，但大量的网络和终端方面的工作需要跟上，特别是如何实施这一重大转型的平滑过渡策略还需要仔细研究解决，而且目前还没有公认的周全的解决方案。中国电信已经开展了一些前期研究和试验工作，不久即将开展现场试验，在实际网络条件下摸索和积累经验，探索过渡策略。

（3）向多元化的宽带接入网演进

面对核心网和用户侧带宽的快速增长，中间的接入网却仍停留在窄带和模拟的水平，而且仍以支持电路交换为基本特征，这与核心网侧和用户侧的发展趋势很不协调。显然，接入网已经成为全网宽带化的最后瓶颈，接入网的宽带化将成为接入网发展的主要趋势，也将成为固网的最终出路，因此近年来国内外宽带接入网的建设和发展速度都很快。

然而，接入网对成本、法规、业务、技术均很敏感，迄今并没有一项公认的绝对主导的宽带接入技术。从世界范围看，短期内 ADSL、HFC 和以太网将形成三足鼎立之势，而且本身仍在不断改进之中。然而各种新技术仍然不断涌现，在相当长的时间内接入网领域都将呈现多种技术共存互补、竞争发展的基本态势。

（4）向以光联网为基础的下一代传送网演进

由于技术上的重大突破和市场的驱动，近几年 WDM（波分复用）系统的发展十分迅猛。目前 1.6Tbit/s WDM 系统已成为主流。日本 NEC 和法国阿尔卡特公司分别在 100km 距离上实现了总容量分别为 10.9Tbit/s 和 10.2Tbit/s 的传输容量世界记录。尽管依靠 WDM 技术已基本实现了传输链路容量的突破，但是普通点到点 WDM 系统只提供了原始的传输带宽，需要有灵活的节点才能实现高效灵活的组网能力。现有的电 DXC 系统十分复杂，其节点容量大约为每 2 ~ 3 年翻一番，无法适应网络传输链路容量的增长速度。因此进一步扩容的希望转向光节点，即光分插复用器（OADM）和光交叉连接器（OXC）。

随着网络业务量继续向动态的 IP 业务量汇聚，一个灵活动态的光网络基础设施是不可或缺的。其最新发展趋势是引入自动波长配置功能，即自动交换光网络（ASON），使光联网从静态光联网走向自动交换光网络。ASON 带来的主要好处有：允许将网络资源动态地分配给路由，缩短了业务层升级扩容的时间；快速的业务提供和拓展；降低维护管理运营费用；光层的快速业务恢复能力；减少了用于新技术配置管理的运行支持系统软件的需要，减少了人工出错机会；可以引入新的波长业务，诸如按需带宽业务、波长出租、分级的带宽业务、动态波长分配租用业务、光层虚拟专用网（OVPN）等。

当然，实现光联网还需要解决一系列硬件和软件及标准化问题，但其发展前景是光明的，智能光网络将成为未来几年光通信发展的重要方向和市场机遇。

3. NGN 发展中的一些问题

对下一代网络（NGN）的研究是业界的一个热点，基本思路是试图将包交换技术的优势与传统电信网络中的一些行之有效的管理控制手段有效结合起来，形成一个能够承载多种业务的、可运行的综合网，最典型的做法是在改进后的 IP 网络上，利用软交换技术提供话音、视讯和数据业务。

IP 技术的设计理念和传统电信网的设计理念存在巨大的差异性，如果认为简单地利用软交换替代传统的程控交换机提供包括话音在内的各种业务，利用分组交换的 IP 技术替代时分复用的电路交换网承载包括数据在内的各种业务，就是 NGN 的发展方向，是非常值得商榷的，笔者以为最多只能算是实现 NGN 的一种雏形或可能性。无论软交换还是 IP 技术本身，都有一些重要问题有待研究和解决，而将二者结合起来时所面临的问题就更多了。

（1）设计理念的差异

传统电信网的业务实施中包括两个角色：用户和运营商。用户接受运营商提供的电信服务并为之支付费用，运营商向用户提供服务并收取一定的费用（当然也可能是免费的）。

用户终端是"傻瓜型"的，智能性位于运营商控制的网络中。业务的升级、拓展和提供都是由运营商控制的，用户只能在运营商提供的服务甚至服务特征（功能集）中被动地做出有限的选择。

"业务与承载"（"业务"指高层的应用和业务，不包括诸如 Internet 接入等基础设施类的"业务"；"承载"包括接入和核心网的承载）不分离，运营商提供语音业务的同时也提供语音业务的承载服务，用户在购买语音业务的同时不需要关心承载服务是从哪里来的。

正因为用户使用的是傻瓜终端，承载和业务完全由运营商控制，成为了传统电信网络比 Internet 更安全、更容易保证服务质量（QoS）、可管理、可运营和可维护的根本原因。

Internet 的业务实施中包括三个角色：用户、Internet 接入服务提供商（ISP）和内容提供商（ICP）。ISP 只是将用户接入 Internet，在用户和 ICP/其他用户之间提供传递比特流的承载服务（所谓的"比特管道"）。ICP 在用户通过 ISP 已经接入 Internet 的基础上，为用户提供内容服务。ISP 和 ICP 逻辑上可由两个不同的实体运营（当然物理上可以合二为一），用户必须分别向 ISP 交纳接入费，向 ICP 支付信息服务费（当然也可能免费）。

在智能性的考虑上，Internet 的设计理念与传统电信网正好相反，试图将智能性尽可能地推向网络边缘，网络中尽量不保留状态信息（当然有些信息必须保留在网络中，如路由信息）。用户终端一般是"智能的"，如计算机、个人数字助理（PDA）等，网络尽可能地保持简单性和傻瓜性（Keep It Simple and Stupid，KISS 原理）。

Internet 从诞生之初就是业务与承载分离的，用户的 Internet 接入（承载）由 ISP 提供，内容服务由 ICP 提供，ISP 和 ICP 所提供的服务是相互依存的。举个例子，如果把 ISP 看作是道路（基础网络资源）和租车（IP 包传送）服务的提供者，把 ICP 看作是购物、娱乐等服务的提供者，那么用户、ISP 和 ICP 三者之间的关系是：用户就是利用 ISP 提供的"交通"服务，从源（如家里）到 ICP 所在的目的地去享受他们所提供的"购物"或"娱乐"服务。如果没有 ISP 提供的交通服务，用户就无法到达 ICP 提供服务的地方；如果没有内容服务，用户就不会去使用交通服务。但交通服务的提供商与内容服务的提供商是两个实体，当然也可以结成联盟或由同一物理实体同时提供这两种服务。

因为用户使用的是智能终端，并且业务与网络分离，因此极大地推动了 Internet 的业务创新和蓬勃发展。但是，这种分离在带来巨大好处的同时，也为 Internet 带来了不少"致命弱点"，使得 Internet 业务难以控制、管理、运营和获得利润，安全性和 QoS 难以得到保证。

（2）业务与承载分离的利弊

因为"业务与承载分离"的思想不是一个新想法，Internet 承载和业务之间一直就是这样一种模型：IP 层服务（承载）由 ISP 提供，应用和业务由用户基于操作系统的终端提供和控制。用户或 ICP 可以基于开放的、嵌入在终端操作系统中的标准 SOCKET 编程接口，开发出任何基于 IP 的数据应用。目前，NGN 的研究也倡导业务与承载分离，如以软交换为核心，配以各种网关和服务器提供业务，由 IP 提供承载服务。这样，在 NGN 网络中，一个运营商可能是：

- NGN 承载运营商：为用户提供接入和比特流的传递服务；
- NGN 业务运营商：提供各种高层业务，如语音、视讯、WWW；
- NGN 综合运营商：同时扮演承载运营商和业务运营商的角色，对应于 Internet 中 ISP 和 ICP 合为一体的角色，或传统电信运营商的角色。

NGN 承载运营商要做的工作是提供"比特管道"，负责传递用户的 IP 包，是所有业务运营商提供高层业务和应用的基础。从理论上说，NGN 承载运营商可以独立存在，但因为提供的是基础网络设施服务，因此业务拓展空间和利润空间都不会很大。如果只作 NGN 承载运营商，目前 ISP 所面临的处境对 NGN 承载运营商具有一定的启发和借鉴意义。

NGN 业务运营商为用户提供各种高层应用，发展空间和利润空间都非常广阔。从理论上说，NGN 业务运营商也可以独立存在，但必须是在用户已经从 NGN 承载运营商那里获得承载服务的基础上进行。如果没有与 NGN 承载运营商的合作，NGN 业务运营商有很多问题难以处理，目前 ICP 所面临的很多问题，如安全、服务质量和收费等，必须依靠 ISP 的支持才能够实现或做得更好就是明证。

作为 NGN 业务运营商的入门门槛很低，利润却很高，作为 NGN 承载运营商的入门门槛一般较高，利润却很低。因此，NGN 承载运营商很可能不愿为 NGN 业务运营商做"嫁衣裳"，NGN 业务运营商很可能要看 NGN 承载运营商的"脸色"行事。

因此，有可能的发展趋势是：NGN 承载运营商为了获得更大的业务发展和利润增长空间，NGN 业务运营商为了获得更好的服务和支持，二者结盟甚至合并为一家，逻辑上是两个实体而物理上是一个实体，除非因为某些特殊的原因不允许（如政策因素）。典型的成功案例就是短信服务中的移动运营商与 ICP 的合作关系。

虽然软交换技术在业务层面提供了一种"强制式"的业务控制方式，但是没有考虑到业务控制与承载层之间的"联动"问题。如果用户已经从某 NGN 承载运营商那里购买了 IP 承载服务，在承载与业务分离的情况下，NGN 承载运营商只知道用户正在使用的是 Internet 接入服务，无从也（很可能）无权知道用户所使用的业务类型，用户可以：通过非常简单的手段，直接与对端用户之间通信，只支付承载服务费而无需支付业务服务费；选择另外一家 NGN 业务运营商所提供的业务服务，导致利润更高的业务服务费流向了其他运营商，为别人做了"嫁衣"。

因此，当用户业务与承载分离时，因为用户有机会分别选择 NGN 承载运营商和业务运营商，不能只依靠简单的"强制式"控制，必须采取"吸引"用户同意接受软交换控制的方式。这只能靠运营商所提供的基于软交换的业务具有更好的易用性、更广泛的可达性、良好的服务质量、更高的安全性等业务特征（属性）来做到。软交换的组网问题不仅是业务层面的问题，而且也存在与承载层面的"联动"问题。

（3）通信技术 IP 化

ITU-T 对 NGN 的定义中提出了 NGN 是"基于分组的网络"，但没有进一步说明是基于 ATM 的还是基于 IP 的分组网络。虽然业界普遍认为应该是基于 IP 的，但也有一些人对 NGN 选择使用 IP 技术做承载存在不同的看法。笔者以为之所以选择 IP 作承载，并非真的 IP 技术就比 ATM 技术先进多少，而是诸多原因综合作用的结果。

• 已经拥有了一定的 IP 技术、人才和网络基础。业界已经存在一个支持 IP 业务的全球性的 Internet 网；已经在基于 IP 的数据业务方面投入了大量的人力、物力和财力；有大量的用户、业务开发人员、运行维护人员熟悉基于 IP 的数据业务。

• IP 具有一整套完善的、开放的、经过实践检验的用户编程接口（SOCKET），为不断创建新业务提供了自由空间。

• 实践已经表明，IP 技术非常适合于数据业务。如 WWW/E-mail/FTP/TELENET over IP 已经取得了巨大成功，因此没有必要再投入巨大的人力、物力和财力去尝试诸如 WWW/E-mail/FTP/TELENET over ATM，或者 WWW/E-mail/FTP/TELENET over PSTN，或者 WWW/E-mail/FTP/TELNET over SDH/WDM 等技术的可行性了。

• 语音业务虽然目前主要承载在 ATM/SDH 上，但也可以承载在 IP 上，并且已经得到了正在大规模运营的 VoIP 网络的实践证明。只要处理得当，目前的 IP 技术就足以保证话音业务的安全性和服务质量，而随着 IP 技术的不断发展，必将出现性价比更好的 IP 网络服务质量和安全保证技术。

• 由于业界已经基本上停止了在 TDM 和 ATM 技术方面的研发，加大了在 IP 技术上的研发投入，同时由于 ITU、ETSI 等电信领域的国际组织在 IP 技术领域的介入，对 IP 技术电信化的投入、研发和人才储备出现了良性循环的局面，而 TDM 和 ATM 所面临的局面则正好相反。

可以预见，随着 IP 技术的发展、宽带接入的普及、基于 IP 的新业务的不断涌现、业务运营模式的逐渐成熟，基于 IP 的数据业务不但会像现在这样成为业务量的主体，未来必将会成为业务收入的主体。

（4）IP QoS 问题

怀疑 IP 技术可以作为 NGN 承载技术的最主要的理由之一是 IP 的服务质量（QoS）问题。业界目前普遍认为：公用交换电话网（PSTN）和异步传输模式（ATM）网可以保证业务的服务质量，而 IP 网络无法保证服务质量。因此，这里在做 1P 网络的服务质量问题分析时，主要与 PSTN 和 ATM 技术和网络做比较。

① PSTN 网络的服务质量。

对于单个用户，当 PSTN 网络收到用户的呼叫请求时，在接续的过程中能够判断出针对此次呼叫的端到端的网络资源是否可用。如果可用，则允许用户接入，否则拒绝。能够做到这一点的前提是：PSTN 网络知道用户的每次请求所要求的网络资源必然都是 64kbit/s，因此可以很容易确定用户所请求的端到端的网络资源是否可用。

而对于全网而言，可以以每用户每呼叫需要 64kbit/s 资源为基础，统计流量和流向，结合 100 多年来的运营经验，做出合理的规划和设计，在保证每用户每呼叫服务质量的前提下，提高整个网络的资源利用率。

② ATM 网络的服务质量。ATM 虽然具有支持流量工程，支持实时业务的可变比特率（rt-VBR）等功能，但目前最典型的用法是提供点到点（如 PVC 专线）和多点到多点（ATM 网络）的业务。另外，ATM 目前所支持的高层业务几乎全是 IP（IP over ATM）。高层的 IP 会很明确地告诉低层的 ATM，它需要多少网络资源（如 155Mbit/s，622Mbit/s 等），但 IP 却不知道它的高层应用（如 WWW，E-mail）究竟需要多少资源。可以说是 IP 替 ATM 背上了无法保证 QoS 的黑锅。ATM 的流量工程和 rt-VBR 功能使用得非常少，原因是很清楚的。

换一个角度来看 ATM 和 IP。现在几乎所有的高层业务都是基于 IP 的，IP 无法保证它们的服务质量，是存在不少问题，但换 ATM 究竟行不行：把所有的高层业务移植到 ATM 上去，如 WWW over ATM，E-mail over ATM，FTP over ATM，VoIP over ATM 等，去掉中间的 IP 层，出现什么情况呢？不难想象，ATM 所提供的服务质量未必会比 IP 更好，而 ATM 在其他方面的问题（如编址、可扩展性）可能会更严重。

③ IP 网络的服务质量。IP 最初的设计就是为了承载多业务。网络与业务分离，用户接入和 IP 包的传输服务由 ISP 提供，内容服务（如 WWW，电子商务）由 ICP 提供。

对于单个用户而言，如果要在 IP 网络上保证用户的 QoS，存在以下困难：

- 可能不清楚用户使用的业务类型；
- 可能不清楚该业务的业务特征和流量模型；
- 不同用法下的同一种业务的特征和流量模型很可能不同；
- 用户在一条接入链路上可能混合使用多种业务；
- 不规则网状结构，端到端的可用资源情况很难判断；
- 同一个业务流中的不同数据包可能经过不同的网络路径；
- 与电话网的运营时间相比，IP 网络的运营时间还非常短，运维经验少。

因为全网 QoS 的保证是以单个用户的资源需求为基础计算、规划和设计的，因此如果单个用户的 QoS 难以处理，网络资源的优化使用就无从谈起，保证统计聚合后的全网 QoS 就更困难了。

（5）IP 的不安全性

怀疑 IP 技术可以作为 NGN 承载技术的另外一个最主要的理由是 IP 的安全性问题无法得到解决。同样地，因为业界目前普遍认为 PSTN 和 ATM 网是相对安全的，因此部分在做 IP 网络的安全问题分析时，主要是与 PSTN 和 ATM 技术和网络做比较。

① PSTN 网络的安全性。与 IP 网络相比，PSTN 网络的安全性来自于以下几方面。

• PSTN 的终端是傻瓜型的，智能位于运营商网络中，用户网络接口（UNI）和网络-网络接口（NNI）分离。业务的提供和控制权都在运营商手里，运营商网络只为自己能够识别的业务提供服务。没有运营商网络的参与，用户很难只在客户端做改造就产生一种新业务。运营商具有业务控制权，意味着运营商可以只提供那些它认为是安全的业务。傻瓜型终端使得用户很难做一些需要智能终端支持的安全攻击，使得在 IP 网络上常见的病毒、黑客等攻击在 PSTN 上无从下手，安全性容易得到保证。

• PSTN 做 IP 网络的接入服务时，这时的 PSTN 是 IP 网络的链路层（接入）技术，IP 数据只是在 PSTN 上做透传，因此不可能有利用 PSTN 接入 IP 的机会，从 IP 网络攻击 PSTN 网。

• 安全攻击的成本问题。PSTN 的收费模式和终端傻瓜型的特点等，使得客户很难有效地发起大规模的攻击（如分布式拒绝服务攻击，DDOS），因为这样做的成本很高。

• 客户的可追查性。PSTN 网络对所有的终端都具有全球唯一的、公开的编号（E.164 号码），出现问题时容易追查到攻击者的位置。

因此，虽然利用 PSTN 也可以做一些类似 IP 网络上的攻击（如 DDOS），但是因为计费模式的原因成本很高，非智能化的终端导致技术难度很大，很容易追踪和发现攻击者。因此，在 PSTN 上很少会出现 IP 上大量存在的这种攻击。

② ATM 网络的安全性。与 IP 网络相比，ATM 网络的安全性来自于以下几方面。

• 没有直接使用 ATM 的终端业务，ATM 网络不直接面向用户，使得用户不可能发出 ATM 网络能够识别或需要识别的 ATM 信令或数据。

• ATM 的 UNI 与 NNI 是分开的。网络与用户（IP 用户或话音用户）之间的关系是为用户提供信息的透传，ATM 的信令、数据和设备对用户不可见，用户产生的数据不可能攻击 ATM 网络；而网络与网络之间的安全性是靠运营商之间的信任关系来保证的。

• ATM 提供给用户的是一个逻辑专网，是一个内部专网。用户始终只能在自己的网络中通信，只可能攻击自己的网络或自己网络中的用户，攻击目标有限，而且即使发生攻击，也就很容易追查到。

③ IP 的安全性。与 SDH，ATM，X.25 等所谓的安全网络相比，所谓 IP 网络不安全性的主要原因在于以下几方面。

• IP 网络没有 UNI 和 NNI 的区别，在 IP 层面是相互可见的。运营商网络设备、协议甚至拓扑对用户可见，用户侧产生的 IP 信息既有可能在用户侧终结，也可能在网络中终结，这就使得用户侧有机会与运营商网络交换非法路由信息，也可能攻击运营商网络的路由器和接入服务器等三层或三层以上的设备。另外，位于网络边缘的用户侧网络、业务和应用一般都使用 TCP/UDP/IP 技术，用户之间在 IP 层和应用层都相互可见。这为互联互通、降低成本等带来了很大的方便，但同时也为用户之间的相互安全攻击对方的网络，攻击对方的应用和业务提供了方便。

• 终端的智能性和业务的多样性，加剧了识别和防范安全攻击的难度。多种业务综合承载在同一个网络上，没有建立起用户彼此间的信任关系，导致恶意用户很容易对另外一个用户发起攻击，被攻击的用户难以区别哪些是合法的用户访问请求，哪些是恶意攻击。

- IP 技术发展很快，协议设计和软件实现中的很多缺陷或 BUG 在大规模部署使用前来不及测试和排除。如 ICP/IP 协议族实现方面，尤其是微软操作系统存在的安全漏洞。
- IP 的计费模式导致攻击成本很低。
- IP 用户的身份难以确定，导致很难跟踪攻击者。
- IP 技术的宽带化等方便了大规模攻击的实施，如分布式拒绝服务攻击。

（6）IPv6 的"泡沫"

虽然 IPv4 的设计基于 20 世纪 70 年代中期的技术水平，以及当时非常有限的运行经验，但是基于 IPv4 的 Internet 取得的巨大成功已经证明 IPv4 的设计根本上是非常成功的。在 20 世纪 90 年代设计 IPv6 时，有充足的理由坚持在 IPv6 中最大限度地保留 IPv4 的特点，只增加地址长度就可以了。但根据这些年来 Internet 的运营经验，应该对 IPv4 的其他部分也做一些"革命性"的改变。与 IPv4 协议相比，IPv6 协议最大的变化就是明显简化了报头的设计，这主要体现在：简化头的格式，所有包头都使用固定长度；减少包处理敏感的部分，如校验与分片处理；地址长度增加为 128bit。

虽然 IETF 已经选择将 IPv6 作为下一代 Internet（NGI）协议，但业内对 IPv6 技术仍然存在一些争议，甚至是言过其实的说法。事实上，IPv6 的设计中更多地仍然是考虑任何更好的支持数据业务的传递，对"IP 电信网"中所要求的"质量保证""安全性""可管理性"及"业务的可运营"考虑不多（甚至没有考虑）。

- 服务质量（QoS）保证。IPv6 在性能方面确实有一定的改进，如去掉了校验和字段，但这与目前研究的所谓的 QoS 保证完全不是一回事情。目前，解决 IP QoS 的技术主要是 DiffServ，InterServ 和多协议标记交换（MPLS），而它们同时适用于 IPv4 和 IPv6。换言之，IPv6 将使用与 IPv4 相同的技术来解决 QoS 问题，不会因为使用了 IPv6，服务质量就会得到保证。
- 安全保证。IPv4 和 IPv6 都是使用 IPSec 协议来提供安全性保证，区别只是 IPv4 对 IPSec 的要求是可选的，IPv6 对 IPSec 的要求是强制的。但 IPv6 对 IPSec 的强制性要求只是实现上的，并不要求应用中都一定使用，因为一是没这个必要，二是都使用会对性能产生重大影响。从这点上说二者的安全性几乎是等价的，不存在 IPv6 一定会比 IPv4 更安全的可能性。
- IPv6 的设计中仍然沿用了 IPv4 设计之初的用于教育和科研的目的，没有涉及 Internet 商业化以后，各种业务的商业运营模式、网络管理和业务的控制与管理等问题。
- 根据 Internet Society 2003 年刊登的一篇研究报告，对 IPv6 还存在移动性支持必须使用 IPv6，IPv6 更适合于无线网络，只有 IPv6 支持自动配置，IPv6 解决了路由可扩展性问题，IPv6 能够更好地支持快速前缀重编号，IPv6 提供了对 Multi-home 的更好支持。因此，选择将 IPv6 作为 NGN 的承载技术时，除从根本上解决了 IPv4 的地址短缺问题外，仍然面临着 QoS，安全，商业模式和运营管理等一系列的问题等待去研究和解决。IPv6 技术的"电信化"还有很长的一段路要走。

传统电信网和 Internet 都取得了巨大的成功，但二者采用了不同的、甚至矛盾的设计理念。NGN 作为二者结合的产物，必然会存在取舍和平衡的问题。笔者以为，NGN 所倡导的"业务与承载分离"的思想是一种发展方向，但作为这种思想核心的"软交换"仍然有很多问题有待解决。另外，对于怀疑 IP 技术的人而言，如果倒退一步，将 IP 技术只用于提供传统 PSTN 和 ATM 的业务，那些所谓"QoS"问题和"安全"问题也就"自动痊愈"了。相反，如果想让 PSTN 或 ATM 前进一步，利用 PSTN 或 ATM 作为承载，提供数据（如 IP）业务，很明显 PSTN 和 ATM 技术未必会比现在的 IP 技术做得更好。这就是业界为什么还坚持使用"声誉不佳"的 IP 作为 NGN 承载，希望将 IP 技术电信化的根本原因。IPv6 仍然只是一种设计优化用于数据通信的协议，是 IETF 选定的下一代互联网（NGI）协议，但并不是理想的 NGN 承载网技术，尤其是 IPv6 继续沿用了 IPv4 技术。

二、NGN 标准研究

由于 NGN 要向用户提供端到端的服务，所以它涉及网络的所有部分，从横向看包括用户终端功能、接入网、核心网，因此，全球有很多标准化组织在对 NGN 进行研究，只是各有侧重而已。

国际电信联盟电信标准化部门（ITU-T）作为国际性的标准化组织，仍然起着重要的作用，它研究的领域比较全面，但是一些区域性的组织在某些方面起着主导作用。例如，第三代移动通信标准化的伙伴项目（3GPP）在 IMS 方面起着主导作用；Internet 工程任务组（IETF）在会话初始化协议（SIP）和 IPv6 方面起着主导作用；欧洲电信标准化协会（ETSI）在 IMS 的基础上考虑了固网的情况，在固网与移动融合方面起着关键作用。目前世界无线通信解决方案联盟（ATIS）主要跟随 ETSI 的工作进展。中、日、韩三国由于在 ITU-T FGNGN 的工作中提交了大量的文稿，因此对 NGN 国际标准化工作的影响在不断加强。

对 NGN 进行研究的核心力量是 ITU-T 的 SG13 和 ETSI 的 TISPAN。

1. TISPAN 对于 NGN 的研究

TISPAN 全称是电信和互联网融合业务及高级网络协议（Telecommunications and Internet Converged Services and Protocols for Advanced Networking），是 ETSI 的标准化组织，于 2003 年 9 月成立，专门对 NGN 进行研究和标准化工作。TISPAN 分为 8 个工作组，分别负责业务、体系、协议、号码与路由、服务质量、测试、安全、网络管理方面的研究和标准化工作，主要的研究领域又分成多个研究项目分别进行，如 NGN、FMSM（Fixed Multimedia Short Message）等。

欧洲 TISPAN 计划将 NGN 架构描述为 4 个网络子系统，即 IP 多媒体子系统（IMS）、PSTN 与综合业务数字网（ISDN）仿真子系统、基于 RSTP 的流媒体子系统、其他多媒体子系统。

其中，IP 多媒体子系统提供基于 SIP 的业务，包括多媒体会话、多媒体业务等；PSTN/ISDN 仿真子系统保证传统的 PSTN 业务的可用性，保证网络演进过程中，原来的 PSTN 用户不会受到影响；PSTN/ISDN 仿真子系统与 IMS 在逻辑上是分离的，前者主要是基于 H.248 和 SIP-I 协议的，而后者是基于纯 SIP 的。

2. ITU-T 对 NGN 的研究

先看 ITU-T 负责 NGN 研究的组织架构。根据 2004 年 ITU 会议的决定，SG13 为领导研究组，负责研究 NGN 领域的多方面内容，同时与其他研究组进行合作。例如，与 SG11 合作研究与 NGN 信令相关的内容，与 SG15 合作研究接入与传输方面的内容，与 SG19 合作研究与移动相关的内容，与 SG2 合作研究有关号码寻址方面的内容，与 SG4 合作研究与网络管理相关的内容，与 SG12 合作研究有关 QoS 相关的内容，与 SG17 合作研究与安全相关的内容。SG13 与其他研究组之间的关系见表 8-1。

表 8-1　ITU-T SG13 的合作研究组

合作研究组	合作研究内容
SG2	号码和寻址

续表

合作研究组	合作研究内容
SG4	网络管理
SG11	信令协议
SG12	服务质量
SG15	接入和传送
SG17	安全
SG19	移动性

为了加速进行 NGN 标准工作，ITU-T 成立了 NGN 焦点研究组（FGNGN），并成立了 7 个工作组，分别在以下 7 个领域进行工作。

- WG1：业务需求。
- WG2：功能体系架构和移动性。
- WG3：IP QoS。
- WG4：控制和信令能力。
- WG5：网络安全。
- WG6：网络演进。
- WG7：IP 承载能力要求。

ITU-T 对 NGN 分阶段进行研究，目前主要进行了两个阶段，即 Release1、Release2。NGN Release1 的研究成果主要包括业务、业务能力、功能体系架构、服务质量、安全、网络演进等；Release2 的研究主要包括未来承载网络、流媒体系统等。

3．IETF 对 NGN 的研究

ITU-T 对于 NGN 的研究主要着眼于业务需求方面，TISPAN 更加深入到具体的业务实现和测试方面，而 IETF 则主要专注于下一代网络协议的研究。

下一代网络中的主要协议（如 SIP、MGCP、SIGTRAN 及承载层的 IPv6 等）都是由 IETF 定义的。IETF 定义的协议标准具有较强的可操作性，SIP、MGCP、SIGTRAN 等协议已经成为其他标准组织引用和参考的重要文件。目前 IETF 主要关注于 SIP、IPv6 和网络安全的研究。

关于 IPv6，IETF 主要制定了 IPv6 基本协议、IPv6 地址相关协议和 IPv6 组播相关协议等规范。此外，IETF 从 Internet 研究的角度出发，还定义了一些与 VoIP 相关的协议（如 MGCP），后来 ITU-T 制定 H.248 协议的时候，广泛地采用了 MGCP 的概念。VoIP 的会话控制信令最早采用的是 ITU-T 的 H.323 协议簇，后来 IETF 制定了 SIP 会话初始协议，用以建立语言或者视频会话。由于该协议简单实用，扩展性好，现在被确认为是未来核心网的主流信令控制协议。

三、NGN 体系架构

在基于 IMS 的网络标准尚不成熟的情况下，更多的运营商采用的是逐步发展的策略，先采用基于软交换的 NGN 解决方案，然后再逐步过渡到 IMS。

在 2004 年 12 月 ITU NGN 会议上，同意启动基于呼叫服务器（软交换）网络演进的标准化研究。ITU FGNGN 也在 2004 年 6 月启动了 PSTN 演进的研究，提出了基于呼叫服务器的 PSTN 演进方案和示例。呼叫服务器将主要完成电路交换网络的演进历程，而 IMS 将主要完成多媒体业务的功能，随着 IMS 的不断成熟，两者的应用将长期共存。图 8-1 所示为基于软交换技术的 NGN 架构。

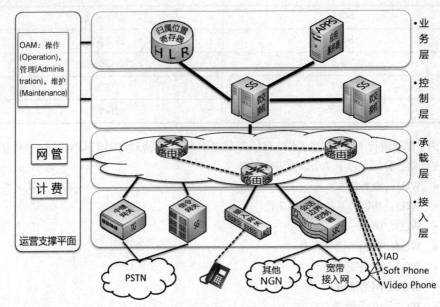

图 8-1　基于软交换技术的 NGN 架构

1．NGN 网络分层架构

（1）业务层

业务层主要是面向用户提供各种应用和服务。根据下一代网络的基本特征，定义了 APP（应用服务器）和 HLR（归属位置寄存器）两个实体。

NGN 网络中，应用服务器的位置和功能类似于传统电信网络中的智能网，其作用是为 NGN 网络中的用户提供增值服务。目前这种直接由 NGN 增值业务服务器方式可提供的增值业务包括：SIP 预付费、WEB800、CTD（Click To Dial，点击拨号）、CTF（Click To Fax，点击传真）、UM（Unified Messaging，统一消息）、IM（Instant Messaging，即时消息）……

NGN 的增值业务提供上，有一个重要的理念是开放的第三方业务接口。通过这个接口，可以实现由第三方进行的增值业务开发，从而使得个性化的业务定制成为可能。这个接口目前的标准为 PARLAY，PARLAY 本身不是个缩写，是个专用单词，原意是类似于"赌场上加注"的意思，用在这里表示"增值"的含义。PARLAY 的基本理念是通过封装技术，把 NGN 网络中的细节屏蔽掉，抽象成各种能力集，然后通过标准的 API（Application Interface，应用接口）提供给第三方，使第三方在开发业务时，不必关心基础网络的具体设备、厂家等细节，只要调用相应的 API 就能够开发业务。这种第三方业务开发接口被认为是 NGN 最具吸引力的能力，可以彻底解决传统网络业务提供能力不足的顽疾。

固定网络和移动网络融合，用户数据的融合是一个大的问题。固定用户数据分散存储在各个端局中，无法实现移动和漫游。为使用户能在全网内随意移动，在 NGN 中引入了移动网络的数据存储方式，及使用 HLR 设备作为固网、NGN 用户数据属性及存储管理中心。

（2）控制层

控制层是整个 NGN 架构的核心，采用的是软交换控制设备。

软交换的基本含义就是把呼叫控制功能从媒体网关（传送层）中分离出来，通过服务器上的软件实现基本呼叫控制功能，包括呼叫选路、管理控制、连接控制（建立会话、拆除会话）和信令互通（如从 SS7 到 IP）。其结果就是把呼叫传输与呼叫控制分离开，为控制、交换和软件可编程功能建立分离的平面，使业务提供者可以自由地将传输业务与控制协议结合起来，实现业务转移。其中更重要的是，软交换采用了开放式应用程序接口（API），允许在交换机制中灵活引入新业务。软交换主要提供连接控制、翻译和选路、网关管理、呼叫控制、带宽管理、信令、安全性和呼叫详细记录的生成等功能。

软交换就是位于网络分层中的控制层，它与媒体层的网关交互作用，接收正在处理的呼叫相关信息，指示网关完成呼叫。它的主要任务是：在各点之间建立关系，这些关系可能是一个简单的呼叫，也可以是一个较复杂的处理。软交换主要处理实时业务，首先是话音业务，也可以包括视频业务和其他多媒体业务。软交换通常也提供一些基本的补充业务，相当于传统交换机的呼叫控制部分和基本业务提供部分。

软交换（Softswitch）思想是在下一代网络建设的强烈需求下孕育而生的。软交换概念一经提出，便得到了业界的广泛认同和重视，ISC（International Softswitch Consortium）的成立使软交换技术得到了迅速发展，软交换相关的标准和协议同时得到了 IETF、ITU-T 等国际标准化组织的重视。经过几年的发展，软交换技术的标准化和产业化的工作也取得了长足进展，一些老协议如 H.323、MGCP 等不断完善成熟，BICC、SIP／SIP-T 等新协议也不断推出，一些基于软交换技术的产品已逐步进入实用化阶段，软交换成为 NGN 中最活跃和热门的话题。

Softswitch 思想吸取了 IP、ATM、IN 和 TDM 等众家之长，完全形成分层的全开放的体系架构，使得各个运营商可以根据自己的需要，全部或者部分利用 Softswitch 体系的产品，采用适合自己的网络解决方案，在充分利用现有资源的同时，寻找到自己的网络立足点。

软交换是下一代网络的控制功能实体，为下一代网络提供具有实时性要求的业务的呼叫控制和连接控制功能，是下一代网络呼叫与控制的核心。

简单地看，软交换所完成的功能相当于原有交换机所提供的功能。软交换是实现传统程控交换机的"呼叫控制"功能的实体，但传统的"呼叫控制"功能是和业务结合在一起的，不同的业务所需要的呼叫控制功能不同，而软交换则是与业务无关的，这要求软交换提供的呼叫控制功能是各种业务的基本呼叫控制。未来的软交换应该是尽可能简单的，智能则尽可能地移至外部的业务层或应用层。

具体而言，软交换主要完成以下功能。

① 媒体网关控制功能。该功能可以认为是一种适配功能，它可以连接各种媒体网关，如 PSTN/ISDN IP 中继媒体网关、ATM 中继媒体网关、用户媒体网关、无线媒体网关、数据媒体网关等，完成 H.248 协议功能。同时还可以直接与 H.323 终端和 SIP 客户端终端进行连接，提供相应业务。

② 呼叫控制功能。呼叫控制功能是软交换的重要功能之一，它完成基本呼叫的建立、维持和释放，提供控制功能，包括呼叫处理、翻译和选路、连接控制、智能呼叫触发检出和资源控制等，可以说 Softswitch 是整个 NGN 网络的灵魂。

③ 业务提供功能。由于软交换在网络从电路交换网向分组网演进的过程中起着十分重要的作用，因此软交换应能够提供 CLASS 4 和 CLASS 5 交换机提供的全部业务，包括基本业务和补充业务；同时还应该可以与现有智能网配合提供现有智能网提供的业务。

④ 信令互通功能。软交换为 NGN 的控制中心，软交换可以通过一定的协议与外部实

体如媒体网关、应用服务器、SCP、媒体服务器、多媒体服务器、策略服务器、信令网关、其他软交换进行交互。NGN 系统内部各实体协同运作来完成各种复杂业务。

（3）承载层

在 NGN 里边，分组传送网是至关重要的东西，整个 NGN 网络的所有信息，包括信令流和媒体流的传送转发，都依赖于统一的分组传送网。它涵盖了原来 PSTN 网络中，交换机里的交换网板、信令网板及传输网络的作用。

NGN 采用分组网来实现统一的信息承载，其目的就是为了在统一的基础网络上实现多业务的融合。从目前分组网的发展趋势看，基于 IP 技术的网络已经成为事实标准，因此，NGN 以 IP 作为承载网也基本得到业界的认同。IP 的灵活、开放给 NGN 发展带来很多好处，但同时，也带来了诸如 QoS、安全、管理、IP 地址空间不足等诸多问题。可是说，目前传输技术的发展，已经成为制约或者促进 NGN 发展、成熟的一个很关键的因素。

（4）接入层

接入层主要是指与现有网络相关的各种网关和终端设备，完成各种类型的网络或终端到核心层的接入，实现媒体处理的转换作用。

网关包括信令网关（SG）和媒体网关（MG）。SG 是一个信令代理，能够在 IP 网络边缘接收/发送 SCN（基于电路的网络）内部信令。SS7-Internet 网关中的 SG 功能可能包括 SS7 信令的中继、翻译或终结。

媒体网关设备是处于不同媒体域之间的一种转换设备，主要功能是实现不同媒体域（如电路域、IP 域和 ATM 域等）的互联互通。

媒体网关（MG）在媒体网关控制器（MGC）（或软交换）的控制下，实现跨媒体业务。MGC 与 MG 之间是控制与被控制的主从关系。在 NGN 中，MGC 与 MG 之间的交互协议采用标准、开放的协议，如 MGCP、H.248 协议、SIP 和 H.323 协议等。

根据网关的用户和规格，可以将媒体网关分为以下几种。

- IP 中继媒体网关（Trunking Gateway）：传统电话网和承载语音的 IP 网的接口。这种网关一般要管理大量的数字电路。

- ATM 中继媒体网关（Voice over ATM Gateway）和中继网关类似，是电话网和承载语音的 ATM 网络的接口。

- 住宅网关（Residential Gateway）直接连到用户已有设备 CPE（POTS、ISDN 电话装置、PC 电话）上，它允许直接在数据网络上传输来自个别住宅用户的语音呼叫。通常情况下，住宅网关将被置于用户处，提供定量的电话门数（1 到 10 门）。

- 接入网关（Access Gateway）提供传统模拟用户线或者数字专用分组交换机和承载语音的 IP 网络之间的接口。一些接入网关包括小规模的 VoIP 网关。

- 综合接入设备（IAD），实现最终用户的接入，是一种小型接入设备，规格一般在几个用户至几十个用户之间，并且可根据客户要求灵活定制。

- 商业网关（Business Gateway）提供传统专用分组交换机或者集成的"软件 PBX"和承载语音的 IP 网接口。

- 无线网关（Wireless Gateway），与接入网关功能相同，但它处理的是移动接入网。

- 资源网关（Resource Gateway），或资源服务器/多媒体服务器（Multimedia Resource Server），为 NGN 系统提供业务资源，如信号音资源、收号器资源等。

2. NGN 网络架构的特点

（1）开放分布式网络结构

采用软交换技术，将传统交换机的功能模块分离为独立网络部件，各部件按相应功能进行划分，独立发展。采用业务与呼叫控制分离、呼叫控制与承载分离技术，实现开放分布式网络结构，使业务独立于网络。通过开放式协议和接口，可灵活、快速地提供业务，个人用户可自己定义业务特征，而不必关心承载业务的网络形式和终端类型。

（2）高速分组化核心承载

核心承载网采用高速包交换网络，可实现电信网、计算机网和有线电视网三网融合，同时支持语音、数据、视频等业务。

（3）独立的网络控制层

网络控制层即软交换，采用独立开放的计算机平台，将呼叫控制从媒体网关中分离出来，通过软件实现基本呼叫控制功能，包括呼叫选路、管理控制和信令互通，使业务提供者可自由结合承载业务与控制协议，提供开放的 API 接口，从而可使第三方快速、灵活、有效地实现业务提供。

（4）网络互通和网络设备网关化

通过接入媒体网关、中继媒体网关和信令网关等，可实现与 PSTN、PLMN、IN、Internet 等网络的互通，有效地继承原有网络的业务。

（5）多样化接入方式

普通用户可通过智能分组语音终端、多媒体终端接入，通过接入媒体网关、综合接入设备（IAD）来满足用户的语音、数据和视频业务的共存需求。

第二节　NGN 协议与呼叫流程

NGN 涉及众多的协议，这是因为 NGN 是一个分层网络，层与层的设备之间需要使用标准协议进行互通。在 NGN 中，控制集中于 SS，所以大多数的协议发生在 SS 与其他设备之间，如图 8-2 所示。

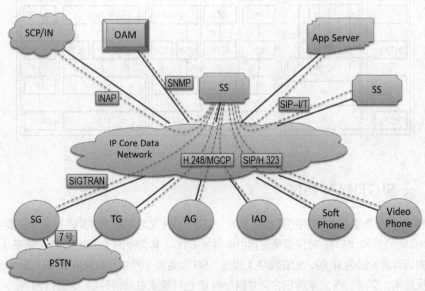

图 8-2　NGN 主要协议

按照功能和特点来分，NGN 协议可以分为呼叫控制协议、传输控制协议、媒体控制协议、业务应用协议、维护管理协议等。具体协议如下。

（1）媒体控制协议，包括 MGCP 与 H.248 协议。主要是指媒体网关控制器（MGC，即指 SS）与媒体网关（TG、AG、IAD 等）之间的协议，是主从型协议，SS 需要控制所有网关的动作，是主设备。而 H.248 相对于 MGCP 来说，功能更强大，所以大部分设备都采用 H.248 协议。

（2）呼叫控制协议，包括 SIP/SIP-T/SIP-I、H.323、7 号信令协议，发生在两个对等实体之间，是对等协议。SS 和宽带智能网 APP Server 之间都采用标准的 SIP；SS 为了和早期的 VoIP 网络（采用 H.323 作为呼叫控制协议）互通，SS 也要兼容 H.323 协议；软交换之间互通时，采用 SIP-T 或者 SIP-I 协议，这两个协议差不多，都是在 SIP 的基础上发展而来的，SIP-I 的功能更加完善。

（3）传输控制协议包括 SIGTRAN 协议栈。SS 需要和 PSTN 交换机互通 7 号信令，但是 SS 在 IP 域内，7 号信令又不能在 IP 网络中直接传送，所以采用 SIGTRAN 作为中间传送协议，目的就是将 7 号信令在 IP 网中安全传输。

维护管理协议（SNMP）常用于网管软件和网络设备之间。

业务应用协议（INAP）用于 SS 和传统智能网 SCP 之间。INAP 叫作"智能网应用部分"，是传统的 PSTN 交换机和 SCP 之间使用的智能网应用协议。发展到 NGN 后，如果还想保留原来的 SCP，那么 SS 就要采用 INAP 和 SCP 互通。

通过图 8-3，可以看到所有协议在 OSI 七层模型中的位置。

从图 8-2 和图 8-3 可以看出，SIP 和 H.248 协议应用非常广泛，几乎所有的网关设备都是通过 H.248 协议与软交换连接的。SIP 是未来核心网最为关键的协议。另外，SIGTRAN 协议对于 NGN 与 PSTN 进行无缝连接又是非常重要的。所以在这里我们主要介绍这三个协议。

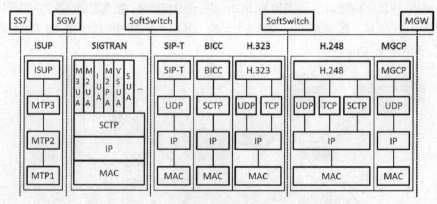

图 8-3　NGN 协议栈

一、SIGTRAN 协议

NGN 网络是建立在 IP 网络基础之上的，但是 NGN 又必须和 PSTN 进行无缝连接。

NGN 要想和 PSTN 对接需要用到中继网关（TG）和信令网关（SG）。TG 把基于电路交换的语音流转换为 IP 包，放在网络上传输。SG 负责将 7 号信令转换成 IP 包，发给 SS 处理。反过来，SG 将 SS 发来的包含 7 号信令的 IP 包转换成电路信号后，发给 PSTN。

在 SG 与 SS 之间是用 IP 包的形式传送 7 号信令的，但是如果直接将 7 号信令用 IP 包封装，则无法保障 7 号信令的可靠传送。另外，UDP 的安全性没有保障，TCP 虽然是面向连接的协议，但是它本身容易受到各种各样的攻击。因此，IETF 专门定制了一个新的传送层协议，叫作流控制传输协议（SCTP），再加上由多个适配模块组成的适配层，便构成了STGTRAN 协议，其协议栈如图 8-4 所示。

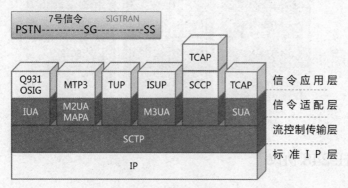

图 8-4　SIGTRAN 协议栈

由图 8-4 可见，SIGTRAN 协议栈包括传输协议和适配协议两个层面。传输协议 SCTP 在 IP 网上提供可靠的消息传输；用户适配协议则由 IUA、M2UA/M2PA、M3UA、SUA 等多个适配模块组成，其与 7 号信令相应模块的适配关系如图 8-4 所示。这里的"适配"实际上是一种无缝连接的实现方式。例如，ISUP 原来是在 MTP3 上面传送的，ISUP 和 MTP3 之间有明确的层间接口，但是现在采用 M3UA 来代替 MTP3，那么 M3UA 就要把这个层间接口原封不动地继承下来，不能让 ISUP 感觉到底层协议有变化。

SCTP 是在 2000 年由 IETF 的 SIGTRAN 工作组定义的一个传送层协议。RFC-4960 详细地定义了 SCTP，介绍性文档是 RFC-3286。作为一个传送层协议，SCTP 和 TCP、UDP 处在相同的网络位置，它是在 TCP 的基础上发展而来的，是一种可靠、高效、有序的数据传输协议。相比之下，TCP 是面向字节的，而 SCTP 是针对成帧的消息，TCP 采用三次握手机制建立连接，而 SCTP 采用 4 次握手机制建立连接，安全性更高。此外，SCTP 主要在以下两方面做了大的改进。

• SCTP 支持多宿主。IP 网络的源和目的地址都只有一个，而 SCTP 在此基础上做了改进，源和目的地址都允许多个地址，一个端点可以由多个 IP 地址组成，使得网络可靠性增加。

• SCTP 支持多流传送消息。TCP 只支持一个流，打个比方，TCP 相当于一条高速公路，但每个方向只有一条车道，如果这条车道出现拥塞，其他数据包就只有等待了，而SCTP 在每个方向上都采用多条通道，提高了数据传输效率。

需要注意的是，SIGTRAN 协议只是实现了 7 号信令在 IP 网的适配与传输，不处理用户层信令消息（如 TUP、ISUP、MAP 等）。如图 8-5 所示，7 号用户层消息（如一个 IAM 消息）在信令端点（SEP）处采用消息传送部分（MTP）层层封装后，才能通过 E1 线路送到SG，SG 解封装 MTP-1、MTP-2、MTP-3，然后看到此 IAM 消息，但它并不处理，而是采用 NIF（节点互通功能）将此消息原封不动地封装进 M3UA，外面再封装 SCTP 和 IP，通过 IP 网络送给 SS，SS 打开 IP、SCTP，M3UA 终于看到了 SEP 送来的 IAM 消息。

总而言之，SG 只是负责信令从 MTP 解封装，然后通过 SIGTRAN 再封装，反之亦然，即它相当于 7 号信令网的信令转接点（STP）。

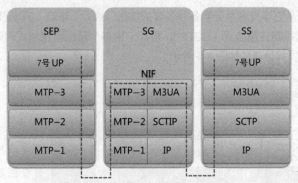

图 8-5　7 号信令网与 IP 网的互通（使用 M3UA）

二、H.248 协议

1. H.248 协议基础

由于 IP 网络的快速发展，IP 网提供的业务越来越多。同时，原有的电路交换网（如 PSTN 网）仍然拥有大量的用户，为了能让这些用户使用 IP 网络提供的服务，需要提供不同网络之间互通的网关设备。在 2004 年以前的大部分 IP 电话网关设备，是基于 H.323 体系的集中型网关设备，主要完成以下功能：

- 完成 IP 电话互通，将 PSTN 用户的话音进行编码、组包后在 IP 网上传输，同时将 IP 网来的数据包解包、解码后交给 PSTN 用户；
- 处理信令消息；
- 负责网关内部资源管理及呼叫连接过程的管理。

随着用户数量及对业务需求的增加，网关在规模上要不断扩大，这种集中型的网关结构在可扩展性、安全性方面及组网的灵活性上都存在很大的限制。由此，提出了将业务、控制和信令分离概念。

图 8-6 所示将 IP 电话网关分离成三部分：信令网关 SG、媒体网关 MG 和媒体网关控制器 MGC。SG 负责处理信令消息，将其终结、翻译或中继；MG 负责处理媒体流，将媒体流从窄带网打包送到 IP 网或者从 IP 网接收解包后送给窄带网；MGC 负责 MG 资源的注册和管理，以及呼叫控制。在这种分布式的网关体系结构中，MG 和 MGC 之间采用的是 H.248 协议，SG 和 MGC 之间采用 SIGTRAN 协议。

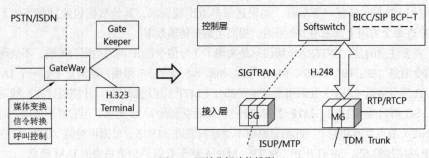

图 8-6　网关分解功能模型

这些分离网关结构的重要特点是将控制智能集中到网络中来，即少量的 MGC 中，其思路和传统电信交换网类似。

早在 1998 年，IETF、ITU-T 提出了 SGCP（简单网关控制协议）和 IPDC（IP 设备控制协议），它们一起发展成了 MGCP（媒体网关控制协议）。H.248 协议是在 MGCP 协议的基础上，结合其他媒体网关控制协议 MDCP（媒体设备控制协议）的特点发展而成的一种协议，对于大型网关，H.248 协议是一个好的选择。与 MGCP 用户相比，H.248 对传输协议提供了更多的选择，并且提供更多的应用层支持，管理也更为简单。

由以上网关分解功能模型可以看出 H.248 属于 MGC 与 MG 之间的接口协议，它必然发生在 MG 与 MGC 之间。

H.248/Megaco 协议（Media Gataway Control Protocol），简称 H.248 协议，是 IETF、ITU-T 制定的媒体网关控制协议，一个非对等协议，用于媒体网关控制器（MGC）和媒体网关（MG）之间的通信。主要功能是建立一个良好的业务承载连接模型，将呼叫和承载连接进行分离，通过对各种业务网关：TG（中继网关），AG（接入网关），RG（注册网关）等的管理，实现分组网络和 PSTN 网络的业务互通。

2．H.248 协议组成

（1）网关对象及其描述

H.248 协议的目的是对媒体网关的承载连接行为进行控制和监视。为此，首要的问题就是对媒体网关内部对象进行抽象和描述。于是，H.248 提出了网关的连接模型概念。

连接模型指的是 MGC 控制的，在 MG 中的逻辑实体或对象。它是 MGC 和 MG 之间消息交互的内容核心，MGC 通过命令控制 MG 上的连接模型，MG 上报连接模型的各种信息，包括状态、参数、能力等。

模型的基本构件包括终端（termination）和关联域（context），如图 8-7 所示。

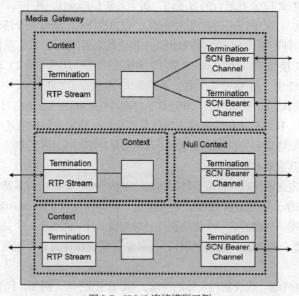

图 8-7　H.248 连接模型示例

① 终端。终端是能够发送或接收一种或多种媒体流的逻辑实体。终端由许多特性描述，这些特性组合成一组描述符而包含在命令中，例如，相关媒体流参数、对应承载参数、可能包含的 Modem 等。

终端可以对应为一个物理实体，也可以对应为一个虚拟实体。物理终端只要装入网关后就永久存在（又称为半永久性终端），其实例可以是 TG 上的一个 PSTN 中继接口，AG 上的普通电话接口或 PBX 接口。虚拟终端对应为一个信息流，例如，一个 RTP 语音流，它依附于呼叫，一旦呼叫结束，该终端就消亡，所以又称为临时终端。

在实际应用中，每当创建了一个终端之后，即会为这个终端分配一个在媒体网关唯一的 Termination ID 来标识终端。

② 关联域。关联域由一组终端组成。一个关联域可以包含多个终端。根据 MG 的业务特点不同，关联域中可以包含的最大终端数目就不同。一个关联域中至少要包含一个终端。同时一个终端一次也只能属于一个关联域。如果关联域中包含多于两个终端，关联域还会描述拓扑结构及其他一些媒体混合/交换的参数。

下面以呼叫等待业务为例，以图 8-8 为例说明各实体之间的关系。

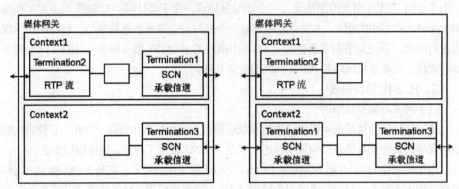

图 8-8　呼叫业务连接模型

图中示出了如何利用连接模型描述在 MG 中实现呼叫等待的处理过程。首先在左图中，终端 T1 和终端 T2 正在进行两方通话，属于关联 Context1，其中 T1 为与 PSTN 相连的物理终端，T2 为与 IP 网络相连的短时终端，"空方框图标"表示两个终端间的逻辑关联。此时，终端 T3 呼叫 T1，T1 听等待音但尚未接受此来话，因此，T3 独自在关联 Context2 中。右图表示 T1 接受 T3 来话，将 T2 置于呼叫保持状态，此时终端 T1 有关联 Context1 转移到关联 Context2 中，与 T3 产生关联。而终端 T2 单独留在关联域 C1 中。

上述关联域的建立、终端的加入和迁移、终端特性的确定等都是在 H.248 协议命令控制下由网关完成的。H.248 协议的主要内容就是两个：一是定义如何描述终端和关联域的特性；二是定义控制终端和关联域的命令集，其核心是终端的描述和控制。

（2）终端及其重要参数

终端是能够发送或接收一种或多种媒体流的逻辑实体。终端由许多特性描述，这些特性由组合在命令中的一系列描述符组成。终端有唯一的终端标识（Termination ID），它是在创建时由媒体网关唯一创建的。一个终端在任一时刻属于且只能属于一个关联。

① 终端类型。终端是一种逻辑实体，用来发送/接收媒体流和控制流，终端可以分为如下几类。

· 半永久性终端：代表物理实体的终端，称为物理终端。例如，代表一个 TDM 信道的终端（如我们稍后配置中常见的 MG 中的 TRUNK 资源，IAD 的 AG 资源），只要 MG 中存在这个物理实体，这个终端就存在。

· 临时性终端：这类终端只有在网关设备使用它的时候才存在，一旦网关设备不使用它，立刻就被释放掉。例如，我们稍后配置中常见的 MG 中的 RTP 资源，只有当 MG 使用这些资源的时候，这个终端才存在。临时性终端可以使用 add 命令来创建和 subtract 命令来删除，当向一个空关联中加入一个终端时，默认地将添加一个关联；若从一个关联中使用 subtract 命令删除最后一个终端时，关联将变为空关联。

· 根终端（ROOT）：根终端是一种特殊的终端，它代表整个 MG。当 ROOT 作为命令的输入参数时，命令将作用于整个网关，而不是网关中的一个终端。在根终端上可以定义包，也可以有属性、事件和统计特性（信号不适用于根终端），因此，根终端的 Termination ID 将会出现在以下几个地方：

- Modify 命令：改变属性或者设置一个事件；
- Notify 命令：上报一个事件；
- Auditvalue 命令：检测属性值和根终端的统计特性；
- Auditcapability 命令：检测根终端上的属性；
- Servicechange 命令：声明网关进入服务或者退出服务。

除此之外，任何在根终端上的应用都是错误的。

② 终端功能。终端上可以有信号，信号是 MG 产生的媒体流，如 Tone 音和通知音，以及一些线路信号如摘机、挂机等。

MG 可以处理复用媒体流，例如，H.221 建议描述了将多个媒体流复用在几个 64kbit/s 数字通道上的帧结构。在处理复用媒体流的连接模型中，用于携带部分复用流的每个数字承载通道都有一个物理或临时的承载终端相对应，所有处于这些数字通道的起始和终结位置的承载终端被连接到一个称为复用终端（Multiplexing Termination）的独立终端。复用终端是代表一个面向帧的会话的临时性终端，它使用 Mux 描述符来描述所使用的多路复用方式（如 H.320 会话中使用的 H.221），以及所包含的数字通道以什么顺序组装成帧。复用终端可以是多级的。例如，几个数字通道以 H.226 复用之后生成的终端可以再以 H.223 加入到其他复用终端中，以支持一个 H.324 会话。复用终端上不同的 Stream 描述符用来描述会话中不同的媒体流。这些媒体流与关联中终结点发出/接收的流相对应，而与生成复用终端的承载终端没有对应关系。每个承载终端只支持一个数据流。这些数据流在复用终端上并不以流的形式出现，对关联的其他部分它们是不可见的。

③ Termination ID。终端用 Termination ID 进行标识，Termination ID 的分配方式由 MG 自主决定。物理终端的 Termination ID 是在 MG 中预先规定好的。这些 Termination ID 可以具有某种结构。例如，一个 Termination ID 可以由一个中继组号及其中的一个中继号组成，如用 TRUNK0010101，其中 001 指单元号，第一个 01 指子单元号，第二个 01 指终端序号。

对于 Termination ID 可以使用一种通配机制。该通配机制使用两种通配值（Wildcard）："ALL" 和 "CHOOSE"。通配值 "ALL" 用来表示多个终端，在文本格式的 H.248 信令跟踪中以 "*" 表示。"CHOOSE" 则用来指示 MG 必须自己选择符合条件的终端，在文本格式的 H.248 信令跟踪中以 "$" 表示。例如，MGC 可以通过这种方式指示 MG 选择一个中继群中的一条中继电路。当命令中的 Termination ID 是通配值 "ALL" 时，则对每一个匹配的终端重复该命令，根终端（Root）不包括在内。当命令不要求通配响应时，每一次重复命令将产生一个命令响应。当命令要求通配响应时，则多次重复命令只会产生一个通配响应，该通配响应中包含所有单个响应的集合。

④ 终端属性。不同类型的网关可以支持不同类型的终端，H.248 协议通过允许终端具有可选的性质（Property）、事件（Event）、信号（Signal）和统计（Statistics）来实现不同类型的终端。

H.248 协议用 "描述语"（descriptor）这一数据结构来描述终端的特性，并针对终端的公共特性，分门别类地定义了 19 个描述语，一般每个描述语只包含上述某一类终端特性。

（3）关联域及其重要参数

关联（Context）是一些终端具有相互联系而形成的结合体。当这个结合体中包含两个以上终端时，关联可以描述拓扑结构（谁能听见/看见谁），及媒体混合和（或）交换的参数。

有一种特殊的关联称为空关联（Null），它包含所有那些与其他终端没有联系的终端。空关联中的终端参数也可以被检查或修改，并且也可以检测事件。

通常使用 Add 命令（Command）向关联添加终端。如果 MGC 没有指明向一个已有的关联添加终端，MG 就创建一个新的关联。使用 Subtract 命令可以将一个终端从一个关联中删除。使用 Move 命令可以将一个终端从一个关联转移到另一个关联。一个终端在某一时刻只能存在于一个关联之中。一个关联中最多可以有多少个终端由 MG 属性来决定。只提供点到点连接的 MG 中的每个关联最多只支持两个终端，支持多点会议的 MG 中的每个关联可以支持三个或三个以上的终端。

① 关联属性。H.248 协议规定关联具有以下特性。

● Context ID（关联标识符）：Context ID 为关联标识符，一个由媒体网关 MG 选择的 32 位整数，在 MG 范围内是独一无二的。特殊关联编码对照见表 8-2。

表 8-2　特殊关联编码对照表

关联	文本编码	二进制编码	含义
空关联	0	"-"	表示在网关中所有与其他任何终端都没有关联的终端
CHOOSE 关联	0xFFFFFFFE	"$"	表示请求 MG 创建一个新的关联
ALL 关联	0xFFFFFFFF	"*"	表示 MG 的所有关联

● 拓扑（Topology)（谁能听见/看见谁）：用于描述在一个关联内部终端之间的媒体流方向。对比而言，终端的模式（Send 或 Receive 等）描述的是媒体流在 MG 的入口和出口处的流向。

● 关联优先级（Priority）：用于指示 MG 处理关联时的先后次序。在某些情况下，当有大量关联需要同时处理时，MGC 可以使用关联优先级控制 MG 上处理工作的先后次序。H.248 协议规定 "0" 为最低优先级，"15" 为最高优先级。

● 紧急呼叫的标识符（Indicator for Emergency Call）：MG 优先处理带有紧急呼叫标识符的呼叫。

② 关联的修改、创建与删除。

H.248/Megaco 协议可以隐含地创建关联，修改已经存在的关联的参数。协议定义了相关命令（Add、Modify 和 Subtract）将终端加入关联、从关联中删除终端及在关联之间移动终端。当使用 Add 命令向一个空关联中加入终端时，会默认生成一个关联。当使用 Subtract 命令删除或者移出关联中的最后一个终端时，将隐含地删除该关联。

（4）描述符

描述符由描述符名称（name）和一些参数项（item）组成，参数可以有取值。一个命令可以共享一个或者多个描述符，描述符可以作为命令的输出结果返回。在返回的描述符内容中，空的描述符只返回它的名称，而不带任何参数项。H.248 协议定义了 19 种描述符，下面对常用的一些描述符进行介绍。

① Modem 描述符（MD）。标识 Modem 的类型和其他参数等信息。Modem 描述符包含的调制解调器类型有 V.18、V.22、V.22bis、V.32、V32bis、V.34、V.90、V.91、同步 ISDN 等，并且允许进行扩充。缺省情况下，终端中不包含 Modem 描述符。

② Mux 描述符（MX）。多媒体呼叫时，媒体流是在一群承载通道上进行传输的。复

用描述符将媒体和对应的承载通道联系起来。复用描述符支持的复用类型包括 H.221、H.223、H.226、V. 7 6 及一些扩展复用类型。复用描述符的定义由复用类型及被复用的输入终端的 Termination ID 集合组成。

③ Media 描述符（M）。媒体描述符是用于描述所有媒体流特性的参数。媒体流特性参数可用终端状态描述符（Termination State）和若干个流描述符（Stream）来描述。其中，Termination State 描述符与特定媒体流无关，用于描述终端的特性；Stream 描述符描述媒体流。

H.248 协议规定 Stream 描述符由 Stream ID 进行标识。Stream 描述符可分为本地控制描述符（Local Control）、本地描述符（Local）和远端描述符（Remote）三种。为简便起见，H.248 协议规定 Local Control、Local 和 Remote 可以在一个 Media 描述符中进行定义，当这三种描述符在一个 Media 描述符中描述时，Stream 描述符的 Stream ID 通常假定为 1。

④ Termination State 终端状态描述符（TS）。Termination State 描述符包括业务状态（Service States）特性、事件缓存控制（Event Buffer Control）特性及在包中定义的与特定流无关的终端特性。其中，Service States（SI）特性描述了终端的状态，H.248 协议规定终端状态有以下三种："test（TE）""out of service（OS）"和"in service（IV）"。"test"用于指示一个终端正在处于被检测的状态；"out of service"用于指示一个终端处于退出服务的状态；"in service"用于指示一个终端正处于服务状态。Termination State 描述符的缺省值为"in service"。

Event Buffer Control（EB）特性描述了检测到 Event 描述符中指定的事件后的处理方式。H.248 协议规定处理方式有两种：一种是立即对事件进行处理；另一种是先对事件进行缓存再处理。

⑤ Stream 描述符（ST）。Stream 描述符用于指定一个双向流的参数。Stream 描述符可分为 Local Control、Local 和 Remote 描述符三种。H.248 协议规定 Stream 描述符可用 Stream ID 进行标识，通过在关联中的一个终端上指定一个新的 Stream ID 可以创建一个新的流。而删除一个存在的流则需要对该流原先所在的关联中的所有终端设置：Local Control 描述符中 Reserve Group 和 Reserve Value 参数为"false"；Local 和 Remote 描述符为空。H.248 规定 Stream ID 由 MGC 分配，Stream ID 是 MGC 和 MG 之间的局部参数。一个关联中具有相同 Stream ID 的流是相互连接的。

⑥ Local Control 本地控制描述符（O）。Local Control 描述符包含模式属性（Mode）、预留组属性（Reserve Group）、预留值属性（Reserve Value）及在包中定义的某些与特定媒体流有关的终端属性，属于 MG 和 MGC 之间的控制属性。其中，是否实现 Reserve Group 和 Reserve Value 属性为可选。属性值可以是部分指定的。Mode 属性有以下几种取值："Sendonly""Receiveonly""SendReceive""Inactive"和"Loopback"。Send/Receive（接收/发送）都是相对与关联外部而言的。例如，Mode 属性为"Sendonly"的流不会将接收到的媒体传送给关联的其他部分。Mode 的缺省值是"Inactive"。信号和事件均不受模式的影响。预留（Reserve）属性决定了 MG 在收到 Local 和/或 Remote 描述符后的处理动作，Reserve 属性包括 Reserve Value 和 Reserve Group 两种属性，属性值为布尔值，缺省值均为"false"。如果 Reserve 属性值为"true"，则 MG 在有可用资源情形下，要为 Local 描述符和/或 Remote 描述符中的所有可选属性（组）预留资源，并且在响应中返回已经为哪些属性（组）预留了资源，如果 MG 不能支持任何可选属性（组），那么返回的响应中的 Local 描述符和/或 Remote 描述符均为空。当已经为多于一个属性（组）预留了资源，媒体包选择

其中任何一种方式进行收发都有可能，也都必须得到正常处理。但在每一时刻只有一种方式处于激活状态。如果 Reserve 属性值为"false"，且 Local 描述符和 Remote 描述符存在，则 MG 为它们各选一个可选属性（组）。如果 MG 还没有给选中的属性（组）预留资源，则为其预留资源。相反，如果之前 Reserve 属性值为"true"，且 MG 已经为选中的属性（组）预留了资源，则消息交换之后应释放先前预留的多余资源。处理完毕后，MG 应向 MGC 发送 Reply 响应，响应中应给出 Local 描述符和（或）Remote 描述符中被选中的属性（组）。如果 MG 没有足够的资源来支持任何指定的可选属性（组），则返回出错响应 510（"Insufficient Resource"）。新设置的 Local Control 描述符将完全替代先前设定的 Local Control 描述符。因此，如果想要保持以前设置的信息不变，则 MGC 必须在新设置的 Local Control 描述符中包含这些信息，如果想删除 Local Control 描述符中的某些信息，则只需在 Modify 命令中重新发送删除了不需要信息的 Local Control 描述符。

⑦ 本地描述符 Local（L）和远端描述符 Remote（R）。利用 Local 和 Remote 描述符，MGC 为信息流及支持它们的终端保留和调拨 MG 的资源用于媒体编解码。MG 则在响应中通过这些描述符返回它实际预留的资源。如果一些必选属性未在 MGC 发出的请求中给出，MG 要在响应中添加这些属性及它们的取值。Local 描述符针对的是 MG 接收的媒体；Remote 描述符针对的是 MG 发送的媒体。当 H.248 协议采用文本方式编码时，Local 和 Remote 描述符包含 RFC-2327 所定义的 SDP 的会话描述（session description）。H.248 协议使用的会话描述与 RFC-2327 的语法规定在以下方面略有出入：

- "s="行，"t="行和"o="行可选；
- 可用通配值"CHOOSE"替代单个参数值；
- 可用可选参数方式替代单个参数值。

Stream 描述符描述的是单个双向媒体流，因此一个会话描述中最多只能有一个媒体描述，即最多一个"m="行。然而，一个 Stream 描述符中可以有多个会话描述，以提供多种选择。一个终端上的每个媒体流都必须在一个独立的 Stream 描述符中描述。如果一个描述符包含多个会话描述，则以"v="行作为分隔行，否则"v="行为可选项。完全符合 RFC-2327 的会话描述应能被接受。当 H.248 协议采用二进制方式编码时，Local 和 Remote 描述符由一些属性组组成，属性组中包含会话描述参数。下面对 Local 和 Remote 描述符的语义进行详细说明。说明包含两部分：第一部分给出描述符的内容解释；第二部分说明 MG 收到 Local 和 Remote 描述符时必须采取的动作。采取的动作依赖于 Local Control 描述符中的 ReserveValue 和 Reserve Group 属性值。

Local 和 Remote 描述符均可以为：

- 未指定（Unspecified）：即不存在；
- 空（Empty）；
- 部分指定（Underspecified）：有些属性值为通配值 CHOOSE；
- 完全指定（Fullyspecified）：属性值具有唯一、确定的值；
- 多余指定（Overspecified）：描述符具有多组属性或属性具有多个属性值。

当命令由 MGC 发送给 MG 时，H.248 协议规定按如下规则对 Local 和 Remote 描述符进行解释。

- 如果命令中 Local 或 Remote 描述符的值为未指定的，则视为必选参数丢失，要求 MG 使用此描述符原先的值。如果原先未指定此描述符的值，那么在对该命令接下来的处理中忽略此描述符。
- 如果命令中 Local（或 Remote）描述符为空，表明 MGC 请求 MG 释放为接收到的媒体流（或发送出的媒体流）预留的所有资源。

• 如果命令中 Local 或 Remote 描述符包含多组属性，或一组属性含多个值，它们的优先次序依照出现的先后顺序递减。

• 如果命令中 Local 或 Remote 描述符包含部分指定或多余指定的一组属性，则要求 MG 为每个属性选择一个或多个所支持的值，并且多余指定的属性取值的优先次序依照出现的先后顺序递减。

在遵循以上规则的前提下，MG 接收到 Local 或 Remote 描述符后采取的操作取决于 Local Control 描述符中的 ReserveValue 和 Reserve Group 的属性值：

• 若 Reserve Group 为 "true"，则要求 MG 为任何一组它能支持的属性组预留资源；

• 若 ReserveValue 为 "true"，则要求 MG 为任何一个它能支持的属性值预留资源；

• 若 Local 或 Remote 描述符含多组属性，且 Reserve Group 为 "true"，则要求 MG 预留足够的资源以便能按其中任何一组属性进行媒体流的编解码。

例如，如果 Local 描述符中包含两组属性，一组表示 G.711A-律的音频包，另一组表示 G.723.1 的音频包，则 MG 必须预留既能对 G.711A-律的音频包又能对 G.723.1 的音频包进行解码所需的资源。但 MG 不必预留同时对这两种音频包进行解码所需的资源。

ReserveValue 的情况与 Reserve Group 类似。

如果 Reserve Group 为 "true" 或 ReserveValue 为 "true"，H.248 协议规定按如下规则进行处理。

• 如果 MG 没有足够的资源支持 MGC 对 Local 和 Remote 资源的所有请求，则 MG 预留的资源至少应能支持 Local 和 Remote 描述符中的各一个资源请求。

• 如果 MG 不能支持 MGC 对 Local（或 Remote）描述符的任何资源请求，则返回的响应中（Local 或 Remote）描述符应为空。

• 如果 MGC 请求中包含 Local 和 Remote 描述符，则 MG 对 MGC 的响应中应返回所有为 MGC 预留的资源的属性组和属性值组的 Local 和 Remote 描述符。如果 MG 不能支持 MGC 对 Local（或 Remote）描述符的任何资源请求，则返回的 Local（或 Remote）描述符为 "Empty"。

• 如果 Local Control 描述符中的 Mode 属性值为 "Receiveonly" "SendReceive" 或 "Loopback"，则 MG 应准备好接收在其对 MGC 的响应中包含的任何编码方式的媒体流。

如果 Reserve Group 为 "false" 且 ReserveValue 为 "false"，H.248 协议规定 MG 按如下规则在 Local 和 Remote 描述符中各选择一个值：

• 在能至少支持 Remote 描述符中一个值的 Local 描述符中选择第一个可选值；

• 如果 MG 不能支持 Local 描述符和 Remote 描述符的任何值，则返回错误响应 510（"Insufficient Resource"）。

MG 在响应中返回其所选择的 Local 和 Remote 描述符的值。新设置的 Local 或 Remote 描述符将完全替代先前 MG 中的 Local 和 Remote 描述符。如果想保留以前 Local 和 Remote 描述符的信息，则必须在新设置的 Local 和 Remote 描述符中包含原先的描述符信息。如果想删除 Local 和 Remote 描述符中的某些信息，则 MGC 只需通过 Modify 命令向 MG 重新发送此描述符，在该描述符中不包含需要删除的描述符信息即可。

⑧ 事件描述符 Event（E）。Event 描述符包含一个 Request ID 属性及 MG 请求检测和报告的一组事件，通过 Request ID 可以将事件请求和它可能触发的事件发生通知关联起来。请求的事件包括传真音、导通检测结果和摘机/挂机等。例如：

E=2004{　　//检测事件　　　　al/on,al/fl}

其中，2004 便为事件号，al/on,al/fl 是 MG 请求检测和报告的一组事件。

如果 Event 描述符为空，Request ID 将被省略。Event 描述符中的事件由事件名（Event Name），Stream ID，Keep Active 标记和其他一些可选参数组成，其中 Stream ID 和 Keep Active 标记为可选参数。事件名包括包名（Package Name）和 Event ID 两部分。Event ID 可使用 ALL 通配符，当 Event ID 等于"ALL"时用来检测特定包中的所有事件。Steam ID 的缺省值为 0，表示要检测的事件与任何特定的媒体流无关。事件可以包含参数，这使得一个事件描述符可以具有不同的含义，而无需产生大量单独的事件。具体事件参数在包中定义。如果 Event 描述符中包含"DigitMap Completion"事件，则 Event 描述符中的 Event DM 参数用来携带所使用的 DigitMap 的名称或取值。当处于激活状态的 Event 描述符中的一个事件发生时，缺省地，MG 向 MGC 发送 Notify 命令进行报告。如果该事件是一个拨号事件，可能会被转存到当前激活的 DigitMap 的拨号串中，而暂不报告。其他可能的动作还需研究。事件的识别可能导致停止当前的激活信号，或导致当前的 Event 和/或 Signal 描述符被替换。在事件识别完成后，原 Event 描述符仍保持激活状态，除非 Event 描述符被另一个 Event 描述符所替换。只要没有延迟报告单个事件的时间，MG 可以采用一个事务（Transaction）报告多个事件。通常，事件的识别可能会停止所有激活信号，如果事件包含 Keep Active 标记，则 MG 不应中断检测到事件的终端上的激活信号。请求事件中可嵌套 Signal 描述符和/或 Event 描述符。如果事件中有嵌套的 Signal 描述符和/或 Event 描述符，则在这个事件被识别后，嵌套的 Signal 描述符和/或 Event 描述符就替代了现有的 Signal/Event 描述符。嵌套最多一级，嵌套的 Event 描述符中不可再嵌入其他 Event 描述符，但可嵌入 Signal 描述符。H.248 协议规定 MGC 发送的 Event 描述符中包含的事件不能既为 Keep Active 又嵌套一个 Signal 描述符。MG 接收到新的 Event 描述符后，将替换过去的 Event 描述符。正在进行的事件报告应当完成，收到带有新的 Event 描述符命令后检测到的事件应按照新 Event 描述符的要求进行处理。空的事件描述符将停止一切事件识别和报告的活动。

⑨ 事件缓存描述符 EventBuffer（EB）。由于 EventBuffer 的应用待研究，本标准暂不规定该描述符。

⑩ 信号描述符 Signal（SG）。信号是 MG 产生的媒体，如信号音（Tone）和录音通知，以及线路信号（如摘/挂机）。更复杂的信号可以包含一个简单信号的序列，加上对媒体或线路信号接收和分析，并以此作为播放的条件。在导通检测（Continuity Test）包中将收到的数据反射，就是其中一例。信号也可以要求准备一些媒体内容来产生以后的信号。Signal 描述符包含要求 MG 向终端加载的信号集，Signal 描述符包含多个信号或信号序列。Signal 描述符可以为空。对信号序列的支持为任选，信号在包中定义。信号由包名（Package Name）和 Signal ID 进行标识，Signal ID 不能使用通配值。信号包括以下任选参数：Stream ID、信号类型（Signal Type）、持续时间（Duration）和用于定义信号的其他可能参数。Stream ID 缺省值为 0，用于指示信号与特定的媒体流无关。这些任选参数使同一个信号可以产生不同的含义，而无需去使用大量单独的信号。MGC 通过任选参数"Notify Completion"指示希望 MG 在信号结束时能够通知 MGC。信号结束可能出现在以下情形下：

- 信号正常结束、信号超时；
- 被事件中断；
- Signal 描述符被替换；
- 由于其他原因导致信号停止或者从来没有开始过。

如果 Signal 描述符中未包含"Notify Completion"参数，则仅在第 4 种情形下，MG 才需要向 MGC 发送 Notify 消息。为了能报告信号结束消息，当前激活的 Event 描述符中应包含 "Signal Completion" 事件。

Signal 描述符中持续时间（Duration）参数是一个整数值，单位为 10 ms。

信号类型分为三类。

- On/Off：通断信号，信号一直持续到被关断才会结束。
- Timeout：超时信号（TO），信号将持续到被关断或规定的一段时间后结束。
- Brief：简短信号，信号持续时间很短，如果没有新的 Signal 描述符导致该信号结束的话，会自动结束。这种信号不需设信号超时值。

如果在 Signal 描述符指定了信号类型，它将覆盖缺省信号类型。如果为 On/Off 类型信号指定了 Duration 参数，则应该忽略 Duration 参数。如果缺省信号类型不是 TO 的 Signal 描述符的信号类型被类型 TO 覆盖，则必须指定 Duration 参数。信号序列包含信号序列标识符及一系列依次播放的信号。信号序列中只有最后一个信号可以是 On/off 信号。信号序列的 Duration 是它所包含的所有信号的 Duration 之和。若同一个 Signal 描述符存在多个信号和信号序列，则它们应同时播放。本规范规定信号是从终端向关联之外播放的，除非在包中有特殊规定。当同一信号加载到一个 Transaction 过程的多个终端时，MG 应该考虑使用同一资源来产生信号。新的 Signal 描述符会导致终端停止当前的信号，终端检测到事件发生也会导致其停止当前的信号。新的 Signal 描述符替换任何现有的 Signal 描述符。替代后的 Signal 描述符中未出现的信号都应结束，而开始新的信号。但以下情况除外：如果在替换后的 Signal 描述符中的信号包含 Keep Active 标记，而该信号当前正在播放且还未结束，则信号应该继续播放，但如果该信号当前并不在播放，则应该忽略该信号；如果替换后的 Signal 描述符包含的信号序列与当前 Signal 描述符中的信号序列标识符相同，则替换后的 Signal 描述符中，信号序列中的信号类型和信号顺序应被忽略，而当前 Signal 描述符中的信号序列中的信号播放不应被中断。

⑪ 审计描述符 Audit（AT）。Audit 描述符指定要审计的终端信息，反映为指定需要返回的描述符列表。Audit 描述符可包含在任何命令中，用于强制返回任何描述符的信息，包括当前的属性值、事件、信号和统计。即使在命令中未包含该描述符或描述符未包含部分指定的参数时，Audit 描述符也会强制返回该描述符信息。Audit 描述符可包含以下可选描述符参数：

- Modem；
- Mux；
- Event；
- Media；
- Signal；
- ObservedEvent；
- DigitMap；
- Statistics；
- Package；
- EventBuffer。

Audit 描述符可以为空，此时，不返回任何描述符。这在 Subtract 命令中比较有用，可用于抑制统计，特别是在使用了通配值的情况下。

⑫ 业务改变描述符 ServiceChange (SC)

ServiceChange 描述符包含下列参数。

● ServiceChangeMethod(MT)：指示将要发生或已经发生的 ServiceChange 的类型，该参数规定 MG 发生业务改变的 6 种方式。

   ● Graceful：指示终端将在延迟 ServiceChangeDelay 之后离开服务；已经建立的连接暂不影响，但 MGC 将避免新建连接并试图文明关闭已存在连接。

   ● Forced ：指示终端突然中断服务，已建立的连接丢失。

   ● Restart：指示指定终端在延迟 ServiceChangeDelay 之后重启。

   ● Disconnected：拆线方式适用于根终端。用来指示 MG 曾中断与 MGC 的通信连接，但是随后连接又重新恢复。因为 MG 的状态发生改变，所以 MGC 可以用审计命令来使 MG 与 MGC 重新同步。

   ● Handoff：当该参数由 MGC 发送给 MG，用于指示 MGC 将退出服务，MG 必须与一个新的 MGC 建立新的连接；当该参数从 MG 发送给 MGC 时，指示 MG 试图与新的 MGC 建立新的连接。

   ● Failover：该参数从 MG 发送给 MGC，指示主控 MG 将退出服务，备用的 MG 将开启服务。

● ServiceChangeReason：指定已发生或将要发生的 ServiceChange 命令的原因。它由数字字母令牌（IANA 注册）和解释性文字组成。其参数值见表 8-3。

表 8-3　业务改变原因值

业务改变原因值	含义
900	业务恢复
901	冷启动
902	热启动
903	直接的 MGC 改变
904	终端故障
905	终端退出服务
906	底层连接丢失
907	传输故障
908	MG 临近故障
909	MGC 临近故障
910	媒体能力故障
911	Modem 能力故障
912	Mux 能力故障
913	信号能力故障
914	事件能力故障
915	状态丢失
916	包类型改变
917	能力改变

   ● ServiceChangeAddress 参数为任选项，规定了用于后续通信的地址（例如，IP 网的端口号）。

   ● ServiceChangeDelay 参数为可选项，单位为秒。

   ● ServiceChangeProfile 参数为任选项，规定协议的框架。ServiceChangeProfile 包括

支持的框架版本。

- ServiceChangeVersion 参数为任选项，包含所支持的协议版本，进行协议协商版本时使用。

- ServiceChangeMGCID 参数可以由 MGC 返回 MG，用于指示 MG 应该优先选择的 MGC。此时，MG 可以向新的 MGC 重新发送 ServiceChange 请求命令。ServiceChangeMGCId 参数中规定的 MGC 的优先级比其他 MGC 高。当 MGC 向 MG 发送的 ServiceChange 命令中 ServiceChangeMethod 参数为 HandOff 时，ServiceChangeMGCId 参数中指示的 MGC 将代替原有 MGC 而进入服务。

- TimeStamp 参数为任选项，表示发送方当前的实际时间。接收方可用此参数来确定在时间的含义方面与接收方的不同。

- 扩展参数为 MG 和 MGC 之间的内部参数。

⑬ 号码表描述符（DigitMap）。

a．DigitMap 的定义、创建、更新和删除。号码表（DigitMap）指的是 MG 中的拨号方案，用于检测和报告在终端上接收到的拨号事件。DigitMap 描述符包含 DigitMap 名称（DigitMapName）和指定的 DigitMap。DigitMap 可以通过管理系统预先装载于 MG，并通过在 Event 描述符中指定 DigitMap 名称进行引用；DigitMap 还可以动态定义，并随后通过所定义的 DigitMap 名称进行引用；还可以在 Event 描述符中定义当前的 DigitMap。在一个命令中的 DigitMap 描述符中定义的 DigitMap，可以被同一命令中的 Event 描述符里的 DigitMap Completion 事件所引用，而无需考虑相应描述符的传送顺序。H.248 协议规定的任何命令都可以使用 DigitMap 描述符中定义的 DigitMap。DigitMap 一经定义，则可以适用于命令中该 Termination ID（可能为通配值）所指定的所有终端。根终端中定义的 DigitMap 具有全局性，适用于 MG 中的任意终端，只要名称相同的 DigitMap 未在特定终端中另作定义。H.248 协议规定可以按照以下方式在 DigitMap 描述符中动态定义 DigitMap。

- 创建新的 DigitMap 可以通过定义一个未被使用的 DigitMap 名称，并应给出取值。

- 更新 DigitMap 可以通过给一个已定义的 DigitMap 名称赋一个新值。DigitMap 值更新后，当前正使用该 DigitMap 的所有终端应该继续使用更新前的 DigitMap 定义值；而后面的 Event 描述符中的 DigitMap 描述符如果包含了该 DigitMap 名称，则应使用更新后的 DigitMap 定义值。

- 删除 DigitMap 可以通过给一个已被定义的 DigitMap 名称赋一个空值。DigitMap 删除后，当前正使用 DigitMap 的所有终端应继续使用删除前的 DigitMap。

b. DigitMap 定时器。H.248 协议规定了三类定时器用于保护根据 DigitMap 所收集的号码，这三类定时器为：起始定时器（T），短定时器（S）和长定时器（L）。

- 起始定时器 T 用于任何已拨号码之前。如果起始定时器被设为 0（T=0），此定时器就失效了，表示 MG 将无限期地等待拨号。

- 若 MG 确认号码串至少还需要一位号码来匹配 DigitMap 中的任意拨号方案，则数字间的定时器值应设置为长定时器（L）（如 16 s）。

- 若号码串已经匹配了 DigitMap 中的某一拨号方案，但还有可能接收更多位数的号码而匹配其他不同的拨号方案，则不应立即报告匹配情况，MG 必须使用短定时器（S）等待接收更多位数的号码。DigitMap 中的定时器为可配置参数。这些定时器的缺省值应当在 MG 中预先设定，但可以被 DigitMap 中指定的值所修改。

c. DigitMap 语法。根据语法，DigitMap 可以由字符串和字符串列表来定义。字符串列表中的每个字符串都是一个可选拨号事件序列，可以表示为一个 DigitMap 字符序列，也可以是 DigitMap 字符序列的标准表达形式。DigitMap 字符包括数字和字母，其中数字的范围从"0"到"9"，字母的范围从"A"到由相关信令系统所决定的字母最大值（最大值不超过 K）。这些字符应与该 DigitMap 所适用的终端上的 Event 描述符所指定的事件一一对应。DigitMap 字符与拨号事件之间的映射关系在与随路信令系统（如 DTMF，MF，R2）相关的包中进行了规定。从"0"到"9"的数字字符必须映射到信令系统相应的拨号事件。DigitMap 字母应当按一定的逻辑结构来分配，以便使用范围表示法（range notation）表示可选拨号事件。DigitMap 中字母"X"为通配值，可代表与"0"～"9"范围内的符号相关的任何拨号事件。字符串可包含明确的范围及明确的符号集，以代表任意一个满足该 DigitMap 相应位置的拨号事件。符号"."代表 0 次或多次重复在"."之前的拨号事件（事件、事件范围、可选事件集合或通配符）。根据规定的定时器规则，与符号"."匹配的事件之间的定时器缺省地采用短定时器 S。除了这些事件符号，字符串可以包含"S"和"L"位间定时指示符及"Z"持续时间修改符。"S"与"L"分别表示 MG 对于后续拨号事件应采用短定时器 S 或长定时器 L，取代先前规定的定时规则。若明确的定时指示符在一个 DigitMap 字符序列中生效，但在任何其他的 DigitMap 字符序列中没有规定定时指示符，则必须使用该定时指示符规定的定时器。若所有带有明确定时控制的序列从可选号码序列集合中删除，则定时器会恢复到缺省值。如果不同可选号码序列中定时指示符发生冲突，应当采用长定时器（L）。"Z"表示一个长持续时间的拨号事件。"Z"被放在满足给定字符位置的事件符号之前，它表示只有在事件的持续时间超过时间门限时，拨号事件才会满足该位置。该门限值由 MG 预先设定。

d．DigitMap 结束事件。当引用 DigitMap 的 Event 描述符处于激活状态，且 DigitMap 未结束时，DigitMap 也处于激活状态。H.248 协议规定当以下情况发生时，DigitMap 结束。

- 定时器超时。
- 已经匹配某一部分拨号事件序列，再收到其他拨号事件已不可能再匹配 DigitMap 中的其他拨号事件序列，即明确匹配（Unambiguous Match）。
- 检测到一个拨号事件，使得以后无论收到什么事件都不可能匹配 DigitMap 中一个完整的事件序列。DigitMap 结束后，应产生一个带有已经匹配的字符串的"DigitMap Completion"事件，此时 DigitMap 进入去激活状态。以后收到的事件将按当前激活的 Event 描述符的处理机制进行处理。

e．DigitMap 流程。在连续的拨号事件没有结束之前，H.248 协议规定应根据如下规则进行处理。

- "当前拨号串"是一个内部变量，起始值为空。候选拨号事件序列集合包括 DigitMap 中规定的所有候选拨号事件。
- 在每一步中，设置一个定时器等待下一拨号事件。定时器或者采用缺省的定时原则，或者采用一个或多个拨号事件序列中明确规定的定时器。若定时器超时，且能与候选拨号事件集中的一个拨号事件完全匹配，则报告"定时器超时，完全匹配"（Full Match，FM）。若定时器超时，且不能与候选拨号事件集完全匹配，或没有候选拨号事件可以匹配，则报告"定时器超时，部分匹配"（Partial Match，PM）。
- 如果定时器超时前检测到拨号事件，就将拨号事件映射成号码字符，并将其加到当前拨号字符串的后面。当且仅当事件的持续时间与当前位置相关时（因为至少有一个候选的拨号事件序列在此位置有一个"Z"指示符），事件的持续时间（不论长短）才会被记录。

- 当前的拨号字符串与候选的拨号事件序列相比较，当且仅当在该位置上具有长持续时间的拨号事件序列与之相匹配时，即拨号事件具有长持续时间并满足该位置的要求，则任何该位置上未规定长持续时间的候选拨号事件序列都将被丢弃，并且在代表最近拨号事件的符号前插入"Z"以修改当前拨号字符串。如果该位置上可能的长持续时间拨号事件的任意序列不能与正在被检测到的拨号事件相匹配，则该长持续时间拨号事件将会从候选集中丢弃。如果拨号事件序列在给定位置未规定长持续时间拨号事件，并且应用上述规则之后仍然保留在候选拨号集中，则在进行评估匹配时，被观察的拨号事件持续时间将视为无关。

- 如果恰好只剩下一个候选事件序列且完全匹配，就会产生一个明确匹配（Unambiguous Match，UM）的"DigitMap Completion"事件。如果没有候选拨号序列相匹配，则最近的事件将会从当前拨号字符串中删除。如果在检测到最近的拨号事件之前，已有一个候选拨号序列完全满足匹配，则将相应产生一个完全匹配（Full Match）的"DigitMap Completion"事件，否则将相应产生一个部分匹配（Partial Match）的"DigitMap Completion"事件。从当前拨号字符串中删除的拨号事件随后将按照当前激活的事件处理机制进行报告。

- 如果经过前面 5 个步骤都没有报告"DigitMap Completion"事件（即候选拨号集仍然包含多个拨号事件序列），则返回到第 2 步进行处理。

f. DigitMap 的激活。当新的 Event 描述符作用于终端，或者嵌套的 Event 描述符被激活时，如果 Event 描述符包含"DigitMap Completion"事件，DigitMap 就会被激活。"DigitMap Completion"事件中包含 EventDM 参数。每个新激活的 DigitMap 将带有空的当前拨号字符串。如果从流程的第 1 步开始执行，激活之前的当前拨号字符串中原来的内容将会丢失。"DigitMap Completion"事件在 Requestedaction 域中未包含 EventDM 参数，则该"DigitMap Completion"事件是错误的。如果 MG 接收到的 Event 描述符中包含这种错误的"DigitMap Completion"事件，MG 应向 MGC 报告错误，错误码为 457（"Missing parameter in signal or event"）。

g. DigitMap 和事件处理的交互。当 DigitMap 激活时，含有指定的"DigitMap Completion"事件的包中所定义的所有事件都可以被检测，正常的事件处理方式对检测到的事件继续适用。例如，如果"DigitMap Completion"事件的 KeepActive 标志没有设置，则停止信号。但有以下例外：

- 含有特定"DigitMap Completion"事件的包中，除结束事件本身外的事件是不独立通报的；

- 触发部分匹配结束事件的事件不会被识别，因而直到它随识别到"DigitMap Completion"事件而被再处理之前，是不会有副作用的。

h. 通配值。注意，如果一个包中包含"DigitMap Completion"事件，当 Event 描述符中的某个事件包含该包的名称及一个通配的属性名时，就会激活包含的 DigitMap。这个事件应包含 EventDM 域。如果该包还包含拨号事件自身，按这种形式指定的事件会引起检测到单个事件时也会向 MGC 报告。

i. DigitMap 示例。当拨号方案如下所示时：

11X　　　　　　紧急呼叫和特服呼叫
6XXXXXXX　　 本地号码
0　　　　　　　长途号码

00   国际长途

*xx   补充业务

如果收集拨号字符时采用"DTMF Detection"（Package Id:dd）包（dd 包的定义参见 RFC-3015 的附录 E.6），则该拨号方案的 DigitMap 如下所示：

{11x |6 XXXXXXX|0[1-9]XXX. |00XXX. |Exx}

⑭ 统计描述符（Statistics）。

统计描述符提供的信息用于描述一个特定关联中终端的状态和使用状况。一个终端上特定的统计属性取决于它都实现了哪些包。用 Subtract 命令从关联中删除终端时，缺省会上报其统计信息，统计应该支持 RTP 包和 network 包定义的统计属性，在 Subtract 命令中如果包含一个空的 Audit 描述符则可以抑制统计报告。统计信息还可以通过 AuditValue 命令请求返回，或者通过 Add/Move/Modify 命令中的 Audit 描述符请求返回。统计是累积的，报告统计数据时不会清除已有数据。当一个终端从关联中被用 Subtract 命令删除后，会将统计数据清除。

（5）包

由于应用的多样性和技术的不断发展，新的终端和特性要求会不断出现，为此，H.248 协议定义了一种终端特性描述的扩展机制：封包（Package）描述。凡是未在基础协议的描述语中定义的终端特性，可以根据需要增补定义相应的封包。封包中定义的特性用 {PackageID，特性 ID}标识。

H.248 协议正是利用描述语和封包结构，通过相应的命令来指定终端的特性，控制终端的连接和监视终端的性能的。

封包详见 RFC-3015 附录 E 及相关协议文档。

表 8-4 中列出了包中常用的事件名和信号等，了解这些信息，对于理解 H.248 的呼叫流程非常有用。

表 8-4　包中常用的事件名

事件名	解释
al/of	模拟线包中的摘机事件
al/on	模拟线包中的挂机事件
al/ri	模拟线包中的振铃音信号
cg/bt	呼叫音包中的忙音信号
cg/dt	呼叫音包中的拨号音信号
cg/rt	呼叫音包中的回铃音信号
dd/ce	DTMF 检测包中的 DigitMap Completion 事件

（6）H.248 中的命令

H.248 协议定义了 8 个命令用于对协议连接模型中的逻辑实体（关联和终端）进行操作和管理。命令提供了 H.248 协议所支持的最精微层次的控制。例如，通过命令可以向关联增加终端、修改终端、从关联中删除终端及审计关联或终端的属性。命令提供了对关联和终端属性的完全控制，包括指定要求终端报告的事件、向终端加载的信号及指定关联的拓扑结构（谁能听见/看见谁）。

H.248 协议规定的命令大部分都是用于 MGC 对 MG 的控制，通常 MGC 作为命令的始发者发起，MG 作为命令的响应者接收。但是 Notify 命令和 Servicechange 命令除外，Notify

命令由 MG 发送给 MGC，而 Servicechange 命令既可以由 MG 发起，也可以由 MGC 发起。各命令如图 8-9 所示，H.248 协议规定的命令参照表 8-5。

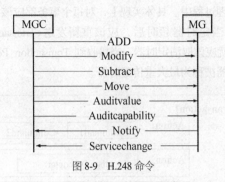

图 8-9　H.248 命令

表 8-5　H. 248 命令列表

命令	代码	方向	描述
Add	ADD	MGC→MG	增加关联
Modify	MOD	MGC→MG	修改终端
Subtract	SUB	MGC→MG	删除终端
Move	MOV	MGC→MG	移动终端
Auditvalue	SUD_VAL	MGC→MG	获取终端
Auditcapability	AUD_CAP	MGC→MG	获取终端
Notify	NTFY	MG→MGC	事件通知
Servicechange	SVC_CHG	MG→MGC	报告/注册

（7）H.248 基于事务的消息传递机制

① 事务。MG 和 MGC 之间的一组命令组成了事务（Transaction）。每个 Transaction 由一个 Transaction ID 来标识。Transaction 由一个或者多个动作（Action）组成。一个 Action 又由一系列命令及对关联属性进行修改和审计的指令组成，这些命令、修改和审计操作都局限在一个关联之内，因而每个动作通常指定一个关联标识。但是有两种情况动作可以不指定关联标识符，一是当请求对关联之外的终端进行修改或审计操作时，另一种情况是当 MGC 要求 MG 创建一个新关联时。事务、动作和命令之间的关系示意图如图 8-10 所示。

事务由 Transaction Request（事务请求）发起。对 Transaction Request 的响应放在一个单独的 Transaction Reply（事务应答）里面。在收到 Transaction Reply 之前，可能会先出现一些 Transaction Pending（事务处理中）消息。事务保证对命令的有序处理，即在一个事务中的命令是顺序执行的。各个事务之间则不保证顺序，即各个事务可以按任意顺序执行，也可以同时执行。如果一个事务中有一个命令执行失败，那么这个事务中的所有剩余命令都将停止执行。如果命令中包含通配形式的 Termination ID，则对每一个与通配值匹配的 Termination ID 执行此命令。Transaction Reply 包含对应每个与通配值匹配的 Termination ID 返回的一个响应，即使对其中一个或多个终端产生了错误码。如果与通配值匹配的终端在执行命令时发生了错误，则对此终端之后的所有通配值终端的命令将不再执行。但当命令标记为 "Optional（可选）" 时，处理的方式将会不同，即：如果一个可选命令执行失败，该事务中的后续命令仍可继续执行。如果中间某个命令执行失败，MG 在继续处理命令前应尽可能恢复该失败命令执行前所处的状态。Transaction Reply 包含相应的 Transaction Request 中的所有命令的执行结果，其中包括成功执行的命令返回值，以及所有执行失败的命令的命令名和 Error 描述符。Transaction Pending 命令是用来周期性地通知接收者一个事务尚未结束，尚处于正在积极处理过程中。具体实现上，对每个事务都应该设置一个应用层定时器等待 Transaction Reply。当定时器超时后，应该重新发送 Transaction Request。当接收到 Transaction Reply 后，就应该取消定时器。当接收到 Transaction Pending 消息后，就应该重新启动定时器。该定时器被称为最大重传定时器。

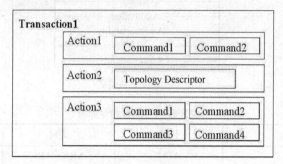

图 8-10　事务结构

事务由 Transaction ID 标识，Transaction ID 是由事务发起方分配并在发送方范围内的唯一值。如果 Transaction Request 的 Transaction ID 丢失，Transaction Reply 则带回一个 Error 描述符指示 Transaction Request 中的 Transaction ID 丢失，其中包含的 Transaction ID 填 0。

注：目前 IETF 的 H.248 对事务层只定义了 403（Syntax Error in Transaction）错误码，在没有更合适的错误码之前，暂且使用 403 作为 Transaction Request 中的 Transaction ID 丢失的错误码。

事务之间的接口如图 8-11 所示。

图 8-11　事务之间的接口

● Transaction Request。Transaction Request 由事务发起方发送，每发起一个请求后就有一个事务与之对应。一个请求包含一个或者多个动作，其中每个动作都指定了它的目标关联及对目标关联作用的一个或者多个命令。

```
Transaction Request(Transaction ID {
Context ID {Command … Command},
 . . . .
Context ID {Command … Command }})
```

其中，Transaction ID 参数必须指定一个值，用于该参数可以将 Transaction Request 与以后接收方发出的 Transaction Reply 或者 Transaction Pending 关联起来。Context ID 必须指定一个值，该值用于随后的所有命令，直到指定下一个 Context ID 或 Transaction Request 结束。

● Transaction Reply。

Transaction Reply 由事务的接收方发送，作为对 Transaction Request 的一对一响应。一个 Transaction Reply 包含一个或者多个动作，其中每个动作都必须指定动作的目标关联，以及对应每个关联的一个或者多个响应。当事务的响应方完成了 Transaction Request 的处理后，就会发送一个 Transaction Reply。

当出现以下两种情形之一时，就认为接收方已完成 Transaction Request 的处理：

a）Transaction Request 中所有动作已处理完毕；

b）Transaction Request 中的一个非可选命令处理失败。

当命令中的所有描述符都已处理完毕，就认为这个命令处理完毕。对于信号描述符，如果该描述符语法描述正确，接收方支持信号描述符所指定的信号类型，并且指定的信号已经置于等候加载的队列中，就认为信号描述符处理完毕。对于事件描述符，如果该描述符语法描述正确，接收方能够检测事件描述符中所指定的事件，能产生事件描述符中嵌套的信号，能识别事件描述符中嵌套的事件类型，并且 MG 已处于检测事件发生的状态，就认为事件描述符处理完毕。

```
Transaction Reply (Transaction ID {
Context ID{Response … Response},
 …
Contex ID {Response … Response}})
```

Transaction Reply 中的 Transaction ID 参数必须与相关的 Transaction Request 中的 Transaction ID 相同。Context ID 参数必须指定一个值，该值适用于动作中所有命令的响应，Context ID 可以指定为确定的值、"ALL" 或 "NULL"。Response 参数代表一个命令返回值，或者命令执行失败时的 Error 描述符。失败命令之后的其他命令将不执行，也不产生命令响应。但有一个例外，当 Transaction Request 中的一个标记为 "Optional" 的命令执行失败时，事务中该命令后的命令将继续执行并返回命令响应。如果接收方处理某个 Context ID 时发生错误，则返回的动作响应中将包含处理失败的 Context ID 和一个 Error 描述符，错误码为 422（"Syntax Error in Action"）。如果接收方遇到一个错误而无法确认某个动作是否合法，则返回的 Transaction Reply 中包含 Transaction ID 和一个 Error 描述符，错误码为 422（"Syntax Error in Action"）。如果接收方无法确认某个动作的结束部分，但是可以解析出其中一个或多个命令，则接收方将执行动作中可以解析的命令，并返回一个包含 Error 描述符的响应作为该 Transaction 的最后一个动作响应，错误码为 422（"Syntax Error in Action"）。如果接收方遇到一个错误而无法确认接收的 Transaction 是否合法，则返回包含为 0 的 Transation ID 和一个 Error 描述符的 Transaction Reply，错误码为 403（"Syntax Error in Transaction"）。如果接收方无法确认某个 Transaction 的结束部分，但是可以解析其中一个或多个动作，则接收方将执行 Transaction 中可以解析的动作，并返回一个包含 Error 描述符的响应作为该 Transaction 的最后一个动作响应，错误码为 403（"Syntax Error in Transaction"）。如果接收方一个动作都不能解析，也返回 403 错误码。如果接收方无法确认所接收 Transaction 中的某个 Termination ID，则返回的响应中将包含一个 Error 描述符，错误码为 442（"Syntax Error in Command"）。如果接收方无法确认某个命令的结束部分，则返回一个包含 Error 描述符的响应作为对最后一个它能解析的动作的响应，错误码为 442（"Syntax Error in Command"）。

● Transaction Pending。Transaction Pending 由接收方发送，它表示一个 Transaction 正

在被处理，但是处理尚未完成。当对一个 Transaction 的处理还需要一些时间来完成时，发送这个消息用来防止发送方认为相关的 Transaction Request 已丢失。

Transaction Pending (Transaction ID {})

Transaction Pending 中包含的 Transaction ID 参数应与相关 Transaction Request 中的 Transaction ID 相同。根终端的"Normal MG ExecutionTime"属性由 MGC 设置，用于指示 MGC 期待从 MG 接收到事务的 Transaction Reply 时间间隔。事务发送方可能会接收到一个事务的多个 Transaction Pending 消息。当处于 Pending 状态的接收方接收到一个重复的 Transaction Request，接收方可以立即发送一个重复的 Transaction Pending 消息，或者等待定时器超时后发送另外一个 Transaction Pending 消息。

② 消息。一个消息由多个 Transaction 组成，消息的组成如图 8-12 所示。

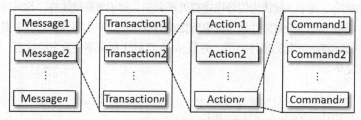

图 8-12　消息的组成

每个消息都有一个消息头，其中包含标识消息发送者的标识符。可以将消息发送者的名称（如域地址/域名/设备名）作为消息标识符 MID（Message Identifier）。H.248 协议建议使用域名作为缺省的消息标识符。在一对 MGC 和 MG 具有控制关系期间，一个 H.248 实体（MG 或 MGC）在它作为发起方发送的消息中必须始终如一地使用同一个消息标识符 MID。消息包括一个版本字段用于标识消息所遵从的协议版本。版本字段为 1 位或 2 位数，目前所采用的协议版本为版本 1。MID 如下例所示：MEGACO/1　[10.66.100.128]:2944。

消息中所包含的 Transaction 是各自独立处理的。消息不规定任何顺序，也无所谓消息的应用程序或对消息的应答。一个消息实质上只是一个传输的机制。例如，消息 X 包括 Transaction Request A，B 和 C，对它的响应可以是：由消息 Y 包含对 Transaction Request A 和 C 的应答，由消息 Z 包含对 Transaction Request B 的应答。同样，消息 L 包括 Transaction Request D，消息 M 包括 Transaction Request E，可以由消息 N 同时包含对 Transaction Request D 和 E 的应答。

③ 传送机制。H.248 的传送机制应该支持对在 MG 和 MGC 之间的所有 Transaction 的可靠传输。传输应当与协议中需要传输的特定命令无关，并且可适用于所有的应用程序状态。如果是在 IP 上传输 H.248 协议，MG 应当实现 TCP 或者 UDP/ALF，或者同时支持两者。在 IP/TCP/UDP 上传输 H.248 应当为 MG 预先提供一个首选 MGC，以及 0 到多个备选 MGC 的名字或地址（如 DNS 域名或 IP 地址），用于 MG 向 MGC 发送消息的目的地址。如果传送层协议采用的是 TCP 或者 UDP，而由于某种原因不知道应将初始的 Servicechange 请求发送到哪个端口，则消息发送方就应当将这个请求发送到缺省的协议端口。无论是 TCP 还是 UDP，对于文本编码的消息，缺省的协议端口为 2944；而对于二进制编码的消息，缺省的协议端口为 2945。MGC 接收到来自 MG 的包含 Servicechange 请求的消息后，应当能够从中判断出 MG 的地址。同时，MG 和 MGC 都可以在 Servicechange Address 参数中提供一个地址，以便后续的 Transaction Request 都发送到这个地址。但是，所有请求的响应（包括对初始的 Servicechange 请求的响应）必须发送给相应请求的

源地址。例如，在 IP 网中，这个地址应该是 IP 头中的源地址及 TCP/UDP/SCTP 头中的源端口号。

H.248 协议的传输机制能够支持在 MG 和 MGC 之间的事务处理的可靠传输采用三次握手机制，如图 8-13 所示。

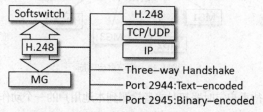

图 8-13 H.248 的可靠传输

H.248 协议不要求所采用的底层协议保证 Transaction 的顺序到达，这一特性可以增强 Action 的实时性，但是也具有一些缺陷，如下所述。

· Notify 命令可能被延迟，当它到达 MGC 时，MGC 可能已发送了一个新命令改变了 Event 描述符。

· 在命令未确认之前发送一个新的命令，不能确保先前的命令在新命令之前被执行。

H.248 协议规定对于在不同 Transaction 中传送的命令，MGC 应遵循以下规则确保与 MG 的一致操作。这些规则针对的是在不同 Transaction 中的命令。同一 Transaction 中命令的执行是按顺序进行的。

· 当 MG 处理多个终端时，与不同终端相关的命令可以同时发送，例如，可采取一种模型，使每一个终端或者一组终端都受控于一个与之相对应的处理进程或线程。

· 在一个终端上，一般最多只应当有一个未处理完的命令（如 Add、Modify 或 Move），除非这些未处理完的命令包含在同一个事务中。但是 Subtract 命令可以随时发送，因此，有时 MG 可能接收到一个 Modify 命令作用于一个之前已被删除的终端，此时 MG 应忽略这样的命令并返回带错误码的响应。

· 对于不保证消息按顺序发送的传输协议，如 UDP，任何时候在一个终端上一般只应当有一个未处理完的 Notify 命令。

· 有时，当 Add 命令正在处理时，可能有一个作用于一组采用隐含或显式通配值表示的终端的 Subtract 命令，Subtract 命令应先于 Add 命令处理。此时，MGC 应专门删除 Add 命令中涉及的所有终端。而且，在上述 Subtract 命令未被响应之前，不应对包含在通配值（或通配值隐含在 Mux Descriptor 中）中的终端发送新的 Add 命令。

· Auditvalue 和 Auditcapability 命令可以不按任何顺序发送。

· Servicechange 应当总是 MG 发出的第一个命令，过程按照 MG 重启动规程的定义。任何其他的命令或响应必须在 Servicechange 命令之后发送。命令的响应方不受以上规则的影响，对于每一个命令，应该及时返回命令响应。

大量的 MG 同时加电重新启动时，将同时发起大量的 Servicechange 注册流程。此时，由于大量的 Servicechange 命令同时到达很可能会使 MGC 消息处理流程发生崩溃，从而导致在业务重启期间引起消息丢失和网络拥塞。因此，H.248 协议建议采用以下规则预防 MGC 发生这种重启雪崩，如图 8-14 所示。

· 当 MG 加电重启时，应该启动一个重启定时器，并将该定时器值初始化为大于 0 小于最大等待时延（Maximum Waiting Delay，MWD）的一个随机值。当多个 MG 使用相同的重启定时器值生成算法时，应避免它们之间重启定时器随机值同步生成。

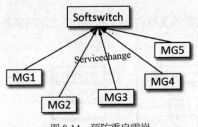

图 8-14　预防重启雪崩

- MG 应该等待重启定时器超时或者检测到本地用户的一个动作，例如，MG 检测到用户摘机事件，MG 才发起重启流程。重启流程仅要求 MG 保证 MGC 从 MG 收到的第一个消息是通知 MGC 有关重启的 Servicechange 消息。

注：MWD 是 MG 中与 MG 类型相关的配置参数。驻地媒体网关（RG）的 MWD 可以参照以下因素进行计算。通常 MGC 的规模应满足峰值小时话务负荷的需求。在负荷峰值期间，平均有 10% 的模拟电话线用户处于忙状态，且平均呼叫时长为 3 min。通常 MGC 与 MG 之间完成一次呼叫需要 5~6 个 Transaction。简单估算，平均每 30min MGC 需要为每个终端处理 5~6 个 Transaction，或者平均每 5~6min 为每个终端处理一个 Transaction。因此，建议 RG 的 MWD 值为 10~12min。当 MG 未明确定义 MWD 值时，MWD 应选取缺省值 600 s（10 min）。对于中继媒体网关（TG）或商务媒体网关（Business Gateway）而言，MWD 值应该更小，因为这些网关需要处理的终端数量更多，并且在忙时峰值阶段，终端的利用率也要大于 10%，通常为 60%。因此，在忙时，MGC 的处理能力将按每分钟为每个终端处理一个 Transaction。因此，TG 中每条中继线的 MWD 值应比 RG 中模拟电话线的 MWD 值小 6 倍，并且与正在重启动的终端数量成反比。例如，处理 T1 中继线的 TG 的 MWD 值应被设置为 2.5s，而处理 T3 中继线的 MWD 值则应被设置为 60ms。

3．H.248 协议呼叫流程

（1）MG 向 MGC 注册流程

H.248 网关要开通业务，首先是要到 SS 上注册。其注册流程如图 8-15 所示。

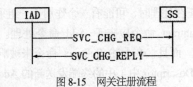

图 8-15　网关注册流程

注册流程的详细分析如下。

事件 1：H.248 网关 MG 向 SS 发送 SVC_CHG_REQ 消息进行注册，文本描述如下。

```
MEGACO/1  [10.66.100.12]:2944
T = 3{
C = —{
SC = ROOT {
SV {
MT = RS, RE = 902 }}}}
```

第一行：MEGACO 协议版本号，版本为 1。消息由 MG 发往 MGC，MG 的 IP 地址是

[10.66.100.12]，端口号是 2944。

第二行：事务 ID 号为 3。

第三行：此时未创建关联，因为关联为"－"，表示空关联。

第四行：Servicechange 命令。终端 ID 为 ROOT，表示命令作用于整个网关。

第五行：Servicechange 命令封装的 Servicechange 描述符。

第六行：Servicechange 描述符封装的参数。表示 Servicechange Method 为 Restart，Servicechange Reason 为热启动。

事件 2：SS 收到 MG 的注册消息后，回送响应给 MG。下面是 SVC_CHG_REPLY 响应的文本描述。

```
MEGACO/1 [10.66.100.2]:2944
P=3{C= - {SC=ROOT{SV{}}}}
```

第一行：MEGACO 协议，版本为 1。MGC-MG，MGC 的 IP 地址和端口号为：[10.66.100.2]:2944。

第二行：事务 ID 为"3"，关联为空。Servicechange 命令作用于整个网关。表示 MGC 已经收到 MG 发过来的注册事务，并且响应注册成功。

（2）网关注销流程

H.248 媒体网关 MG 退出服务，要向 MGC 或者是 SS 进行注销，其注销流程如图 8-16 所示。

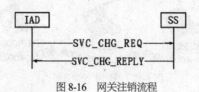

图 8-16 网关注销流程

注销流程详细分析如下。

事件 1：H.248 网关 MG 向 SS 发送 SVC_CHG_REQ 消息进行注销，该命令中 Servicechange Method 设置为 Graceful 或者 Force，文本描述如下。

```
MEGACO/1 10.66.100.12]:2944
T= 9998
{C= - {
SC = ROOT {
SV {
MT= FO, RE = 905}}}}
```

第一行：MEGACO 协议版本号，版本为 1。消息由 MG 发往 MGC，MG 的 IP 地址是 [10.66.100.2]，端口号是 2944。

第二行：事务 ID 号为 9998。

第三行：此时未创建关联，因为关联为"－"，表示空关联。

第四行：Servicechange 命令。终端 ID 为 ROOT，表示命令作用于整个网关。

第五行：Servicechange 命令封装的 Servicechange 描述符。

第六行：Servicechange 描述符封装的参数。表示 Servicechange Method 为 Force，Servicechange Reason 为终端退出服务。

事件2：SS回送证实消息。下面是SVC_CHG_REPLY 响应的文本描述。

```
MEGACO/1 [10.66.100.2]:2944
P=9998{C= - {SC=ROOT{ER=505}}}
```

第一行：MEGACO 协议，版本为 1。MGC-MG，MGC 的 IP 地址和端口号为：[191.169.150.170]:2944。

第二行：事务 ID 为"9998"，关联为空。Servicechange 命令作用于整个网关。Error 描述符为"505"，表示网关没有注册。

（3）同一 SS 域下 IAD 用户呼叫 IAD 用户流程

本呼叫的情景模式如图 8-17 所示。其中，在 IAD 中包含有物理终端和临时终端，物理终端的 TIDNAME 是 AG58900 到 AG58902，依次对应 IAD 的三个普通电话接口。临时终端的 TIDNAME 是 RTP/00000 与 RTP/00002。

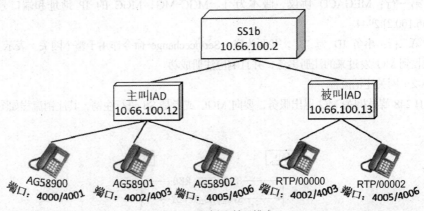

图 8-17　呼叫流程情景模式

完整呼叫的流程图如图 8-18 所示。

下面是呼叫流程的详细分析。

事件 1：主叫 IAD 对应的主叫用户摘机，网关通过 NTFY_REQ 命令把摘机事件通知发送给 SS1a/SS1b，SS1a/SS1b 收到用户摘机消息后，回应答消息。

NTFY_REQ 消息文本描述如下。

```
MEGACO/1 [10.66.100.12]:2944
Transaction = 49414
{ Context = -{
Notify = AG58900  {
ObservedEvent = 2000{ 20020403T08131100: al/of}}}}
```

第一行：MEGACO 协议版本号，版本为 1。消息由 MG 发往 MGC，MG 的 IP 地址是 [10.66.100.12]，端口号是 2944。

第二行：事务 ID 号为 49414。。

第三行：此时未创建关联，因为关联为"－"，表示空关联。

第四行：通知命令 Notify，该命令作用对象为 AG58900，对应的号码为#02582325。

第五行：Notify 命令封装的描述符 ObservedEvent，其中事件号为 2000，与触发 NTFY_REQ 命令的请求命令的 Request ID 保持一致，将两者关联，al/of 表示摘机事件，事件发生时间为 20020403T08131100。

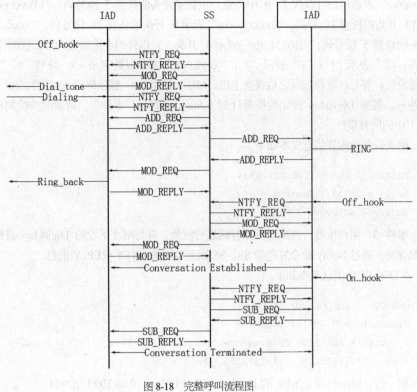

图 8-18 完整呼叫流程图

SS 回应答消息，NTFY_REPLY 消息文本描述如下。

```
MEGACO/1 [10.66.100.2]:2944
P=49414{
C=-{
N=AG58900}}
```

事件 2：SS 收到主叫用户摘机事件以后，通过 MOD_REQ 命令指示网关给终端发送拨号音，并把拨号计划 DigitMap 发送给 H.248 网关，要求根据 DigitMap 拨号计划收号，并同时检测挂机和拍叉簧事件的发生。网关设备回复相应的响应消息。

```
MEGACO/1 [10.66.100.2]:2944
T=25218{ C=-{
MF=AG58900{
M=DM999264604954{(([2-9]xxxxxx|13xxxxxxxxx|0xxxxxxxxx|9xxxx|1[0124-9]x|E|x.F|
[0-9EF].L)F025xxxxx|FF)},E=2002{dd/ce{ DM=DM999264604954 },al/on,al/fl},SG {cg/
dt}}}}
```

第一行：MEGACO 协议的版本为 1。消息发送者标识（MID），此时为 MGC 的 IP 地址和端口号：[10.66.100.2]:2944。

第二行：事务 ID 为"25218"，该事务 ID 用于将该请求事务和其触发的响应事务相关联。此时，该事务封装的关联为空。

第三行：Modify 命令，用来修改终端 AG58900 的特性、事件和信号。

第四行：DigitMap 描述符，SS 下发给网关设备。拨号计划 dmap1。其中，"[2-

9]xxxxxx" 表示用户可以拨 2 ~ 9 中任意一位数字开头的任意 7 位号码；"13xxxxxxxxx"表示 13 开头的任意 11 号码；"0xxxxxxxxx" 表示 0 开头的任意 10 位号码；"9xxxx"表示 9 开头的任意 5 位号码；"1[0124-9]x"表示 1 开头，3 以外的十进制数为第二位的任意 3 位号码；"E"表示"*"；"F"表示"#"；"[0-9EF].L"表示以数字 0 ~ 9、符号"*""F"开头的任意位，等长计数器超时之后就会上报。MGC 请求 MG 监视终端 A0 发生的以下事件：事件一，根据 DigitMap 规定的拨号计划（dmap1）收号；事件二，请求网关检测模拟线包（al）中的所有事件。

网关设备的应答信息文本如下。

```
MEGACO/1  [10.66.100.12]:2944
Reply = 25218 { Context = — {
Modify = AG58900} }
```

事件 3：用户拨号，终端对所拨号码进行收集，并与刚才下发的 DigitMap 进行匹配，匹配成功，通过 Notify 命令发送给 SS，SS 回复给网关 NTFY_REPLY 消息。

NTFY_REQ 消息文本如下。

```
MEGACO/1  [10.66.100.12]:2944
Transaction = 49415{Context = -
{ Notify = AG58900{ ObservedEvent = 2002 {20020403T08131500 : dd/ce
{ ds = "F02582325" , (#02582325)  Meth = UM } } } } }
```

第一行：MG-MGC。MG 的 IP 地址和端口号为：[10.66.100.12]:2944。

第二行：事务 ID 为 49415。此时，该事务封装的关联为空。SS1a/1b 的实现方式为主叫拨号之后才建立关联，以免主叫摘机不拨号、所拨的号码不存在等原因引起的资源浪费。

第三行：Notify 命令，该命令作用于终端 AG58900。观测到的事件描述符。Request ID 为 "2002"，与上文 MOD_REQ 命令的 Request ID 相同，表示该通知由此 MOD_REQ 命令触发。上报 DigitMap 事件的时间戳。"20020403T08131500" 表示 2002 年 4 月 3 日早上 8 时 13 分 15 秒。终端 AG58900 观测到的事件为 DTMF 检测包中的 DigitMap Completion 事件。该事件的两个参数为：DigitMap 结束方式（Meth）和数字串（ds）。DigitMap 结束方式（Meth）有三个可能值。

- "UM"：明确匹配。如果恰好只剩下一个候选拨号序列且完全匹配，就会产生一个 "明确匹配" 的 DigitMap Completion 事件。
- "PM"：部分匹配。在每一步中，等待下一拨号事件的定时器将采用缺省的定时原则，或者参照一个或多个拨号事件序列中明确规定的定时器。若定时器超时，且不能与候选拨号事件集完全匹配或没有候选拨号事件可以匹配，则报告 "定时器超时，部分匹配"。
- "FM"：完全匹配。若定时器超时，且能与候选拨号事件集中的一个拨号事件完全匹配，则报告 "定时器超时，完全匹配"。数字串 "ds"，此时表示用户终端所拨的号码为 "F02582325"

NTFY_REPLY 响应文本如下。

```
MEGACO/1 [10.66.100.2]:2944
Rply=49415{
Context=-{Notify=AG58900}}
```

事件 4：MGC 在 MG 中创建一个新 context，并在 context 中加入 TDM termination 和 RTP termination。MG 返回 ADD_REPLY 响应，分配新的连接描述符，新的 RTP 终端描述符。

ADD_REQ 消息的文本如下所示。

```
MEGACO/1 [10.66.100.2]:2944
Transaction = 10003 {Context = $ {
Add = AG58900,
Add = $ {
Media {Stream = 1 {LocalControl {Mode = Receiveonly,nt/jit=40 ; in ms},
Local {
v=0
c=IN IP4 $
m=audio $ RTP/AVP 8 a=ptime:30}}}}}}
```

第一行：MGC-MG。MGC 的 IP 地址和端口号为：[10.66.100.2]:2944。

第二行：事务 ID 为 "10003"。"$" 表示请求 MG 创建一个新关联。由于目前关联还不确定，所以使用 "$"。

第三行：Add 命令，将终端 AG58900 加入新增的关联。

第四行：Add 命令，将某个 RTP 终端加入新增关联。其中，新的 RTP 终端为临时终端，由于 RTP 终端的描述符没有确定，所以使用 "$"。

第五行：媒体描述符。流号为 1，LocalControl 为本地描述符，给出了与此媒体流相关的参数，此时终端 AG58900 为只收模式，nt/jit=40，表示 Network Package 中的抖动缓存最大值为 40ms。

第六行：Local 描述符。MGC 建议新的 RTP 终端采用一系列本地描述参数。"v=0" 表示 SDP 协议版本为 0。"c=IN IP4 $" 表示 RTP 终端的关联信息，关联的网络标识为 Internet，关联地址类型为 IP4，"$" 表示目前本地 IP 地址未知。"m=audio $ RTP/AVP 8" 表示 MGC 建议新的 RTP 终端的媒体描述，"audio" 表示 RTP 终端的媒体类型为音频，"$" 表示 RTP 终端的媒体端口号目前未知，"RTP/AVP" 为运输层协议，其值和 "c" 行中的地址类型有关，对于 IP4 来说，大多数媒体业务流都在 RTP/UDP 上传送，已定义如下两类协议：RTP/AVP，音频/视频应用文档，在 UDP 上传送。"8" 对于音频和视频来说，就是 RTP 音频/视频应用文档中定义的媒体净荷类型。表示 MGC 建议 RTP 终端媒体编码格式采用 G.711A。H.248 协议规定 RTP 净荷类型至编码的映射关系为：G.711U = 0；G.726 = 2；G.723，G.7231 = 4；G.711A = 8；G.729，G.729A= 18。

ADD_REPLY 消息文本如下所示。

```
MEGACO/1 [10.66.100.12]:2944
Reply = 10003 {
Context = 2000 {Add = AG58900,Add=RTP/00000{
Media {
Stream = 1 {
Local {
v=0
c=IN IP4 10.66.100.12
m=audio 2222 RTP/AVP 4
a=ptime:30
a=recvonly}}}}}
```

在此回复消息中，已经建立了关联，Context = 2000，其中选择的终端为 AG58900 和 RTP/00000。网关设备在利用 SS 发送的 ADD_REQ 消息中的 SDP 描述模板，把自己的媒体信息上报给 SS，这些媒体信息包括自己的 IP 地址：c=IN IP4 10.66.100.12，RTP 流的端口号和网关采用的编解码方式：m=audio 2222 RTP/AVP 4，时延 a=ptime:30 等信息。

事件 5：MGC 进行被叫号码分析后，确定被叫端，设置被叫侧媒体参数。网关返回 ADD_REPLY 响应，分配新的连接描述符，新的 RTP 终端描述符。

ADD_REQ 消息文本描述如下。

```
MEGACO/1 [10.66.100.2]:2944
Transaction = 50003 {Context = $ {
Add = AG58901 {Media {Stream = 1 {LocalControl{Mode=SendReceive} }},
Event={1234{al/of},Signal {al/ri}},
Add = ${Media {Stream =1
{LocalControl
{Mode=SendReceive,
nt/jit=40 ; in ms}, Local {
v=0
c=IN IP4 $
m=audio $ RTP/AVP 4
a=ptime:30},
Remote {
v=0
c=IN IP4 10.66.100.12
m=audio 2222 RTP/AVP 4
a=ptime:30} ;}}}}}
```

第一行：MGC-MG。MGC 的 IP 地址和端口号为：[10.66.100.2]:2944。

第二行：事务 ID 为 "50003"。"$" 表示请求 MG 创建一个新关联。由于目前关联还不确定，所以使用 "$"。

第三行：媒体描述符。流号为 1，LocalControl 为本地描述符，给出了与此媒体流相关的参数，此时终端 AG58900 为只收模式。

第四行：事件号为 1234，检测有无挂机事件，并且通过 Signals {al/ri} 给被叫用户放振铃音。

第五行：在被叫侧添加 RTP 资源，Media 为媒体描述符，其中定义了媒体资源参数。Mode=SendReceive 表明被叫侧媒体资源为收发模式，设置抖动为 40ms(nt/jit=40)。SS 下发 SDP 模板给被叫侧终端，让其上报自己的媒体资源信息，并将主叫用户信息通过 Remote 描述符传递给被叫用户。

ADD_REPLY 响应消息文本描述如下。

```
MEGACO/1 [10.66.100.13]:2944
Reply = 50003 {
Context = 5000 {
Add = AG58901,
Add = RTP/00001{
Media {
```

```
Stream = 1 {
Local {
v=0
c=IN IP4 10.66.100.13
m=audio 1111 RTP/AVP 4
}} ; }}}}
```

ADD_REQ 的响应消息。在被叫侧建立关联域和 RTP 终端，并将本端媒体资源信息封装在 SDP 描述，通过 Media 描述符递交给 SS。

事件 6：MGC 发送 MOD_REQ 命令给主叫侧终端，修改主叫侧终端的属性并请求 MG 给主叫侧终端放回铃音。MG 返回 MOD_REPLY 响应进行确认，同时给主叫侧终端放回铃音。

MOD_REQ 消息文本消息如下。

```
MEGACO/1 [10.66.100.2]:2944
Transaction = 10005 {
Context = 2000 {
Modify = AG58900 {
Signal {cg/rt}},
Modify = RTP/00000 {
Media {
Stream =1 {Remote {
v=0
c=IN IP4 10.66.100.13
m=audio 1111 RTP/AVP 4}} ;}}}}
```

MOD_REPLY 文本消息如下。

```
MEGACO/1 [10.66.100.12]:2944
Reply = 10005
{ Context = 2000 {
Modify = AG58900
Modify = RTP/00000}
```

事件 7：被叫侧终端用户摘机，被叫侧网关设备把摘机事件通过 NTFY_REQ 命令通知 MGC。MGC 返回 NTFY_REPLY 响应进行确认。

NTFY_REQ 命令的文本描述如下。

```
MEGACO/1 [10.66.100.13]:2944
Transaction = 50005 {Context = 5000 {
Notify = AG58901 {ObservedEvent =1234 {
19990729T22020002:al/of}}}}
```

NTFY_REPLY 命令的文本描述如下。

```
MEGACO/1 [10.66.100.1]:2944
Reply = 50005 {
Context = - {
Notify = AG58901}}
```

事件 8：MGC 修改被叫侧终端用户半永久性资源的属性，设置需要检测的事件为挂机事件，并且停止放任何信号音。

MOD_REQ 命令的文本描述如下。

```
MEGACO/1 [10.66.100.2]:2944
Transaction = 10006 {
Context = 5000 {
Modify = AG58901 {
Event = 1235 {al/on},
Signal { } ; to turn off ringing }}}
```

MOD_REPLY 命令的文本描述如下。

```
MEGACO/1 [10.66.100.13]:2944
Reply = 10006 {
Context = 5000
{Modify = AG58901,
Modify = RTP/00001}}
```

事件 9：Modify 命令，修改主叫侧用户的属性，终端用户回复信息给 SS。

MOD_REQ 命令的文本消息如下。

```
MEGACO/1 [10.66.100.2]:2944
Transaction = 10006 {
Context = 2000 {
Modify = RTP/00000 {
Media {
Stream = 1 {
LocalControl {
Mode=SendReceive}}}},
Modify = AG58900 {
Signal { }}}}
```

MOD_REPLY 命令的文本消息如下。

```
MEGACO/1 [10.66.100.12]:2944
Reply = 10006 {
Context = 2000
{Modify = RTP/00000,
Modify = AG58900}}
```

至此，主叫终端和被叫终端都知道了本端和对端的连接信息，呼叫建立条件已经具备，可以正常通话了。

下面是呼叫撤销流程。

事件 10：收到被叫用户的挂机事件，MGC 给 MG 发送 NTFY_REQ 命令修改被叫用户属性，请求网关进一步检测终端发生的事件，如摘机事件等。MG 发送 NTFY_REPLY 响应确认已接收 MOD_REQ 命令并执行。

MOD_REQ 命令的文本消息如下：

```
MEGACO/1 [10.66.100.13]:2944
Transaction = 50008 {
Context = 5000 {
Notify = AG58901
{ObservedEvent =1235 {
19990729T24020002:al/on} } } }
```

SUB_REPLY 命令的文本消息如下。

```
MEGACO/1 [10.66.100.1]:2944
Reply = 50008 {
Context = -
{Notify = AG58901}}
```

事件 11：MGC 收到被叫用户的挂机事件后，将向网关设备发送 SUB_REQ 命令，把关联的所有的半永久型终端和临时的 RTP 终端删除，从而删除关联，拆除呼叫。网关设备返回 SUB_REPLY 响应确认已接收 SUB_REQ 命令。

SUB_REQ 命令的文本描述如下。

```
MEGACO/1 [10.66.100.1]:2944
Transaction = 50009 {
Context = 5000 {
Subtract = AG58901
{Audit{Statistics}},
Subtract = RTP/00001
{Audit{Statistics}}}}
```

SUB_REPLY 命令的文本描述如下。

```
MEGACO/1 [10.66.100.13]:2944
Reply = 50009 {
Context = 5000 {
Subtract = AG58901 {
Statistics {
nt/os=45123, ;
nt/dur=40 ; }},
Subtract = RTP/00001 {
Statistics {
rtp/ps=1245,
nt/os=62345,
rtp/pr=780,
nt/or=45123,
rtp/pl=10,
rtp/jit=27,
rtp/delay=48 }}}}
```

事件 12：SS 向主叫网关设备发送 SUB_REQ 命令，把关联的所有的半永久型终端和临时的 RTP 终端删除，从而删除关联，拆除呼叫。网关设备返回 SUB_REPLY 响应确认已接收 SUB_REQ 命令。

SUB_REQ 命令的文本描述如下。

```
MEGACO/1 [10.66.100.2]:2944
Transaction = 50009 {
Context = 2000 {
Subtract = AG58900
{Audit{Statistics}},
Subtract = RTP/00000
{Audit{Statistics}}}}
```

SUB_REPLY 命令的文本描述如下。

```
MEGACO/1 [10.66.100.12]:2944
Reply = 50009 {
Context = 2000 {
Subtract = AG58900 {
Statistics {
nt/os=45123, ;
nt/dur=40 ; }},
Subtract = RTP/00000 {
Statistics {
rtp/ps=1245,
nt/os=62345,
rtp/pr=780,
nt/or=45123,
rtp/pl=10,
rtp/jit=27,
rtp/delay=48 }}}}
```

（4）同一 SS 域下 TG 用户拨打 TG 用户流程

情景模式如图 8-19 所示，相关数据说明见表 8-6。

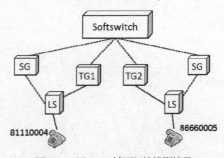

图 8-19　同一 SS 域下汇接模型情景

表 8-6　数据说明

设备	TG1	8111 局	TG2	8666 局
协议流 IP	10.66.50.80	无	10.66.50.81	无
媒体流 IP	10.76.50.80	无	10.76.50.81	无
TRUNK-TID	T00300000015010*	无	T00300000017009*	无

续表

设备	TG1	8111 局	TG2	8666 局
RTP-TID	RTP00300000016013*	无	RTP00300000016013*	无
电话号码	无	81110004	无	86660005

呼叫流程如图 8-20 所示。

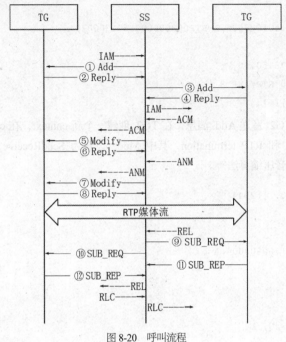

图 8-20　呼叫流程

对呼叫流程的详细分析如下。

① 主叫用户摘机拨号后，MGC 收到主叫交换机的 ISUP 初始地址消息（IAM），然后向 TG1 发送 Add 消息，在 TG 中创建一个新 context，并在 context 中加入入局中继的 termination 和 RTP termination，其中 RTP 的 Mode 设置为 Receiveonly，并设置语音压缩算法，实例如下：

```
!/1 [10.66.50.1]:2944
T=23080521{
C=${
A=T0030000001501000008,A=${
M{
ST=1{
O{
MO=RC,nt/jit=40},L{
v=0
c=IN IP4 $
m=audio $ RTP/AVP 8
a=ptime:20
}}},E=23070672{
```

```
nt/netfail,nt/qualert{
th=0}}}}}
```

② TG1 为所需 Add 的 RTP 分配资源 RTP1，并向 MGC 应答 Reply 消息，其中包括该 RTP1 的 IP 地址，采用的语音压缩算法和 RTP 端口号等。

```
!/1[10.66.50.80]:2944
P=23080521{
C=196629{
A=T0030000001501000008,A=RTP0030000001601300020{
M{ST=1{L{v=0
c=IN IP4 10.76.50.80
m=audio 10040 RTP/AVP 8
a=ptime:20}}}}}}
```

③ MGC 向 TG2 发送 Add 消息，在 TG2 创建一个新 context，在 context 中加入出局中继的 termination 和 RTP termination，其中 Mode 设置为 SendReceive，并设置远端 RTP 地址及端口号、语音压缩算法等。

```
!/1 [10.66.50.1]:2944
T=25178397{
C=${
A=T0030000001700900004,A=${
M{
ST=1{
O{
MO=SR,nt/jit=40},L{
v=0
c=IN IP4 $
m=audio $ RTP/AVP 8
a=ptime:20
},R{
v=0
c=IN IP4 10.76.50.80
m=audio 10040 RTP/AVP 8
a=ptime:20
}}},E=25167824{
nt/netfail,nt/qualert{
th=0}}}}}
```

④ TG2 为所需 Add 的 RTP 分配资源 RTP2，并向 MGC 应答 Reply 消息，其中包括该 RTP2 的 IP 地址，采用的语音压缩算法和 RTP 端口号等。MGC 收到 TG2 的正确响应后向被叫交换机发送 ISUP 初始地址消息（IAM）。

```
!/1 [10.66.50.81]:2944
P=25178397{
C=196613{
A=T0030000001700900004,A=RTP0030000001601300003{
```

```
M{ST=1{L{v=0
c=IN IP4 10.76.50.81
m=audio 10006 RTP/AVP 8
a=ptime:20
}}}}}}
```

⑤ MGC 收到被叫交换机的 ISUP 地址全消息（ACM）后向 TG1 发送 Modify 消息，设置远端 RTP 地址及端口号、语音压缩算法等。

```
!/1 [10.66.50.1]:2944
T=23080522{
C=196629{
MF=RTP0030000001601300020{
M{
ST=1{
R{
v=0
c=IN IP4 10.76.50.81
m=audio 10006 RTP/AVP 8
a=ptime:20
}}}}}}
```

⑥ TG1 向 MGC 返回 Reply。

```
!/1 [10.66.50.80]:2944
P=23080522{
C=196629{
MF=RTP0030000001601300020{
M{ST=1{L{v=0
c=IN IP4 10.76.50.80
m=audio 10040 RTP/AVP 8
a=ptime:20
}}}}}}
```

⑦ MGC 收到被叫交换机的 ISUP 应答消息（ANM）后向 TG1 发送 Modify 消息，将其 Mode 修改为 SendReceive。

```
!/1 [10.66.50.1]:2944
T=23080523{
C=196629{
MF=RTP0030000001601300020{
M{
ST=1{
O{
MO=SR}}}}}}
```

⑧ TG1 向 MGC 返回 Reply。

```
!/1 [10.66.50.80]:2944 P=23080523{
C=196629{MF=RTP0030000001601300020}}
```

⑨ 用户 86660005 挂机，被叫交换机向 MGC 发送 ISUP 释放消息（REL），MGC 向 TG2 发送 Subtract 消息，释放主叫中继和 RTP。

```
!/1 [10.66.50.1]:2944
T=25178398{
C=196613{
S=T0030000001700900004,S=RTP0030000001601300003{
AT{
SA}}}}
```

⑩ TG2 向 MGC 返回 Reply，其中上报呼叫的媒体流统计信息。

```
!/1 [10.66.50.81]:2944
P=25178398{
C=196613{
S=T0030000001700900004,S=RTP0030000001601300003{
SA{
nt/dur=8,nt/os=60160,nt/or=19680,rtp/ps=376,rtp/pr=123,rtp/pl=0,rtp/jit=0,rtp
/delay=1}}}}
```

⑪ MGC 向主叫交换机发送 ISUP 释放消息（REL），并向被叫发送 ISUP 释放完成消息（RLC），MGC 向 TG1 发送 Subtract 消息，释放被叫中继和 RTP。

```
!/1 [10.66.50.1]:2944
T=23080524{
C=196629{
S=T0030000001501000008,S=RTP0030000001601300020{
AT{
SA}}}}
```

⑫ TG1 向 MGC 返回 Reply，其中上报呼叫的媒体流统计信息。

```
!/1 [10.66.50.80]:2944
P=23080524{
C=196629{
S=T0030000001501000008,S=RTP0030000001601300020{
SA{
nt/dur=8,nt/os=19840,nt/or=58880,rtp/ps=124,rtp/pr=368,rtp/pl=0,rtp/jit=0,rtp
/delay=1}}}}
```

三、SIP 协议

1. SIP 协议基础

（1）SIP 协议使用位置

会话发起协议（Session Initiation Protocol，SIP）是由 IETF 提出的 IP 电话信令协议。它的主要目的是为了解决 IP 网中的信令控制，以及同 Softswitch 的通信，从而构成下一代的增值业务平台，对电信、银行、金融等行业提供更好的增值业务。其应用位置如图 8-21 所示。

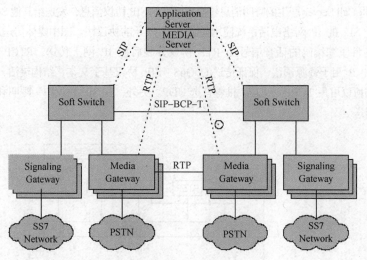

图 8-21　SIP 在软交换网络结构中的位置

图中各功能模块说明如下。

- Softswitch: 主要实现连接、路由和呼叫控制、带宽的管理，以及话务记录的生成。
- Media Gateway: 提供电路交换网（即传统的 PSTN 网）与包交换网（即 IP,ATM 网）中信息转换（包括语音压缩、数据检测等）。
- Sinnaling Gateway: 提供 PSTN 网同 IP 网间协议的转换。
- Application Server: 运行和管理增值业务的平台，与 Softswitch 用 SIP 进行通信。
- Media Server: 提供媒体和语音资源的平台，同时与 Media Gateway 进行 RTP 流的传输。

使用 SIP 作为 Softswitch 和 Application Server 之间的接口，可以实现呼叫控制的所有功能。同时 SIP 已被 Softswitch 接受为通用的接口标准，从而可以实现 Softswitch 之间的互联。

（2）SIP 协议所使用的环境

如图 8-22 所示，SIP Adapter 在 Softswitch 的软件模块结构中处于与 SS7、H.248、H.323 相同的 L2/L3 层内，都需要通过 Internet Protocol 与 Call Server 进行消息交互。

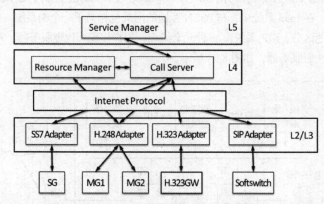

图 8-22　SIP 在 SS 软件结构中的位置

从 Call Server 的角度来看，SIP Adapter 的功能主要有两部分：

- 将其他 Softswitch 交换机发来的 SIP 消息转换成统一的内部呼叫协议；

● 将 Call Server 产生的呼叫消息转换成标准的 SIP 协议消息，发送给其他 Softswitch。

基于 SIP 的 IP 网络电话系统使用如图 8-23 所示的协议栈。图中媒体传送层采用 PCM 编码或各种压缩编码的话音信号经 RTP 协议分装后在 IP 网上传送，RTCP 检测传送的 QoS，RSVP 用于资源预留，保证传送的 QoS，SIP 协议基于文本，结构灵活，易于扩展，低层传输协议可用 TCP 或 UDP，推荐首选 UDP。另外，在 SIP 协议中，呼叫和媒体控制信息同时传送。

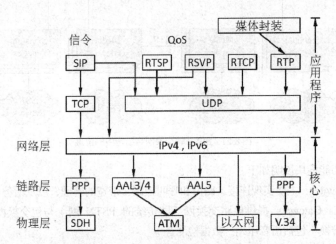

图 8-23　基于 SIP 的 IP 网络电话系统协议栈

2. SIP 网络构成

SIP 协议虽然主要为 IP 网络设计，但它并不关心承载网络，也可以在 ATM、帧中继等承载网中工作，它是应用层协议，可以运行于 TCP、UDP、SCTP 等各种传送层协议之上。SIP 用户是通过类似于 E-mail 地址的 URL 标识，例如：sip:myname@mycompany.com，通过这种方式可以用一个统一名字标识不同的终端和通信方式，为网络服务和用户使用提供充分的灵活性。

SIP 协议是一个 Client/Sever 协议。SIP 端系统包括用户代理客户机（UAC）和用户代理服务器（UAS），其中 UAC 的功能是向 UAS 发起 SIP 请求消息，UAS 的功能是对 UAC 发来的 SIP 请求返回相应的应答。在 SS（Softswitch）中，可以把控制中心 Softswitch 看成一个 SIP 端系统。在 Iptel 系统中，与 PSTN 互通的网关也相当于一个端系统。

按逻辑功能区分，SIP 系统由 5 种元素组成：用户代理、代理服务器、重定向服务器、位置服务器及注册服务器，如图 8-24 所示。

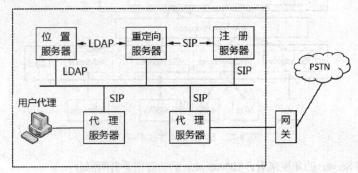

图 8-24　SIP 系统组成

- 用户代理（User Agent）就是 SIP 终端，分为两个部分：客户端（User Agent Client），负责发起呼叫；用户代理服务器（User Agent Server），负责接受呼叫并做出响应。二者组成用户代理存在于用户终端中。用户代理按照是否保存状态可分为有状态代理、有部分状态用户代理和无状态用户代理。安装在计算机里的客户端软件、具有 IP 接口的 Video Phone 或者 IP Phone 都可作为用户代理。

- 代理服务器（Proxy Server），负责接收用户代理发来的请求，根据网络策略将请求发给相应的服务器，并根据收到的应答对用户做出响应。它可以根据需要对收到的消息改写后再发出。

- 重定向服务器（Redirect Server），接收用户请求，把请求中的原地址映射为零个或多个地址，返回给客户端，客户端根据此地址重新发送请求。重定向服务器并不接收或者拒绝呼叫，主要完成路由功能，与注册服务器配合可以支持 SIP 终端的移动性。

- 注册服务器（Registrar）用于接收和处理用户端的注册请求，完成用户地址的注册。

- 位置服务器（Location）是一个数据库，用于存放终端用户当前的位置信息，为 SIP 重定向服务器或代理服务器提供被叫用户可能的位置信息。

以上几种服务器可共存于一个设备，也可以分布在不同的物理实体中。SIP 服务器完全是纯软件实现，可以根据需要运行于各种工作站或专用设备中。UAC，UAS，Proxy Server，Redirect Server 是在一个具体呼叫事件中扮演的不同角色，而这样的角色不是固定不变的。一个用户终端在会话建立时扮演 UAS，而在主动发起拆除连接时，则扮演 UAC。一个服务器在正常呼叫时作为 Proxy Server，而如果其所管理的用户移动到了别处，或者网络对被呼叫地址有特别策略，则它将扮演 Redirect Server，告知呼叫发起者该用户新的位置。

理论上，SIP 呼叫可以只有双方的用户代理参与，而不需要网络服务器。设置服务器，主要是服务提供者运营的需要。运营商通过服务器可以实现用户认证、管理和计费等功能，并根据策略对用户呼叫进行有效控制。同时可以引入一系列应用服务器，提供丰富的智能业务。

SIP 的组网很灵活，可根据情况定制。在网络服务器的分工方面：位于网络核心的服务器，处理大量请求，负责重定向等工作，是无状态的，它分别地处理每个消息，而不必跟踪记录一个会话的全过程；网络边缘的服务器，处理局部有限数量的用户呼叫，是有状态的，负责对每个会话进行管理和计费，需要跟踪一个会话的全过程。这样的协调工作，既保证了对用户和会话的可管理性，又使网络核心负担大大减轻，实现可伸缩性，基本可以接入无限量用户。SIP 网络具有很强的重路由选择能力，具有很好的弹性和健壮性。

下面通过一个 SIP 通话流程的例子来进一步说明 SIP 系统中各部分的功能，如图 8-25 所示。

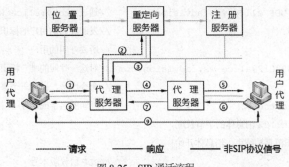

图 8-25　SIP 通话流程

① SIP 用户代理发起呼叫请求，首先找到代理服务器。

② 代理服务器不知道被叫位置，向重定向服务器查询被叫位置。重定向服务器查询对应的位置服务器。

③ 重定向服务器返回被叫用户当前位置信息。

④ 代理服务器根据被叫用户当前位置信息，将呼叫路由到下一跳代理服务器。

⑤ 被叫端代理服务器将消息路由到被叫终端，并对被叫产生振铃。

⑥、⑦、⑧ 被叫应答，逐跳回复响应到主叫终端。

⑨ 双方进入通话状态。

3. SIP 消息

SIP 是 IETF 提出的在 IP 网络上进行多媒体通信的应用层控制协议，可用于建立、修改、终结多媒体会话和呼叫，号称通信技术的 "TCP/IP"，SIP 协议采用基于文本格式的客户-服务器方式，以文本的形式表示消息的语法、语义和编码，客户机发起请求，服务器进行响应。SIP 独立于底层协议——TCP、UDP、SCTP，采用自己的应用层可靠性机制来保证消息的可靠传送。

SIP 消息有两种：客户机到服务器的请求（Request），服务器到客户机的响应（Response）。

SIP 消息由一个起始行（start-line）、一个或多个字段（field）组成的消息头、一个标志消息头结束的空行（CRLF）及作为可选项的消息体（message body）组成。其中，描述消息体（message body）的头称为实体头（entity header），其格式如图 8-26 所示。

图 8-26　SIP 消息格式

下面是两个 SIP 消息实例。

① SIP 请求消息的实例。

```
                                        //向 sip:bob@acme.com 发起呼叫，协议版本号 2.0
INVITE sip:bob@acme.com SIP/2.0
VIA:SIP/2.0/UDP alice_ws.radvision.com      //通过 Proxy:alice_ws.radvision.com
From:Alice A.                               //发起呼叫的用户的标识
To:Bob B.                                   //所要呼叫的用户
CallID:2388990012@alice_ws.radvision.com //对这一呼叫的唯一标识
Cseq:1                                      //命令序号，标识一个事件
Subject:Lunce today.                        //呼叫的名字或属性
ContentLength:182 消息体的字节长度
[一个空白行标识消息头结束，消息体开始]
v=0                                         //SDP 协议版本号
```

```
o=Alice 53655765 2353687637 IN IPV4 128.3.4.5//会话建立者和会话标识、版本、地址协
议类型、地址
s=Call from alice                    //会话的名字
c=IN IPV4 alice_ws.radvision         //连接的信息
M=audio 3456 RTP/AVP 0 3 4 5         //对媒体流类型、端口，呼叫者希望收发的格式
```

② SIP 响应消息实例：

```
S->C: SIP/2.0 200 OK
Via: SIP/2.0/UDP kton.bell-tel.com
From: A. Bell <sip:a.g.bell@bell-tel.com>
To: <sip:Watson@bell-tel.com> ;tag=37462311
CallID: 662606876@kton.bell-tel.com
Cseq: 1 INVITE
Contact: sip:Watson@Boston.bell-tel.com
ContentType: application/sdp
ContentLength: ...
v=0
o=Watson 4858949 4858949 IN IP4 192.1.2.3
s=I'm on my way
c=IN IP4 Boston.bell-tel.com
m=audio 5004 RTP/AVP 0 3
```

在以上两个实例中可看出，SIP 用户是通过类似于 E-mail 地址的 URL 来标识，其格式为：

SIP:用户名:口令@主机:端口;传送参数;用户参数;方法参数;生存期参数;服务器地址参数

其中，"SIP" 表示需要采用 SIP 的系统通信；"用户名" 可以由任意字符组成，一般可取类似于 E-mail 用户名的形式或者是电话号码，采用电话号码的方式可以保证 SIP 用户和传统电话进行很好互通；"主机" 可为主机域名或 IPv4 地址；"端口" 指示请求消息送往的端口号，其缺省值为 5060，即公开的 SIP 端口号，一般可省略；"口令" 可以置于 SIP URL 中，但实际一般不会携带，因为这样安全性得不到保障。

SIP 的 URL 最重要的就是两部分：用户名和主机，以下给出几个 URL 应用实例。

```
Sip:j.doe@big.com
Sip:j.doe:secret@big.com;transport=tcp;subject=project
Sip:+1-212-555-1212:1234@gateway.com;user=phone
Sip:alice@10.1.2.3
Sip:alice@registar.com;method=REGISTER
```

下面结合实例对 SIP 消息的格式进行说明。

① 起始行分请求行（RequestLine）和状态行（StatusLine）两种，其中请求行是请求消息的起始行，状态行是响应消息的起始行。

② 消息头分通用头（generalheader）、请求头（requestheader）、响应头（responseheader）和实体头（entityheader）4 种。

③ 消息体中携带的是 SDP 部分的内容，根据需要也可以扩展携带其他信息。

SIP 的设计者在保持其核心协议简洁的同时，为其建立了强大的扩充机制。协议扩充主

要是在消息上做文章，消息的三个基本部分：消息类型、消息头、消息体都可以被不断扩充。SIP 基于文本的方式，使各种扩充工作变得十分简便。

SIP 工作组在增加新的功能时，更愿意定义新的消息类型，而不是修补原有类型，以保持每种类型目的单纯，语义清晰。定义新的类型的工作很简单，只需定义一个新的字符串即可。例如，通过定义 INFO 消息来在会话参加者之间传递各种信息，定义 REFER 消息来实现呼叫转移的功能，定义 COMET 消息来检验能够用于会话的资源，使用户代理能够根据资源的可用性情况，决定是否接受一个呼叫。

用户可以根据需要增加新的消息头以支持新的特性，可以结合新的类型定义新的消息头，可以对原有类型小的内容进行补充。例如，上述为支持呼叫转移新增的 REFER 类型消息，新增两个消息头 refer-by 用来指示发起转移的一方，refer-to 用来指示会话被转移到的一方。

SIP 的消息体可以通过 MIME 定义的代码进行标识，携带各种类型的数据内容。一个例子是：在新一代网络中，会出现两个 PSTN 网络通过 IP 网络互联，IP 网络提供一个仿真的中继线，这时在 IP 网上采用 IP 电话信令（如 SIP）。对于两侧 PSTN 交互的传统电话信令（如 ISUP），如果要转换成 SIP 相应的内容，到另一侧再转换回来，则难免会造成信息丢失。针对这一问题，增加了一个用 application/isup 标识的消息体，将原始 ISUP 信令内容打包，原封不动地通过 SIP 消息携带到对端交换机，这样就可以方便而不失真地传递信令内容。通过采用 MIME 方式，SIP 消息体可以根据需要任意扩展，携带音频、图像乃至 Java 小程序等各种内容。

可见，强大的扩充机制使 SIP 的能力不断增强，与时俱进。同时也应看到，由于 SIP 修改扩充容易，各厂家在开发设备时难免有自由发挥的地方。如何保证各厂家设备功能兼容、互联互通，将成为 SIP 取得商业成功道路上面临的最关键的挑战之一。这需要标准组织及各方面协调统一，避免协议无节制地蔓延出各种分支。

（1）SIP 请求消息

请求消息的请求行（RequestLine）以方法（method）标记开始，后面是 RequestURI 和协议版本（SIP-Version），最后以回车键结束，各个元素间用空格键字符（SP）间隔：

RequestLine = Method SP RequestURI SP SIP-Verison CRLF

SIP 用术语"method"来对说明部分加以描述，Method 标识是区分大小写的。

Mehod = "INVITE"|"ACK"|OPTION|"BYE"|"CANCEL"|REGISTER"|INFO"

SIP 定义了以下几种方法（methods）。

① INVITE。INVITE 方法用于邀请用户或服务参加一个会话。在 INVITE 请求的消息体中可对被叫方被邀请参加的会话加以描述，如主叫方的媒体类型、发出的媒体类型及其一些参数；对 INVITE 请求的成功响应必须在响应的消息体中说明被叫方愿意接收哪种媒体，或者说明被叫方发出的媒体。

服务器可以自动地用 200（OK）响应会议邀请。

② ACK。ACK 请求用于客户机向服务器证实它已经收到了对 INVITE 请求的最终响应。ACK 只和 INIVITE 请求一起使用。对 2xx 最终响应的证实由客户机用户代理发出，对其他最终响应的证实由收到响应的第一个代理或第一个客户机用户代理发出。ACK 请求的 To、From、CallID、Cseq 字段的值由对应的 INVITE 请求的相应字段的值复制而来。

③ OPTION。用于向服务器查询其能力。如果服务器认为它能与用户联系，则可用一个能力集响应 OPTION 请求；对于代理和重定向服务器只要转发此请求，不用显示其能力。

OPTION 的 From、To 分别包含主被叫的地址信息，对 OPTION 请求的响应中的 From、

To（可能加上 tag 参数）、CallID 字段的值由 OPTION 请求中相应的字段值复制得到。

④ BYE。用户代理客户机用 BYE 请求向服务器表明它想释放呼叫。

BYE 请求可以像 INVITE 请求那样被转发，可由主叫方发出，也可由被叫方发出。呼叫的一方在释放（挂断）呼叫前必须发出 BYE 请求，收到 BYE 请求的这方必须停止发送媒体流给发出 BYE 请求的一方。

⑤ CANCEL。CANCEL 请求用于取消一个 CallID、To、From 和 Cseq 字段值相同的正在进行的请求，但取消不了已经完成的请求（如果服务器返回一个最终状态响应，则认为请求已完成）。

CANCEL 请求中的 CallID、To、Cseq 的数字部分及 From 字段和原请求的对应字段值相同，从而使 CANCEL 请求与它要取消的请求匹配。

⑥ REGISTER。REGISTER 方法用于客户机向 SIP 服务器注册列在 To 字段中的地址信息。

⑦ INFO。INFO 方法是对 SIP 协议的扩展，用于传递会话时产生的与会话相关的控制信息，如 ISUP 和 ISDN 信令消息，有关此方法的使用还有待标准化，详细内容参见 IETF RFC-2976。

⑧ 其他扩展。其他扩展的含义如下：
- re-INVITE：用来改变参数；
- PRACK：与 ACK 作用相同，但又是用于临时响应；
- SUBSCRIBE：该方法用来向远端端点预定其状态变化的通知；
- NOTIFY：该方法发送消息以通知预定者它所预定的状态的变化；
- UPDATE：允许客户更新一个会话的参数，而不影响该会话的当前状态；
- MESSAGE：通过在其请求体中承载即时消息内容实现即时淋色；
- REFER：其功能是指示接受方通过使用在请求中提供的联系地址信息联系第三方。

（2）SIP 响应消息

响应消息状态行（StatusLine）以协议版本开始，接下来是用数字表示的状态码（StatusCode）及相关的文本说明，最后以回车键结束，各个元素间用空格字符（SP）间隔，除了在最后的 CRLF 序列中，这一行别的地方不许使用回车或换行字符。

StatusLine = SIP-version SP StatusCode SP ReasonPhrase CRLF

SIP 协议中用三位整数的状态码（Status Code）和原因码（Reason Code）来表示对请求做出的回答。状态码用于机器识别操作，原因短语（ReasonPhrase）是对状态码的简单文字描述，用于人工识别操作。其格式如下：

StatusCode = 1xx(Informational)|2xx(Success)|3xx(Redirection)|4xx(ClientError)|5xx(ServerError)|6xx(GlobalFailure)

状态码的第一个数字定义响应的类别，在 SIP / 2.0 中第一个数字有 6 个值，定义如下：
- 1xx(Informational)：请求已经收到，继续处理请求。
- 2xx(Success)：行动已经成功地收到，理解和接受。
- 3xx(Redirection)：为完成呼叫请求，还需采取进一步的动作。
- 4xx(Client Error)：请求有语法错误或不能被服务器执行。客户机需修改请求，然后再重发请求。
- 5xx(Server Error)：服务器出错，不能执行合法请求。
- 6xx(Globoal Failure)：任何服务器都不能执行请求。

其中，1xx 响应为暂时响应（Provisional Response），其他响应为最终响应（Final

Response)。

下面是 SIP 响应消息状态码举例:

```
100   Trying
181   Call Is Being Forwarded
182   Queued
200   OK
301   Moved Permanently
302   Moved Temporarily
400   Bad Request
404   Not Found
405   Not Allowed
500   Internal Server Error
504   Gateway Time-out
600   Busy Everywhere
```

（3）SIP 消息头字段

SIP 协议的消息头定义与 HTTP 在语法规则和定义上很相似，首先是字段名（Field Name），字段名不分大小写，后面是冒号，然后是字段值，字段值与冒号间可有多个前导空格（LWS）。其格式如下:

messageheader = fieldname:[fieldvalue]CRLF

fieldname   = token

fieldvalue   = *(fieldcontent|LWS)

① 通用消息头(generalheader)。通用头字段适用于请求消息和响应消息，包含的字段有:

generalheader = Accept|AcceptEncoding|AcceptLanguage|CallID|Contact|Cseq|Date|Encryption| Expire|From|Organization|RecordRoute|Timestamp|To|UserAgent|Via

通用头字段中各字段的含义如下。

● Accept，AcceptEncoding 和 AcceptLanguage 字段用于客户机在请求消息中给出其可接受的响应的媒体类型、编码方式及描述语言。用于服务器在 415 响应（请确认）中表明其可理解的请求消息的媒体类型、编码方式及描述语言。

● CallID 字段: 用于唯一标识特定邀请或某个客户机的注册请求，一个多媒体会议可产生多个 CallID 不同的呼叫。

● Contact 字段: 给出一个 URL，用户可以与此 URL 建立进一步的通信。

● Cseq 字段: 用于标识服务器发出的不同请求，若 CallID 值相同，那么 Cseq 值必须各不相同。

● Date 字段: 反映首次发出请求或响应消息的时间，重发的消息与原先的消息有相同的 Date 字段位。

● Encryption 字段: 表明内容经过了加密处理，这种加密为端到端的加密。

● Expire 字段: 它给出消息内容截止的日期和时间。

● From 字段: 所有消息中都必须有 From 字段，此字段给出请求的发起者。

● Organization 字段: 它给出发出请求或响应消息的实体所属的组织的名称。

● RecodRoute 字段: 它给出一个全局可到达的 RequestURI，用于标识代理服务器。

● Timestamp 字段: 给出客户机向服务器发出请求的时间。

● To 字段: 所有消息中都必须有 To 字段，此字段给出请求的目的收方。

- UserAgent 字段：含有与发起请求的用户代理客户机有关的信息。
- Via 字段：它给出请求消息迄今为止经过的路径。

② 实体头（entityheader）。实体头字段用于定义与消息体相关的信息。包含的字段有：

entityheader = ContentEncoding|ContentLength|ContentType

实体头字段中各个字段的含义如下：

- ContentEncoding 字段：表明消息体上添加应用的内容编码方式；
- ContentLength 字段：表明消息体的大小；
- ContentType 字段：表明消息体的媒体类型。

③ 请求头（requestheader）。请求头字段用于客户机上传附加信息到服务器，其中包括有关请求和客户机本身的信息。包含的字段有：

requestheader = Authorization|Contact|Hide|MaxForwards|Priority|ProxyAuthorization|Proxy Require

|Route|Require|ResponseKey|Subject

请求头字段中各个字段的含义如下。

- Authorization 字段：用于用户代理向服务器鉴定自身身份。
- Hide 字段：用于客户机表明其希望向后面的代理服务器或用户代理隐藏由 Via 字段构成的路径。
- MaxForwards 字段：表明请求消息允许被转发的次数。
- Priority 字段：用于客户机表明请求的紧急程度。
- PriorityAuthorization 字段：用于客户机向要求身份认证的代理服务器表明自身身份。
- ProxyRequire 字段：用于标识出代理必须支持的代理敏感特征。
- Route 字段：决定请求消息的路由。
- Require 字段：用于客户机告诉代理服务器，为了让服务器正确处理请求，客户机希望服务器支持的选项。
- ResponseKey 字段：用于给出被叫方用户代理加密响应消息所采用的密钥需满足的要求。
- Subject 字段：提供对呼叫的概述或表明呼叫的性质，可用于呼叫过滤。

④ 响应头（responseheader）。响应头字段用于服务器向 RequestURI 指定的地址传送有关响应的附加信息。包含的字段有：

responseheader = Allow|ProxyAuthenticate|RetryAfter|Server|Unsupport|Waring|WWW Authenticate

响应头字段中各个字段的含义如下。

- ProxyAuthenticate 字段：必须为 407 响应的一部分，字段中的值给出适用于 RequestURI 的代理的认证体制和参数。
- RetryAfter 字段：可用于 503 响应中，向发出请求的客户机表明服务预计多久以后可以启用，用于404、600、603 响应中表明被叫方何时才有空。
- Server 字段：含用户代理服务器处理请求所使用的软件信息。
- Unsupport 字段：列出服务器不支持的特征。
- Warning 字段：用于传递与响应状态有关的附加信息。
- WWWAuthenticate 字段：含于 40l 响应中，指出适用于 RequestURI 的认证体制和参数。

⑤ SIP 协议的主要消息头字段。

a. From: 所有请求和响应消息必须包含此字段，以指示请求的发起者。服务器将此字段从请求消息复制到响应消息。

该字段的一般格式为：

From:显示名〈SIP URL〉; tag=xxx

From 字段的示例有：

From："A.G.Bell" <sip:agb@bell-telephone.com>

b. To: 该字段指明请求的接收者，其格式与 From 相同，仅第一个关键词代之以 To。所有请求和响应都必须包含此字段。

c. Call ID:该字段用于唯一标识一个特定的邀请或标识某一客户的所有登记。用户可能会收到数个参加同一会议或呼叫的邀请，其 Call ID 各不相同，用户可以利用会话描述中的标识，例如，SDP 中的 o（源）字段的会话标识和版本号判定这些邀请的重复性。

该字段的一般格式为：

Call ID: 本地标识@主机，其中，主机应为全局定义域名或全局可选路 IP 地址。

Call ID 的示例可为：

Call ID: 19771105@foo.bar.com

d. Cseq: 命令序号。客户在每个请求中应加入此字段，它由请求方法和一个十进制序号组成。序号初值可为任意值，其后具有相同的 Call ID 值，但不同请求方法、头部或消息体的请求，其 Cseq 序号应加 1。重发请求的序号保持不变。ACK 和 CANCEL 请求的 Cseq 值与对应的 INVITE 请求相同。BYE 请求的 Cseq 值应大于 INVITE 请求。由代理服务器并行分发的请求，其 Cseq 值相同。服务器将请求中的 Cseq 值复制到响应消息中去。

Cseq 的示例为：

Cseq: 4711 INVITE

e. Via: 该字段用以指示请求经历的路径。它可以防止请求消息传送产生环路，并确保响应和请求的消息选择同样的路径。

该字段的一般格式为：

Via: 发送协议; 发送方; 参数

其中，发送协议的格式为：协议名/协议版本/运输层，发送方为发送方主机和端口号。

Via 字段的示例可为：

Via: SIP/2.0/UDP first.example.com:4000

f. Contact: 该字段用于 INVITE、ACK 和 REGISTER 请求，以及成功响应、呼叫进展响应和重定向响应消息，其作用是给出其后和用户直接通信的地址。

Contact 字段的一般格式为：

Contact: 地址; 参数

其中，Contact 字段中给定的地址不限于 SIP URL，也可以是电话、传真等 URL 或 mail to:URL。其示例可为：

Contact: "Mr. Watson" <sip:waston@worcester.bell-telephone.com>

（4）SDP（Session Description Protocol）会话描述协议

SDP 是一个独立的协议，早在 H.323 协议时代就已经广泛使用了，H.248 和 SIP 协议通常通过调用它来描述会话相关信息。

SDP 是描述会话信息的协议，包括会话的地址、时间、媒体和建立等信息。

SDP 所描述的内容包括会话名和目的、会话激活的时间段、构成会话的媒体、接收这些媒体所需的信息（地址、端口、格式）、会话所用的带宽信息（任选）、会话负责人的联系信息（任选）等。

SDP 的会话描述格式为：<type> = <value>。其中，type 为单个字符，区分大小写；value 为结构化文本。另外 '=' 两侧无空格，一个会话级描述，从 v=开始；若干媒体级描述，从 m=开始。

SDP 的会话级描述如：

v= (protocol version)

o= (owner/creator and session identifier)

s= (session name)

i= * (session information)

u= * (URI of description)

e= * (email address)

p= * (phone number)

c= * (connection information - not required if included in all media)

b= * (bandwidth information)

z= * (time zone adjustments)

k= * (encryption key)

a= * (zero or more session attribute lines)

SDP 的媒体级描述如：

m= (media name and transport address)

i= * (media title)

c= * (connection information - optional if included at session-level)

b= * (bandwidth information)

k= * (encryption key)

a= * (zero or more media attribute lines)

下面是 SDP 协议的一个例子，括号内为其说明。

v=0 （版本为 0）

o=bell 53655765 2353687637 IN IP4 128.3.4.5 （会话源：用户名 bell，会话标识 53655765，版本 2353687637，网络类型 internet，地址类型 Ipv4，地址 128.3.4.5）

s=Mr. Watson, comehere （会话名：Mr.Watson, comehere.）

i=A Seminar on the session description protocol （会话信息：）

t=3149328600 0 （起始时间：t=3149328600（NTP 时间），终止时间：无）

c=IN IP4 kton.bell-tel.com （连接数据：网络类型 internet，地址类型 Ipv4，连接地址 kton.bell-tel.com）

m=audio 3456 RTP/AVP 0 3 4 5 （媒体格式：媒体类型 audio，端口号 3456，运输层协议 RTP/AVP，格式列表为 0 3 4 5）

a=rtpmap:0 PCMU/8000 （净荷类型 0，编码名 PCMU，抽样速度为 8kHz）

a=rtpmap:3 GSM/8000 （净荷类型 3，编码名 GSM，抽样速度为 8kHz）

a=rtpmap:4 G723/8000 （净荷类型 4，编码名 G723，抽样速度为 8kHz）

a=rtpmap:5 DVI4/8000 （净荷类型 5，编码名 DVI4，抽样速度为 8kHz）

4. SIP 呼叫流程

（1）注册注销过程

SIP 为用户定义了注册和注销过程，其目的是可以动态建立用户的逻辑地址和其当前联系地址之间的对应关系，以便实现呼叫路由和对用户移动性的支持。逻辑地址和联系地址的分离也方便了用户，它不论在何处，使用何种设备，都可通过唯一的逻辑地址进行通信。

注册/注销过程是通过 REGISTER 消息和 200 成功响应来实现的。在注册/注销时，用户将其逻辑地址和当前联系地址通过 REGISTER 消息发送给其注册服务器，注册服务器对该请求消息进行处理，并以 200 成功响应消息通知用户注册注销成功。

图 8-27 为 SIP 注册的具体流程，其注册步骤如下。

① SIP 用户向其所属的注册服务器发起 REGISTER 注册请求。在该请求消息中，RequestURI 表明了注册服务器的域名地址，To 头域包含了注册所准备生成、查询或修改的地址记录，Contact 头域表明该注册用户在此次注册中欲绑定的地址，Contact 头域中的 Expire 参数或者 Expire 头域表示了绑定在多长时间内有效。

② 注册服务器返回 401 响应，要求用户进行鉴权。

③ SIP 用户发送带有鉴权信息的注册请求。

④ 注册成功。

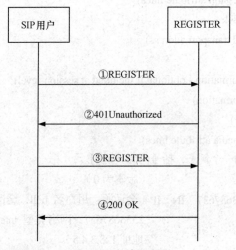

图 8-27 SIP 注册流程

SIP 用户的注销和注册更新流程基本与注册流程一致，只是在注销时 Contact 头域中的 Expire 参数或 Expire 头域值为 0。

（2）呼叫过程

SIP IP 电话系统中的呼叫是通过 INVITE 邀请请求、成功响应和 ACK 确认请求的三次握手来实现的，即当主叫用户代理要发起呼叫时，它构造一个 INVITE 消息，并发送给被叫。被叫收到邀请后决定接受该呼叫，就回送一个成功响应（状态码为 200）。主叫方收到成功响应后，向对方发送 ACK 请求。被叫收到 ACK 请求后，呼叫成功建立。

呼叫的终止通过 BYE 请求消息来实现。当参与呼叫的任一方要终止呼叫时，它就构造一个 BYE 请求消息，并发送给对方。对方收到 BYE 请求后，释放与此呼叫相关的资源，回送一个成功响应，表示呼叫已经终止。

当主、被叫双方已建立呼叫，如果任一方想要修改当前的通信参数（通信类型、编码等），可以通过发送一个对话内的 INVITE 请求消息（称为 re-INVITE）来实现。

图 8-28 所示为代理方式的 SIP 正常呼叫流程，其注册步骤如下。

① 用户 A 向其所属的出域代理服务器（软交换）PROXY1 发起 INVITE 请求消息，在该消息中的消息体中带有用户 A 的媒体属性 SDP 描述。

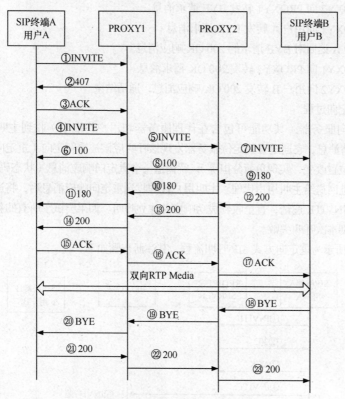

图 8-28　代理方式的 SIP 正常呼叫流程

② PROXY1 返回 407 响应，要求鉴权。

③ 用户 A 发送 ACK 确认消息。

④ 用户 A 重新发送带有鉴权信息的 INVITE 请求。

⑤ 经过路由分析，PROXY1 将请求转发到 PROXY2。

⑥ PROXY1 向用户 A 发送确认消息 "100 TRYING"，表示正在对收到的请求进行处理。

⑦ PROXY2 将 INVITE 请求转发到用户 B。

⑧ PROXY2 向 PROXY1 发送确认消息 "100 TRYING"。

⑨ 终端 B 振铃，向其归属的代理服务器（软交换）PROXY2 返回 "180 RINGING" 响应。

⑩ PROXY2 向 PROXY1 转发 "180 RINGING"。

⑪ PROXY1 向用户 A 转发 "180 RINGING"，用户 A 所属的终端播放回铃音。

⑫ 用户 B 摘机，终端 B 向其归属的代理服务器（软交换）PROXY2 返回对 INVITE 请求的 "200 OK" 响应，在该消息中的消息体中带有用户 B 的媒体属性 SDP 描述。

⑬ PROXY2 向 PROXY1 转发 "200 OK"。

⑭ PROXY1 向用户 A 转发 "200 OK"。

⑮ 用户 A 发送针对 200 响应的 ACK 确认请求消息。

⑯ PROXY1 向 PROXY2 转发 ACK 请求消息。

⑰ PROXY2 向用户 B 转发 ACK 请求消息，用户 A 与 B 之间建立双向 RTP 媒体流。

⑱ 用户 B 挂机，用户 B 向归属的代理服务器（软交换）PROXY2 发送 BYE 请求消息。

⑲ PROXY2 向 PROXY1 转发 BYE 请求消息。

⑳ PROXY1 向用户 A 转发 BYE 请求消息。

㉑ 用户 A 返回对 BYE 请求的 200 OK 响应消息。

㉒ PROXY1 向 PROXY2 转发 200 OK 请求消息。

㉓ PROXY2 向用户 B 转发 200 OK 响应消息，通话结束。

（3）重定向过程

当重定向服务器（其功能可包含在代理服务器和用户终端中）收到主叫用户代理的 INVITE 邀请消息，它通过查找定位服务器发现该呼叫应该被重新定向（重定向的原因有多种，如用户位置改变、实现负荷分担等），就构造一个重定向响应消息（状态码为 3xx），将新的目标地址回送给主叫用户代理。主叫用户代理收到重定向响应消息后，将逐一向新的目标地址发送 INVITE 邀请，直至收到成功响应并建立呼叫。如果尝试了所有的新目标都无法建立呼叫，则本次呼叫失败。

图 8-29 所示为重定向方式 SIP 呼叫流程，其注册步骤如下。

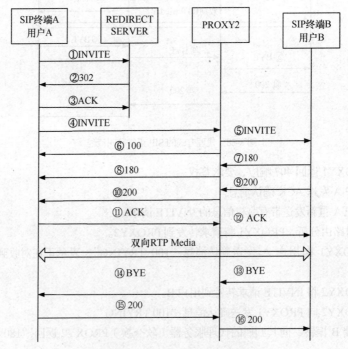

图 8-29　重定向方式 SIP 呼叫流程

① 用户 A 向重定向服务器发送 INVITE 请求消息，该消息不带 SDP。

② 重定向服务器返回 "302 Moved temporarily 响应"，该响应的 Contact 头域包含用户 B 当前更为精确的 SIP 地址。

③ 用户 A 向重定向服务器发送确认 302 响应收到的 ACK 消息。

④ 用户 A 向重定向代理服务器 PROXY2 发送 INVITE 请求消息，该消息不带 SDP。

⑤ PROXY2 向用户 B 转发 INVITE 请求。

⑥ PROXY2 向用户 A 发送确认消息"100 TRYING", 表示正在对收到的请求进行处理。

⑦ 终端B 振铃, 向其归属的代理服务器 (软交换) PROXY2 返回"180 RINGING"响应。

⑧ PROXY2 转发"180 RINGING"响应。

⑨ 用户 B 摘机, 终端 B 返回对 INVITE 请求的"200 OK"响应, 在该消息中的消息体中带有用户 B 的媒体属性 SDP 描述。

⑩ PROXY2 转发"200 OK"响应。

⑪ 用户A 发送确认"200 OK"响应收到的 ACK 请求, 该消息中带有用户 A 的媒体属性的 SDP 描述。

⑫ PROXY2 转发 ACK 消息, 用户 A 和用户 B 之间建立双向的媒体流。

⑬ 用户 B 挂机, 用户 B 向 PROXY2 发送 BYE 请求消息。

⑭ PROXY2 向用户 A 转发 BYE 请求消息。

⑮ 用户 A 返回对 BYE 请求的"200 OK"响应消息。

⑯ PROXY2 向用户 B 转发"200 OK"响应消息, 通话结束。

5．典型 SIP 注册及会话过程消息举例

在这里具体介绍几种常见的 SIP 注册及会话过程中所涉及的 SIP 消息, 如图 8-30 所示。

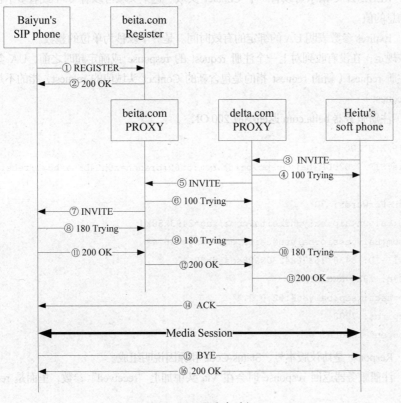

图 8-30 SIP 呼叫示例

（1）注册过程

① 用户 Baiyun 发出 REGISTER 请求。

```
REGISTER sip:registrar.beita.com SIP/2.0
Via: SIP/2.0/UDP baiyunspc.beita.com:5060;branch=z9hG4bKnashds7
```

```
Max-Forwards: 70
To:baiyun<sip:baiyun@beita.com>
From:baiyun <sip:baiyun@beita.com>;tag=456248
Call-ID: 843817637684230@998sdasdh09
CSeq: 1826 REGISTER
Contact: <sip:baiyun@192.0.2.4>
Expires: 7200
Content-Length: 0
```

- Request-URI 指定了注册时所需的 Location Service 的域名。

- To 中包含了注册时的地址记录，用于注册时创建、查询和修改，必须是一个 SIP URI 或 SIPS URI，并包含一个 user name。

- 注册时 From 和 To 的内容一般是相同的，除非是由第三方发起注册。

- 相同的 UA 发送出的注册 requests 中，Call-ID 是一样的。这样可以检测由于传输延时而导致的注册失败。

- Cseq 值保证了 REGISTER request 的正确顺序。如果到来的 REGISTER request 具有相同的 Call-ID，其值随着 request 到来递增。

- REGISTER 请求可以有一个 Contact 头域。这个头域可以有 0 个或者多个包含绑定地址信息的值。

- Expires 参数表明 UA 的绑定的有效时间。是一个以秒为单位的整数。

按规定，在没有收到对上一个注册 request 的 response 或确定超时之前，UA 禁止发送新的注册 request（新的 request 指的是包含新的 Contact 头域值的 request，指的不是重发原有的 request）。

② 注册服务器 beita.com 返回响应 200 OK。

```
SIP/2.0 200 OK
Via:SIP/2.0/UDP baiyunspc.beita.com:5060;branch=z9hG4bKnashds7;received=192.
0.2.4
Max-Forwards: 70
To:Baiyun<sip:baiyun@beita.com>;tag=2493k59kd
From:Baiyun<sip:baiyun@beita.com>;tag=456248
Call-ID: 843817637684230@998sdasdh09
CSeq: 1826 REGISTER
Contact: sip:baiyun@192.0.2.4
Expires: 7200
Content-Length: 0
```

- Response 是协议版本号、Status-Code 和原因说明组成。

- 注册服务器返回 response 时会在 Via 头中加上"received"参数，里面是 request 的源地址。

- Response 要在 To 头中加上"tag"，这时将会形成一个完整的 Dialog，以后 To 头将一直包含这个 tag。

（2）会话建立过程

① 主叫方 Heitu 向代理服务器 delta.com 发出 INVITE 请求。

```
INVITE sip:baiyun@beita.com SIP/2.0
```

```
Via: SIP/2.0/UDP pc33.delta.com ;branch=z9hG4bKnashds8
Max-Forwards: 70
To: Baiyun sip:baiyun@beita.com
From: Heitu <sip:heitu@delta.com>;tag= 1928301774
Call-ID: a84b4c76e66710
CSeq: 314159 INVITE
Contact: <sip:heitu@pc33.delta.com>
Content-Type: application/sdp
Content-Length: 142
(Heitu's SDP not shown)
```

- 在 INVITE request 中，Request-URI 与 To 头里的 URI 是相同的。

- Via 头里定义了 transaction 传输的下层传输协议（UDP），并标识 response 将要被发送的地址（pc33.delta.com）。Via 字段必须包含 "branch" 参数，以 "z9hG4bK" 开头的随机字符，用来标识当前 request 所建立的 transaction。

- Max-Forwards 头限定一个 request 在到达目的地之前允许经过的最大跳数。它包含一个整数值，每经过一跳，这个值就被减一。

- To 头指定 request 的逻辑接收者或者是用户或资源的注册地址，该地址同样是作为 request 的目标地址。由于 dialog 还没有建立，所以没有 "tag" 参数。

- From 头是指示 request 发起方的逻辑标识，它可能是用户的注册地址。From 头包含一个 URI 和一个可选的显示名称。From 头中必须包含一个新的由 UA 选定的 "tag" 参数用来标识一个 dialog。

- Call-ID 头是用来将消息分组的唯一性标识。本协议规定，在一个对话中，UA 发送的所有 requests 和 responses 都必须有同样的 Call-ID。一个 UA 每次注册所用的 Call-ID 也应是一样的。

- Cseq 头用于标识 transactions 并对 transactions 进行排序。它由一个请求方法 request method 和一个序列号组成，请求方法必须与对应的 request 类型一致。

- Contact 头指定一个 SIP 或 SIPS URI，后续请求 requests 可以用它来联系到当前 UA。

- Content-Type 头指定消息体的媒体类型。SDP 定义在 RFC 2327。

Heitu 的 UA 不知道 Baiyun 的 UA 地址，也不知道 Baiyun 在 beita.com 域内的服务器。因此，Heitu 的 UA 向 Heitu 所在域 delta.com 的 SIP 服务器发送 INVITE request，该 SIP 服务器的地址可以预先配置在 Heitu 的 soft phone 里，也可以通过 DHCP 等查找。

② 代理服务器 delta.com 向用户 Heitu 响应 100 Trying。

```
SIP/2.0 100 Trying
Via:SIP/2.0/UDP pc33.delta.com ;branch=z9hG4bKnashds8;received=192.0.2.1
To:Baiyun<sip:baiyun@beita.com>
From:Heitu<sip:heitu@delta.com>;tag= 1928301774
Call-ID: a84b4c76e66710
CSeq: 314159 INVITE
Content-Length: 0
```

100(Trying) response 包含与 INVITE request 相同的 To、From、Call-ID 和 CSeq，以示确认。

③ 代理服务器 delta.com 向代理服务器 beita.com 转发 INVITE 请求。

```
INVITE sip:baiyun@beita.comSIP/2.0
Via: SIP/2.0/UDP bigbox3.site3.delta.com ;branch=z9hG4bK77ef4c2312983.1
Via: SIP/2.0/UDP pc33.delta.com;branch=z9hG4bKnashds8;received=192.0.2.1
Max-Forwards: 69
To:Baiyun sip:baiyun@beita.com
From:Heitu <sip:heitu@delta.com>;tag= 1928301774
Call-ID: a84b4c76e66710
CSeq: 314159 INVITE
Contact: <sip:heitu@pc33.delta.com>
Content-Type: application/sdp
Content-Length: 142
(Heitu's SDP not shown)
```

- delta.com 代理服务器是通过 DNS 查找来找到在 Baiyun 的域 beita.com 内的 SIP 代理服务器的。（见 RFC 3263）
- 在前向发送 forwarding INVITE request 时，delta.com 服务器添加一个 Via 头，里面包含自身的地址（bigbox3.site3.delta.com）和新的"branch"参数。
- Max-Forwards 值递减 1。

④ 代理服务器 beita.com 向代理服务器 delta.com 发送响应 100 Trying。

```
SIP/2.0 100 Trying
Via:   SIP/2.0/UDP   bigbox3.site3.delta.com;branch=z9hG4bK77ef4c2312983.1;
received=192.0.2.2
Via: SIP/2.0/UDP pc33.delta.com;branch=z9hG4bKnashds8;received=192.0.2.1
To: Baiyun <sip:baiyun@beita.com>
From: Heitu <sip:heitu@delta.com>;tag= 1928301774
Call-ID: a84b4c76e66710
CSeq: 314159 INVITE
Content-Length: 0
```

"delta.com"的代理服务器建立的 Via 头被添加上了"received"参数。

⑤ 代理服务器 beita.com 向用户 Baiyun 转发 INVITE 请求。

- 代理服务器向本地数据库查询，找到 Baiyun 当前的 IP 地址。

```
INVITE sip:baiyun@192.0.2.4 SIP/2.0
Via: SIP/2.0/UDP server10.beita.com;branch= z9hG4bK4b43c2ff8.1
Via:   SIP/2.0/UDP   bigbox3.site3.delta.com;branch=z9hG4bK77ef4c2312983.1;
received=192.0.2.2
Via: SIP/2.0/UDP pc33.delta.com;branch=z9hG4bKnashds8;received=192.0.2.1
Max-Forwards: 68
To: Baiyun <sip:baiyun@beita.com>
From: Heitu <sip:heitu@delta.com>;tag= 1928301774
Call-ID: a84b4c76e66710
CSeq: 314159 INVITE
Contact: <sip:heitu@pc33.delta.com>
```

```
Content-Type: application/sdp
Content-Length: 142
(Heitu's SDP not shown)
```

- 向前发送 INVITE request 时，"beita.com" 服务器添加一个包含自身地址的 Via 头。

⑥ 准备接受请求之前，用户 Baiyun 向代理服务器 beita.com 发送响应 180 Ringing。

- Baiyun 的 SIP 电话响铃，回应一个 180 Ringing 的 response，按照相反的方向传给 beita.com 的代理（最开始的 Via 头）。

```
SIP/2.0 180 Ringing
 Via: SIP/2.0/UDP  server10.beita.com;branch= z9hG4bK4b43c2ff8.1;received=
192.0.2.3
 Via:  SIP/2.0/UDP  bigbox3.site3.delta.com;branch=z9hG4bK77ef4c2312983.1;
received=192.0.2.2
 Via: SIP/2.0/UDP pc33.delta.com;branch=z9hG4bKnashds8;received=192.0.2.1
 To: Baiyun <sip:baiyun@beita.com>;tag= a6c85cf
 From: Heitu <sip:heitu@delta.com>;tag= 1928301774
 Call-ID: a84b4c76e66710
 CSeq: 314159 INVITE
 Contact: <sip:baiyun@192.0.2.4>
 Content-Length: 0
```

- 其他头（From、Call-ID，CSeq 和底部的 Via）直接从 INVITE request 复制过来。
- To 头中添加了 "tag" 标签，用来标识一个 dialog 中的被叫方。尽管 dialog 还没有建立好，但是用来标识一个完整 dialog 的三个参数：Call-ID、本地 tag、远端 tag 已经定义好了。
- Contact 头提供了用来向 Baiyun UA 发送后续 requests 的 SIP URI 或 SIPS URI。

⑦ 代理服务器 beita.com 向代理服务器 delta.com 转发响应 180 Trying。

- 收到来自 Baiyun UA 的 180 Ringing 消息后，最开始的 Via 头中的 "branch" 参数帮助 beita.com 服务器用来接收对应的 transaction。然后移除掉这个 Via 头，并将此消息发送到下一跳：delta.com 的代理。

```
SIP/2.0 180 Ringing
 Via:  SIP/2.0/UDP  bigbox3.site3.delta.com;branch=z9hG4bK77ef4c2312983.1;
received=192.0.2.2
 Via: SIP/2.0/UDP pc33.delta.com;branch=z9hG4bKnashds8;received=192.0.2.1
 To: Baiyun <sip:baiyun@beita.com>;tag= a6c85cf
 From: Heitu <sip:heitu@delta.com>;tag= 1928301774
 Call-ID: a84b4c76e66710
 CSeq: 314159 INVITE
 Contact: sip:baiyun@192.0.2.4
 Content-Length: 0
```

⑧ 代理服务器 delta.com 向用户 Heitu 转发响应 180 Trying。

- 收到来自 beita.com 代理服务器的 180 Ringing 消息后，最开始的 Via 头中的 "branch" 参数帮助 delta.com 服务器接收对应的 transaction。然后移除掉这个 Via 头，并将此消息发送到下一跳：Heitu UA。

```
phoneSIP/2.0 180 Ringing
Via: SIP/2.0/UDP pc33.delta.com;branch=z9hG4bKnashds8;received=192.0.2.1
To: Baiyun sip:baiyun@beita.com;tag= a6c85cf
From: Heitu <sip:heitu@delta.com>;tag= 1928301774
Call-ID: a84b4c76e66710
CSeq: 314159 INVITE
Contact: <sip:baiyun@192.0.2.4>
Content-Length: 0
```

- Heitu 的 soft phone 将响铃信息传给 Heitu，使用一个响铃声音或者在 Heitu 的屏幕显示一个呼叫的消息。

⑨ 接受请求，用户 Baiyun 向代理服务器 beita.com 发送响应 200 OK。

- 当 Baiyun 接起电话，它的 SIP phone 发送 200 (OK) response 表示电话已经被接通。200 (OK)包含一个 SDP 信息体，里面说明了 Baiyun 愿意与 Heitu 建立会话的类型的媒体描述。

```
SIP/2.0 200 OK
Via: SIP/2.0/UDP server10.beita.com;branch= z9hG4bK4b43c2ff8.1;received=
192.0.2.3
Via: SIP/2.0/UDP bigbox3.site3.delta.com;branch=z9hG4bK77ef4c2312983.1;
received=192.0.2.2
Via: SIP/2.0/UDP pc33.delta.com;branch=z9hG4bKnashds8;received=192.0.2.1
To: Baiyun <sip:baiyun@beita.com>;tag= a6c85cf
From: Heitu <sip:heitu@delta.com>;tag= 1928301774
Call-ID: a84b4c76e66710
CSeq: 314159 INVITE
Contact: sip:baiyun@192.0.2.4
Content-Type: application/sdp
Content-Length: 131
(Baiyun's SDP not shown)
```

- 在 beita.com 代理和 Baiyun 用户之间，由 "CSeq:314159 INVITE" / "branch=z9hG4bK4b43c2ff8.1" 代表的 transaction 事务，被该 200 (OK) response 终结。

⑩ 代理服务器 beita.com 向代理服务器 delta.com 发送响应 200 OK。

在 beita.com 代理和 delta.com 代理之间，由 "CSeq:314159 INVITE" / "branch=z9hG4bK77ef4c2312983.1" 代表的 transaction 事务，被这个 200 (OK) response 终结。

```
SIP/2.0 200 OK
Via: SIP/2.0/UDP bigbox3.site3.delta.com;branch=z9hG4bK77ef4c2312983.1;
received=192.0.2.2
Via: SIP/2.0/UDP pc33.delta.com;branch=z9hG4bKnashds8;received=192.0.2.1
To: Baiyun <sip:baiyun@beita.com>;tag= a6c85cf
From: Heitu <sip:heitu@delta.com>;tag= 1928301774
Call-ID: a84b4c76e66710
CSeq: 314159 INVITE
Contact: <sip:baiyun@192.0.2.4>
```

```
Content-Type: application/sdp
Content-Length: 131
(Baiyun's SDP not shown)
```

⑪ 代理服务器 beita.com 向用户 Heitu 发送响应 200 OK。

• 在 delta.com 代理和 Heitu's UA 之间，由 "CSeq:314159 INVITE" / "branch=z9hG4bKnashds8" 代表的 transaction 事务，被该 200 (OK) response 终结。

```
SIP/2.0 200 OK
Via: SIP/2.0/UDP pc33.delta.com;branch=z9hG4bKnashds8;received=192.0.2.1
To: Baiyun <sip:baiyun@beita.com>;tag= a6c85cf
From: Heitu <sip:heitu@delta.com>;tag= 1928301774
Call-ID: a84b4c76e66710
CSeq: 314159 INVITE
Contact: <sip:baiyun@192.0.2.4>
Content-Type: application/sdp
Content-Length: 131
(Baiyun's SDP not shown)
```

• Heitu 的电话停止响铃声音，提示对方已经接通。

⑫ 用户 Heitu 向用户 Baiyun 发送一个 ACK 用于确定收到了最终响应(200 response)。

```
ACK sip:baiyun@192.0.2.4 SIP/2.0
Via: SIP/2.0/UDP pc33.delta.com;branch=z9hG4bKnashds9
Max-Forwards: 70
To: Baiyun <sip:baiyun@beita.com>;tag=a6c85cf
From: Heitu <sip:heitu@delta.com>;tag= 1928301774
Call-ID: a84b4c76e66710
CSeq: 314159 ACK
Content-Length: 0
```

Allce 与 Baiyun 的媒体会话现在开始，它们使用在 SDP 中协商的格式发送媒体包。一般来讲，端到端的媒体包与 SIP 信令的路径不一样。SDP 中常用到的媒体类型包括："audio"、"video"、"application"、"data"、"control" 等。

（3）会话结束

① 用户 Baiyun 挂掉了电话，产生了 BYE request 消息，直接传到了用户 Heitu 端。

```
BYE sip: heitu@pc33.delta.com SIP/2.0
Via: SIP/2.0/UDP 192.0.2.4;branch=z9hG4bKnashds10
Max-Forwards: 70
From: Baiyun <sip:baiyun@beita.com>;tag=a6c85cf
From: Heitu <sip:heitu@delta.com>;tag= 1928301774
Call-ID: a84b4c76e66710
CSeq: 231 BYE
Content-Length:0
```

② 用户 Heitu 确认收到了 BYE，向 Baiyun 发送 200 (OK)response，就此终结此次会话。

```
SIP/2.0 200 OK
```

```
Via: SIP/2.0/UDP 192.0.2.4;branch=z9hG4bKnashds10
From: Baiyun <sip:baiyun@beita.com>;tag=a6c85cf
From: Heitu <sip:heitu@delta.com>;tag= 1928301774
Call-ID: a84b4c76e66710
CSeq: 231 BYE
Content-Length: 0
```

6. SIP-T 协议

软交换网络是业务融合的网络，除了能够为 IAD、SIP 用户提供服务外，还应当使得原有 PSTN 用户的业务具有继承性。在软交换网络中，两个软交换设备之间的通信需要考虑使得原有 PSTN 用户的业务属性不丢失。

那为了实现不同网络之间的通信，SS 必须解决 ISUP 和 IP 网络会话/呼叫控制协议的互通，主要即 ISUP 和 SIP 之间的互通。

ISUP/SIP 互通标准称为 SIP-T（后续，ITU-T 基于 SIP-T 的实现原理，定义了 SIP-I），即"用于电话的 SIP"。它并不是一个新的协议，而是为了适配传统电话信令而规定的一组 SIP 机制。

SIP-T 适配 ISUP 信令采用非常简单的办法，就是将整个 ISUP 消息透明封装在 SIP 消息体中，由出口网关的 SS 将其取出，再转发给被叫侧的 PSTN 网。为了构造封装的 SIP 消息，还需要将 ISUP 消息和主要参数映射为适当的 SIP 消息和相关头部，供 SS 转发使用。

由此可得，SIP-T 的主要功能如下所述。

① 在 SIP 消息体中封装 ISUP 消息。原来 SIP 消息体中只有 SDP 描述，现在需要定义新的机制，支持在消息体中封装多种不同类型的内容，以支持 ISUP 信令的透明传递。

② ISUP 和 SIP 协议映射。首先是消息级映射，即将 ISUP 消息类型映射为 SIP 方法，例如，将 IAM 消息映射为 INVITE，REL 消息映射为 BYE，这样不但能支持 C4 级应用，也能支持 PSTN 和 SIP 电话终端的通信。其次是 ISUP 参数和 SIP 头部的映射，例如，将被叫号码映射为 RequestURI 头部，主叫号码映射为 From：头部，以便使 SIP 代理服务器和重定向服务器能够参考 ISUP 消息进行选路，这样既能支持和 PSTN 的互通，又能提供 IP 网络上的新的电话业务。

③ 传送呼叫进行过程中的 ISUP 信令。这些信令可在呼叫进行过程中供网元之间或端用户之间交互信息，如 INF，UUS 消息，SIP-T 采用扩展的 INFO 消息封装这些消息。

另外，在 PSTN 呼叫中经常需要传送 DTMF 信号，作为呼叫的辅助控制信令，例如，向交互式语音记录设备（IVR）输入的按键信号，这样的 DTMF 信号经常要求和语音信号有一定的同步关系，如果采用带外的 INFO 方法传递的话，接收端要将其插入语音流就会比较困难，因此 DTMF 信号应采用 RFC-2833 建议的带内方法传递。

（1）SIP-T 典型流程

SIP-T 需要支持三种互通情况：PSTN-IP-PSTN；PSTN-SIP 终端；SIP 终端-PSTN。一次 PSTN-IP-PSTN 的呼叫流程如图 8-31 所示。

SS-1 在接受端局 1 发送来的 ISUP 消息后，会进行翻译和封装。首先根据 ISUP 消息中的主、被叫号码生成 SIP 消息中完成选路的各类头消息。例如，From 域和 To 域及 Request-URI 域；消息体部分包括两部分内容：ISUP+SDP。在对 ISUP 进行封装时，并不是将所有参数进行封装，而只是将 ISUP 消息中的 Message Type 以后的部分进行封装（DPC、OPC、CIC 等参数，由对端软件重新生成）后放置在 SIP 消息体中；SDP 中的主要内容是对主叫方媒体网关的 UDP 端口及编码方式（音频或视频）进行描述。这是 SIP MIME 方式的一个应用。当 SIP 消息生成后，SS-1 就会向被叫端的 SS-2 发起 SIP 呼叫，建立会话连接。需要注意的是，ISUP 在封装后，仍然为二进制编码方式，SDP 则仍然为文本方式。

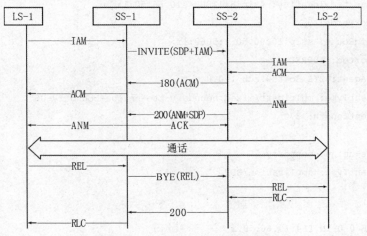

图 8-31　PSTN-IP-PSTN 的呼叫流程

对于 SS-2，由于分析到被叫用户为 PSTN 用户，因此将 SIP-T 中的 ISUP 消息提取出，根据本地路由策略（例如主叫号码可能加上长途信息，被叫号码去掉长途信息等），再加上 OPC、DPC、CIC 等参数，形成完整的 ISUP 消息，发送到被叫方。对于 SS-2 发送后的后向消息，其过程也是封装+翻译后发送到 SS-1。

由于 PSTN 中存在一些中间命令，例如，SUS 消息或 INR 消息等，为了能够将此类 ISUP 消息携带到对端，ITU 遵循 IETF 的规定，通过 INFO 消息封装 ISUP 消息。

（2）ISUP 消息的封装

SIP-T 的消息体采用多段（multipart）MIME 格式封装多个不同形式的净荷，其中 ISUP 格式还要求能标识出 ISUP 的协议版本，以便接收方能判定能否对封装内容进行解析。

规定的 ISUP "内容类型"（contenttype）格式为：

- 媒体子类型：application；
- 媒体子类型名：ISUP；
- 必备参数：version　　//其值由网络运营商确定；
- 任选参数：base　　　//例如：itu-t88，itu-t92，ansi88 等；
- 编码方式：二进制//规定从"消息类型"字段开始封装，忽略 DPC/OPC/CIC 字段；
- 安全考虑：允许加密。

除此之外，还可包含"内容处理"（contentdisposition）字段，指明如何处理封装的 ISUP 消息及该封装的消息是否必须要处理。例如：

```
Contentdisposition:signal; handling=required 或者 optional
```

下面给出 SIP 消息体中同时封装 SDP 描述和 ISUP 消息的示例。

```
INVITE sip:86660005@10.66.60.1;user=phone;sc=170 SIP/2.0
Via: SIP/2.0/UDP 10.66.50.1:5060;branch=z9hG4bK511677c3.0
To: "86660005"<sip:86660005@10.66.50.1>
From: "81110004"<sip:81110004@10.66.50.1>;tag=0a423201-000044ef00006fe1
CallID: 0000453c0000377a-0001-0001@10.66.50.1
Cseq: 15728 INVITE
```

```
Contact: <sip:81110004@10.66.50.1:5060>
Allow: INVITE,ACK,OPTIONS,BYE,CANCEL,INFO,PRACK,UPDATE
P-Asserted-Identity: <sip:81110004@10.66.50.1>
MaxForwards: 9
RecordRoute: <sip:10.66.50.1:5060;lr>
Supported: 100REL
UserAgent: ZTE Softswitch/1.0.0
ContentType: multipart/mixed;boundary=zte-unique-boundary-06
ContentLength: 370

--zte-unique-boundary-06
ContentType: application/SDP

v=0
o=ZTE 0 0 IN IP4 10.66.50.1
s=phonecall
c=IN IP4 10.76.50.80
t=0 0
m=audio 10058 RTP/AVP 8
a=ptime:20

--zte-unique-boundary-06
ContentType: application/ISUP; base=nxv3; version=chn
ContentDisposition: signal; handling=optional

/*----------start isupmessage data-----------
0000: 01 00 60 00 f8 03 02 08 06 01 10 68 66 00 50 0a
0010: 07 81 13 18 11 00 40 0f 03 04 1e 02 80 83 31 02
0020: 00 00 00
```

IAM----初始地址消息

① 必备参数。

接续性质指示:

卫星指示:接续中有 0 条卫星电路

导通检验指示:不需要导通检验

回声控制器件指示:不包括

前向呼叫指示:

国际/国内呼叫指示: 国内呼叫

端到端方法指示: 不可获得

互通指示: 不会碰到互通

端到端信息指示: 不可获得

ISDN 用户部分指示:

全程应用 ISDN 用户部分

ISDN 用户部分优先指示:

非全程需要 ISDN 用户部分

ISDN 接入指示: 非始发接入

SCCP 方法指示:

无指示

主叫用户类别: 普通用户

传输媒介需要: 3.1kHz 音频

被叫用户号码:

地址性质: 用户号码

内部网络号码指示 INN:

*编路至内部网络号码允许

号码计划指示: ISDN 号码计划

号码: 86660005

② 任选参数。

- 主叫用户号码:
- 地址性质: 用户号码
- 主叫用户号码不全指示 NI: *完全
- 号码计划指示: ISDN 号码计划
- 地址显示限制指示: 显示允许
- 屏蔽指示: 网络提供
- 号码: 81110004
- 接入传送:

```
1e 02 80 83
```

传播时延计数器: 0 ms

```
*----------end isupmessage data----------*/
--zte-unique-boundary-06--
```

第三节　NGN 呼叫流程

图 8-32 所示, TG 和 SG 在逻辑上分开 (在物理上通常集成在一个设备中), TG 通过 H.248 协议与 SS 进行通信, SG 部分通过 SIGTRAN 协议与 SS 通信。端局 LS1 通过 7 号信令与 SG 通信, 由 SG1 转接到 SS, LS1 由 E1 与 TG1 连接。LS1 与 LS2 之间的用户媒体流不经过 SS, 直接走 IP 承载网。因为 SIGTRAN 只是承载 7 号信令, 此处只描述了 7 号信令和 H.248 协议相互配合的流程。

① 主叫用户摘机拨号后, LS1 号码分析, 发现是一个出局呼叫, 于是寻找路由, 占用到 TG1 的中继, 生成 IAM 发给 SG1。

② SG1 转发 IAM 给 SS。

③ SS 收到 LS1 的 IAM 后, 根据被叫号码做号码分析, 判断这是一个前往 LS2 的出局呼叫。

④ SS 向 SG1 发送 Add 消息, 在 TG 中创建一个新 Context, 并加入入局中继的

Termination，让 TG1 选择 RTP Termination，其中 RTP 的 Mode 设置为 Receiveonly，并设定语言编码算法等信息。

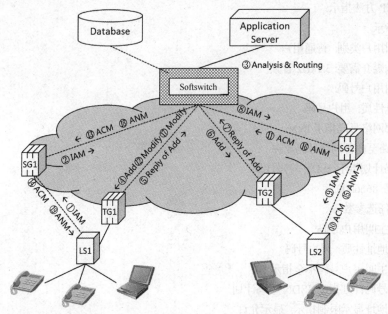

图 8-32　同一 SS 域下 TG 用户互拨通信流程图

⑤ TG1 向 SS 应答 Reply 消息，分配 RTP 终端，需要填写 RTP 终端的 IP 地址、RTP 端口号。

⑥ SS 根据被叫号码分析结果，选择了 TG2 前往 LS2 的一条出局中继，向 TG2 发送 Add 消息，在 TG2 创建一个新 Context，加入出局中继的 Termination，并告知 TG1 的 RTP 终端信息，要求 TG2 选择一个 RTP 终端。

⑦ TG2 选择一个 RTP 终端，并回送 SS 该 RTP 终端的 IP 地址、RTP 端口号。

⑧ SS 收到 TG2 的响应后，确认中继电路已经占用成功，向 SG2 发送 IAM。

⑨ SG2 转发 IAM 给 LS2。

⑩ LS2 收到 IAM 后，做号码分析，发现被叫属于本局用户，对被叫进行振铃，回 ACM 给 SG2。

⑪ SG2 转发 ACM 给 SS。

⑫ SS 向 TG1 发送 Modify 消息，将 SG2 的 RTP 终端信息再告知 TG1，这样 TG1 和 TG2 相互知道对方的 IP 地址和端口号，并且协商好了通信的编码算法，但此时 TG1 的 RTP 终端属性依然为 Receiveonly，通信还未建立成功。

⑬ SS 发 ACM 给 SG1。

⑭ SG1 转发 ACM 给 LS1，主叫用户听回铃音。

⑮ 被叫用户摘机，停止振铃，LS2 发应答消息 ANM 给 SG2。

⑯ SG2 转发 ANM 给 SS。

⑰ 此时 SS 需要接通会话，向 TG1 发送 Modify 消息，将其 RTP 终端属性修改为 SendReceive。

⑱ SS 发 ANM 给 SG1。

⑲ SG1 转发 ANM 给 LS1，至此主被叫用户接通。

习题与思考题

1. 简述 NGN 协议栈。
2. 说明 NGN 主要协议及其相互关系。
3. 为什么要使用 SIGTRAN 协议？该协议用在什么地方？简述其工作流程。
4. 为什么要使用 H.248 协议？该协议用在什么地方？简述其工作流程。
5. 为什么要使用 SIP 协议？该协议用在什么地方？简述其工作流程。
6. 简述同一 SS 域下 TG 用户互拨的通信流程。

参考文献

[1] 樊昌信，等. 通信原理.6 版. 北京：国防工业出版社，2010.

[2] 林建中，等. 数字传输技术基础. 北京：北京邮电大学出版社，2003.

[3] 莫锦军，等. 网络与 ATM 技术. 北京：人民邮电出版社，2003.

[4] 张中荃. 程控交换与宽带交换. 北京：人民邮电出版社，2003.

[5] 罗建国. 程控交换原理与技术. 北京：高等教育出版社，2002.

[6] 乐正友，等. 程控交换与综合业务通信网. 北京：清华大学出版社，1999.

[7] 卞佳丽. 现代交换原理与通信网技术. 北京：北京邮电大学出版社，2005.

[8] 周正，等. 通信工程新技术实用手册. 北京：北京邮电大学出版社，2002.

[9] 张文冬. 程控数字交换技术原理. 北京：北京邮电大学出版社，1995.

[10] 朱世华. 程控数字交换原理与应用. 陕西：西安交通大学出版社，2001.

[11] 李正吉，等. 程控交换技术实用教程. 陕西：西安电子科技大学出版社，1999.

[12] 陈建亚，等. 现代交换原理. 北京：北京邮电大学出版社，2006.

[13] 吕良双，等.ATM 宽带网络. 北京：清华大学出版社，2000.

[14] 刘增基，等. 交换原理与技术. 北京：人民邮电出版社，2009.

[15] 张公忠，等. 当代组网技术. 北京：清华大学出版社，2000.

[16] 中国通信学会. 对话下一代网络. 北京：人民邮电出版社，2010.